Katja Seidel

Astrofotografie

Spektakuläre Bilder ohne Spezialausrüstung

Liebe Leserin, lieber Leser,

schauen Sie des Nachts schon mal in den Sternenhimmel? Das hilft nicht nur dabei, manches irdische Problem kleiner erscheinen zu lassen, sondern offenbart auch zahlreiche neue Fotomotive. Unsere Autorin Katja Seidel widmet sich der Leidenschaft Astrofotografie schon seit Jahren und entdeckt immer wieder aufregende und spektakuläre Motive: die Milchstraße mit ihren Milliarden Sternen, tanzende Polarlichter, leuchtende Nachtwolken, Startrails und vieles mehr. Dafür schlägt sie sich im wahrsten Sinne des Wortes die Nacht um die Ohren, denn die meisten Bilder werden erst viele Stunden nach dem Sonnenuntergang aufgenommen, bevor sie später am Rechner ihren Feinschliff erhalten.

Sicher werden Sie von der Vielfalt und Schönheit der Motive »über uns« genauso begeistert sein wie ich, wenn Sie gleich in das Buch hineinblättern. Was mich aber am meisten fasziniert: Man braucht für die meisten der hier im Buch gezeigten Bilder kein besonderes Equipment. Eine DSLR oder DLSM, ein Stativ und ein einigermaßen lichtstarkes Objektiv reichen aus, um zu solch beeindruckenden Ergebnissen zu kommen. Nicht zuletzt, weil Ihnen Katja Seidel den Start leicht macht: In den 16 Fotoprojekten des Buches erfahren Sie Schritt für Schritt, wie Sie vorgehen müssen. Das notwendige Basiswissen wird im ersten Teil des Buches vermittelt, sodass Sie garantiert zum Erfolg kommen. Und für alle, die etwas mehr investieren und ihr Hobby vertiefen wollen, wird im letzten Buchteil erklärt, wie man mit einer astromodifizierten Kamera arbeitet und mit einer Nachführung auch Deep-Sky-Aufnahmen meistert.

Für diese 2., überarbeitete und erweiterte Auflage wurde alles gründlich durchgesehen und insbesondere mit Blick auf die Software auf den aktuellen Stand gebracht. Sie erfahren nun auch, wie man Astro-Landschaftsaufnahmen stackt, wie man eine Nachführung auf der Südhalbkugel einrichtet und dass La Palma für Astrofotografen auf jeden Fall eine Reise wert ist.

Falls Sie Lob, Fragen oder konstruktive Kritik zu diesem Buch haben, so freue ich mich, wenn Sie mir schreiben. Bis dahin wünsche ich Ihnen aber erst einmal viel Spaß beim Lesen dieses Buches und viel Erfolg bei Ihren nächtlichen Fotoprojekten. Am besten legen Sie noch heute Nacht los!

Ihr Frank Paschen
Lektorat Rheinwerk Fotografie

frank.paschen@rheinwerk-verlag.de
www.rheinwerk-verlag.de

Rheinwerk Verlag · Rheinwerkallee 4 · 53227 Bonn

Wir hoffen, dass Sie Freude an diesem Buch haben und sich Ihre Erwartungen erfüllen. Ihre Anregungen und Kommentare sind uns jederzeit willkommen. Bitte bewerten Sie doch das Buch auf unserer Website unter **www.rheinwerk-verlag.de/feedback**.

An diesem Buch haben viele mitgewirkt, insbesondere:

Lektorat Frank Paschen
Fachgutachten Jörg Schenk, Michael Schomann
Korrektorat Petra Biedermann, Reken
Herstellung Kamelia Brendel
Layout und Typografie Vera Brauner, Christine Netzker
Einbandgestaltung Julia Schuster
Coverfotos Katja Seidel
Satz rheinsatz Hanno Elbert, Köln
Druck Grafisches Centrum Cuno, Calbe

Dieses Buch wurde gesetzt aus der Franklin ITC Pro (9,25 pt/13,25 pt) in Adobe InDesign CS6. Gedruckt wurde es auf mattgestrichenem Bilderdruckpapier (135 g/m²).

Bibliografische Information der Deutschen Nationalbibliothek:
Die Deutsche Nationalbibliothek verzeichnet diese Publikation in der Deutschen Nationalbibliografie; detaillierte bibliografische Daten sind im Internet über *http://dnb.d-nb.de* abrufbar.

ISBN 978-3-8362-7090-8

2., aktualisierte und erweiterte Auflage 2019

Inhalt

TEIL I GRUNDKURS ASTROFOTOGRAFIE

TEIL II FOTOGRAFISCHE PROJEKTE

TEIL III
PROJEKTE FÜR FORTGESCHRITTENE

ÜBER DIESES BUCH

Begleiten Sie mich auf eine Reise durch die Nacht. Die Nacht, die so viel mehr als Dunkelheit zu bieten hat. All diese Schönheit fotografisch festzuhalten, ist mein Ziel, und hoffentlich auch bald Ihres. Lassen Sie sich überraschen von den zahlreichen Motiven, die Sie mit vergleichsweise einfacher Fotoausrüstung eindrucksvoll festhalten können! Bevor Sie mehr über mich und dieses Buch erfahren, möchte ich Ihnen mit einer kleinen Geschichte einen ersten Einblick in meine Welt der Astrofotografie geben.

Aus dem Alltag eines Astrofotografen

Nach einem herrlichen Frühlingstag Anfang Mai stehe ich in knapp 1 800 Metern Höhe vor einem beeindruckenden Alpenpanorama und schaue zu, wie die anderen Touristen zu Fuß oder mit der letzten Seilbahn den Weg ins Tal antreten. Jetzt heißt es, noch ein paar Stunden die Abendsonne genießen, und dann wird es spannend: Die Dämmerung beginnt, die Temperaturen fallen, die Vögel hören auf zu singen, und eine beruhigende Stille setzt ein. Das ist die Zeit, auf die ich mich seit Stunden gefreut habe. Ich richte meine Kamera in Richtung der untergegangenen Sonne und bewundere die Bergsilhouetten im magischen Licht der Blauen Stunde. Der Kontrast zwischen dem tiefblauen Himmel und dem leuchtenden Orange der Sonne unter dem Horizont ist wirklich einmalig schön! Danach beginnt der Himmel immer mehr zu funkeln, und es wird langsam richtig dunkel. Unzählige Sterne werden plötzlich sichtbar. Statt zu fotografieren, liege ich erst einmal einfach nur so da und schaue fasziniert in den Himmel. Ab und zu huscht eine Sternschnuppe über mich hinweg. Immer wieder denke ich dabei, wie verdammt klein unsere Erde in den unendlichen Weiten des Universums doch ist! Unsere Heimatgalaxie, die Milchstraße, ist dabei nur eine von unzähligen fernen Galaxien – Millionen Lichtjahre entfernt. Und doch ist die Milchstraße für mich eines der schönsten und beeindruckendsten Fotomotive, die unsere Natur zu bieten hat. In dieser mondlosen, sternenklaren Nacht im Mai zeigt sie kurz vor Beginn der Morgendämmerung ihr beeindruckend helles Zentrum über den Bergketten. Schon mit bloßem Auge ist das Band der Milchstraße jetzt deutlich am Himmel zu erkennen. Die Fotos, die ich dann aufnehme – zehn Stunden nach der letzten Seilbahn ins Tal –, offenbaren schließlich die ganze Schönheit und Dimension unserer Galaxis. Ein Anblick, der allen »Tagtouristen« schlicht und einfach verwehrt bleibt.

Das magische Licht der Blauen Stunde und das Restlicht der Sonne unter dem Horizont

26 mm | f5,6 | 0,3 s | ISO 200 | 05. Mai, 21:09 Uhr

Das beeindruckende Band der Milchstraße erstreckt sich in dieser Nacht im Mai über 180 Grad des Nachthimmels. Die Aufnahme entstand kurz vor der Morgendämmerung.

24 mm | f2 | 12 s | ISO 3200 | 06. Mai, 03:00 Uhr | zweizeiliges Panorama aus zehn Hochformataufnahmen

Was Sie in diesem Buch erwartet

Diese kleine Episode einer meiner nächtlichen Ausflüge soll Ihnen einen ersten Eindruck meiner großen Leidenschaft vermitteln: der Nacht- und Astrofotografie. Und weil mir neben der Fotografie auch das intensive Erleben der Natur bei Nacht am Herzen liegt, verbinde ich die Astrofotografie sehr häufig mit Ausflügen und Wanderungen. Das müssen nicht immer gleich die Alpen sein – genauso lassen sich vor der eigenen Haustür erstaunliche Aufnahmen machen! Auch braucht es dafür nicht zwingend ein Teleskop oder teure Spezialkameras – im Gegenteil. Sie werden hoffentlich ebenso wie ich überrascht sein, was Sie mit Ihrem bestehenden Fotoequipment bereits alles machen können und welche faszinierenden Bilder ohne teure Spezialausrüstung möglich sind. Natürlich sind die damit realisierbaren Aufnahmen nicht unbedingt vergleichbar mit denen, die mit hochwertigen Teleskopen und Spezialkameras aufgenommen werden. Ich halte diese »einfachen« Bilder jedoch sogar für noch faszinierender – allein schon aufgrund der Tatsache, mit welchen Mitteln sie entstanden sind. Aber urteilen Sie am besten selbst, nachdem Sie das Buch gelesen haben!

Ein primäres Thema dieses Buches ist die nächtliche Landschaftsfotografie mit astronomischen Motiven. Dabei gibt es zahlreiche Gemeinsamkeiten zwischen der Landschaftsfotografie bei Tag und jener bei Nacht. Wollen Sie beeindruckende Nachtaufnahmen machen, so reicht es nicht aus, einfach nur den Sternenhimmel, die Milchstraße oder das Polarlicht irgendwie aufs Bild zu bringen – auch in der Nacht müssen Sie als Fotograf die Landschaft einbeziehen und Ihr Bild »komponieren«. Im Unterschied zur Tagfotografie ergeben sich jedoch bei der nächtlichen Landschaftsfotografie ganz besondere Herausforderungen und Fragestellungen:

- Was am Nachthimmel kann ich überhaupt fotografieren?
- Wo am Himmel finde ich bestimmte Elemente, die ich in meine Bildkomposition integrieren möchte, z. B. die Milchstraße?
- Zu welcher Zeit in der Nacht fotografiere ich am besten?
- Spielt es eine Rolle, zu welcher Jahreszeit ich fotografiere?
- Inwiefern hat mein Standort Einfluss auf die Nachtfotografie?
- Welchen Einfluss hat der Mond auf meine Nachtaufnahmen?
- Welche künstlichen Lichtquellen beeinflussen die Aufnahme?

« *Das helle galaktische Zentrum der Milchstraße über den Alpen*

24 mm | f2 | 12 s | ISO 3 200 | 06. Mai, 03:18 Uhr | Panorama aus drei Querformataufnahmen

- Wie kann ich meine Nachtaufnahmen planen?
- Welches Equipment benötige ich?
- Wie bediene ich meine Kamera im Dunkeln?
- Wie lange sollte ich eine Nachtaufnahme belichten?

Hinter jeder dieser Fragestellungen verbergen sich astronomische oder fotografische Grundlagen, mit denen Sie sich für Ihren erfolgreichen Einstieg in die Nacht- und Astrofotografie beschäftigen sollten. Denn nur, wenn Sie die Einflussfaktoren kennen und verstehen, können Sie ihre Auswirkungen auf Ihre Nachtaufnahmen daraus ableiten und sie gezielt einsetzen. Dabei werden Sie auch sehen, wie wichtig die Planung in der Vorbereitung ist.

Dieses Buch enthält deshalb im ersten Teil eine umfassende Einführung in die Astrofotografie, wobei Sie mehr über das notwendige Equipment, sinnvolle Planungstools, astronomische Grundlagen sowie nützliche Fototechniken erfahren. Zwar ist mir schon bei diesen Grundlagen ein möglichst hoher Praxisbezug sehr wichtig, so richtig praktisch wird es jedoch im zweiten Teil des Buches. Dort können Sie mich durch verschiedene Fotoprojekte begleiten, in denen Sie einerseits die verschiedenen Motive der Nacht- und Astrofotografie kennenlernen und andererseits mein ganz konkretes Vorgehen bei der Planung, Aufnahme und Bildbearbeitung in jedem einzelnen Projekt nachvollziehen können. Ihr Ziel sollte es dabei nicht sein, diese Projekte exakt so durchzuführen, sondern vielmehr inspiriert zu werden, die Herangehensweisen und Techniken zu verstehen und sie in Ihren eigenen zukünftigen Projekten anzuwenden. Zu einigen Projekten können Sie sich außerdem die Originaldateien herunterladen, um die Bearbeitung der Bilder selbst nachzuvollziehen. Meine Vorgehensweise stellt dabei nur einen möglichen Weg dar – dieser ist sicher nicht perfekt, führt aber zu den Ergebnissen, die Sie in diesem Buch sehen.

	Frühling			**Sommer**			**Herbst**			**Winter**		
Thema	**Mrz**	**Apr**	**Mai**	**Jun**	**Jul**	**Aug**	**Sep**	**Okt**	**Nov**	**Dez**	**Jan**	**Feb**
Blaue Stunde												
Leuchtende Nachtwolken (NLC)												
Mondlicht												
Mond												
Startrails												
Polarlicht im hohen Norden												
Polarlicht in Deutschland												
Milchstraße												
Meteore						*			*	*	*	
ISS-Überflug												
Deep Sky												
Kometen												

Nutzen Sie diesen Astrofotokalender für eine erste Übersicht, wann es sich lohnt, bestimmte Motive in Angriff zu nehmen.

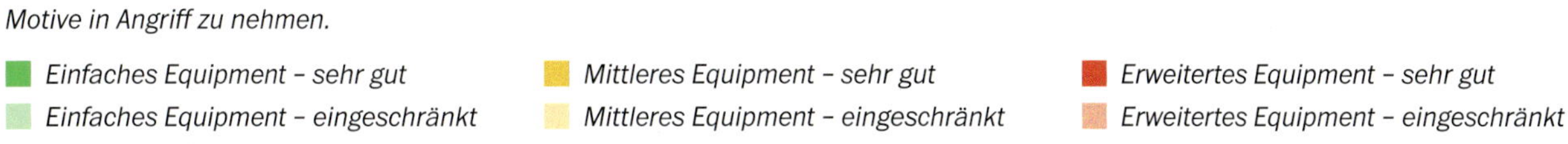

Haben Sie dann, so wie ich, großen Gefallen an der Nacht- und Astrofotografie gefunden, so gebe ich Ihnen im dritten und letzten Teil des Buches nützliche Tipps für Ihre weiteren Schritte als Astrofotograf an die Hand. Dabei stelle ich Ihnen fortgeschrittene Techniken in der Aufnahme und Bildbearbeitung sowie das dazu notwendige Equipment vor, wobei auch hier nach wie vor der Fokus auf vergleichsweise einfachen Mitteln liegt. Auch in diesem Teil des Buches werde ich in kurzen Projekten interessante Motive vorstellen.

Einen Überblick, wann Sie welches der Projekte gut durchführen können, gibt Ihnen die Tabelle auf der Vorseite. Genauere Informationen zum Equipment erhalten Sie später in Kapitel 2, »Die richtige Ausrüstung«.

Für wen dieses Buch ist

Wie Sie in der inhaltlichen Vorstellung des Buches vielleicht schon erkannt haben, richtet sich dieses Buch ganz klar an Fotografen, die einen Einstieg in die Nacht- und Astrofotografie suchen. Viele Bücher zum Thema Astrofotografie richten sich hingegen an Astronomen oder Hobbyastronomen, die ebenfalls einen Einstieg in die Astrofotografie wünschen. Daraus ergibt sich ein wesentlicher Unterschied: das Vorwissen. Als Leser dieses Buches sollten Sie grundlegende Erfahrungen und Kenntnisse in der Fotografie mit Spiegelreflexkameras oder Spiegellosen mitbringen, benötigen jedoch keinerlei astronomische Vorkenntnisse oder gar eine astronomische Ausrüstung. Da ich mich trotz intensiver Beschäftigung mit der Astronomie noch immer eher als Fotograf und weniger als Astronom sehe, habe ich dieses Buch auch ganz bewusst aus Sicht eines Hobby- oder Amateurfotografen geschrieben. Mein Ziel war es, die komplexe Welt der Astronomie so verständlich wie möglich darzustellen und mich dabei auf die speziellen Aspekte mit Einfluss auf die Fotografie zu konzentrieren. Sie als Leser sollen dabei weder mit einem Einführungskurs in die allgemeine Fotografie noch mit einer wissenschaftlichen Abhandlung über die Astronomie »gelangweilt« werden. Wenn Sie nach der Lektüre dieses Buches das Gefühl haben, Ihren fotografischen Horizont um viele spannende Informationen und Aspekte erweitert zu haben, und gleichzeitig Lust bekommen haben, es selbst einmal auszuprobieren, dann habe ich mein Ziel mit diesem Buch erreicht!

Von wem dieses Buch ist

Bevor Sie sich mit mir auf die fotografische Reise durch die Nacht begeben, möchte ich Ihnen noch ein bisschen über mich erzählen. Im Jahre 1981 erblickte ich in der damaligen DDR das Licht der Welt. Die Fotografie entdeckte ich 18 Jahre später für mich, damals noch im analogen Zeitalter. Meine erste digitale Spiegelreflexkamera kaufte ich mir mit 25 – was natürlich großartige neue Möglichkeiten bot. Den Einstieg über die analoge Fotografie empfinde ich jedoch bis heute als großen Vorteil, da er mich dazu gebracht hat, mir vor jeder Aufnahme Gedanken über die Umsetzung zu machen und die Kameraeinstellungen bei jedem Bild zu hinterfragen, statt »wild draufloszuknipsen«. Das hilft mir auch heute noch bei meinen Bildern – wenngleich die technischen Möglichkeiten mittlerweile natürlich viel umfangreicher sind. Zur Nacht- und Astrofotografie kam ich dann eher zufällig im Jahre 2014, als ich mir einige Videobeiträge des bekannten Zeitrafferfotografen Gunther Wegner zusammen mit Patrick Ludolph (alias »Paddy«) anschaute. In ihrem »Fotoschnack« zeigten sie, wie sie mit normalem Fotoequipment den Mond, die Sterne und sogar ferne Nebel und Galaxien fotografieren. Nach diesem Anstoß war ich sofort vom Virus Astrofotografie infiziert und bin bis heute davon nicht mehr losgekommen. Ich habe daraufhin einen Großteil meiner Freizeit dafür genutzt, mehr über die Möglichkeiten dieses faszinierenden Bereichs der Fotografie zu erfahren, und habe viele Nächte mit meiner Kamera draußen in der Natur verbracht. Um dabei auch mehr über die Astronomie zu lernen, bin ich seit Anfang 2015 Mitglied im Verein der »Sternfreunde Braunschweig-Hondelage e. V.« in der Nähe meines Wohnorts.

Die Andromedagalaxie ist ca. 2,5 Millionen Lichtjahre entfernt. Sie ist bei guten Bedingungen bereits mit bloßem Auge als schwacher Nebelfleck am Himmel zu erkennen und lässt sich mit vergleichsweise einfachen Mitteln fotografieren.

200 mm (320 mm im Kleinbildformat) | f3,5 | 120 s (Einzelbild) | ISO 1 600 | 01. September, ca. 02:53–04:15 Uhr | nachgeführt mit iOptron SkyTracker

Hier habe ich viele sehr interessante Menschen kennengelernt, von denen mich einige heute noch auf meinen nächtlichen Fotoausflügen begleiten! Mittlerweile bin ich sehr häufig in meinem Campingbus unterwegs, um noch näher an den Fotospots sein zu können und auf den Komfort eines warmes Bettes, einer kleinen Küche und eines Tisches zur sofortigen Bildbearbeitung nicht verzichten zu müssen – aus meiner Sicht eine ideale Ergänzung zur Astrofotografie!

Die Nacht- und Astrofotografie ist mit ihrer Kombination aus Technik, Kreativität und Natur für mich mittlerweile ein nicht mehr wegzudenkender Ausgleich zu meinem Beruf als IT-Beraterin. Mit diesem Buch möchte ich nun all die Erfahrungen und Erkenntnisse, die ich im Bereich der Astrofotografie gesammelt habe, an Sie weitergeben.

Wenn Sie über dieses Buch hinaus noch mehr über mich und meine Erlebnisse erfahren möchten, so schauen Sie gern auf meiner Website *www.nacht-lichter.de* vorbei. Dort veröffentliche ich in regelmäßigen Abständen neue Reise- und Testberichte aus dem Bereich der Nacht- und Astrofotografie.

DOWNLOADS ZUM BUCH

Im Downloadbereich des Buches unter *www.rheinwerk-verlag.de/4918* finden Sie die Ausgangsbilder vieler Projekte des Buches sowie nützliche Zusatzinformationen wie die GPS-Koordinaten der Fotospots. Scrollen Sie nach unten bis zum Kasten und klicken Sie auf den Reiter MATERIALIEN ZUM BUCH. Bitte halten Sie Ihr Buchexemplar bereit, damit Sie die Materialien freischalten können. Beachten Sie, dass die Bilder ausschließlich zu Übungszwecken verwendet werden dürfen.

Ein paar Worte zur zweiten Auflage

Sie halten bereits die zweite Auflage dieses Buches über die Nacht- und Astrofotografie in den Händen. Die erste Auflage hat seit dem Erscheinen Anfang 2017 sehr großen Anklang unter den Fotografen gefunden und wurde schnell zum Bestseller. Der »Hype« um das Thema ist offenbar nach wie vor ungebrochen.

Mich erreichen seit der Veröffentlichung des Buches viele äußerst positive Rückmeldungen, was mich einerseits natürlich sehr freut und andererseits motiviert hat, die zweite Auflage noch einmal besser zu machen. Ich habe mir selbstverständlich auch Fragen und Kritik sehr zu Herzen genommen, so dass diese Neuauflage folgende Änderungen und Ergänzungen erfahren hat:

- Die Technik des Stackens von Astro-Landschaftsaufnahmen habe ich in einem zusätzlichen Projekt zur Milchstraßenfotografie detailliert beschrieben (ab Seite 202). Dabei gehe ich sowohl auf die verwendete Software und Vorgehensweise unter Windows als auch unter macOS ein.
- In einem zusätzlichen Exkurs habe ich die Nutzung einer Reisemontierung auf der Südhalbkugel detailliert beschrieben und mit eigenen Erfahrungen untermauert (ab Seite 327).
- Ein weiterer zusätzlicher Exkurs liefert Ihnen wertvolle Tipps zu einer Astrofotoreise auf die Kanareninsel La Palma (ab Seite 357).
- Es kamen neue Fotos hinzu und bestehende Fotos wurden teilweise neu bearbeitet.
- Alle Projekte, die den Umgang mit Apps und Software Schritt für Schritt beschreiben, wurden aktualisiert. Die Beschreibungen und Screenshots entsprechen dem aktuellen Stand zum Zeitpunkt der Erstellung der zweiten Auflage; auch, wenn die Projekte zeitlich in der Vergangenheit liegen.
- Generell habe ich neue Erkenntnisse, die ich seit Erscheinen der Erstauflage über Equipment, Aufnahme- und Bearbeitungstechniken sammeln konnte, in die überarbeiteten Texte einfließen lassen. Der Fokus liegt jedoch unverändert auf spektakulären Bildern ohne Spezialausrüstung.

AUFNAHMEDATEN

Unter den Bildern finden Sie in der Regel die Aufnahmedaten der Fotos. Nacheinander werden dort die Brennweite in Millimetern, die Blende, die Belichtungszeit, der ISO-Wert, das Datum und die Uhrzeit sowie weitere relevante Aufnahmeparameter genannt. Bitte beachten Sie dabei Folgendes: Wenn bei einem Bild nur eine Brennweite (z. B. 100 mm) aufgeführt wird, dann habe ich dieses Foto mit einer Vollformatkamera aufgenommen. Finden Sie in Klammern noch eine zweite Angabe zur Brennweite, habe ich das Foto mit einer Crop-Kamera aufgenommen. Die Zahl in Klammern entspricht dann der »umgerechneten« Brennweite im Kleinbildformat.

« *Dieses Foto entstand in einer denkwürdigen Nacht im Harz, die ich mit einigen Kollegen der »Sternfreunde Braunschweig-Hondelage« unter freiem Himmel verbrachte. Um uns herum tobten in sicherer Entfernung Gewitter, die sich eindrucksvoll mit dem Sternenhimmel darüber fotografieren ließen.*

24 mm | f2 | 13 s | ISO 400 | 05. Juli, 02:03 Uhr

KAPITEL 1

AUF ZU DEN STERNEN!

Machen Sie Ihre ersten Schritte in der Welt der Astrofotografie. Sie werden überrascht sein, welch faszinierende Aufnahmen Sie bereits ohne Vorwissen und ohne viel Planung machen können. In zwei ersten kleinen Einstiegsprojekten dreht sich zunächst alles um den Mond.

Etwas mehr als 50 Jahre ist es nun her, dass die ersten Menschen auf dem Mond landeten. Doch bereits vor mehr als 400 Jahren blickte Galileo Galilei mit einem der ersten Teleskope hinauf zum Mond. Die vielen Krater und Gebirge, die er dabei durch die 20-fache Vergrößerung sah, müssen ihn wohl schlichtweg sprachlos gemacht haben. Später gab es natürlich sehr viel modernere Instrumente, die eine komplette und detaillierte Kartierung des Mondes möglich machten. Aber auch wenn es heute schon zahlreiche hochauflösende Bilder der Mondoberfläche gibt, so ist es für Hobbyfotografen doch nach wie vor faszinierend, die ersten eigenen Aufnahmen unseres Erdtrabanten zu machen. Für mich war dies definitiv der Moment, in dem meine Begeisterung für die nächtliche Himmelsfotografie geweckt war. Und weil es dafür kein spezielles astronomisches Vorwissen braucht, kann ich auch Ihnen nur empfehlen, sich wie ich zunächst auf die fotografische Reise zum Mond zu begeben.

Projekt »Der Mond unter der Lupe«

Haben Sie schon einmal versucht, den Mond mit Ihrer Kamera zu fotografieren? Sollten Sie hierbei am Autofokus und am Automatikmodus Ihrer Kamera gescheitert sein

« *Nächtliche Landschaftsaufnahme des Sellastocks in den Dolomiten (Italien) im hellen Mondlicht*

24 mm | f2 | 10 s | ISO 800 | 21. Januar, 00:54 Uhr

und lediglich einen enttäuschenden hellen Fleck auf dem Bild gesehen haben, schauen Sie sich das folgende Projekt genauer an. Es ist schon mit einfachen Kameras zu realisieren und lässt Sie ebenso wie Galileo Galilei bei seiner ersten Mondbeobachtung über die Ergebnisse staunen!

Die Planung | Für eine erste erfolgreiche Detailaufnahme des Mondes bedarf es nur wenig Planung. Die beiden wichtigsten Faktoren sind dabei sicherlich das Wetter und die Mondphase, über die Sie im Rahmen der Grundlagen der Astronomie im Abschnitt »Mondphasen« ab Seite 77 mehr erfahren werden. An dieser Stelle möchte ich Ihnen lediglich empfehlen, sich nicht die Tage genau um den Vollmond herum für Ihre erste Mondaufnahme auszusuchen, sondern eher ein paar Tage vorher. In dieser Phase des zunehmenden Mondes können Sie die Krater und Gebirge auf dem Mond noch plastischer und beeindruckender aufnehmen als bei Vollmond. Suchen Sie sich also eine entsprechende Nacht aus, in der auch das Wetter mitspielt und einen wolkenfreien Blick auf den Mond ermöglicht.

Die Aufnahme | Für eine gelungene Mondaufnahme benötigen Sie nicht viel:

- Ein möglichst stabiles **Stativ** – auch wenn eine Mondaufnahme aufgrund der geringen Belichtungszeit zur Not sogar aus der Hand gelingen kann.
- Eine **Systemkamera** (eine Spiegelreflex oder eine Spiegellose) mit manueller Belichtungseinstellung – ideal sind hierbei Crop-Kameras, da sie bereits eine Ausschnittsvergrößerung während der Aufnahme mit sich bringen. Die Kamera sollte über einen Live View verfügen, damit Sie die Fokussierung und Belichtung möglichst genau einstellen können. Ein schwenkbares Display erhöht den Komfort, ist aber natürlich kein Muss.
- Ein **Teleobjektiv** mit einer möglichst großen Brennweite – hierbei ist die Lichtstärke eher nebensächlich. Ein 200- oder 300-mm-Teleobjektiv (oder mehr, falls vorhanden) ist für die Mondaufnahme bereits sehr gut geeignet. Besitzen Sie einen Telekonverter, so können Sie ihn selbstverständlich ebenfalls einsetzen, um die Brennweite zu erhöhen.
- Ein **Fernauslöser** – wobei hier auch der kamerainterne Selbstauslöser genutzt werden kann. Wichtig ist, dass die Kamera während der Auslösung möglichst ruhig steht.

Bevor Sie Ihr Equipment aufbauen, nehmen Sie folgende Grundeinstellungen an Ihrer Kamera vor – schauen Sie hierzu gegebenenfalls in Ihrem Kamerahandbuch nach:

- Aufnahmeformat: Raw (höchste Auflösung)
- Modus: M – manueller Modus (keine Belichtungsautomatik)
- ISO-Wert: gering (100 oder 200)
- Blende: mittlere Blende zwischen f5,6 und f11, je nach Mondhelligkeit
- Belichtungszeit: kurze Belichtungszeit zwischen 1/20 s und 1/250 s, je nach Mondhelligkeit
- Weißabgleich: wird später bei der Bearbeitung eingestellt und kann daher auf automatischer Weißabgleich (AWB) oder Tageslicht gestellt werden
- Displayhelligkeit: etwa 1/3
- Belichtungssimulation (im Live View): aktiv
- Spiegelvorauslösung: aktiviert (falls Ihre Kamera einen Spiegel besitzt)
- Auslöser: Fernauslöser oder Selbstauslöser mit mindestens 2 s Vorlauf
- Autofokus: kann zunächst aktiviert bleiben
- Bildstabilisator (falls vorhanden): deaktivieren

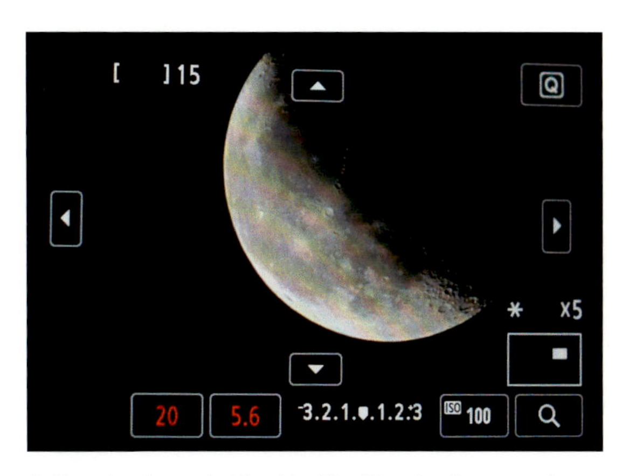

Der abnehmende Mond im Live View der Kamera mit 5-facher Vergrößerung. (Die farbigen Streifen auf dem Mond ließen sich leider nicht verhindern, da ich den Live View im Dunkeln abfotografierte.)

Anschließend gehen Sie nach draußen an einen Standort mit Blick auf den Mond und setzen Ihre Kamera auf das Stativ. Führen Sie dann die folgenden Schritte durch:

1. Stellen Sie den Objektivfokus in etwa auf Unendlich. Die Feinjustierung erfolgt später.
2. Platzieren Sie den Mond zunächst etwa vertikal mittig in der linken Bildhälfte im Sucher der Kamera, und fixieren Sie diese Position auf dem Stativkopf.
3. Aktivieren Sie den Live View der Kamera, und stellen Sie die maximale Vergrößerung (z. B. »×10«) ein. Hierbei sollten Sie die Hell-Dunkel-Grenze mit den Kratern in den Fokusbereich setzen.
4. Stellen Sie die genaue Belichtungszeit anhand des Live-View-Bildes ein, wobei die Mondoberfläche nicht als überstrahlter Bereich, sondern mit entsprechender Struktur dargestellt sein sollte.
5. Fokussieren Sie nun exakt in der maximalen Vergrößerung der Live-View-Ansicht. Häufig liefert der Autofokus auf einen stark strukturierten Bereich des Mondes bereits einen guten Ausgangspunkt. Vor der eigentlichen Aufnahme sollte der Autofokus jedoch deaktiviert sein. Achten Sie außerdem darauf, dass die Krater des Mondes auf jeden Fall möglichst scharf im Display erscheinen.
6. Verlassen Sie den Live-View-Modus der Kamera, und lösen Sie die Aufnahme aus. Dies kann durch einen Fernauslöser oder alternativ mit Hilfe des Selbstauslösers der Kamera geschehen. Im Falle eines Selbstauslösers sollte dieser jedoch einen Vorlauf von mindestens 2 Sekunden haben, um Schwingungen während der Aufnahme möglichst zu verhindern.
7. Kontrollieren Sie die Aufnahme über die maximale Vergrößerung der Bildvorschau der Kamera. Wichtig ist neben der Schärfe auch die Helligkeit der Mondoberfläche. Es sollten keine Stellen überbelichtet sein, was Sie z. B. mit Hilfe des Histogramms oder der Überbelichtungswarnung in der Kamera überprüfen können.

Machen Sie auf diese Weise ruhig mehrere Aufnahmen, und suchen Sie sich später am PC die beste heraus. Vergleichen Sie außerdem – falls Sie eine Spiegelreflexkamera besitzen – die Schärfe der Aufnahme mit aktivierter Spiegelvorauslösung und alternativ aktiviertem Live View ohne Spiegelvorauslösung. Hier verhalten sich verschiedene Kameras durchaus unterschiedlich. Auch mit den Einstellungen können Sie natürlich ein bisschen experimentieren, wobei Sie einen zu hohen ISO-Wert (Rauschen) sowie zu lange Belichtungszeiten (Bewegungsunschärfe) vermeiden sollten. Beim Betrachten des Live Views in maximaler Vergrößerung ist Ihnen nämlich sicherlich aufgefallen, dass sich der Mond sichtbar bewegt hat – bis er irgendwann vielleicht sogar ganz aus dem Bild »gewandert« ist und Sie die Kamera auf dem Stativ neu ausrichten mussten. Diese scheinbare Bewegung des Mondes ist auch der Grund, weshalb zu lange Belichtungszeiten – durchaus schon ab 1/20 Sekunde – im Telebereich zu Bewegungsunschärfen führen können.

Die Bearbeitung | Nun wird es spannend, und Sie können Ihre Aufnahmen zum ersten Mal am großen Monitor betrachten. Sicher ist Ihnen schon am Kameradisplay aufgefallen, wie gut Sie die Mondkrater auf dem Bild erkennen können. Der Grund dafür ist die korrekte Belichtung, die Sie unter Nutzung des Automatikmodus der Kamera meist nicht erreichen – so dass der Mond in diesem Fall lediglich als gleißend heller Punkt auf dem Bild erscheint.

Auf Ihren Aufnahmen sollte der Mond jedoch klar strukturiert abgebildet sein, und insbesondere die Krater an der Hell-Dunkel-Grenze sollten besonders plastisch wirken. Wenn Sie die Belichtung und Schärfe während der Aufnahme bereits gut getroffen haben, so ist in der Nachbearbeitung eigentlich nicht mehr viel zu tun. Bei meinen Mondfotos nehme ich meist lediglich folgende Bearbeitungsschritte in Adobe Lightroom (siehe den Abschnitt »Nützliche Apps und Software« ab Seite 64) vor: Zuschnitt, Weißabgleich, Strukturen und Schärfe.

Zuschnitt | Selbst wenn Sie mit einer großen Brennweite an einer Crop-Kamera gearbeitet haben, wird der Mond im Gesamtbild noch relativ klein und verloren wirken. Nehmen Sie daher als Erstes einen Beschnitt vor, der Ihren Mond beeindruckender ins Bild setzt. Je stärker der Beschnitt, desto mehr Auflösung geht dabei natürlich auch verloren. Da die meisten modernen Kameras

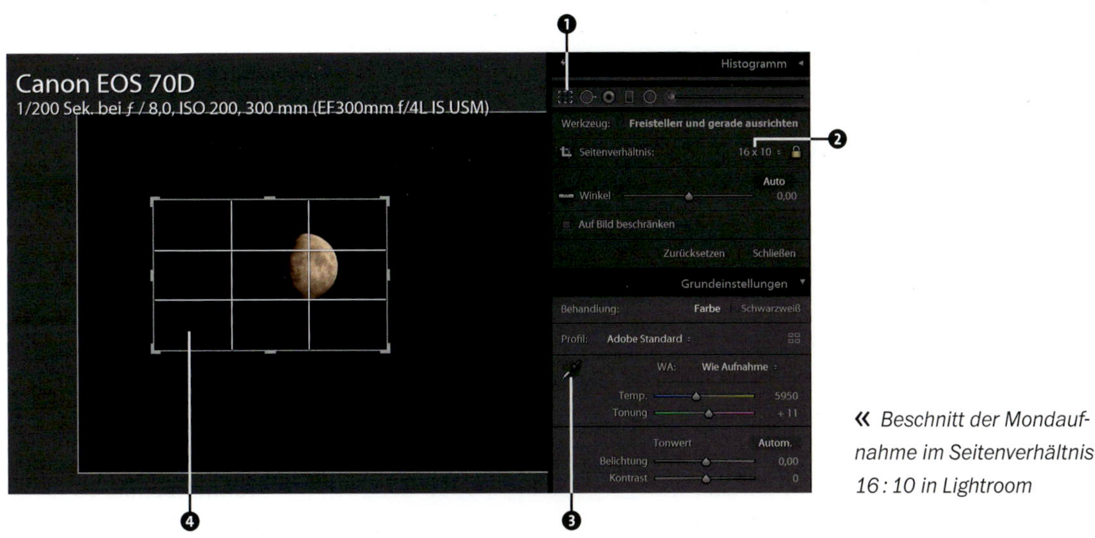

« *Beschnitt der Mondaufnahme im Seitenverhältnis 16 : 10 in Lightroom*

aber bereits Auflösungen von mehr als 20 Megapixeln bieten, ist dies für eine Präsentation am Bildschirm noch zu verkraften. Ein formatfüllender Mond kann aber durchaus bedeuten, dass das finale Bild keine 1 000 × 1 000 Pixel mehr umfasst – für einen Posterdruck ist es damit also nicht mehr geeignet. Was jedoch sehr gut funktioniert, ist die Erstellung eines Hintergrundbildes für den PC, das Tablet oder Smartphone. Wählen Sie dazu im ENTWICKELN-Modul von Lightroom im Freistellungswerkzeug ❶ ein Seitenverhältnis ❷, das zu Ihrem Bildschirm passt (z. B. 16 : 9 oder 16 : 10), und ziehen Sie einen entsprechenden Rahmen ❹ um den gewünschten Bildausschnitt. Ein Doppelklick auf den markierten Bildausschnitt schneidet Ihr Bild dann auf die gewünschte Größe zu.

Weißabgleich | Egal, welchen Weißabgleich Sie bei der Aufnahme eingestellt haben, den korrekten natürlichen Farbton des Mondes werden Sie wahrscheinlich nicht getroffen haben. Dies stellt bei einer Raw-Aufnahme aber kein Problem dar. Nutzen Sie dazu in den GRUNDEINSTELLUNGEN einfach die Pipette für die Weißabgleichsauswahl ❸, und markieren Sie damit eine Stelle auf dem Mond mit einer mittleren Helligkeit. Dies führt in der Regel zu einem mittleren Grauton, der in etwa der natürlichen Färbung des Mondes entspricht. Um dem Mond noch etwas mehr Wärme zu verleihen, können Sie die Farbtemperatur noch etwas erhöhen. Achten Sie nur darauf, dass er nicht zu gelb und somit unnatürlich wird.

Strukturen | Anschließend können Sie die Strukturen der Mondoberfläche noch mittels anderer Grundeinstellungen weiter herausarbeiten. Ein Anheben des Kontrastes und der Klarheit ist hierbei beispielsweise sehr wirkungsvoll. Übertreiben Sie es beim Experimentieren ruhig auch mal, um ein Gefühl für die Wirkung der einzelnen Regler zu bekommen. Stellen Sie diese schlussendlich aber wieder auf einen Normalwert zurück, und achten Sie auf eine ausgewogene Belichtung.

Schärfe | Abschließend können Sie versuchen, das Bild in der 100 %-Ansicht unter DETAILS ❺ noch ein wenig nachzuschärfen, wobei es leicht zur Überschärfung kommt. Übertreiben Sie es daher auch hier nicht.

« *Weitere Bearbeitung der zugeschnittenen Mondaufnahme in Lightroom*

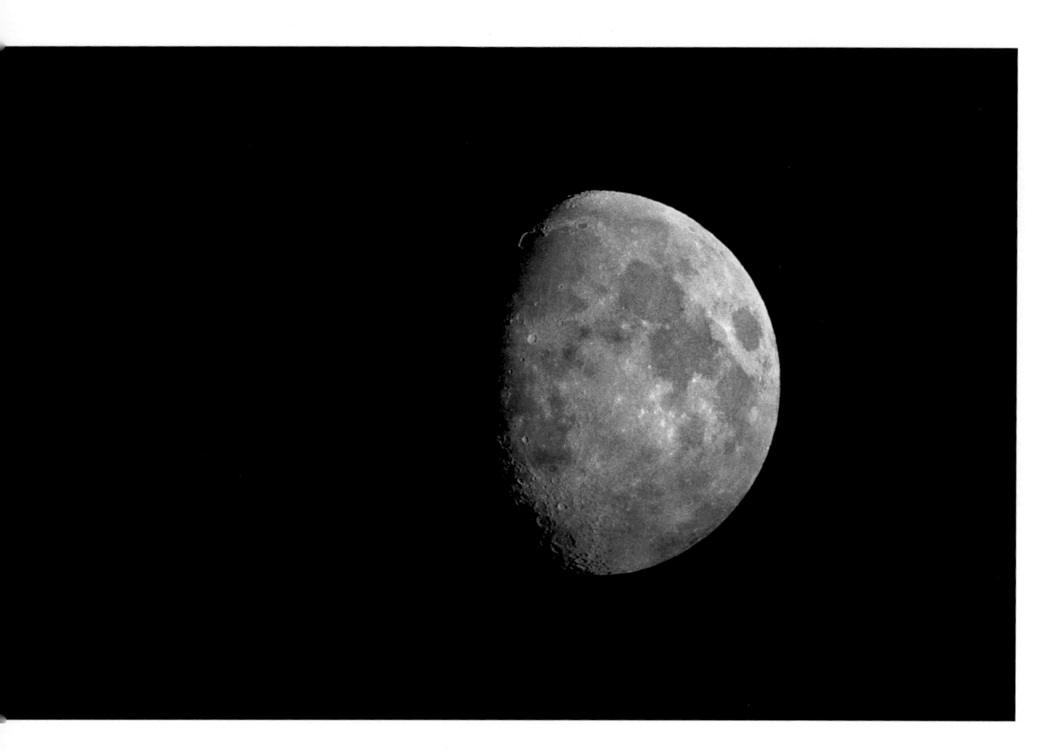

« Detailaufnahme des Mondes als Desktop-Hintergrundbild. Die Aufnahme entstand zehn Tage nach Neumond und zeigt eindrucksvoll die Krater und Gebirge auf der Mondoberfläche. Zu erkennen ist außerdem eine Besonderheit, die nur für wenige Stunden im Monat zu sehen ist: der »Goldene Henkel« (links oben). Näheres dazu erfahren Sie später in diesem Buch auf Seite 79.

300 mm (480 mm im Kleinbildformat) | f8 | 1/200 s | ISO 200 | 02. November, 20:15 Uhr

Sind Sie mit dem Ergebnis zufrieden, können Sie das Bild schließlich unter dem Menüpunkt Datei • Exportieren speichern und haben ein sehr beeindruckendes – und vor allem selbstgemachtes – Hintergrundbild, das Sie täglich an Ihre vielleicht erste Astroaufnahme erinnert.

Projekt »Die Nacht zum Tag machen«

Vielleicht waren Sie schon einmal bei Vollmond draußen unterwegs und haben festgestellt, wie hell Ihre Umgebung durch das Mondlicht war. Dieser Effekt wirkt auf Fotos noch sehr viel stärker und beeindruckender, was Sie in diesem zweiten kleinen Projekt auch selbst ausprobieren können.

Die Planung | Es bedarf keiner großen Planung: Sie sollten sich eine mehr oder weniger wolkenfreie Nacht in der Zeit rund um den Vollmond aussuchen. Der Mond sollte auf jeden Fall von Ihrem Standort aus sichtbar und nicht von dichten Wolken, Bäumen oder Ähnlichem verdeckt sein. Das Motiv selbst spielt dabei erst einmal keine so große Rolle, da es zunächst nur darum geht, den Einfluss des Mondlichtes auf die Nachtfotografie kennenzulernen. Allerdings sollten Sie sich möglichst einen Ort ohne künstliche Lichtquellen aussuchen – also beispielsweise einen See oder eine Wiese abseits der Stadtlichter. Je näher der Tag bzw. die Nacht Ihrer Aufnahme dabei am Vollmond liegt, desto stärker werden Sie den Effekt der Aufhellung durch das Mondlicht erleben.

Die Aufnahme | Ähnlich wie für die Detailaufnahme des Mondes benötigen Sie auch für dieses Projekt kein besonderes Equipment. Ihre Kamera sollten Sie dieses Mal mit einem möglichst weitwinkligen Objektiv bestücken und wieder auf einem Stativ befestigen. Einen Fernauslöser mit der Möglichkeit der Langzeitbelichtung sollten Sie ebenfalls dabeihaben, falls die 30 Sekunden, die die meisten Kameras als maximale Belichtungszeit im manuellen Modus bieten, nicht ausreichen. Wählen Sie für Ihre Aufnahme zunächst eine Blickrichtung, bei der sich der Mond hinter oder seitlich von Ihnen befindet und die Landschaft vor Ihnen »beleuchtet«. Eine Taschenlampe hilft bei der groben Orientierung und natürlich auch auf dem Weg zur Foto-Location.

Die Grundeinstellungen der Kamera können Sie bereits zu Hause einrichten, dann müssen Sie draußen im Dunkeln nicht so lange hantieren:

- Aufnahmeformat: Raw (höchste Auflösung)
- Modus: M – manueller Modus (keine Belichtungsautomatik)
- ISO-Wert: hoch (mindestens 800)
- Blende: größte Blendenöffnung Ihres Objektivs (kleinste Zahl), z. B. f2,8
- Belichtungszeit: zunächst 20 Sekunden
- Weißabgleich: wird später bei der Bearbeitung eingestellt und kann daher auf automatischer Weißabgleich (AWB) oder Tageslicht gestellt werden
- Displayhelligkeit: etwa 1/3
- Belichtungssimulation (im Live View): aktiv
- Spiegelvorauslösung: deaktiviert (falls Ihre Kamera einen Spiegel besitzt)
- Auslöser: Fernauslöser oder Selbstauslöser
- Autofokus: kann zunächst aktiviert bleiben
- Bildstabilisator (falls vorhanden): deaktivieren

Diese Aufnahme entstand bei zunehmendem Mond fünf Tage vor Vollmond am bayerischen Sylvensteinstausee. Vom See war aufgrund eines dichten Nebels von meinem Standpunkt auf einer Brücke nicht viel zu sehen. Allerdings erzeugte dieser Nebel unter mir zusammen mit dem hellen Mondlicht und der eisigen Nacht eine einmalig mystische Stimmung.

24 mm | f2 | 10 s | ISO 1 600 | 14. Februar, 22:06 Uhr | zweizeiliges Panorama aus acht Einzelaufnahmen

Haben Sie Ihre Kamera positioniert und ausgerichtet, heißt es nun noch, den Fokus einigermaßen korrekt einzustellen. Zu den verschiedenen Methoden, für nächtliche Landschaftsaufnahmen einen idealen Fokus einzustellen, erfahren Sie im Abschnitt »Fokussieren bei Nacht« ab Seite 104 Näheres, so dass an dieser Stelle zunächst das folgende Verfahren genügen soll: Leuchten Sie mit Ihrer Taschenlampe etwas in Ihrer Nähe an, und versuchen Sie, darauf mittels Autofokus scharfzustellen. Sollte dies nicht klappen, aktivieren Sie wieder den Live View Ihrer Kamera und vergrößern im Display den Bereich, den Sie mit der Taschenlampe anstrahlen. Fokussieren Sie dann bei ausgeschaltetem Autofokus manuell auf diesen Bereich, und schalten Sie die Taschenlampe wieder aus. Statt mit Hilfe der Taschenlampe können Sie natürlich auch versuchen, den Fokus wieder anhand des Mondes auf Unendlich zu stellen. In jedem Fall müssen Sie jedoch den Autofokus vor der Aufnahme wieder deaktivieren. Im Endeffekt sollen die Sterne scharf werden. Welche Methoden es dafür gibt, lernen Sie im weiteren Verlauf des Buches kennen. Für ein erstes Projekt reicht die hier beschriebene Vorgehensweise.

Nun sollten Sie, je nach Umgebungshelligkeit und Lichtstärke Ihres Objektivs, ein wenig mit der Belichtungszeit und der ISO-Zahl experimentieren. Beginnen Sie zunächst mit den genannten Einstellungen von ISO 800 und 20 Sekunden, und schauen Sie sich das Ergebnis auf dem Kameradisplay an. Können Sie bereits die Landschaft deutlich erkennen? Falls nicht, erhöhen Sie zunächst die Belichtungszeit – ruhig auch mit Hilfe des Fernauslösers auf über eine Minute im Bulb-Modus Ihrer Kamera –, bis Sie ein mehr oder weniger taghelles Bild im Display sehen. Sollten Sie dies schon bei 20 Sekunden oder weniger sehen, so reduzieren Sie die ISO-Zahl noch ein wenig oder schließen bewusst die Blende, um gezielt eine Belichtungszeit von mehr als einer Minute zu erreichen. Wenn Sie bei einer solchen Aufnahme den Bereich des Sternenhimmels im Display maximal vergrößern, werden Sie feststellen, dass die Sterne nicht mehr punktförmig, sondern als Striche erscheinen. Diesem Effekt werde ich mich im Abschnitt »Langzeitbelichtung« ab Seite 107 widmen.

Zuletzt sollten Sie noch das Rauschverhalten Ihrer Kamera testen, indem Sie die ISO-Zahl sukzessive nach oben drehen, während Sie die Belichtungszeit entsprechend verkürzen. Gehen Sie dabei ruhig auch mal in höhere ISO-Bereiche von 3 200 oder 6 400.

Die Bearbeitung | Auf die Bearbeitung der Aufnahmen möchte ich an dieser Stelle bewusst nicht detailliert eingehen, da sie sich eigentlich nicht so sehr von der Bearbeitung von Landschaftsaufnahmen bei Tag unterscheidet. Versuchen Sie daher, Ihre Mondlichtfotos einfach einmal so zu bearbeiten, als wären es normale Tagaufnahmen. Sie werden sicherlich ebenso verblüfft sein, wie taghell eine Nachtaufnahme durch eine entsprechende Langzeitbelichtung wirken kann. Häufig verraten nur die Sterne am Himmel, dass es sich um eine Aufnahme handelt, die mitten in der Nacht entstanden ist. Diesen Effekt können Sie insbesondere in landschaftlich spektakulären Gegenden, wie beispielsweise im Gebirge, kreativ und eindrucksvoll nutzen. Verstärken können Sie die Leuchtkraft Ihrer Bilder durch eine Reduzierung der Lichter bei einer gleichzeitigen Erhöhung des Weißwertes. Auch eine etwas erhöhte Klarheit und Dynamik verleihen Ihrem Bild meist eine noch intensivere Wirkung.

Insgesamt sollten Sie bei dieser Übung schon etwas mehr über das Verhalten Ihrer Kamera in der Nacht gelernt haben. So haben Sie beispielsweise das Bildrauschen bei unterschiedlichen ISO-Werten am PC vergleichen können. Außerdem sollten Sie einen Eindruck davon bekommen haben, wie gut (oder schlecht) Sie über den Live View Ihrer Kamera im Dunkeln arbeiten können. All dies wird in späteren Projekten dieses Buches relevant werden, wobei es schwer ist, hierfür allgemeingültige Regeln zu finden. Zu verschieden sind die unterschiedlichen Kameramodelle und Objektive. Lernen Sie daher Ihre eigene Kamera mit ihren Stärken und Schwächen in den verschiedenen Projekten genauer kennen und gezielt einzusetzen.

Zum Schluss noch ein Tipp: Heben Sie sich die Bilder dieser Nacht auf jeden Fall auf – entweder um sie später mit neuem Wissen erneut zu bearbeiten oder einfach als Erinnerung an Ihre ersten nächtlichen Landschaftsaufnahmen im Mondschein.

In einer kalten Januarnacht bei −12 Grad entstand diese Aufnahme des Latemargebirgszuges am Ufer des Karersees in den Dolomiten, drei Tage vor Vollmond. Der Schnee auf den Bergen verstärkt die Reflexion des Mondlichts und verleiht dem Bild eine besondere Leuchtkraft.

24 mm | f2 | 4 s | ISO 3 200 | 21. Januar, 04:30 Uhr

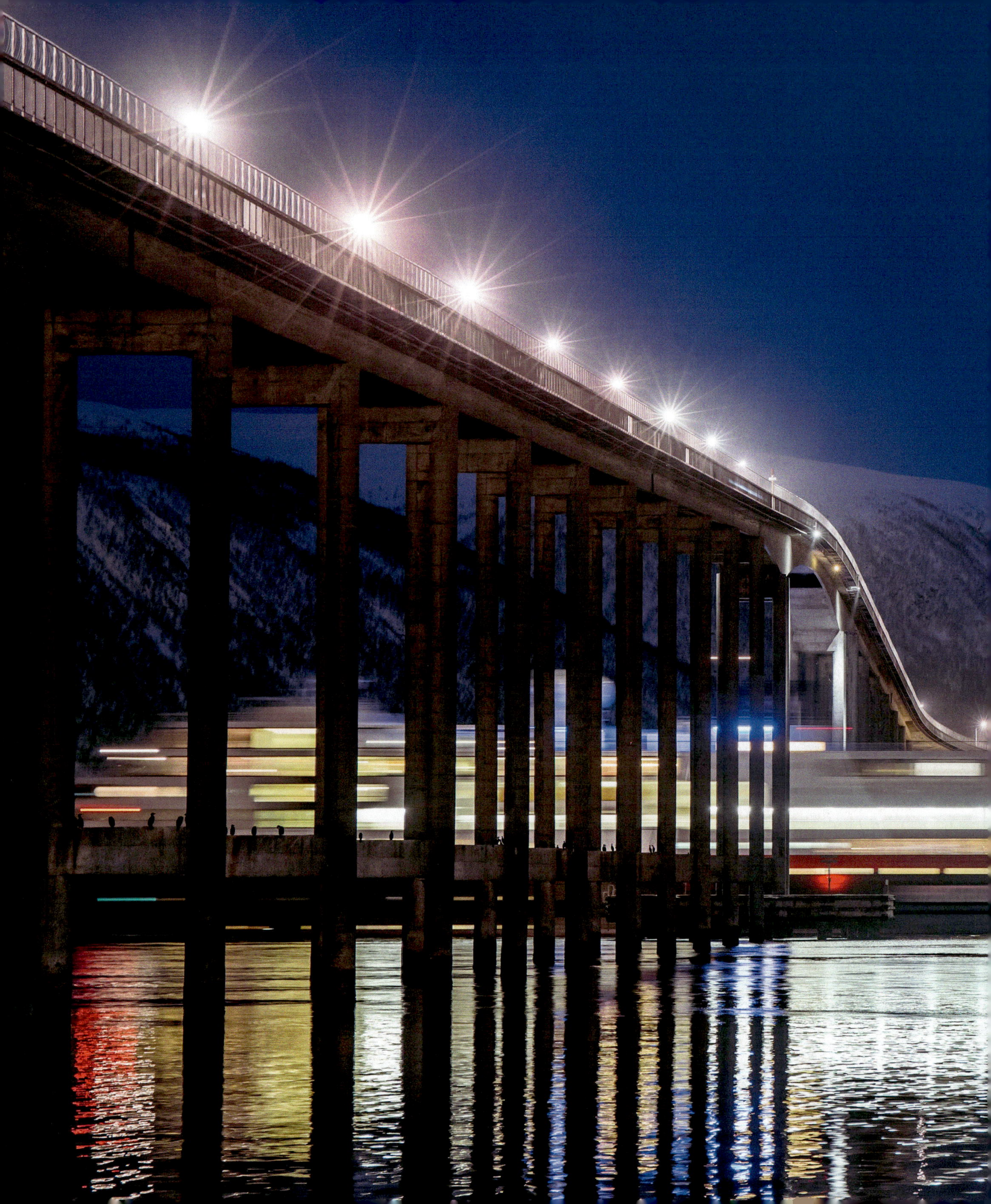

TEIL I

GRUNDKURS ASTROFOTOGRAFIE

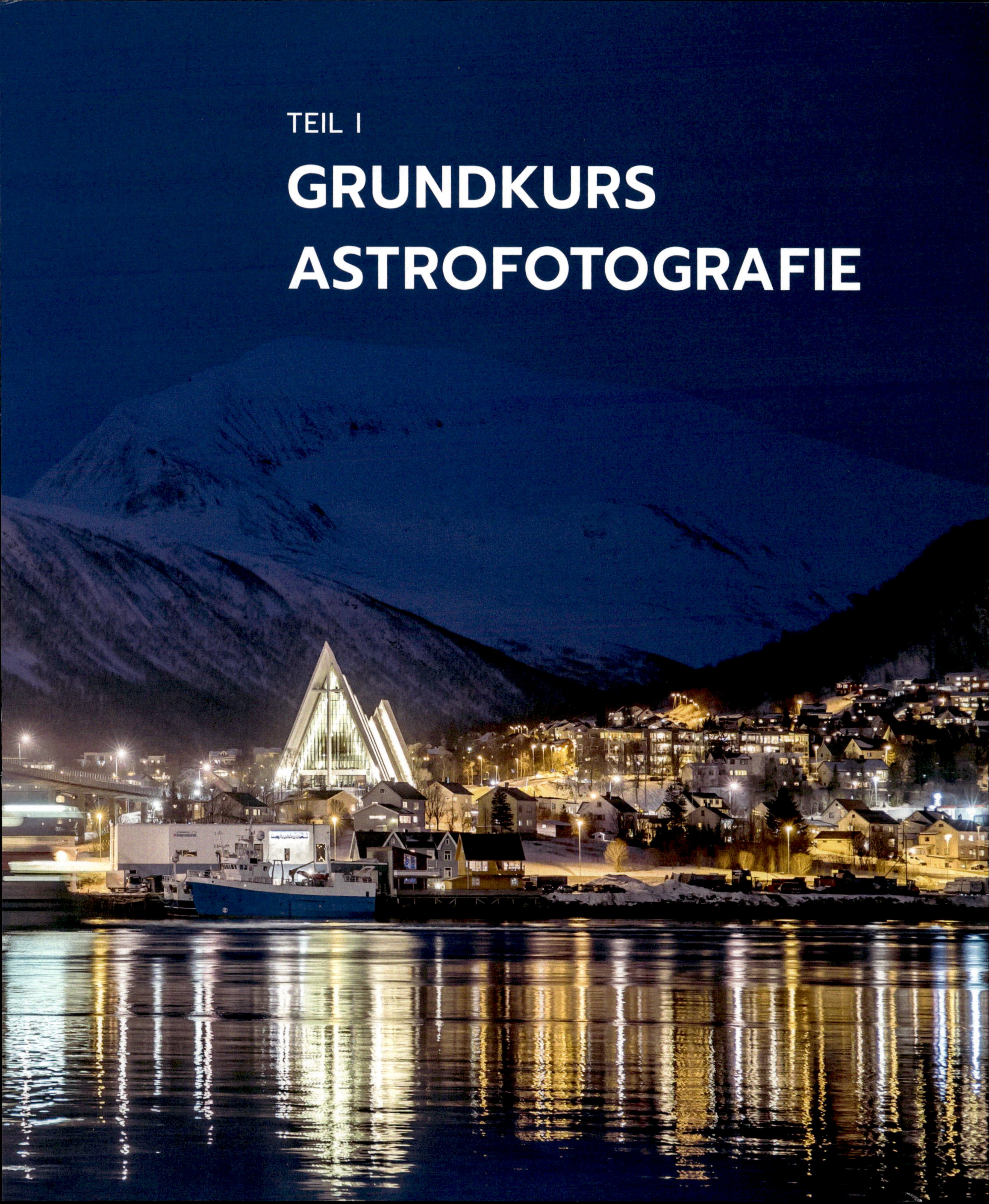

KAPITEL 2

DIE RICHTIGE AUSRÜSTUNG

Die Nacht- und Astrofotografie ist ein besonderes Genre der Fotografie, das sowohl an Sie als Fotograf als auch an Ihr Werkzeug ganz eigene Ansprüche stellt. Im Vergleich zur Tagfotografie kommt es dabei sehr viel stärker auf die richtige Ausrüstung und vor allem ihren gezielten Einsatz an. Vermutlich werden Sie aber überrascht sein, mit welch vergleichsweise einfachen Mitteln Sie bereits faszinierende Fotos machen können. Dieses Kapitel gibt Ihnen wertvolle Hinweise, worauf es bei der Wahl des Equipments ankommt. So können Sie für sich und Ihre vielleicht schon bestehende Fotoausrüstung die Möglichkeiten und Grenzen ausloten und daraufhin Ihre Prioritäten für zukünftige Neuanschaffungen setzen.

Grundsätzlich benötigen Sie für Ihre Aufnahmen bei Nacht eigentlich nur drei wesentliche Komponenten: eine Kamera, ein Objektiv und ein Stativ. Auf die Auswahlkriterien dieser drei »Hauptzutaten« gehe ich daher in diesem Kapitel detailliert ein. Darüber hinaus gebe ich Ihnen Tipps für weiteres Fotozubehör, das sich für mich als äußerst hilfreich erwiesen hat. Zum Schluss werden Sie in diesem Kapitel noch die wichtigsten Apps für Smartphones, Tablets und PC/Mac kennenlernen, von denen viele im Rahmen der Projekte dieses Buches Anwendung finden. Wichtig ist, dass ich in diesem Kapitel keine Kaufberatung machen kann und möchte. Wenn ich konkretes Equipment empfehle, dann weil ich es in der Regel selbst besitze oder getestet habe. Zudem kann ich natürlich nur Dinge berücksichtigen, die zum Zeitpunkt der Buchentstehung erhältlich waren. Informieren Sie sich daher am besten immer über die aktuelle Technik, wenn Sie vor einer Anschaffung stehen.

Was brauche ich wofür?

Eine Orientierung, welche Themengebiete der Nacht- und Astrofotografie Sie mit welchem Equipment realisieren können, bietet Ihnen die Tabelle auf der rechten Seite. Damit können Sie Ihren Einstieg in dieses spannende Genre der Fotografie entsprechend Ihrer heutigen und vielleicht zukünftigen Ausrüstung planen.

Lesebeispiel für die Tabelle: Wenn Sie eine Sternstrichspuraufnahme (Startrail) machen möchten, dann brauchen Sie zwingend ein Stativ und einen Fernauslöser (*). Ansonsten lässt sich diese Aufnahme sowohl mit einer Crop- als auch mit einer Vollformatkamera realisieren. Das Kit-Objektiv eignet sich zwar dafür, ist aber aufgrund des geringen Weitwinkels nicht optimal (gelb markiert). Ein lichtstarkes Weitwinkelobjektiv ist hingegen ideal dafür geeignet (grün). Mit einem Teleobjektiv würden Sie nur einen sehr geringen Ausschnitt des Himmels fotografieren, so dass dies nicht sinnvoll genutzt werden kann (rot). Eine astromodifizierte Kamera können Sie zwar verwenden, sie bringt jedoch keinen besonderen Vorteil. (Mehr zur Astromodifikation erfahren Sie in Kapitel 14, »Weiterführendes Equipment«.) Eine Nachführung ist nicht sinnvoll, da Sie bei einem Startrail ja bewusst Strichspuren erzeugen wollen.

Kamera

Die Entwicklung der Spiegelreflexkameras und auch spiegellosen Kameras hat in den letzten Jahren rasante

Themengebiet/Projekte	Basisausrüstung							Erweiterte Ausrüstung	
	Stativ	Crop-Kamera	Vollformat-Kamera	Kit-Objektiv (18–55 mm)	Lichtstarkes Weitwinkel-objektiv	Teleobjektiv (>100 mm)	Fernauslöser mit Timer	Astro-modifizierte Kamera	Nachführung
Blaue Stunde	sehr gut *	sehr gut	sehr gut	sehr gut	sehr gut	nicht optimal	sehr gut	nicht optimal	nicht sinnvoll
Landschaft im Mondschein	sehr gut *	sehr gut	sehr gut	sehr gut	sehr gut	nicht sinnvoll	sehr gut	nicht optimal	nicht sinnvoll
Nahaufnahme des Mondes	sehr gut	sehr gut	nicht optimal	nicht optimal	nicht sinnvoll	sehr gut	sehr gut	sehr gut	sehr gut
Polarlichter	sehr gut *	nicht optimal	sehr gut	nicht optimal	sehr gut	nicht sinnvoll	sehr gut	nicht optimal	nicht sinnvoll
Meteore	sehr gut *	nicht optimal	sehr gut	nicht optimal	sehr gut	nicht sinnvoll	sehr gut *	sehr gut	sehr gut
Milchstraße	sehr gut *	nicht optimal	sehr gut	nicht optimal	sehr gut	nicht sinnvoll	sehr gut	sehr gut	sehr gut
Leuchtende Nachtwolken	sehr gut *	sehr gut	sehr gut	sehr gut	sehr gut	sehr gut	sehr gut	nicht optimal	nicht sinnvoll
Startrails	sehr gut *	sehr gut	sehr gut	nicht optimal	sehr gut	nicht sinnvoll	sehr gut *	sehr gut	nicht sinnvoll
Verlauf der Mondfinsternis	sehr gut *	sehr gut	sehr gut	nicht optimal	nicht sinnvoll	sehr gut	sehr gut *	sehr gut	sehr gut
ISS-Überflug	sehr gut *	sehr gut	sehr gut	sehr gut	sehr gut	nicht sinnvoll	sehr gut *	sehr gut	sehr gut *
Deep Sky	sehr gut *	sehr gut	sehr gut	nicht optimal	nicht sinnvoll	sehr gut	sehr gut *	sehr gut	sehr gut *

Diese Tabelle gibt Ihnen eine Orientierung darüber, mit welcher Ausrüstung Sie welche Themengebiete/Projekte dieses Buches realisieren können. Für viele Aufnahmen genügen bereits ein Stativ, eine Einsteiger-Crop-Kamera und ein Kit-Objektiv.

sehr gut realisierbar — *nicht optimal realisierbar* — *nicht sinnvoll realisierbar*

* *unbedingt notwendig*

Fortschritte gemacht. Dem ist es zu verdanken, dass die Nacht- und Astrofotografie heute vielen Hobbyfotografen offensteht und somit immer mehr an Popularität gewinnt. Nun gibt es eine Vielzahl von Kameramodellen, mit denen Sie beeindruckende Aufnahmen in der Dunkelheit machen können – und jedes Jahr kommen viele neue Modelle mit neuen interessanten Features hinzu. Daher soll es hier weniger um konkrete Modelle gehen als vielmehr um die Eigenschaften, die eine Kamera für das Fotografieren bei Nacht haben sollte, um Ihnen als Fotograf das Leben leichter zu machen. Wenn Sie also schon eine Kamera besitzen, können Sie ihre »Tauglichkeit« für die Astrofotografie anhand der folgenden Kriterien schon recht gut einschätzen. Stehen Sie hingegen vor einer Neuanschaffung und möchten sich ernsthaft mit diesem Genre auseinandersetzen, sollten Sie diese Überlegungen auf jeden Fall in Ihre Kaufentscheidung einbeziehen!

Neu oder gebraucht?

Bevor ich auf die verschiedenen Kriterien eingehe, zunächst ein genereller Denkanstoß: Es gibt mittlerweile schon seit vielen Jahren sehr gute Kameras, die noch heute hervorragende Ergebnisse in der Astrofotografie liefern. Viele »neue« Features wie ein schneller Autofokus, eine hohe Auflösung oder 4K-Video sind für die Nachtfotografie hingegen weniger relevant – oder sogar kontraproduktiv, wie Sie in den folgenden Abschnitten sehen werden. Daher ist es durchaus eine Überlegung wert, statt zu einem neuen, »modernen« Modell lieber zu einer etwas älteren Kamera zu greifen, die insbesondere auf dem Gebrauchtmarkt für Spiegelreflexkameras vergleichsweise günstig ist. Ein gutes Beispiel dafür ist die Canon EOS 6D. Sie kam im Januar 2013 auf den Markt, stellt aber trotzdem noch meine meistgenutzte Kamera in der Astrofotografie dar. Auch ein Großteil der Bilder in diesem Buch ist mit dieser Kamera entstanden. Gebraucht ist sie aufgrund des Nachfolgermodells häufig schon für 500–600 € zu bekommen, was den Einstieg ins Vollformat deutlich attraktiver macht als eine neue Kamera für mehr als 2 000 €. Ähnlich verhält es sich mit der Nikon D750. Nach meiner Erfahrung ist eBay Kleinanzeigen eine sehr gute Möglichkeit, bei persönlicher Abholung nicht »die Katze im Sack« kaufen zu müssen. Machen Sie daher ruhig ein paar Probeaufnahmen, und prüfen Sie die Anzahl der Auslösungen, bevor Sie einen solchen Kauf ohne Garantie eingehen.

Vollformat- oder Crop-Kamera?

Die erste grundsätzliche Entscheidung bei der Wahl der Kamera ist sicherlich die Sensorgröße. Die meisten Einsteiger beginnen mit einer sogenannten *Crop-Kamera* (z. B. bei Canon »APS-C«, bei Nikon »DX« genannt), die gegenüber einer Vollformatkamera einen etwas kleineren Sensor hat. Crop-Kameras sind nicht grundsätzlich »schlechter« als Vollformatkameras, es kommt vielmehr auf den Einsatzzweck an.

Crop-Faktor | Eine wichtige Eigenschaft einer Crop-Kamera ist ihr sogenannter *Verlängerungs-* oder *Crop-Faktor*. Dieser ergibt sich, da durch den kleineren Sensor nur ein bestimmter Teil des Bildes vom Objektiv auf die Sensorebene projiziert wird. Einen ähnlichen Effekt erzielen Sie, wenn Sie ein Bild in der Nachbearbeitung beschneiden, nur dass Sie dabei natürlich an Auflösung verlieren. Die Brennweite eines Objektivs verlängert sich also scheinbar, wenn Sie es an einer Crop-Kamera verwenden.

Ein 200-mm-Objektiv an einer Kamera mit APS-C-Sensor hätte daher bei einem Verlängerungsfaktor von 1,6 (Canon) eine Brennweite von 320 mm, wenn man es auf das frühere Kleinbildformat oder heutige Vollformat umrechnet. Dies ist beispielsweise in der Sport- und Tierfotografie durchaus hilfreich und erwünscht. Auch in der Astrofotografie können Sie sich diese Eigenschaft zunutze machen, nämlich beim Fotografieren des Mondes oder bei sogenannten *Deep-Sky-Aufnahmen* von fernen Galaxien und Nebeln.

Direkter Vergleich einer Kamera mit Vollformatsensor (links) und einer mit dem kleineren APS-C-Sensor (rechts). Vollformatsensoren haben die Größe des 35-mm-Kleinbildfilms, also etwa 24 × 36 mm. Diese beiden Kameras sind zwar bereits etwas älter (2013), ich nutze sie jedoch noch heute sehr gern in der Astrofotografie! Einsteiger können mit gebrauchten Modellen sicherlich das eine oder andere Schnäppchen machen. (Bilder: Canon)

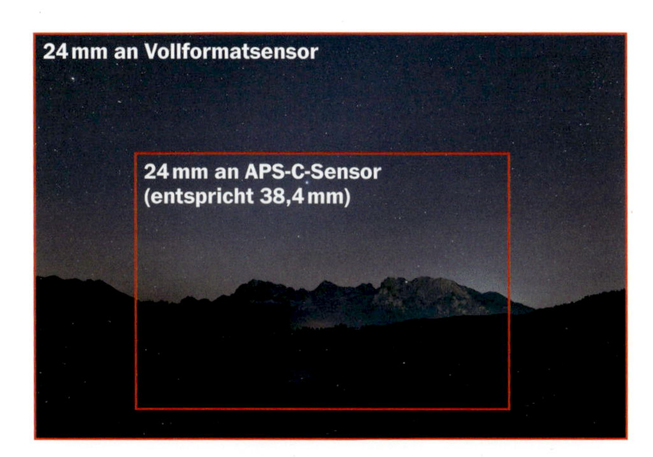

Direkter Vergleich des Bildausschnitts bei der Verwendung des gleichen 24-mm-Objektivs an einer Vollformat- und einer Crop-Kamera. Der Unterschied ist gravierend.

Hier werden nämlich möglichst große Brennweiten eingesetzt, um die weit entfernten, kleinen Objekte möglichst groß aufs Bild zu bekommen.

Im Bereich der nächtlichen Landschaftsfotografie sieht es hingegen etwas anders aus. Hier versucht man meist, die Brennweite so gering wie möglich zu halten, um einerseits einen maximal großen Ausschnitt des Himmels aufs Bild zu bekommen und andererseits die Belichtungszeiten möglichst lang wählen zu können. So entspricht jedoch eine im Vollformatbereich beliebte Brennweite von 24 mm bereits ca. 38 mm an einer Crop-Kamera. Die Objektivhersteller schaffen Abhilfe, indem sie spezielle Linsen für Crop-Kameras herstellen, die in der Regel bei 10 mm (also umgerechnet ca. 16 mm) beginnen. Diese Objektive lassen sich allerdings auch nur an solchen Kameras nutzen, so dass Sie bei einem späteren Umstieg auf das Vollformat auch neue Objektive benötigen.

Bildrauschen | Ein weiterer wichtiger Unterschied zwischen beiden Sensorgrößen ist das Bildrauschen in höheren ISO-Bereichen, das in der Regel bei kleineren Sensoren stärker hervortritt als bei Vollformatsensoren. Ausschlaggebend hierfür sind die Größe der einzelnen Pixel und deren Abstand auf dem Sensor. Je kleiner die Pixel sind und je enger sie beieinander liegen, desto weniger Licht können sie aufnehmen – und dies wiederum verstärkt das Rauschen bei hohen ISO-Zahlen. Da nun ein Vollformatsensor mit beispielsweise 24 Megapixeln wesentlich mehr Fläche bietet als ein APS-C-Sensor mit gleicher Auflösung, sind die Pixel auf dem kleineren Sensor im Vergleich auch wesentlich kleiner. Daher eignen sich auch Kompaktkameras oder Smartphone-Kameras, die einen noch sehr viel kleineren Sensor als Crop-Kameras haben, nicht wirklich für die Nachtfotografie. Diesen Effekt werden Sie vermutlich schon kennen, wenn Sie einmal versucht haben, ein Foto mit dem Smartphone bei schlechten Lichtverhältnissen aufzunehmen.

Diese (leicht beschnittene) Einzelaufnahme des Orionnebels entstand mit einem 200-mm-Objektiv an einer Crop-Kamera, wodurch sich rechnerisch eine Brennweite von 320 mm (bezogen auf das Kleinbildformat) ergab.

200 mm (320 mm im Kleinbildformat) | f3,5 | 75 s | ISO 800 | 29. November, 00:10 Uhr | nachgeführt mit iOptron SkyTracker

Zusammenfassend empfehle ich Ihnen, wenn Sie schon eine Crop-Kamera besitzen, auf jeden Fall auch erst einmal mit ihr zu beginnen und erste Erfahrungen zu sammeln. Sollten Sie sich später für einen Umstieg auf das Vollformat entscheiden und sich nicht aus-

Das Rauschverhalten einer Kamera nimmt bei Dunkelheit üblicherweise zu, je geringer die Sensorgröße ist. Bei diesen unbearbeiteten Bildausschnitten sind die Unterschiede zwischen einem Vollformatsensor, einem Crop-Sensor und einem Smartphone-Sensor (v. l. n. r.) deutlich zu sehen.

schließlich auf die nächtliche Landschaftsfotografie beschränken wollen, dann behalten Sie idealerweise auch Ihre Crop-Kamera für die Deep-Sky-Fotografie. Optional lassen Sie Ihre Crop-Kamera dann irgendwann noch astromodifizieren, um sich weitere Motive im Deep-Sky-Bereich zu erschließen. Mehr dazu finden Sie im letzten Teil des Buches in Kapitel 14, »Weiterführendes Equipment«. Sollten Sie hingegen noch gar keine Kamera haben, können Sie natürlich auch gleich zur teureren Vollformatkamera greifen – hier kommt es eher darauf an, wie viel Geld Sie zu Beginn investieren wollen oder können. In der nächtlichen Landschaftsfotografie haben Sie mit einer Vollformatkamera auf jeden Fall Vorteile gegenüber einer Crop-Kamera. Tagsüber halte ich die Unterschiede hingegen für nicht ganz so gravierend, da das Bildrauschen hier meist eine untergeordnete Rolle spielt.

Spiegelreflexkamera oder Spiegellose?

Die nächste Entscheidung stellt Sie vor die Wahl zwischen einer klassischen Spiegelreflexkamera (DSLR) oder einer spiegellosen Kamera (DSLM). Da die Bildqualität im Wesentlichen vom verbauten Sensor abhängt und nicht von der Bauweise der Kamera (mit oder ohne Spiegel), hat diese Wahl weniger Auswirkungen auf Ihre späteren Bilder. Vielmehr ist es fast schon Geschmackssache, für welch ein System Sie sich entscheiden. Für die meisten Käufer ist der Größen- und Gewichtsvorteil einer spiegellosen Kamera ausschlaggebend, der bei längeren Fototouren mit weiterer Ausrüstung natürlich nicht zu vernachlässigen ist. Kommen Sie jedoch wie ich aus der »alten« Welt der digitalen Spiegelreflexkameras, so würde ein kompletter Umstieg auf ein spiegelloses System eine erhebliche Investition bedeuten, da meist auch andere Objektive benötigt werden, um das volle Potential auszuschöpfen. Ich bin daher weiterhin ein zufriedener Nutzer der DSLR-Technik von Canon, auch wenn diese

Die spiegellosen Vollformatkameras Sony Alpha 7 s und Alpha 7 s II eignen sich bestens für die Nacht- und Astrofotografie. Noch lieber nutze ich jedoch mittlerweile die Alpha 7 III – sowohl nachts als auch bei Tag. (Bild: Sony)

vielleicht nicht die allerneuesten Technologien verbaut hat. Die Canon EOS 6D stellt noch immer eine günstige Einstiegsvollformatkamera dar, die sich sehr gut für die Nacht- und Astrofotografie eignet.

Sollten Sie speziell nach einer astrotauglichen Vollformat-DSLM suchen, so sind die Sony Alpha 7s oder ihr Nachfolger Alpha 7s II sicher aktuell die Referenz am Markt. Durch ihre geringe Auflösung von nur 12 Megapixeln sind die Pixel auf dem Sensor verhältnismäßig groß und können demnach extrem viel Licht sammeln. So lassen sich auch in hohen ISO-Bereichen rauscharme Aufnahmen erzeugen. Außerdem ermöglicht diese Kamerareihe sogar nächtliche Videoaufnahmen, um beispielsweise Polarlichter in Echtzeit aufzunehmen.

TIPP: ELIMINIEREN VON HOTPIXELN BEI CANON-EOS-KAMERAS

Vielleicht haben Sie auf Ihren Nachtbildern auch schon Pixel bemerkt, die heller waren als die umliegenden Bildbereiche. Diese sogenannten *Hotpixel* sind »defekte« Bildpunkte auf dem Sensor, die nicht proportional auf das einfallende Licht reagieren und daher heller oder farbig leuchten. Somit fallen sie natürlich besonders in dunklen Bildbereichen auf.

Dieser Effekt wird verstärkt, je höher die ISO-Zahl und die Belichtungszeit werden – und betrifft somit vor allem Nacht- und Astrofotografen. Meist sind auftretende Hotpixel jedoch leider kein Garantiefall bei den Kameraherstellern. Sie können zwar in der Bildbearbeitung relativ gut (automatisch oder manuell) entfernt werden, schöner wäre es jedoch, wenn man sich den Aufwand gleich sparen könnte, indem die Hotpixel schon bei der Aufnahme eliminiert werden. Für Canon-EOS-Spiegelreflexkameras gibt es offensichtlich eine undokumentierte Funktion, die beim Beheben von Hotpixel-Fehlern helfen soll. Diversen Forenberichten zufolge soll das folgende Vorgehen bei zahlreichen älteren und neueren EOS-Modellen zum Erfolg geführt haben. Auch bei meiner Canon 6D konnte ich eine Verbesserung feststellen:

1. Stellen Sie sicher, dass Sie einen vollständig geladenen Akku eingelegt haben.
2. Entfernen Sie das Objektiv, und verschließen Sie den Kamerabody mit dem mitgelieferten Deckel.
3. Aktivieren Sie die manuelle Sensorreinigung (nicht die automatische!). Dadurch wird der Spiegel hinter dem Deckel nach oben geklappt und der Verschluss geöffnet.
4. Warten Sie mindestens 10 Sekunden.
5. Schalten Sie die Kamera aus, und warten Sie weitere 10 Sekunden.
6. Schalten Sie die Kamera wieder ein.

Wenn es funktioniert hat, tauchen die Hotpixel – oder zumindest ein Großteil davon – nicht mehr in Ihren Langzeitbelichtungen auf. Der Grund hierfür ist, dass nach der Sensorreinigung eine kamerainterne Überprüfung des Sensors stattfindet, bei der Hotpixel erkannt und »eliminiert« werden. Genau genommen werden sie eigentlich kameraintern gespeichert und bei der Aufnahme interpoliert, also aus den Bildinformationen der umliegenden Pixel errechnet.

Sollte es bei Ihrem Kameramodell nicht funktionieren, haben Sie auch nichts verloren. Einen Versuch ist es aber aus meiner Sicht allemal wert.

Bei diesem Startrail wurden die Einzelbilder jeweils drei Minuten bei ISO 800 belichtet. In den dunklen Bereichen der Berge im Vordergrund sind die Hotpixel sehr deutlich zu erkennen.

Ich nutze neben meinen DSLR-Kameras mittlerweile die spiegellose Sony Alpha 7 III, die sich ebenfalls hervorragend für die Astrofotografie eignet und der Alpha 7s bei doppelter Auflösung in puncto Rauschen in hohen ISO-Bereichen fast in nichts nachsteht.

VERSTECKTES FEATURE BEI SONY-KAMERAS

Einige neuere Sony-Kameras, wie z. B. die Alpha 7R III oder 7 III, haben ein gut verstecktes, aber für die Astrofotografie äußerst hilfreiches Feature an Bord: »Bright Monitoring« – oder auf Deutsch »Helle Überwachung«. Damit können Sie Ihre Bildkomposition in dunklen Umgebungen bereits im Live View vor der eigentlichen Aufnahme überprüfen – Sie sehen dabei statt einem weitestgehend schwarzen Bildschirm bereits einen Großteil Ihrer Bildelemente. Die eigentlichen Aufnahmeparameter müssen dafür nicht verändert werden, da die Aufhellung der Displayanzeige lediglich temporär für die Vorschau erfolgt. Dies hilft enorm, um z. B. die Milchstraße im Live View korrekt ins Bild zu setzen. Leider ist dieses Feature recht gut versteckt und auch nur in der Onlinedokumentation beschrieben. Die derzeit einzige Möglichkeit, es zu nutzen, ist, es auf eine Taste zu legen. Im Kameramenü müssen Sie dazu die Konfiguration BENUTZER-KEY (für Fotos) suchen und die Funktion »helle Überwachung« einer der zahlreichen Tasten zuweisen.

ISO-Bereich und Rauschverhalten

Die sicherlich wichtigste Eigenschaft einer Kamera für die Nachtfotografie ist ihr Rauschverhalten in hohen ISO-Bereichen. In der Tagfotografie haben Sie dieser Eigenschaft vermutlich noch wenig Bedeutung beigemessen, da Sie wahrscheinlich eher mit den unteren ISO-Zahlen zwischen 100 und 400 fotografiert haben. Nachts hingegen, wenn kein Mondlicht oder künstliche Lichtquellen vorhanden sind, müssen Sie zwangsweise in ganz anderen Bereichen von ISO 1 600, 3 200 oder 6 400 arbeiten. Dafür ist es natürlich erst einmal wichtig, dass Ihre Kamera diese hohen ISO-Zahlen überhaupt unterstützt – viele ältere Modelle tun dies leider nicht. Der potentielle ISO-Bereich allein ist jedoch noch nicht ausschlaggebend für die eigentliche Bildqualität. So ermöglichen viele heutige Kameras zwar ISO-Zahlen von 25 600 oder (sehr viel) mehr, allerdings kommen dabei keine brauchbaren Aufnahmen mehr heraus. Es gilt also, das Rauschverhalten Ihrer eigenen Kamera kennenzulernen und den aus Ihrer Sicht qualitativ vertretbaren maximalen ISO-Bereich herauszufinden.

Auflösung | Wie Sie bei den Sensorgrößen bereits erfahren haben, hängt das Rauschverhalten unter anderem mit der Größe und dem Abstand der Pixel zusammen. Hierbei spielt natürlich nicht nur die Sensorgröße eine Rolle, sondern auch die Auflösung – also die Anzahl der Pixel, die auf der Sensorfläche untergebracht sind. Eine sehr hohe Auflösung von beispielsweise 50 Megapixeln ist daher nicht unbedingt sinnvoll und vorteilhaft für die Nachtfotografie. Abgesehen davon, dass die meisten Objektive diese Auflösung gar nicht abbilden können, wirken sich schon kleinste Fehler bei der Aufnahme negativ auf die Bildqualität aus. Zwar ermöglicht eine höhere Auflösung größere Druckformate, die Dateigrößen und somit der Speicherbedarf sind jedoch auch sehr viel umfangreicher. Ich halte daher einen Spanne von 20 bis 30 Megapixeln für völlig ausreichend und sinnvoll für die Nachtfotografie.

Sinnvolle Kamera-Features

Neben der grundsätzlichen Entscheidung für die Art der Kamera und die Größe des Sensors gibt es einige weitere sinnvolle Kamerafunktionen für die Fotografie bei Nacht, die ich Ihnen jetzt vorstellen möchte. Es gibt aber auch Dinge, die für die Astrofotografie nicht relevant sind, zum Beispiel Eigenschaften wie ein schneller und präziser Autofokus oder eine hohe Serienbildgeschwindigkeit.

Live View | Als Ergänzung zum optischen oder elektronischen Sucher bieten fast alle Kameras heute den sogenannten *Live View* an, den Sie statt des Suchermodus aktivieren können ❷. Dem Live View kommt in der Nachtfotografie eine große Bedeutung zu, da er unter anderem zum exakten manuellen Scharfstellen genutzt wird. Dazu sollte er die Option bieten, das Live-Bild entsprechend zu vergrößern ❸, um eine präzise Fokussierung zu ermöglichen. Der (optische) Sucher spielt in der Nachtfotografie hingegen eine eher untergeordnete Rolle. Ich nutze meinen Sucher an der DSLR lediglich, um bestimmte Himmelsregionen oder Sterne bei Deep-Sky-Aufnahmen zu finden.

Integrierte Wasserwaage | Ein Foto ohne Hilfsmittel gerade auszurichten, ist schon am Tag nicht ganz einfach, in der Nacht wird es jedoch fast unmöglich, da Sie das Motiv im Display oder Live View der Kamera in der Regel nicht sehen können. Sicherlich ist es möglich, ein Bild im Nachhinein gerade auszurichten, allerdings gehen dabei auch immer Teile des Motivs verloren, was in den meisten Fällen bei nächtlichen Landschaftsaufnahmen nicht wünschenswert ist. Eine integrierte Wasserwaage ❹, die Sie jederzeit beim Ausrichten der Kamera einblenden können, ist daher Gold wert. Alternativ können Sie eine Aufsteckwasserwaage auf den Blitzschuh ❶ stecken, jedoch sind diese meist nicht beleuchtet, so dass Sie zur Prüfung eine zusätzliche Lichtquelle benötigen.

Klapp- oder Schwenkdisplay | Dieses Kameramerkmal war lange Zeit im »Profibereich« verschrien und daher in vielen professionellen DSLR-Kameras (insbesondere bei Canon) nicht verbaut. Nach und nach bekommen jedoch alle neueren Kameras ein solch flexibles Display spendiert, was insbesondere für die Astrofotografie extrem von Vorteil ist. Hier richten Sie Ihre Kamera nämlich häufig in den Himmel und müssen das Kameradisplay zum Fokussieren und Beurteilen der Aufnahme nutzen. Daher können Sie sich sicher vorstellen, wie angenehm ein schwenkbarer Bildschirm in dieser Situation ist. Insbesondere bei der Deep-Sky-Fotografie, wo die Motive häufig sogar in Zenitnähe am Himmel stehen, werden es Ihnen Ihr Rücken und Ihre Knie danken, wenn Sie alle Einstellungen und Prüfungen an einem Schwenkdisplay vornehmen können. Differenzieren sollten Sie hierbei allerdings zwischen einem Schwenk- und einem Klappdisplay. Ein Display, das Sie (wie z. B. bei Sony) lediglich nach oben klappen können, hilft Ihnen bei Hochformataufnahmen – etwa bei der Aufnahme von Panoramen – leider nicht viel weiter. Mit einem schwenk- und drehbaren Display haben Sie daher nach meiner Erfahrung die größte Flexibilität in der Astrofotografie.

Der Live View der Kamera ist ein fast unverzichtbares Werkzeug für Astrofotografen. Eine digitale Wasserwaage ist ebenfalls äußerst nützlich bei der Ausrichtung der Kamera im Dunkeln.

Beim Fotografieren von sehr hoch am Himmel stehenden Objekten ist ein Klapp- oder Schwenkdisplay extrem vorteilhaft.

GPS und Kompass | Nicht zwingend notwendig, aber durchaus in der Nachbereitung der Bilder sehr hilfreich ist eine integrierte GPS- und idealerweise auch Kompassfunktion. Bietet eine Kamera beide Funktionen, so können Sie im Nachhinein nicht nur den exakten Fotospot ermitteln, sondern auch die Himmelsrichtung, in die Sie fotografiert haben. Dies kann Ihnen zum Beispiel dabei helfen, bestimmte Sterne oder andere Himmelsobjekte nachts bei der Aufnahme leichter zu finden oder hinterher auf den Bildern zu identifizieren. Insbesondere GPS-Funktionen gehen jedoch leider meist erheblich auf Kosten des Akkus.

Bedienknöpfe | Es mag banal klingen, aber in der Nachtfotografie sind durchaus auch die Anordnung der Bedienknöpfe und die schnelle Erreichbarkeit bestimmter Funktionen über ebendiese Knöpfe wichtig. Da eine ergonomische und sinnvolle Anordnung der Bedienelemente natürlich höchst subjektiv ist, müssen vor allem Sie sich mit Ihrer Kamera wohlfühlen – und diese idealerweise blind bedienen können.

Folgende Funktionen nutze ich regelmäßig bei der Nachtfotografie – sie sollten daher aus meiner Sicht schnell und eindeutig an einer Kamera zu erreichen sein, zur Not auch mit Handschuhen. Versuchen Sie also ruhig einmal, diese Funktionen im Dunkeln an Ihrer eigenen Kamera zu finden:

- Wechsel von Modus M (Manuell) auf B (Bulb) ❷, wenn ich länger als 30 Sekunden belichten möchte
- Ändern der Belichtungszeit ❻
- Ändern der Blende ❾ (bei manuellen Objektiven nicht in der Kamera zu ändern)
- Aktivieren und Deaktivieren des Live Views ❸
- Vergrößern der Live-View-Ansicht ❼ und Verschieben des Bildausschnitts ❿
- Einblenden zusätzlicher Informationen im Live View ❶, z. B. Wasserwaage
- Starten der Bildrückschau ❽ und Blättern zwischen den einzelnen Bildern ❾/❿
- Vergrößern der Bildrückschau ❼, idealerweise 100 % Vergrößerung mit nur einem Tastendruck (um z. B. die Schärfe zu überprüfen)
- Einblenden zusätzlicher Informationen in der Bildrückschau ❶, z. B. Histogramm
- Löschen einer Aufnahme ⓫
- Ändern des ISO-Wertes ❺
- Ändern des Auslösemodus, wobei ich zwischen Einzelbild und internem Selbstauslöser wechsele ❹

Nähere Informationen zu sinnvollen Einstellungen für die Nachtfotografie finden Sie im Abschnitt »Grundlegende Kameraeinstellungen« auf Seite 96.

» *Anordnung der Bedienelemente an der Einsteiger-Vollformatkamera Canon EOS 6D*

Touchdisplay | Eine immer häufiger anzutreffende Eigenschaft moderner Kameras ist die Bedienung des Displays per Touchfunktion. Dies ist auch durchaus ein nettes Feature, das die Einstellung verschiedener Parameter beschleunigt. Sind Sie jedoch erst einmal an die Knopfbedienung ohne Touchfunktion gewöhnt, werden Sie auch damit sehr schnell arbeiten können. Was Sie nicht nutzen sollten, ist der Touchauslöser, der in vielen Kameras integriert ist. Er mag tagsüber beim Fotografieren aus der Hand hilfreich sein, beim Fotografieren vom Stativ, mit den längeren Belichtungszeiten in der Nacht, führt er jedoch dazu, dass Sie die Kamera durch die Berührung zum Wackeln bringen, was zu Unschärfen führen kann. Ungeeignet ist die Touchfunktion außerdem, wenn Sie in kälteren Nächten mit Handschuhen arbeiten, die keine spezielle Funktion zur Touchbedienung haben.

Custom-Programm(e) | Wenn Sie Ihre Kamera sowohl tagsüber als auch in der Nacht nutzen, hilft ein sogenanntes *Custom-Programm* an der Kamera enorm. So können Sie bestimmte Einstellungen, die Sie speziell für die Nacht benötigen (z. B. eine hohe ISO-Zahl, einen bestimmten Weißabgleich, eine lange Belichtungszeit), in einem solchen Programm abspeichern und mit einem Dreh am Moduswahlrad wieder aktivieren. Das macht Sie nicht nur sehr schnell startklar, sondern verhindert auch, dass Sie bestimmte Einstellungen übersehen und so beispielsweise am nächsten Tag ungewollt bei ISO 3 200 fotografieren. Welche Einstellungen für die Aufnahme von Nacht- und Astrofotos an Ihrer Kamera sinnvoll sind, erfahren Sie im Abschnitt »Grundlegende Kameraeinstellungen« ab Seite 96.

« Einige Kameras bieten ein oder mehrere Custom-Programme (hier »C1« und »C2«) auf dem Moduswahlrad an. Damit speichern Sie bestimmte Einstellungen und stellen sie mit einem Dreh wieder her. So gelingt der Wechsel zwischen Tag- und Nachtfotografie ganz einfach.

Timer-Funktion | Da Sie in einigen Bereichen der Nachtfotografie automatische Aufnahmeserien machen müssen, benötigen Sie in diesen Fällen einen externen Fernauslöser mit Timer-Funktion. Hat Ihre Kamera ebenfalls eine solche Funktion integriert, die regelmäßige Aufnahmen in einem konfigurierbaren Zeitintervall zulässt, können Sie sich die Anschaffung eines Fernauslösers unter Umständen sparen. Da dieser jedoch kein Vermögen kostet, ist diese Kamerafunktion aus meiner Sicht eher kein entscheidendes Kaufkriterium.

ASTROTRACER

Mit zunehmender Weiterentwicklung der Kameratechnik finden auch immer wieder Features für die Nachtfotografie den Weg in handelsübliche DSLR- oder DSLM-Kameras. Beispiele dafür bietet Pentax mit der Vollformat-DSLR K-1/K-1 II an. Die Modelle haben neben ihrer Wetterfestigkeit und einem besonderen Beleuchtungskonzept zur besseren Bedienung im Dunkeln eine sogenannte *Astrotracer-Funktion*. Diese ermöglicht durch einen beweglich gelagerten Sensor sowie eine GPS- und Kompassfunktion eine automatische Nachführung bei Aufnahmen des Sternenhimmels. Damit erlaubt sie eine deutlich längere Belichtungszeit gegenüber anderen Kameras, ohne dass die Sterne strichförmig werden. Nähere Informationen, wann und warum eine solche Nachführung notwendig ist, erhalten Sie im weiteren Verlauf dieses Buches in Kapitel 14, »Weiterführendes Equipment«. An dieser Stelle sei nur gesagt, dass auch solch eine Astrotracer-Funktion bei jedem Einsatz vom Fotografen kalibriert werden muss, damit sie wie gewünscht funktioniert. Der Vorteil bei der K-1/K-1 II ist jedoch, dass Sie kein zusätzliches Gerät für die Nachführung benötigen.

Objektiv

Neben der passenden Kamera spielt auch das Objektiv bei Ihrem Erfolg in der Nacht- und Astrofotografie eine zentrale Rolle. Sollten Sie schon eines oder mehrere

Objektive zu Ihrer Kamera besitzen, so nehmen Sie sie am besten einmal unter den folgenden Kriterien genauer unter die Lupe. Wenn Sie hingegen sowieso vor der Entscheidung stehen, Ihren »Objektivpark« zu erweitern, werden Sie hier einige wichtige Hinweise für Ihre Auswahl finden.

Vorweg sei gesagt, dass ein im Objektiv verbauter Bildstabilisator Ihnen in der Nachtfotografie nicht weiterhilft, da Sie sowieso auf dem Stativ fotografieren und den Bildstabilisator dabei sogar deaktivieren sollten.

Brennweite

Zuallererst sollten Sie sich überlegen, in welche Bereiche der Astrofotografie Sie gern einsteigen möchten. Hiervon hängt sehr stark ab, in welchem Brennweitenbereich Sie sich bei der Wahl des Objektivs bewegen:

- **Weitwinkelobjektive**: Möchten Sie in der nächtlichen Landschaftsfotografie (z. B. Milchstraße, Polarlichter, Mondlicht, Meteore) aktiv werden, dann sollten Sie möglichst weitwinklig im Bereich zwischen 14 und 35 mm (bezogen auf das Kleinbild-/Vollformat) arbeiten.
- **Teleobjektive**: Wollen Sie in die Deep-Sky-Fotografie einsteigen oder einfach den Mond genauer unter die Lupe nehmen, dann bewegen Sie sich im Telebereich ab 100 mm. Da Sie für das Fotografieren von Deep-Sky-Objekten jedoch zwingend eine Nachführung (siehe Seite 316) und meist auch spezielle Bearbeitungsmethoden benötigen, stellt dies bereits eine fortgeschrittene Technik dar und wird im letzten Teil dieses Buches betrachtet.

Für den Einstieg empfehle ich Ihnen daher, im Weitwinkelbereich anzufangen, da Sie hier erst einmal nicht mehr als ein Stativ, eine Kamera und eben ein solches Weitwinkelobjektiv benötigen. Berücksichtigen Sie allerdings unbedingt das Sensorformat Ihrer Kamera. Besitzen Sie eine Crop-Kamera, dann multiplizieren Sie die Brennweite des Objektivs mit dem Crop-Faktor Ihres Kamerasensors. Diese auf das Kleinbildformat umgerechnete Brennweite benötigen Sie später, wenn es um die Ermittlung der maximalen Belichtungszeit des Sternenhimmels geht, bevor die Sterne beginnen, strichförmig zu werden. Hierbei gilt: Je geringer die Brennweite, desto länger können Sie eine Aufnahme belichten – was ja prinzipiell in der Astrofotografie das Ziel ist!

Meine bevorzugten Brennweiten und Objektive in der Astrofotografie: (v. l. n. r.) 20 mm, 24 mm, 100 mm, 200 mm, 300 mm

Ich arbeite im Weitwinkelbereich fast ausschließlich mit einer Brennweite von 20 oder 24 mm an einer Vollformatkamera, was einem 12- bzw. 15-mm-Objektiv an einer Crop-Kamera entspricht. Diese Brennweiten bieten in der nächtlichen Landschaftsfotografie einen sehr guten Kompromiss aus Bildwinkel und Abbildungsfehlern. Reichen mir 20 oder 24 mm Brennweite einmal nicht aus, so »vergrößere« ich den Bildwinkel ganz einfach durch den Einsatz der Panoramatechnik (siehe dazu auch den Abschnitt »Panoramafotografie« ab Seite 110), die aus meiner Sicht große Vorteile gegenüber einem Superweitwinkelobjektiv bietet. Bei bestimmten Bildern (z. B. Sternstrichspuren, ab Seite 250, oder dem Überflug der ISS, ab Seite 336), die eine möglichst geringe Brennweite erfordern, jedoch nicht mit der Panoramatechnik aufgenommen werden können, nutze ich außerdem ein Superweitwinkelobjektiv mit 14 mm oder ein Weitwinkelzoom mit dem Brennweitenbereich 16–35 mm.

Im Telebereich setze ich je nach Motiv meist Brennweiten von 70, 100 oder 200 mm ein. Hier müssen Sie jedoch in der Regel mit einer zusätzlichen Nachführung arbeiten, da die maximalen Belichtungszeiten in diesem Brennweitenbereich meist zu gering sind.

Abbildungsfehler

Bei der Wahl der richtigen Brennweite und des richtigen Objektivs spielen neben dem Bildwinkel und der maximalen Belichtungszeit auch die Abbildungsfehler eine Rolle. Je weitwinkliger ein Objektiv ist, desto länger können Sie zwar belichten, allerdings werden Sie in der Regel auch mehr Probleme mit Vignettierungen (Abdunklungen in den Bildecken), Randunschärfen und Verzeichnungen (optische Verzerrungen von eigentlich geraden in gebogene Linien) haben. Dies macht sich natürlich auch in der nächtlichen Landschaftsfotografie bemerkbar.

RUNDE ABBILDUNG DER STERNE

Aufgrund der Erdrotation scheinen sich die Sterne am Himmel für uns auf der Erde zu »bewegen«, so dass Sie sie für eine runde Abbildung nicht beliebig lange belichten können. Wollen Sie also strichförmige Sterne auf Ihrem Foto vermeiden, dann dürfen Sie eine bestimmte Belichtungszeit für die von Ihnen gewählte Brennweite nicht überschreiten. Besitzen Sie eine Crop-Kamera, dann kommt an dieser Stelle die umgerechnete Brennweite wegen des Verlängerungsfaktors Ihres Kamerasensors ins Spiel. Der Bildausschnitt unten zeigt den Effekt dieser Sternstrichspurenbildung durch eine zu lange Belichtungszeit. In diesem Fall habe ich das Bild mit 210 s extrem lange belichtet, aber schon bei Belichtungszeiten von beispielsweise 30 s oder weniger können Sie solche Effekte (in schwächerer Form) sehen. Ebenfalls in diesem Bild zu sehen ist der Effekt, dass die scheinbare Bewegung der Sterne zunimmt (also die Strichspuren länger werden), je weiter diese vom Himmelspol (links oben im Bild) entfernt liegen.

Ausführliche Informationen zu diesem Thema erhalten Sie im Abschnitt »Langzeitbelichtung« ab Seite 107.

» *Belichten Sie ein Bild zu lange, beginnen die Sterne, Strichspuren zu bilden. Die maximale Belichtungszeit, um runde Sterne zu erhalten, hängt von der gewählten Brennweite ab.*

« *Dieses Bild zeigt deutlich die perspektivische Verzerrung bei einem Superweitwinkel von 14 mm, die besonders auffällt, wenn Sie die Kamera für Aufnahmen des Sternenhimmels nach oben kippen.*

14 mm | f4 | 15 s | ISO 3200 | 24. September, 01:18 Uhr

Während Sie Vignettierungen und Verzeichnungen noch relativ gut in der Nachbearbeitung entfernen können, sind Unschärfen leider nicht zu beheben. Allerdings fallen diese auch nicht stark auf bei einer Nachtaufnahme.

Bei einer perspektivischen Verzerrung (siehe die Abbildung oben) handelt es sich hingegen viel mehr um ein natürliches Phänomen als um einen Abbildungsfehler des Objektivs. Sie tritt immer dann auf, wenn Sie die Kamera zum Fotografieren nicht senkrecht, sondern schräg nach oben gekippt auf ein nahes Objekt richten. Dabei entstehen meist unnatürlich stürzende Linien, die zur Bildmitte hin schräg zulaufen. Leider kommt dieser Effekt insbesondere in der Nachtfotografie zum Tragen, da Sie Ihre Kamera hier meist nach oben kippen müssen, um einen möglichst großen Teil des Himmels einzufangen. Auch diese Verzerrung lässt sich zwar im gewissen Maß in der Bildbearbeitung beheben, Sie müssen hierfür allerdings einen Beschnitt hinzufügen und verlieren dabei nicht nur an Bildwinkel, sondern auch an Auflösung.

Ein weiterer Abbildungsfehler, der speziell bei Nachtaufnahmen auftritt, ist die sogenannte *Koma*. Dieser »Schweif« (lateinisch »coma«) tritt bei hellen Bildpunkten auf einer dunklen Fläche außerhalb der Bildmitte auf, also zum Beispiel bei Sternen. Durch das Abblenden (Schließen der Blende) lässt sich dieser Effekt meist ein wenig reduzieren, allerdings gelangt dadurch natürlich auch weniger Licht auf den Sensor. Es gibt jedoch recht große Unterschiede zwischen den verschiedenen Objektiven und Objektivherstellern. Dabei ist es nicht selten so, dass sehr teure und hochwertige Objektive eine schlechte Komakorrektur haben, da sie nicht speziell für Nachtaufnahmen optimiert sind.

Deutlich werden Koma-Effekte allerdings meist erst in der 100 %-Ansicht oder beim großformatigen Druck der Fotos. Sie müssen schlussendlich selbst entscheiden, wie sehr Sie dieser Fehler in Ihren Bildern stört. Ich habe mich für ein Objektiv mit einer sehr guten Komakorrektur entschieden (mehr dazu im Kasten »Mein ideales Weitwinkelobjektiv für die Nachtfotografie« auf der rechten Seite), da mich die »schwalbenartigen« Sterne am Bildrand bei anderen Objektiven zu sehr gestört haben.

» *Der Vergleich zeigt die 100 %-Ansichten zweier Bildausschnitte am jeweils rechten Bildrand. Das Bild links wurde mit dem ansonsten sehr guten Sigma 35 mm f1,4 Art aufgenommen und zeigt recht deutliche Koma. Das Bild rechts entstand mit dem Walimex Pro 24 mm f1,4 und zeigt auch am Bildrand noch nahezu runde Sterne.*

MEIN IDEALES WEITWINKELOBJEKTIV FÜR DIE NACHTFOTOGRAFIE

Sehr überrascht bin ich von der sehr guten Komakorrektur vieler Objektive der Marke Walimex (auch unter den Namen Samyang oder Rokinon bekannt). Mein primär im Vollformatbereich für die Nachtfotografie eingesetztes Objektiv Walimex Pro 24 mm f1,4 weist so gut wie keine Koma an den Bildrändern auf. Zudem ist es sehr lichtstark (ich nutze es abgeblendet auf f2) und im Vergleich zu den Pendants der namhaften Hersteller um einiges günstiger. Das ebenfalls für den Vollformateinsatz gedachte Walimex Pro 14 mm f2,8 muss ich bei meinem Exemplar leider auf f4 abblenden, so dass es aus meiner Sicht nicht das ideale Objektiv für die Nacht ist. Aber auch für den APS-C-Bereich bietet Walimex das sehr gute Weitwinkelobjektiv Walimex Pro 10 mm f2,8 an, das nachts mit ähnlich guten Abbildungseigenschaften wie das 24-mm-Modell aufwartet. Schließlich ist auch ein Objektiv dieses Herstellers im Telebereich extrem beliebt in der Astrofotografie: das Walimex/Samyang 135 mm f2. Die Objektive gibt es für die Bajonettanschlüsse der meisten gängigen Kamerahersteller.

Entscheiden Sie sich für ein solches Objektiv, sollten Sie jedoch auch wissen, dass diese Objektive komplett manuell zu bedienen sind. Das heißt, sie besitzen keinen Autofokus (den Sie in der Nachtfotografie jedoch sowieso nicht benötigen), und die Blende ist direkt am Objektiv über einen Drehring statt an der Kamera einzustellen. Zudem werden bei vielen Kameras (u. a. Canon) die Objektivdaten nicht in die Exif-Daten übertragen, das heißt, Sie können hinterher am Rechner nicht sehen, mit welcher Brennweite und welcher Blende Sie fotografiert haben. Diese Nachteile sind aus meiner Sicht jedoch zu verschmerzen.

Leider weisen die Objektive nach meiner Erfahrung zum Teil eine recht hohe Serienstreuung auf. So habe ich schon einige Exemplare gesehen, die nicht über das gesamte Bild scharf abgebildet haben. Ideal ist es daher, wenn Sie einen Fotohändler Ihres Vertrauens haben und dieser die Marke im Angebot hat, das Objektiv vor dem Kauf zunächst auf Fehler zu testen. Am besten eignet sich dafür eine Aufnahme des Sternenhimmels. Alternativ können Sie aber natürlich auch eine Landschaft bei Tag aufnehmen. Achten Sie dabei lediglich darauf, dass Sie unter Umständen etwas abblenden müssen, da die meisten dieser Objektive nach meiner Erfahrung offenblendig nicht wirklich zu gebrauchen sind.

Mein absolutes Lieblingsobjektiv in der nächtlichen Landschaftsfotografie im Vollformatbereich: das Walimex Pro 24 mm f1,4

Lichtstärke

Da Licht in der Nachtfotografie meist Mangelware ist, stellt die Lichtstärke eines Objektivs eines der wichtigsten Kriterien dar. Sie können zwar auch durch die Verlängerung der Belichtungszeit oder die Erhöhung des ISO-Werts mehr Licht »sammeln«, jedoch sind hier irgendwann physikalische Grenzen gesetzt, wenn Sie ein qualitativ gutes Nachtfoto haben möchten.

Die dritte Möglichkeit, die Belichtung eines Bildes zu erhöhen, ist die Öffnung der Objektivblende. Je offener die Blende, desto mehr Licht kann auf den Sensor gelangen. Die Angaben auf den Objektiven (z. B. »1:1.4« oder »f1,4«) geben dabei immer die größte Blendenöffnung – die sogenannte *Offenblende* – an. Dabei gilt: Je kleiner die Zahl, desto lichtstärker ist ein Objektiv – das Beispiel »Blende f1,4« entspricht also bereits einem sehr lichtstarken

Objektiv. Sehr gut für die Nachtfotografie geeignet sind nach meiner Erfahrung Objektive mit einer Offenblende von f2,8 oder besser. Bei etwas Umgebungslicht – z. B. im Mondlicht, zur Blauen Stunde oder bei hellem Polarlicht – sind auch lichtschwächere Objektive noch gut zu verwenden. Leider bedeutet mehr Lichtstärke auch meist einen höheren Anschaffungspreis und bauartbedingt ein höheres Gewicht. Außerdem müssen Sie berücksichtigen, ob ein Objektiv auch offenblendig sinnvoll zu verwenden ist, denn häufig können Sie keine scharfen Bilder erzeugen, wenn Sie mit der Offenblende arbeiten.

Sehr begeistert bin ich in diesem Punkt von den Sigma-Objektiven der »Art«-Serie (z. B. 14 mm, 20 mm, 24 mm, 35 mm), die offenblendig bei f1,4 alle scharfe Aufnahmen liefern. Leider weisen diese Objektive fast alle vergleichsweise starke Komafehler auf.

Festbrennweite oder Zoom?

Zoomobjektive mit einem variablen Brennweitenbereich sind sehr verlockend, da man sehr einfach je nach Motiv den Bildwinkel anpassen kann. Heutzutage gibt es durchaus sehr gute Zoomobjektive, für die Sie jedoch auch tief in die Tasche greifen müssen. Im Einsteigerbereich bieten viele Hersteller daher die sogenannten *Kit-Objektive* an, die meist zusammen mit den Kameras verkauft werden. In der Regel sind diese Objektive sehr leicht und liefern tagsüber auch eine vergleichsweise gute Qualität. In der Nacht stoßen diese Linsen jedoch aufgrund ihrer fehlenden Lichtstärke und des geringen Weitwinkels schnell an ihre Grenzen. So hat ein typisches (Canon-)Kit-Objektiv meist einen Brennweitenbereich von 18 – 55 mm (entspricht ca. 29 – 88 mm im Vollformat) und eine Blende von f3,5 bei 18 mm, was es nicht unbedingt zum idealen Objektiv bei Dunkelheit macht.

MAUERTEST

Was ich bei neuen Objektiven häufig als Erstes mache, ist der sogenannte *Mauertest*. Dabei richte ich die Kamera möglichst parallel zu einer Ziegelwand aus und stelle das Objektiv über den Live View der Kamera manuell auf die Bildmitte scharf. Anschließend nehme ich verschiedene Testfotos mit unterschiedlicher Blende bei einer jeweils passenden Belichtungszeit auf. Wichtig ist, dass dabei die Fokussierung nicht verändert wird. Anschließend vergleiche ich die Fotos in Lightroom in der 100 %-Ansicht, um die Schärfe in der Bildmitte und an den Rändern zu beurteilen. Somit weiß ich, ob ich ein Objektiv bei Offenblende benutzen kann oder besser eine Stufe abblenden sollte. Der Vorteil einer solchen Mauer ist, dass auch andere Abbildungsfehler wie Verzeichnungen und Vignettierungen sehr gut zu erkennen sind.

Sofern Ihr neues Objektiv diesen Test »bestanden« hat, sollten Sie es auch am Sternenhimmel ausprobieren. Hier können Sie dann auch die Komakorrektur am besten beurteilen.

Ein weiterer Tipp: Schauen Sie sich die Bildschärfe immer auf beiden Seiten des Bildes an. Ich hatte schon mehr als ein Objektiv, das auf einer Seite unscharf und somit nicht zu verwenden war. Bei normalen Landschaftsaufnahmen und ohne die genaue Betrachtung in der 100 %-Ansicht fällt solch ein Fehler leider meist zunächst nicht auf.

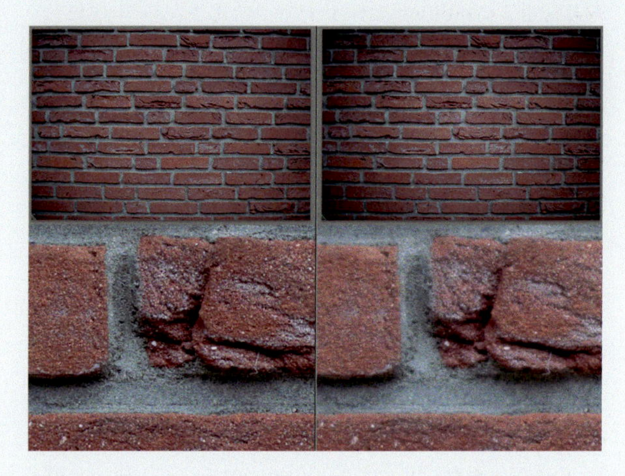

Dieser Mauertest des Walimex 24 mm f1,4 zeigt die Unterschiede zwischen Blende f2 (links) und f1,4 (rechts). In der unteren 100 %-Ansicht der Bildmitte ist eine deutliche Schärfesteigerung im Bild zu erkennen, wenn das Objektiv um eine Stufe abgeblendet wird.

Festbrennweiten, also Objektive mit einer festen Brennweite, sind Zoomobjektiven in der Regel überlegen, wenn es um die Lichtstärke und Abbildungsqualität geht. Ein vergleichsweise günstiges Telezoomobjektiv, das mich in der Deep-Sky-Fotografie extrem überzeugt hat, ist das Canon EF 70–200 mm f4 (ohne Bildstabilisator). Aufgrund seines geringen Gewichts und der flexiblen Brennweite eignet es sich hervorragend für Reisen.

Fokussierung | Anders als beispielsweise in der Tier- oder Sportfotografie kommt es in der Nachtfotografie nicht auf die Autofokus-Eigenschaften eines Objektivs an. Im Gegenteil: Besitzt Ihr Objektiv einen Autofokus, so müssen Sie ihn sogar explizit deaktivieren, um die Aufnahme manuell fokussieren zu können. Manuelle Objektive ohne Autofokus sind daher sehr gut für die Astrofotografie geeignet und meist auch günstiger und leichter.

« *Kit-Objektive wie hier von Canon haben in der Regel nur einen sehr dünnen und leichtgängigen Fokusring* ❶, *keinen Anschlag und auch keine Entfernungsskala, was das manuelle Scharfstellen bei Nacht sehr erschwert. (Bild: Canon)*

IRIX – NEUE KONZEPTE ZUR FOKUSSIERUNG BEI NACHT

Im Jahr 2016 brachte der neue Objektivhersteller TH Swiss AG aus der Schweiz ein Objektiv auf den Markt, das gleich mehrere Wünsche vieler Astrofotografen erfüllt: das Irix 15 mm f2,4. Neben dem großen Weitwinkel, der hohen Lichtstärke und der Eigenschaft, es bereits offenblendig verwenden zu können, bringt dieses Objektiv zwei besondere Features mit, von denen besonders Astrofotografen profitieren: Der Fokusring rastet bei der Unendlich-Stellung merklich ein, so dass die Scharfstell-Prozedur auch bei Nacht in kürzester Zeit erledigt ist. Zusätzlich lässt sich der Fokus in beliebiger Stellung über einen Ring arretieren, so dass Sie sich in der Nacht gar nicht mehr um das Scharfstellen kümmern müssen, solange Sie in der vorher fixierten Unendlich-Stellung fotografieren.

Da dieses Objektiv nach meinen Erfahrungen eine sehr gute Abbildungsqualität und Schärfe aufweist, eignet es sich sehr gut für die nächtliche Landschaftsfotografie. Zudem ist die Komakorrektur beim Irix gut gelungen.

Aber auch für die Tagfotografie bringt es zwei für diese Brennweite seltene Features mit: Es lässt sich sowohl vorn ein Schraubfilter verwenden (95 mm Durchmesser) als auch hinten am Bajonett ein Steckfilter einsetzen. Sogar an eine kleine »Luke« in der Streulichtblende zum Drehen eines Polfilters hat der Hersteller gedacht. Lediglich die Verzeichnungen aufgrund des Weitwinkels müssen Sie dabei natürlich in Kauf nehmen; sie sind auch nachts an den Sternen im Randbereich der Bilder sichtbar. Mir ist dieses Objektiv daher mit seinen 15 mm Brennweite schon zu weitwinklig, was aber natürlich Geschmackssache ist.

⌃ *Der 2016 auf den Markt gegangene Schweizer Hersteller TH Swiss AG bietet ein 15-mm-Weitwinkelobjektiv mit einer Offenblende von f2,4 an, das für die Nacht- und Astrofotografie sehr gut geeignet ist. Ein innovatives Fokussierkonzept vereinfacht das Scharfstellen auf Unendlich bei Nacht enorm.*

Wenn Sie ein Objektiv jedoch nicht ausschließlich nachts verwenden wollen, sollten Sie natürlich gut überlegen, ob Sie auch am Tag auf den Autofokus verzichten wollen.

Da das Fokussieren bei Nacht durchaus eine Herausforderung sein kann, sollten Sie beim Kauf eines Objektivs auf die Handhabung des Fokusrings achten. Dieser sollte nicht zu leichtgängig und ausreichend breit sein, damit Sie die Schärfe präzise per Hand einstellen können. Kit-Objektive haben in der Regel einen sehr dünnen und leichtgängigen Fokusring, der sich folglich weniger gut eignet.

Filterdurchmesser | Der Einsatz von Filtern ist nachts zwar nur selten sinnvoll oder erforderlich, aber nicht ganz ausgeschlossen (siehe den Abschnitt »Weiteres Fotozubehör« ab Seite 52). Bei der Anschaffung eines Objektivs spielt daher durchaus auch der Filterdurchmesser eine gewisse Rolle. Im extremen Weitwinkelbereich ist der Einsatz von Schraubfiltern aufgrund der Linsenwölbung allerdings meist gar nicht möglich – ein weiterer Grund, der aus meiner Sicht gegen ein Superweitwinkelobjektiv spricht.

Stativ

Die dritte unerlässliche Komponente bei der Nachtfotografie ist das Stativ. Da Sie ein Bild dabei in der Regel mehrere Sekunden lang belichten müssen, ist zwingend ein fester Stand der Kamera erforderlich. Natürlich können Sie die Kamera dazu auch auf einer Mauer o. Ä. abstellen, dies ist in den meisten Fällen aber eher eine Notlösung. Langfristig werden Sie beim nächtlichen Fotografieren nicht um die Anschaffung eines Stativs herumkommen – wenn Sie nicht sowieso schon eines besitzen.

Stabilität | Das erste Merkmal, auf das Sie beim Stativkauf achten sollten, ist die Stabilität. Die beste Kamera mit dem lichtstärksten Objektiv wird Ihnen nicht viel Freude bereiten, wenn Sie sie auf einem wackeligen Stativ montieren, das bei jedem Windstoß zu Bildunschärfen führt. Testen können Sie dies am besten in einem Ladengeschäft, indem Sie die Stativbeine einmal voll ausfahren und von oben leichten Druck auf den Stativteller ausüben. Hierbei werden Sie schnell merken, wie es um die Stabilität des Modells bestellt ist.

Kugelkopf | Gute Stative werden meist ohne Stativkopf verkauft. Dies ist durchaus sinnvoll, wenngleich es auch qualitativ gute Komplettpakete gibt. Aber unabhängig davon, ob Sie den Stativkopf nun einzeln oder im Set kaufen, sollten Sie auf seine Handhabung und Qualität achten. Wie in den meisten Bereichen sind auch in der Nachtfotografie Kugelköpfe am weitesten verbreitet. Einen solchen sollten Sie hinsichtlich seiner Stabilität und der Tragkraft Ihrer Kamera-Objektiv-Kombination anpassen, wobei Sie am besten noch etwas »Luft« nach oben lassen, für den Fall, dass Ihre Ausrüstung mit der Zeit schwerer wird. Neben einer drehbaren Grundfläche für Panoramaaufnahmen ❺ sollte der Kugelkopf eine Wasserwaage ❸ zur Ausrichtung der Kamera sowie eine oder mehrere Kerben ❻ für Hochformataufnahmen haben. All dies hilft Ihnen sowohl bei Einzelaufnahmen als auch bei der Aufnahme von Panoramen.

Wie auch beim Stativ selbst sollten Sie die Handhabung des Kugelkopfes idealerweise an Ihrem eigenen Equipment ausprobieren. Insbesondere der Kugelfixierknopf ❹ sollte gut in der Hand liegen. Auch einen Sicherheitsmechanismus ❶ an der Aufnahme der Schnellwechselplatte ❷ kann ich nur empfehlen, da er das versehentliche Herausrutschen der Kamera verhindert.

» *Beispielhafter Kugelkopf der Firma Sirui*

⌃ *Die nützliche Ablage für Zubehör kann per Klettverschluss direkt am Stativ befestigt werden.*

⌃ *Manche Stative haben eine zusätzliche Wasserwaage integriert, mit der Sie das Stativ unabhängig vom Kopf gerade ausrichten können.*

Schnellwechselplatte | Die Schnellwechselplatte, die fest an den Boden der Kamera geschraubt wird, um sie schnell auf das Stativ setzen zu können, ist in der Regel Teil des Kugelkopfes. Hier gibt es leider wie so oft in der Fotografie verschiedene Systeme, die miteinander nicht immer kompatibel sind. Zum Quasi-Standard hat sich mit der Zeit das Arca-Swiss-System entwickelt, das mittlerweile von vielen Herstellern unterstützt wird. Ich nutze dieses System bereits seit vielen Jahren, wobei ich mittlerweile auch an anderen Ausrüstungsteilen wie meinem Panoramakopf (siehe den Exkurs »Parallaxe und Nodalpunktadapter« ab Seite 116) mit einem solchen Schnellwechselsystem arbeite.

Ablage | Eine sehr nützliche Ergänzung, die unabhängig vom Stativmodell angeboten wird, ist eine Ablage für Zubehör, die per Klettverschluss an den drei Stativbeinen befestigt wird. Besonders praktisch ist eine solche Ablage, wenn es nachts auf dem Boden feucht ist und Sie schnell mal kleineres Equipment ablegen möchten.

Wasserwaage | Einige Stative haben neben der im Kugelkopf integrierten Nivellierlibelle eine Wasserwaage im Stativ selbst eingebaut. Dies ist durchaus sinnvoll, wenn es um die gerade Ausrichtung des Stativs und die Nutzung ohne einen Kugelkopf geht – beispielsweise, um eine Nachführung darauf zu betreiben.

Ein zwingendes Kriterium ist eine zusätzliche Wasserwaage aus meiner Sicht jedoch nicht, da fast alle Geräte, bei denen es auf eine gerade Ausrichtung ankommt, eine eigene Nivellierlibelle integriert haben.

Größe und Gewicht | Für ein gutes und stabiles Stativ müssen Sie nach meiner Erfahrung mit einem Preis von mindestens 150 € rechnen. Soll es dann noch ein besonders leichtes und kleines Exemplar sein, ohne dass Sie dabei an Stabilität einbüßen, wird es schnell noch teurer. Sie müssen sich daher gut überlegen, wie und wo Sie das Stativ einsetzen möchten. Planen Sie längere Touren, bei denen Sie Ihr Equipment womöglich sogar durch die Berge tragen müssen, dann können ein paar Zentimeter und ein paar Hundert Gramm schon viel ausmachen. Wägen Sie daher gut ab, ob sich beispielsweise die Investition in ein teureres, aber dafür leichteres Carbon-Modell lohnt. Ich habe mich bewusst für ein Carbon-Stativ entschieden, nutze es aber auch regelmäßig auf längeren Wanderungen. Begeistert bin ich auch vom Konzept der Firma Novoflex, das die Nutzung zweier hochwertiger Wanderstöcke (QLEG WALK III) als alternative Stativbeine vorsieht. Somit muss man auf Wanderungen nur noch den Stativ- und Kugelkopf sowie ein weiteres Stativbein mitnehmen.

Weiteres Fotozubehör

Viele Aufnahmen können Sie bereits ausschließlich mit den soeben vorgestellten drei Komponenten Kamera, Objektiv und Stativ bewerkstelligen. In einigen Situationen ist das folgende zusätzliche Fotozubehör jedoch notwendig oder zumindest extrem hilfreich. Daher möchte ich es Ihnen nicht vorenthalten.

Fernauslöser

Für alle Kameras, die keine integrierte Timer-Funktion haben, werden Sie früher oder später einen externen Fernauslöser mit einem Intervalometer benötigen – beispielsweise für Zeitrafferaufnahmen, Startrails oder Serienaufnahmen von Meteoren. Fernauslöser gibt es sowohl klassisch per Kabel als auch kabellos über Funk oder sogar per Smartphone-App. Da ein solcher Fernauslöser jedoch absolut zuverlässig funktionieren muss, vertraue ich an dieser Stelle auf die bewährte Kabeltechnik – mit anderen Varianten habe ich leider schon schlechte Erfahrungen gemacht.

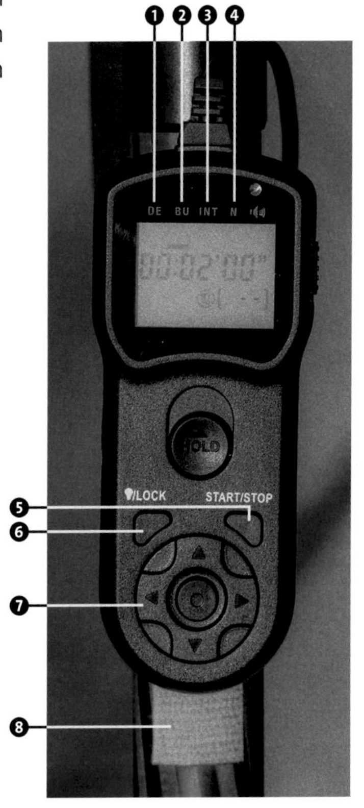

» *Kabelfernauslöser mit Timer-Funktion der Firma JJC*

Hinsichtlich der Bedienung sind die meisten Modelle ähnlich aufgebaut. So können Sie meist verschiedene Parameter konfigurieren: die Vorlaufzeit vor der ersten Aufnahme (»DE« für »Delay«) ❶, die eigentliche Belichtungszeit pro Bild (»BU« für »Bulb«) ❷, das Intervall zwischen den Aufnahmen (»INT« für »Intervall«, meist inklusive der Belichtungszeit) ❸ sowie die Anzahl der Aufnahmen (»N« für »Number«) ❹ von 0 bis Unendlich. Haben Sie sich einmal an die Bedienung über das Steuerkreuz ❼ gewöhnt, gehen die Einstellung des Fernauslösers und das Starten der Serienaufnahme ❺ in der Regel schnell von der Hand. Eine zusätzliche Beleuchtung ❻ des Displays ist im Dunkeln natürlich sehr hilfreich. Um den Auslöser nicht an der Kamera »baumeln« lassen oder ins nasse Gras legen zu müssen, können Sie ihn wie ich per doppelseitigem Klettklebeband am Stativ befestigen ❽.

Achten Sie beim Kauf jedoch darauf, den richtigen Anschluss für Ihre Kamera zu wählen – dieser variiert häufig von Hersteller zu Hersteller und teilweise auch zwischen den Modellen des gleichen Herstellers (z. B. Canon). An einigen wenigen Kameras ist leider kein Fernauslöseranschluss vorhanden, so dass Sie hier auf Alternativen zurückgreifen müssen, z. B. Apps, die per WLAN zeitgesteuerte Auslösungen machen können.

Externe Stromversorgung

Wenn Sie viel unterwegs sind und keinen Stromanschluss haben, werden Sie sehr bald eine zusätzliche Energiequelle herbeisehnen – sei es, um das Smartphone oder Tablet zu laden, die Kamera im Dauerbetrieb mit Strom zu versorgen oder anderes Zubehör zu betreiben. Eine aus meiner Sicht gute Lösung stellen Lithium-Akkus in Form von sogenannten *Powerbanks* dar. Diese gibt es sowohl im Hosentaschenformat mit 5-Volt-USB-Ausgängen als auch etwas größer mit USB-C- oder DC-Ausgängen (englisch für »direct current« = Gleichstrom). Bevor Sie sich eine solche Powerbank zulegen, sollten Sie überlegen, welche Geräte Sie damit potentiell laden oder betreiben möchten. Dies entscheidet schlussendlich auch über die benötigten Anschlüsse und die Kapazität – und somit über die Größe und das Gewicht des externen Akkus.

Ich nutze mittlerweile fast ausschließlich USB-/USB-C-Powerbanks. Das größere Modell mit 20 100 mAh bietet einen sehr guten Kompromiss aus Größe, Gewicht und Kapazität. Die kleineren Modelle eignen sich besonders zum Aufladen von Smartphones und, wie dieses Modell, als Handwärmer.

Bei mir haben sich mit der Zeit einige Geräte angesammelt, die ich regelmäßig an eine Powerbank anschließe, wenn ich keinen 230-V-Stromanschluss habe. Während ich vor einigen Jahren noch primär Powerbanks mit DC-Anschluss genutzt habe, habe ich diese heute fast durchgängig durch USB-C-Powerbanks ersetzt. Dieser Anschluss hält in immer mehr Geräten wie Laptops, Smartphones, Tablets und Kameras Einzug, und die Powerbanks lassen sich in der Regel sogar über einen 12-V-Zigarettenanzünder im Auto wieder aufladen (Stichwort »Power Delivery«). So sind Sie unterwegs komplett unabhängig vom Strom (230 V):

- USB (5 V): Laden von Smartphone, Tablet und Stirnlampe, Betreiben der Kamera (über Adapter-Lösungen), Betreiben der Heizmanschette, Betreiben oder Laden der Nachführung
- USB-C: Laden oder Betreiben der Kamera (z. B. Sony Alpha 7 III/7R III), Laden oder Betreiben des Laptops (z. B. MacBook)

Abschließend möchte ich Ihnen noch ein paar Tipps aus meiner eigenen Erfahrung geben, die Ihnen bei der Auswahl der richtigen Powerbank helfen sollen und die eine oder andere »Falle« vermeiden können:

- Viele Gerätehersteller geben neben der Kapazität in Milliamperestunden (mAh) auch die gespeicherte Energie in Wattstunden (Wh) an. Wollen Sie die Powerbank mit auf eine Flugreise nehmen, wird dieser Wert relevant. Derzeit ist die Mitnahme von Akkus mit Kapazitäten über 160 Wh nicht oder nur mit Sondergenehmigung erlaubt. Auch zwischen 100 und 160 Wh gibt es Einschränkungen, so dass Sie am sichersten mit Powerbanks unter 100 Wh fahren. Informieren Sie sich jedoch am besten vor Ihrer Flugreise über die aktuell gültigen Bestimmungen Ihrer Airline.
- Für meine Zwecke hat sich eine Kapazität von 20 100–26 800 mAh als guter Kompromiss zwischen Leistung und Gewicht herausgestellt. Bei einer 20 100-mAh-Powerbank beispielsweise liege ich mit ca. 73 Wh auch noch im erlaubten Rahmen bei Flugreisen.
- Ganz wichtig bei einer Powerbank ist auch, dass sie ihre Energie kontinuierlich abgibt. Ich hatte schon ein Modell, das das besondere »Feature« hatte, angeschlossene Geräte nur dann mit Strom zu versorgen, wenn sie aufgeladen wurden bzw. genügend Strom abnahmen. Dadurch wurde beispielsweise meine Kamera nur für wenige Sekunden betrieben, bevor sich die Powerbank wieder abschaltete. Solche Modelle sind natürlich komplett unbrauchbar für die hier genannten Zwecke. Leider lässt sich so etwas nicht unbedingt immer in der Spezifikation finden, sondern unter Umständen nur durch Ausprobieren oder genaueres Studieren von Rezensionen herausbekommen.
- Angaben über Temperaturbereiche, in denen die Powerbanks betrieben werden können, finden Sie selten bis gar nicht bei den Herstellern. Ich musste leider feststellen, dass meine Powerbanks bei einer Temperatur von etwa −18 °C ihren Dienst versagten. Sie gingen zwar nicht kaputt, mussten jedoch erst einmal wieder aufgewärmt werden, bevor sie sich wieder anschalten ließen. Dies kann bei einer nächtlichen Fotosession im Winter äußerst ärgerlich sein. Abhilfe schaffen können hier andere Wärmequellen, die den Akku warm halten. Generell sollten Sie die Powerbank beim Betrieb nicht der prallen Sonne oder Frost und Feuchtigkeit aussetzen – eine Hülle zum Schutz ist daher auf jeden Fall empfehlenswert.

- Praktisch finde ich kleine USB/USB-C-Handwärmer in Form einer Powerbank mit geringerer Kapazität (z. B. 5 200 mAh). Sie reichen zum Betreiben einer Nachführung oder zum Laden des Smartphone-Akkus, dienen aber gleichzeitig auch zum Aufwärmen der Hände in einer kalten Fotonacht. Energiehungrige Heizmanschetten können hiermit hingegen nur wenige Stunden betrieben werden.

Heizelemente

Ein großes Problem bei Nachtaufnahmen ist die Taubildung. Fotografieren Sie für längere Zeit in der Nacht, kommt es häufig vor, dass das Objektiv vorn beschlägt und sich Tau darauf bildet, was die Bilder in der Regel unbrauchbar macht. Auch das (vorsichtige) Entfernen des Taus mit einem Tuch schafft nur sehr kurzzeitig Abhilfe. Dauerhaft können Sie dieses Problem nur lösen, indem Sie Ihr Objektiv beheizen und die Temperatur in der Nähe der Linse um einige Grad erhöhen:

- **Handwärmer**: Eine einfache Lösung sind Einmal-Handwärmer, die nach dem Öffnen der Verpackung warm werden und – je nach Außentemperatur – für einige Stunden Wärme abgeben. Diese können Sie ganz einfach mit einem rückstandslosen Klebeband an der Streulichtblende des Objektivs festkleben. Diese Lösung ist zwar nicht ideal, funktioniert aber in der Regel gut und sorgt für einige taufreie Zeit. Zudem sparen Sie sich damit das zusätzliche Gewicht einer Powerbank. Aber auch wenn Sie eine Powerbank dabeihaben und nutzen, können Handwärmer durchaus hilfreich sein. Legen Sie bei höheren Minusgraden einfach ein oder zwei Handwärmer mit in die Tasche zur Powerbank, damit diese nicht aufgrund der Kälte ihren Dienst versagt.
- **Heizmanschetten**: Die bereits angesprochenen Heizmanschetten stellen eine etwas elegantere Möglichkeit dar, die Objektive vor Tau zu schützen. Sie werden schon lange in der Astronomie an Teleskopen genutzt und sind auch in der Nachtfotografie äußerst nützlich. Sie bestehen meist aus Stoff, der ein Heizelement umgibt. Zu befestigen sind sie über ein Gummiband mit Klettverschluss, das gleichzeitig die Länge der Manschette etwas variieren lässt. Ansonsten gibt es die Heizmanschetten in verschiedenen Längen, wobei ein 30–33-cm-Modell nach meiner Erfahrung recht universell an vielen Objektiven bzw. deren Streulichtblenden eingesetzt werden kann. Sie müssen beim Anbringen

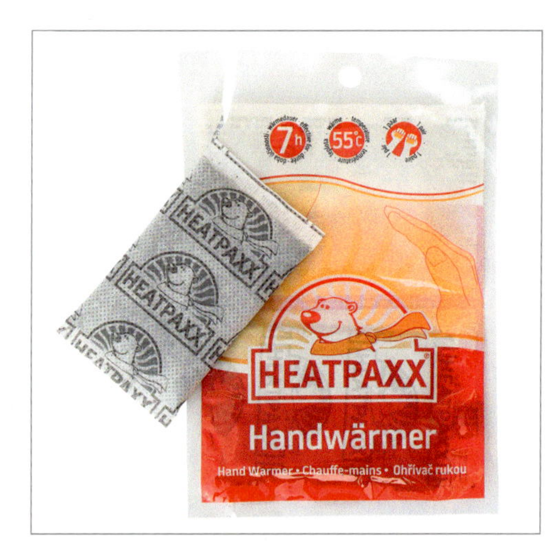

Ein einfacher Handwärmer kann neben seinem eigentlichen Zweck auch als Wärmespender für Objektive oder Powerbanks fungieren.

Mit einem einfachen Klebeband können Sie die Handwärmer vorn am Objektiv befestigen. Diese Lösung kann für einige Stunden den Tau von Ihrer Linse fernhalten. Wenn Sie nur einen verwenden, kleben Sie ihn am besten unter das Objektiv.

an Weitwinkelobjektiven nur aufpassen, dass Sie die Manschette nicht zu weit vorn platzieren, da sie sonst für schwarze Ränder auf den Bildern sorgt. Mit Strom versorgt werden die gängigen Heizmanschetten über einen USB- oder Cinch-Anschluss, wobei ein USB-Anschluss aufgrund der direkten Verwendung an einer Powerbank sicherlich die bessere Lösung ist.

Heizmanschetten können Sie einfach vorn an den Streulichtblenden der Objektive befestigen und über die Powerbank betreiben. Es gibt sie mit Cinch-Anschluss (Hersteller Dew Not, wie im Bild zu sehen) oder alternativ mit USB-Anschluss (Hersteller AST Optics oder Vixen).

Externe Stromversorgung der Kamera

Die Akkus heutiger Kameras sind in der Regel schon sehr leistungsfähig und ermöglichen mehrere hundert Aufnahmen beziehungsweise Aufnahmen über viele Stunden am Stück. So konnte ich beispielsweise mit meiner Canon EOS 6D einmal einen Zeitraffer mit etwas mehr als 1 000 Bildern (à 10 s) mit nur einem einzigen Akku aufnehmen, wobei ich das Display deaktiviert hatte und die Aufnahmen durch einen Fernauslöser auslösen ließ. In den meisten Aufnahmesituationen ist daher der Original-Akku nach meiner Erfahrung ausreichend, gegebenenfalls ergänzt durch einen Ersatzakku. Bei kalten Umgebungstemperaturen sowie sehr langen Aufnahmesequenzen, die eine unterbrechungsfreie Stromversorgung der Kamera erfordern, kann es jedoch sinnvoll sein, die Kamera mit externer Energie zu betreiben. Die Bandbreite der Möglichkeiten ist dabei groß und hängt insbesondere von Ihrem Kameramodell ab. Am einfachsten ist es, wenn Ihre Kamera per USB-C betrieben werden kann – also beispielsweise über eine Powerbank –, wie es z. B. die Sony Alpha 7 III oder 7R III ermöglicht. Bei anderen Kameras haben Sie entweder die Möglichkeit eines Selbstbaus auf Basis einer 12-V-Stromversorgung, oder Sie kaufen einen fertigen Adapter für Ihr Kameramodell. Ersteres soll hier nicht näher beschrieben werden, da die korrekte Funktionsweise für die verschiedenen Kameramodelle nicht garantiert werden kann und es im schlimmsten Fall zu einer Beschädigung der Kamera kommen kann. Sollten Sie wirklich eine solche externe Stromversorgung benötigen, ist eine fertige Lösung daher der sicherste Weg. Man unterscheidet zwischen

TAUPUNKT

Je nach Luftfeuchtigkeit befindet sich mehr oder weniger Wasser in der Luft, wobei warme Luft mehr Wasser aufnehmen und halten kann als kalte Luft. Wenn sich die Luft in der Nacht also abkühlt, kann irgendwann der Punkt erreicht sein, an dem das Wasser abgegeben wird und sich Tau auf ebenso kalten Oberflächen bildet. Dies passiert, wenn der sogenannte *Taupunkt* unterschritten wird. Dieser wird als Temperaturwert in vielen Wetterapps (z. B. WeatherPro) angegeben. Unterschreitet die Lufttemperatur diesen Wert, bildet sich Tau auf allen Gegenständen, die ebenfalls eine Temperatur unter dem Taupunkt haben – wie beispielsweise das Gras, aber auch Ihr Kameraequipment. Der Taupunkt ist daher ein guter Indikator, ob Sie in einer Nacht eine Objektivheizung benötigen oder nicht.

230-V-Lösungen, wenn Sie Ihre Kamera z. B. zu Hause auf der Terrasse betreiben möchten, oder mobilen 5-V-Lösungen für unterwegs. 230-V-Lösungen gibt es meist vom jeweiligen Kamerahersteller direkt zu kaufen. Im mobilen Bereich ist das Universal-Netzteil Case Relay von der Firma Tether Tools sicher derzeit die flexibelste, wenn auch eine recht kostspielige Lösung; es kann ebenso mit 230 V genutzt werden.

Filter

Da Filter häufig Licht »schlucken« (z. B. Polfilter oder Graufilter), wäre ihre Nutzung in der Nachtfotografie kontraproduktiv. Bei den folgenden zwei Filtern lohnt es sich jedoch durchaus, einen Blick darauf zu werfen:

- **Fog-Filter**, z. B. Tiffen Double Fog 3: Ein solcher Nebelfilter wird eigentlich tagsüber genutzt, um künstlich eine Nebelstimmung zu erzeugen. Vor einem Sternenhimmel eingesetzt sorgt er dafür, dass helle Sterne größer und damit auffälliger dargestellt werden – den gleichen Effekt haben Sie, wenn Sie einen leichten Nebelschleier auf der Linse haben. Dies eignet sich beispielsweise, um bestimmte Sternbilder besser sichtbar zu machen. Der Nachteil ist, dass auch der Vordergrund meist zu sehr »vernebelt« wird, so dass es häufig notwendig ist, ein weiteres Bild ohne Filter aufzunehmen und beide Bilder später zusammenzufügen.
- **Weichzeichner**, z. B. Cokin P830: Ähnlich wie Nebelfilter erzeugen auch Weichzeichner eine dominantere Darstellung hellerer Sterne. Das nach meiner Erfahrung beste Ergebnis, bei dem der Vordergrund nicht zu sehr weichgezeichnet wird, bietet der Rechteckfilter P820 von Cokin. Leider ist dieses Modell nur noch sehr selten zu bekommen, so dass der P830 eine Alternative darstellt – allerdings mit stärkerem Weichzeichnereffekt.
- **Filter gegen Lichtverschmutzung**, z. B. Hoya Red Enhancer oder Rollei Astroklar: Vor einigen Jahren verbreitete sich ein (unbeabsichtigter) Zusatznutzen

» Die Aufnahmen zeigen das gleiche Motiv mit und ohne Verwendung des Fog-Filters. Das Sternbild Orion wird durch den Nebelfilter (links) sehr viel deutlicher sichtbar, es fällt allerdings auch auf, dass der Vordergrund durch den Filter zu sehr beeinträchtigt wird. Hier müssten beide Bilder zusammengefügt werden.

« Auf den ersten Blick hat der Red Enhancer (Bild rechts) eine beeindruckende Wirkung gegenüber einer normalen Aufnahme (Bild links). Bei diesen Aufnahmen, die mit identischen Kameraeinstellungen gemacht wurden, erkennen Sie jedoch auch schon die Helligkeits- und Farbunterschiede.

eines Filters zur Betonung von Rottönen. So reduziert der Red Enhancer von Hoya das Licht einer bestimmten Wellenlänge: nämlich das der Natriumdampflampen, die heute neben LED-Beleuchtungen primär für die Lichtverschmutzung verantwortlich sind (siehe dazu auch den Abschnitt »Lichtverschmutzung« ab Seite 67). Dadurch wird ein Großteil der orangefarbenen Lichtverschmutzung schon bei der Aufnahme herausgefiltert. Ich halte eine solche Art Filter, die es mittlerweile auch von anderen Herstellern, wie Rollei, gibt, allerdings nur für eingeschränkt wirkungsvoll. Die zunehmende Verbreitung von LED-Beleuchtungen in den Städten, wogegen ein solcher Filter wirkungslos ist, wird die Wirkung in Zukunft sogar noch reduzieren. Zudem kostet der Filter leider auch etwas Lichtstärke, was man als Astrofotograf ja grundsätzlich vermeiden möchte. Ich halte ihn für einige Anwendungsfälle (z. B. schwaches Polarlicht in Deutschland, lichtschwache Deep-Sky-Objekte) durchaus für sinnvoll, würde ihn jedoch nicht als »Wunderwaffe« bezeichnen. Einen ausführlichen Test finden Sie in meinem Blog unter *www.nacht-lichter.de/red-enhancer*.

Lampen

Auch wenn Sie Ihre Kamera irgendwann blind bedienen können, werden Sie trotzdem ab und an Licht bei der Nachtfotografie benötigen. Möchten Sie die Dunkeladaption Ihrer Augen dabei nicht »kaputt machen«, sollten Sie auf das astrotypische Rotlicht zurückgreifen. Natürlich stört auch rotes Licht auf den Fotos, so dass Sie es während der Aufnahmen ausgeschaltet lassen sollten, aber für das Aufstellen und Einrichten der Kamera eignet es sich hervorragend.

Um dabei beide Hände frei zu haben, nutzen Sie am besten eine Stirnlampe, die einen Rotlichtmodus besitzt. Dieser sollte separat an- und auszuschalten sein, ohne dass Sie sich vorher durch die anderen (Weißlicht-)Programme schalten müssen. Ich habe beispielsweise gute Erfahrungen mit der Black Diamond Revolt gemacht. Sie kann sowohl mit normalen Batterien als auch mit Akkus betrieben und direkt per USB aufgeladen werden, ohne die Akkus aus der Lampe nehmen zu müssen. Mit erfahrungsgemäßen 8–12 Stunden Batterielaufzeit im hellsten Weißlichtmodus hält sie durchaus mehrere Nächte durch und begleitet mich bei meinen Nachtwanderungen.

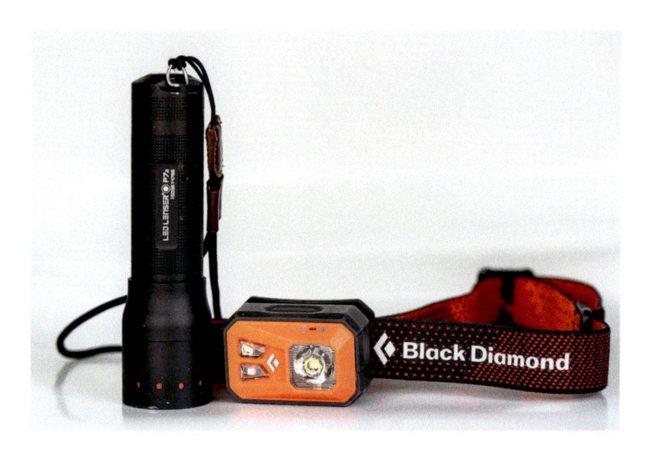

⌃ *Eine Stirnlampe mit Rotlicht-Funktion leistet in der Astrofotografie wertvolle Dienste. Gleichzeitig ist sie ein nützlicher Begleiter bei einer Nachtwanderung. Hier kann auch eine helle Taschenlampe gut unterstützen.*

Benötigen Sie – beispielsweise in unwegsamerem Gelände – einmal helleres Licht oder mehr Reichweite, ist auch eine Taschenlampe eine nützliche Anschaffung. Ein gutes Beispiel ist die LED Lenser P7.2, da sie klein und leicht ist, mit normalen Batterien oder Akkus betrieben werden kann, einhändig zu fokussieren ist und mit 260 Metern eine sehr gute Leuchtweite bietet.

Rucksack

Jeder Hobbyfotograf hat vermutlich schon die ein oder andere Kameratasche zu Hause – sei es ein Rucksack oder eine Umhängetasche. Wenn Sie jedoch wie ich viel in der Natur unterwegs sind und häufig viel Equipment dabeihaben, kann ich Ihnen noch eine weitere Lösung empfehlen, die für mich sehr gut funktioniert: Statt eines speziellen Fotorucksacks nutze ich einen normalen Trekking-/Wanderrucksack, der nicht nur von oben, sondern auch von vorn zu öffnen und zu befüllen ist. Um mein Fotoequipment unterzubringen, verwende ich sogenannte *Internal Camera Units* (ICU), die es in verschiedenen Preis- und Stabilitätsklassen gibt. Zudem sind diese Taschen sehr leicht, passen quer in die meisten größeren Trekking-Rucksäcke (40 Liter und mehr) und sind innen durch die Kletteinsätze variabel zu konfigurieren. Ich nutze je nach benötigtem Equipment ein oder zwei dieser ICUs und kann darüber hinaus zahlreiche andere Dinge wie Stative, Kleidung, eine Isomatte oder einen Schlafsack im oder am Rucksack unterbringen. Der größte Vorteil einer solchen Lösung gegenüber einem normalen Kamerarucksack liegt aus meiner Sicht jedoch im Tragekomfort. Da meine Ausrüstung nicht selten mehr als 15 kg wiegt, ist dieser Faktor auf längeren Touren für mich äußerst wichtig.

« *Ich nutze häufig für meine nächtlichen Fototouren einen solchen Trekking-Rucksack, den ich wahlweise von oben oder von vorn befüllen kann. Um mein Fotoequipment darin unterzubringen, verwende ich gepolsterte Kamerataschen, deren Innenleben ich variabel gestalten kann. (Bilder: Amazon, Bergfreunde)*

Nützliche Apps und Software

Ein weiteres »Zubehör«, das heutzutage unterwegs einen enormen Mehrwert bieten kann, ist das Smartphone und/oder Tablet. Die meisten von Ihnen werden sicherlich bereits eines besitzen, daher möchte ich an dieser Stelle gar nicht näher auf einzelne Modelle eingehen. Viele Apps für Fotografen gibt es bereits für die beiden großen mobilen Plattformen (Apple iOS und Google Android) – einige sind jedoch leider noch der Apple-Welt vorbehalten. In diesem Abschnitt möchte ich Ihnen meine meistgenutzten Apps auf dem Smartphone oder Tablet und ihre Anwendungsmöglichkeiten vorstellen, von denen Sie einige im Rahmen der Projekte noch genauer kennenlernen werden. Mein Ziel ist es dabei, Ihnen einen möglichst breiten Überblick zu geben. Wenn Sie sich also noch gar nicht mit der Fotoplanung über mobile Apps beschäftigt haben, werden Sie hier sicherlich einige Anregungen bekommen. Und auch wenn Sie die eine oder andere App bereits nutzen, entdecken Sie vielleicht ganz neue Anwendungsbereiche dieser App für die Nacht- und Astrofotografie. Außerdem lernen Sie in diesem Abschnitt bereits die wichtigste Software für die Planung und Bearbeitung Ihrer Astroaufnahmen am PC oder Mac kennen.

The Photographer's Ephemeris (TPE)

Diese App mit dem etwas gewöhnungsbedürftigen Namen gehört zu den besten und weitverbreitetsten Apps für die Nacht- und Astrofotografie. Sie bietet zwar etwas weniger Funktionen als manch andere App, ist dafür jedoch auch übersichtlicher und einfacher zu bedienen. Ich nutze sie sehr häufig, um Dämmerungszeiten sowie die Position von Sonne, Mond und Milchstraße für einen bestimmten Standort an einem konkreten Datum abzulesen oder die Lichtverschmutzung an verschiedenen Orten zu ermitteln. Durch die Integration verschiedener Karten kann ich mir neben Satellitenansichten auch Wanderkarten auf Basis der Open Street Maps (OSM) anzeigen lassen, die sogar für die Offlinenutzung gespeichert werden. Eine ebenfalls sehr hilfreiche Funktion ist die Ermittlung von Entfernungen und Höhenunterschieden anhand sogenannter *geodätischer Daten*. So kann ich sehr einfach erkennen, ob ein interessantes Himmelsobjekt von meinem Standort aus durch einen Berg o. Ä. verdeckt wird.

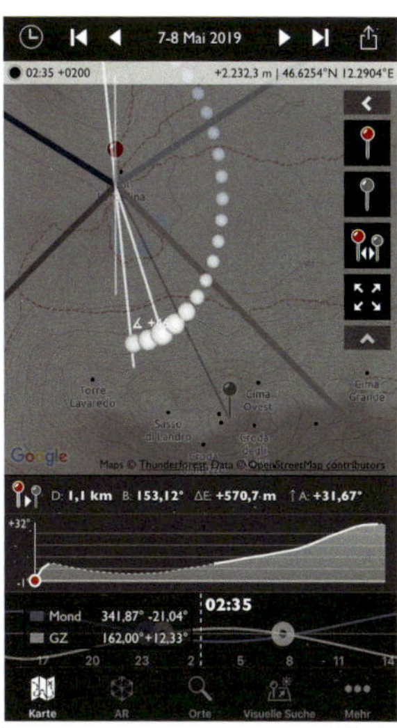

The Photographer's Ephemeris (TPE) auf dem iPhone

Insgesamt stellt TPE eine meiner am meisten genutzten Apps für die Nachtfotografie dar. Die Android-Version von TPE ist leider funktional gegenüber ihrem iOS-Pendant etwas schwächer aufgestellt. So fehlen die Milchstraßenfunktion oder die Anzeige der Lichtverschmutzung. Auch die Benutzeroberfläche ist nicht ganz so ansprechend gestaltet wie die der iOS-Version. Die wesentlichen Grundfunktionalitäten von TPE können Sie auch ganz ohne eine App in der kostenlosen Web-Version unter *http://app.photoephemeris.com* nutzen.

- Preis und Verfügbarkeit (Juli 2019): iOS: 10,99 €, Android: 3,19 €, kostenlose Web-App
- Sprache: Englisch (Android), u. a. Deutsch, Englisch (iOS)

The Photographer's Ephemeris 3D (TPE 3D)

In Ergänzung zu TPE gibt es für iOS eine 3D-Planungs-App, die sowohl für die Landschaftsfotografie bei Tag als auch bei Nacht sehr hilfreich ist. Sie ermöglicht für nahezu jeden Standort der Welt eine dreidimensionale Rundumsicht mit visualisierten Lichtverhältnissen zur eingestellten Zeit. Dies hilft enorm bei der Planung eines entfernten Fotospots, um beispielsweise schon vorab sehen zu können, ob ein Berg den Blick auf die Milchstraße versperrt. Auch für gezielte Aufnahmen des Mondes, wenn dieser hinter einer Bergspitze auf- oder untergeht, kann die App hervorragend genutzt werden.

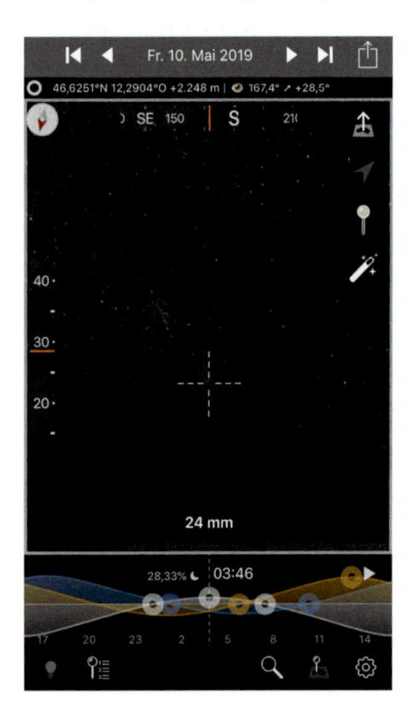

« *The Photographer's Ephemeris 3D (TPE 3D) auf dem iPhone*

Die Oberfläche und Bedienung sind etwas gewöhnungsbedürftig, aber ich möchte diese App bei meinen Planungen nicht mehr missen! Ein konkretes Anwendungsbeispiel lernen Sie im Projekt »Stacking einer Astro-Landschaftsaufnahme« in Kapitel 8 kennen. Leider ist TPE 3D derzeit ausschließlich für iOS erhältlich.

- Preis und Verfügbarkeit (Juli 2019): iOS: 12,99 €
- Sprache: Deutsch, Englisch, Spanisch (iOS)

Planit Pro

Diese eher weniger bekannte App gehört sicherlich zu den funktional umfangreichsten Apps für Fotografen. Um all diese Funktionen kennenzulernen und effizient anwenden zu können, sollten Sie jedoch eine gewisse Einarbeitungszeit einplanen. Mehrstündige (englischsprachige) Videotutorials der Entwickler auf YouTube sowie eine umfangreiche PDF-Dokumentation auf der Entwickler-Website veranschaulichen die vielfältigen Funktionen in Bereichen wie Location Scouting, Fotokomposition, Sonne und Mond, Nachtfotografie und spezielle Interessen sehr gut.

Die Stärken der App für die Nacht- und Astrofotografie liegen aus meiner Sicht besonders in der Planung von Startrails, Milchstraßenaufnahmen, ein- oder mehrzeiligen Panoramen und Sequenzen von Mond oder Sonne. Auch bei der Berechnung der maximalen Belichtungszeiten des Sternenhimmels für eine bestimmte Brennweite ist diese App äußerst hilfreich. Ebenso wie in TPE haben Sie in dieser App die Möglichkeit, bestimmte Kartenregionen für den Offlinegebrauch zu cachen sowie Planungsdaten herunterzuladen.

Die Entwickler der App sind sehr engagiert, was die Weiterentwicklung und Verbesserung von Planit Pro angeht, und reagieren extrem schnell auf Anfragen.

Konzept der Planit-Pro-App | Planit Pro bietet Ihnen einen enormen Funktionsumfang, von dem Sie aus meiner Sicht jedoch erst so richtig profitieren können, wenn Sie das grundsätzliche Benutzerkonzept der App kennen und verstehen. Da dieses nicht unbedingt selbsterklärend ist, möchte ich an dieser Stelle kurz auf die wichtigsten Punkte eingehen.

Da Planit Pro, wie der Name schon vermuten lässt, auf die professionelle Planung von Fotoaufnahmen ausgerichtet ist, ist ein solcher **Plan** auch die zentrale Klammer um alle Informationen rund um eine konkrete Fotoplanung. Diese Informationen umfassen unter anderem Orte ❹, einen Zeitpunkt (Datum und Uhrzeit) ⓬, ein bestimmtes Thema (z. B. Milchstraße, Startrails) ⓱ sowie die Kameraeinstellungen ❻ für die geplante Aufnahme (z. B. Brennweite, Ausrichtung). Pläne können Sie speichern, um sie zu einem späteren Zeitpunkt wieder aufzurufen oder auch, um sie mit anderen zu teilen.

Einen neuen Plan erzeugen Sie mit Hilfe des Plusbuttons ❿ mit dem linken der beiden ausgeklappten Buttons. Sie werden daraufhin zunächst gefragt, ob Sie die aktuelle Planung speichern möchten, und anschließend können Sie mithilfe einer abzuhakenden Liste entscheiden, was aus der vorherigen Planung Sie beibehalten möchten. Je nach Ziel Ihrer Planung können Sie dann folgende Komponenten einstellen:

1. KAMERASTANDORT FESTLEGEN: Über den Plusbutton ❿ gelangen Sie zu dieser Funktion, mit der Sie bestimmen, wo Sie Ihre Kamera platzieren möchten (blauer Pin ⓮). Diesen Ort können Sie natürlich im Laufe der Planung noch ändern. Den Standort finden Sie entweder durch Zoomen ❼ und Verschieben der Karte oder über die Suche ❸. Über den Ortungsbutton ❺ können Sie die Karte alternativ auf Ihren aktuellen Standort zentrieren.
2. SZENENSTANDORT FESTLEGEN: Ebenfalls über den Plusbutton ❿ erreichen Sie die Funktion zum Festlegen des Szenenstandortes (roter Pin ❾). Auch diesen Standort können Sie durch Verschieben der Karte oder über die Suchfunktion ❸ bestimmen und hiermit Ihr gewünschtes Motiv markieren. Sinnvoll ist diese Funktion beispielsweise im FOTOGRAFIE-WERKZEUG (siehe Punkt 4) ENTFERNUNG UND KLARE SICHT. Die App zeigt Ihnen dabei die Entfernung, Richtung sowie den Höhenunterschied zwischen Kamera- und Szenenstandort an. Zwingend notwendig ist ein Szenenstandort jedoch nicht.
3. KARTENEBENE: Über den KARTEN-Button ⓰ wählen Sie die zugrundeliegende Karte aus. Dabei können Sie beispielsweise zwischen den verschiedenen Google-Karten (Straßenkarte, Satellitenkarte, Geländekarte) selektieren, aber auch die OpenStreetMap steht hier zur Auswahl. Ein- und Auszoomen können Sie die jeweilige Karte über den Schieberegler ❼ auf der rechten Seite.
4. FOTOGRAFIE-WERKZEUG: Hier stellen Sie schließlich ein, auf welchen fotografischen Aspekt Sie sich in Ihrer Planung fokussieren möchten. Sie erreichen die Liste der möglichen Werkzeuge über das Menü ❶ oder alternativ über den Aktionsbutton ⓫. Das Beispiel in der Abbildung links zeigt das Werkzeug BRENNWEITE ❷, wobei Sie die Kameraeinstellungen ❻ hinsichtlich der Brennweite und Ausrichtung festlegen können. Anhand eines grünen Fächers ⓭ sehen Sie, welchen Bildwinkel Sie damit abdecken können. Dabei lässt sich sowohl der Richtungswinkel als auch die Brennweite durch Verschieben des Fächers verändern. Ebenfalls über den Aktionsbutton ⓫ können Sie von der Kartenansicht in eine spezielle Sucheransicht wechseln. Hier finden Sie sehr nützliche Funktionen wie eine Augmented-Reality-Ansicht (SUCHER (AR)) oder eine 3D-Ansicht (SUCHER (VR)) ähnlich TPE 3D.

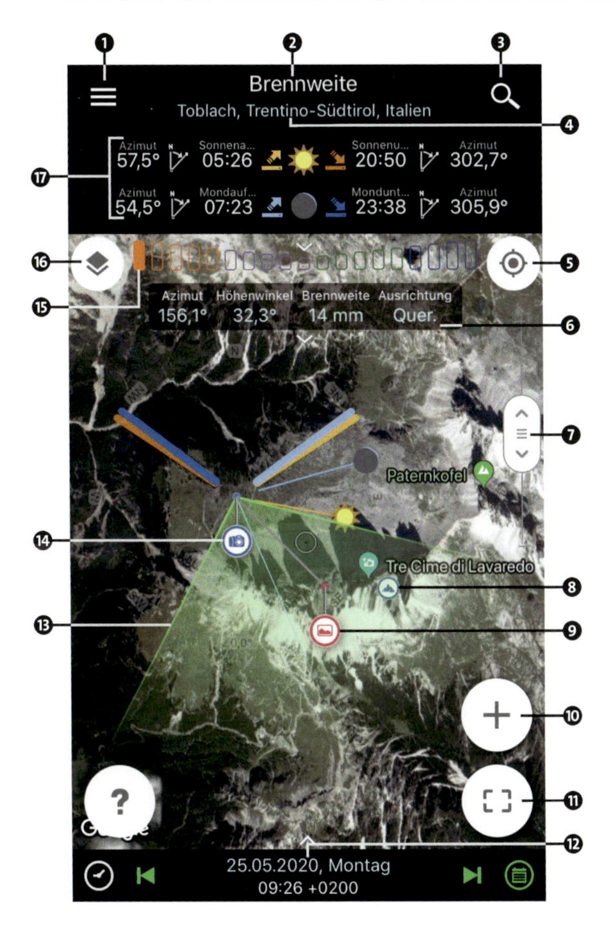

⮝ *Die wichtigsten Oberflächenelemente der PlanIt-App*

Sind diese vier grundlegenden Schritte getan, können Sie nun noch Ihr konkretes **Planungsthema** auswählen, wobei Sie im Menü ❶ unter EPHEMERIDEN FUNKTIONEN eine Übersicht über alle in der App angebotenen Funktionen erhalten (siehe Abbildung auf der nächsten Seite). Das aktuell gewählte Thema und Informationen ⓱ dazu sehen Sie oberhalb der Karte. Alternativ zum Aufruf über das Menü können Sie auch durch Wischen dieser Informationszeile oder gezieltes Klicken auf einen der Punkte ⓯ am oberen Rand der Karte zwischen den

Themen wechseln. Einige konkrete Planungsbeispiele werden Sie im Laufe des Buches detailliert kennenlernen. Über die Nacht- und Astrofotografie hinaus können Sie die App dabei auch sehr gut für die Planung von Tagaufnahmen nutzen.

Im letzten Schritt legen Sie schließlich im unteren Bereich der App einen konkreten Zeitpunkt ⓬ (Datum und Uhrzeit) für Ihre Aufnahme fest. Dabei steht auch eine nützliche Kalenderfunktion zur Verfügung, die Sie zum Beispiel über das Menü ❶ im Punkt KALENDER erreichen.

Einer der **Kalender** (siehe die Abbildung unten rechts) zeigt Ihnen beispielsweise auf einen Blick, an welchen Tagen im Monat es ausreichend dunkel für die Astrofotografie ist. Im Beispiel sehen Sie, dass es am 18. August 2020 zwischen 22:12 Uhr und 04:17 Uhr dunkel ist – also weder der Mond noch die Dämmerung die Aufnahme stört. Analog gibt es auch einen Milchstraßenkalender mit den Sichtbarkeitszeiten des galaktischen Zentrums. Die Kalender stellen eine extrem hilfreiche Funktion dar, wenn Sie beispielsweise Milchstraßen- oder Deep-Sky-Aufnahmen planen möchten!

Ein letztes wichtiges Element der Planit-Pro-App stellen die **Markierungen** ❽ (siehe Abbildung auf Seite 57) dar. Hiermit können Sie im Laufe der Zeit Orte speichern, die Sie entweder schon kennen oder zukünftig planen zu besuchen. Ähnlich wie Pläne können Sie auch Markierungen als Datei speichern und mit anderen teilen.

Planit Pro stellt derzeit eine der wenigen Apps dar, die sowohl auf dem Smartphone als auch auf dem Tablet für iOS und Android in nahezu identischer Form und in deutscher Sprache zur Verfügung stehen. Den Preis halte ich in Anbetracht der gebotenen Funktionalitäten für mehr als angemessen. Unter Android können Sie sich sogar eine kostenlose Version mit abgespecktem Funktionsumfang zum Testen herunterladen.

- Preis und Verfügbarkeit (Juli 2019): iOS: 10,99 €, Android: 9,99 € (kostenlose Version mit weniger Funktionalitäten für Android ebenfalls verfügbar)
- Sprache: u. a. Deutsch, Englisch

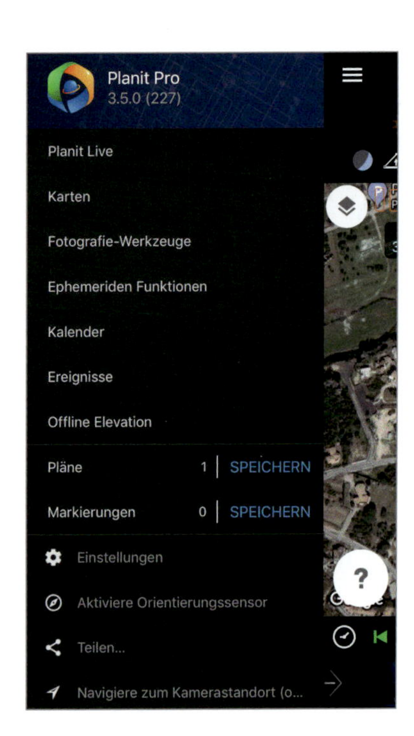

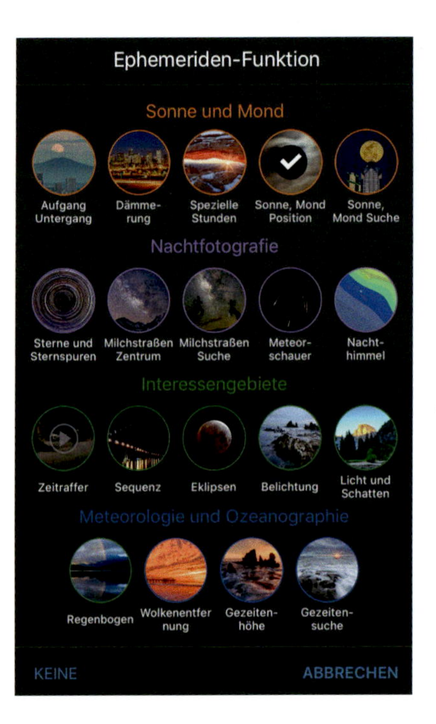

Menü der Planit-Pro-App (links). Die EPHEMERIDEN-FUNKTION der App (rechts) bietet Ihnen die verschiedensten Planungsthemen.

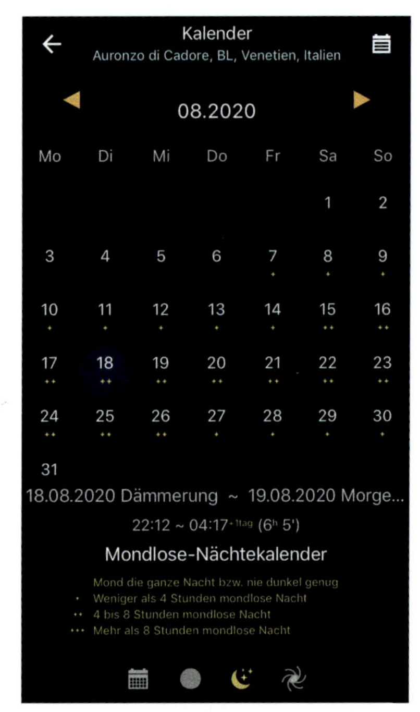

Die praktische Kalenderfunktion gibt Ihnen beispielsweise einen Überblick über mondlose Zeiten während der Nächte.

PhotoPills

Eine beliebte App für die Tag- und Nachtfotografie ist PhotoPills. Auch hier sollten Sie zwar mit einiger Einarbeitungszeit rechnen, aber diese lässt sich bei funktional umfangreichen Apps leider meist nicht vermeiden. Für Nachtfotografen bietet PhotoPills ähnlich wie TPE und Planit Pro ebenfalls Informationen über Auf- und Untergangszeiten von Sonne und Mond, Dämmerungszeiten und eine 2D-Milchstraßenplanung, darüber hinaus eine Augmented-Reality-Funktionalität. Diese ermöglicht es Ihnen, bei der Bildkomposition das reale Bild der Landschaft durch Ihre Smartphone- oder Tablet-Kamera mit hilfreichen Informationen wie der Position von Milchstraße, Sonne oder Mond zu ergänzen. Bei einer Vor-Ort-Fotoplanung ist diese App daher meine erste Wahl! Ansonsten ist PhotoPills von der Art durchaus mit Planit Pro zu vergleichen. Die App integriert ebenfalls verschiedene Open Street Maps und ermöglicht die Berechnung der maximalen Belichtungszeit bei Aufnahmen des Sternenhimmels.

Die Einarbeitung in die Bedienung und Funktionalität dieser App wird Ihnen mit extrem guten und umfangreichen (englischsprachigen) Text- und Videotutorials vergleichsweise leicht gemacht. Diese können Sie sogar direkt aus der App heraus online aufrufen.

- Preis und Verfügbarkeit (Juli 2019): iOS: 10,99 €, Android: 10,99 €
- Sprache: u. a. Deutsch, Englisch

Ich habe in den letzten Jahren viele Apps für Fotografen getestet, von denen ich Ihnen diese drei besten (TPE, Planit Pro und PhotoPills) für meine Anforderungen an eine Planung von Nacht- und Astrofotos in den Projekten dieses Buches praktisch vorstellen werde. Da alle ihre Stärken und Schwächen – und manchmal auch Alleinstellungsmerkmale – haben, nutze ich für die Planung meiner Fotos durchaus verschiedene Apps für unterschiedliche Anwendungsfälle.

Sky Guide

Wenn Sie sich als Astronomie-Neuling am Nachthimmel zurechtfinden möchten, sind Sternen-Apps für Smartphones sicherlich die beste und einfachste Lösung. Anhand

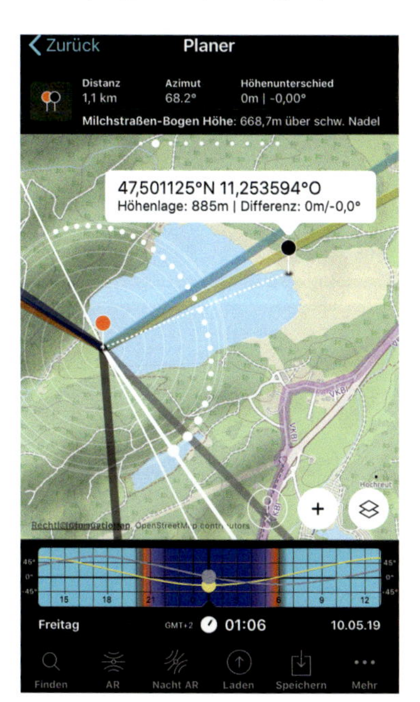

PhotoPills auf dem iPhone (links) und iPad (rechts) – die App-Gestaltung ist der Bildschirmgröße angepasst.

POCKET-EARTH-ARCHIV ZUM BUCH ALS DOWNLOAD

Die GPS-Daten aller Fotospots der Projekte dieses Buches inklusive weiterer Hinweisen sowie einige Wandertracks stehen Ihnen im Downloadbereich als Pocket-Earth-Archiv zur Verfügung. Sie können dieses Paket direkt in die App importieren, zum Beispiel über iTunes. Sollten Sie die App nicht nutzen, können Sie die GPS-Wegpunkte und -Tracks alternativ auch im Standard-GPX-Format herunterladen und in einer beliebigen App oder Software öffnen.

Adobe Lightroom

Nun mag man die Abo-Strategie von Adobe mögen oder nicht, aber das Creative-Cloud-Foto-Abo u. a. bestehend aus Adobe Lightroom CC, Lightroom CC Classic und Adobe Photoshop CC lohnt sich sicher für viele Hobbyfotografen gegenüber der früher mehrere Tausend Euro teuren Anschaffung dieser Software (insbesondere Photoshop). Leider lässt Adobe seinen Nutzern heute nicht mehr viel Wahl – wer die volle Funktionalität haben möchte, muss ein Cloud-Abo mit monatlichen Kosten abschließen.

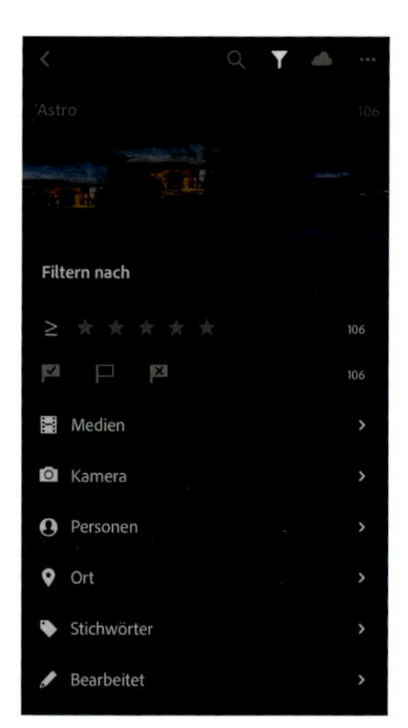

Adobe Photoshop Lightroom auf dem iPhone

Ich nutze dieses Paket nun schon lange und bin sehr zufrieden damit. Was mir als Tablet- und Smartphone-Nutzer besonders gefällt, ist die Integration von Lightroom in die mobile Welt. So kann ich verschiedene Sammlungen in der Desktop-App (Lightroom CC Classic) erstellen und freigeben und somit auf alle Fotos darin auf dem Mobilgerät zugreifen. Ich nutze diese Funktion als eine Art Portfolio, das ich unterwegs immer dabeihabe. Da alle Änderungen und Aufnahmeparameter ebenfalls in der mobilen App sichtbar sind, habe ich immer den aktuellen Stand der Bearbeitung dabei und könnte sogar die meisten Anpassungen in der App vornehmen, die dann wiederum auf den Rechner synchronisiert werden. Auch Fotos, die mit dem Smartphone oder Tablet aufgenommen wurden, können den mobilen Sammlungen hinzugefügt und damit schnell und einfach auf den Rechner synchronisiert werden.

- Preis und Verfügbarkeit (Juli 2019): iOS: kostenlos, Android: kostenlos (volle Funktionalität über das 11,89 € pro Monat teure Creative-Cloud-Foto-Abo)
- Sprache: u. a. Deutsch, Englisch

MONITORKALIBRIERUNG

Für die Bearbeitung Ihrer (Nacht-)Aufnahmen am Rechner sollten Sie wenn möglich einen kalibrierten Monitor nutzen, um die Farben und insbesondere die Helligkeit Ihrer Bilder realistisch beurteilen zu können. Gerade Nacht- und Astroaufnahmen wirken an einem Monitor (z. B. Laptop-Monitor) meist sehr viel heller als beispielsweise auf einem Ausdruck. Und nichts ist schlimmer als die Enttäuschung, wenn Sie Ihr eindrucksvolles Milchstraßenpanorama in zwei Metern Breite auf Alu-Dibond geliefert bekommen und es nicht annähernd so beeindruckend aussieht wie auf Ihrem Bildschirm.

Da das Farbmanagement, die Verwendung von sogenannten *ICC-Profilen* und auch die Kalibrierung eines Monitors jedoch generelle Themen in der Fotografie darstellen, möchte ich Ihnen an dieser Stelle nur den Hinweis geben, sich auf jeden Fall damit zu beschäftigen, wenn Sie den Druck Ihrer Aufnahmen planen.

Die Desktop-Anwendungen des Foto-Abos (Lightroom und Photoshop) verwende ich regelmäßig zur Organisation und Bearbeitung meiner Nacht- und Astroaufnahmen. Insbesondere Lightroom ist für mich das Standardtool, um schnell und einfach Bearbeitungen vorzunehmen.

Weitere Apps und Software

Näheres zur Nutzung der vorgestellten Anwendungen werden Sie im Verlauf des Buches erfahren. Außerdem werden Sie im Rahmen der Projekte folgende Apps und Software kennenlernen, die an dieser Stelle aus Übersichtlichkeitsgründen nur aufgezählt werden sollen:

- **iOptron Polar Scope**: App zum sogenannten *Einnorden* oder *Einsüden* der Nachführung
- **ISS Spotter**: App zum Ermitteln der nächsten Überflugzeiten und -daten der Internationalen Raumstation ISS für den aktuellen Standort
- **PTGui**: Panoramasoftware zum Zusammensetzen von Einzelbildern
- **LRTimelapse**: Software mit Lightroom-Integration zum Erstellen von Zeitraffern
- **Deep Sky Stacker** (Windows): Software zum Stacken von Deep-Sky-Aufnahmen von z. B. Nebeln, Galaxien oder Aufnahmen der Milchstraße
- **Starry Sky Stacker** (Mac): Software für den Mac zum Stacken von Deep-Sky-Aufnahmen
- **Sequator** (Windows): Software zum Stacken von Deep-Sky- und Astrolandschaftsaufnahmen
- **Starry Landscape Stacker** (Mac): Software zum Stacken von Astrolandschaftsaufnahmen
- **RegiStax**: Software zum Stacken von Astroaufnahmen (Videos oder Einzelbilder)
- **StarStaX**: Software zum Erstellen von Sternspuraufnahmen (Startrails)

VERWENDETE SOFTWAREVERSIONEN

Apps und Software unterliegen üblicherweise einem kontinuierlichen Änderungs- und Verbesserungsprozess. Die in diesem Buch dargestellten Anleitungen enthalten daher Screenshots der zu diesem Zeitpunkt aktuellen Versionen und werden in Neuauflagen sorgfältig überarbeitet. Im Folgenden finden Sie zu Ihrer Information eine Liste der in diesem Buch verwendeten Softwareversionen. Bitte beachten Sie, dass diese sich von den von Ihnen verwendeten Versionen optisch und gegebenenfalls auch funktional unterscheiden können:

Software Windows

- Adobe Lightroom CC Classic 8.2
- Adobe Photoshop CC 20.0.4
- Deep Sky Stacker 4.1.1
- LRTimelapse 5.2.1
- PTGui 11.12
- RegiStax 6
- Sequator 1.5.4
- StarStaX 0.71

Software Mac

- Adobe Lightroom CC Classic 8.2
- Adobe Photoshop CC 20.0.4
- Astropad 3.1
- LRTimelapse 5.2.1
- PTGui 11.12
- Starry Landscape Stacker 1.8.0
- Starry Sky Stacker 1.3.1
- StarStaX 0.71

KAPITEL 3

ASTRONOMIE FÜR FOTOGRAFEN

»Schwarz wie die Nacht« – diesen Ausdruck kennen Sie sicherlich. Dass dies bei weitem nicht so ist, erfahren Sie in diesem Kapitel. So beeinflussen verschiedene Faktoren die Nacht- und Astrofotografie und somit das Aussehen Ihrer Bilder. Das Wissen über Mond- und Dämmerungsphasen, aber auch über die Einflüsse von Lichtverschmutzung und Erdrotation lässt Sie Ihre Bilder gezielter gestalten und planen. Dieses Kapitel hilft Ihnen als Fotograf daher bei Ihrem Einstieg in die Astronomie.

Da die Astronomie im wahrsten Sinne des Wortes eine »Wissenschaft für sich« ist und neben all der Faszination auch schnell sehr komplex werden kann, möchte ich Ihnen in diesem Kapitel die relevanten Grundlagen der Astronomie möglichst kompakt und einfach erläutern, ohne einen hochwissenschaftlichen Ansatz zu verfolgen oder gar einen Anspruch auf Vollständigkeit zu erheben. Da wir uns in diesem Buch bis auf eine Ausnahme (ab Seite 327) ausschließlich auf der Nordhalbkugel der Erde bewegen, beschränke ich mich bei den Beschreibungen in diesem Kapitel auch weitestgehend darauf. Sollten die astronomischen Gegebenheiten auf der Südhalbkugel anders sein, so erfolgt ein kurzer Hinweis an der entsprechenden Stelle.

« *Der Mond beeinflusst die Nacht- und Astrofotografie ganz wesentlich.*

24 mm | f2 | 10 s | ISO 800 | 13. August, 23:48 Uhr

Lichtverschmutzung

Bevor es wirklich astronomisch wird, möchte ich zunächst auf einen der größten Einflussfaktoren der Astrofotografie eingehen: die Lichtverschmutzung. Ähnlich wie die Luftverschmutzung ist auch sie eine Form der Umweltverschmutzung, wobei hier nicht die Verschmutzung des Lichts gemeint ist, sondern die des Himmels durch das Licht. Lichtverschmutzung ist also die Emission von Licht in die Umwelt und somit in die Erdatmosphäre, was in den meisten Fällen auf künstliche Lichtquellen – also uns Menschen – zurückzuführen ist. Die Auswirkungen von Lichtverschmutzung sind durchaus weitreichender, als Sie vielleicht zunächst denken mögen. Gab es früher noch einen ganz deutlichen Unterschied zwischen Tag und Nacht, so verschwimmt diese Grenze heutzutage durch künstliche Beleuchtung immer stärker. Dies beeinträchtigt nach wissenschaftlichen Erkenntnissen vor allem unsere Tier- und Pflanzenwelt. Inwiefern auch der menschliche Organismus darunter leidet, ist noch nicht abschließend erforscht.

Fest steht jedoch, dass Astronomen und Astrofotografen sehr darunter zu leiden haben, denn durch einen hohen Grad an Lichtverschmutzung wird der dunkle Nachthimmel erheblich aufgehellt. Dies beeinträchtigt die Sichtbarkeit von Sternen und vor allem von lichtschwachen Objekten wie der Milchstraße oder fernen Nebeln und Galaxien erheblich. Nicht zuletzt deshalb finden sich viele Sternwarten oder Observatorien heute außerhalb von großen Städten oder Ballungszentren.

STERNWARTEN UND OBSERVATORIEN

Sternwarten oder astronomische Observatorien dienen der Beobachtung des Sternenhimmels durch entsprechende Instrumente wie z. B. Teleskope. Wichtig für die Beobachtung (und auch Fotografie) ist dabei ein geringer Grad der Lichtverschmutzung, weshalb Sternwarten häufig außerhalb größerer Städte gebaut werden. Große Observatorien sind nicht selten in höheren Berglagen zu finden, da dort zudem meist eine geringere Luftunruhe herrscht, was die Beobachtungsqualität (das sogenannte *Seeing*) verbessert. Zu erkennen sind Sternwarten und Observatorien typischerweise an den runden weißen Kuppeln, die dem Schutz der Instrumente dienen und zur Beobachtung in die gewünschte Richtung geöffnet werden können.

« Aufnahme der Milchstraße in den italienisch-schweizerischen Alpen aus fast 3 000 Meter Höhe. Im Vordergrund sehen Sie das Stilfser Joch, den höchsten Gebirgspass Italiens. Der Himmel dort ist zwar vergleichsweise dunkel, jedoch stört die fast taghelle Beleuchtung auf dem Pass diese Nachtaufnahme doch erheblich.

24 mm | f2 | 15 s | ISO 3 200 | 19. Juli, 00:08 Uhr

Auswirkungen auf die Nacht- und Astrofotografie

Im Bereich der nächtlichen Landschaftsfotografie werden Sie fast immer mit Lichtverschmutzung zu kämpfen haben, da es in den erreichbaren Gegenden Europas nur sehr wenige Gebiete gibt, die frei von Lichtverschmutzung sind. Auch in vermeintlich einsamen Gegenden wie Nordnorwegen, am Meer oder hoch oben in den Alpen hat die Lichtverschmutzung meine Astroaufnahmen schon mehr als gedacht beeinflusst. Dies muss allerdings nicht immer von Nachteil sein, manchmal verleiht dies einem nächtlichen Landschaftsbild auch das gewisse Extra, oder die Lichtverschmutzung kann zur Ausleuchtung des Bildvordergrunds nutzbringend eingesetzt werden.

« Polarlicht am Ersfjord in der Nähe von Tromsø, Nordnorwegen. Hier half das Licht der zahlreichen Häuser am Fjord dabei, den Vordergrund der Aufnahme auszuleuchten. Der Himmel ist dagegen dunkel genug, um trotz des hellen Polarlichts noch viele Sterne zu zeigen.

24 mm | f2 | 8 s | ISO 1600 | 05. März, 21:53 Uhr

Die Lichtglocke über dem Talort Cortina D'Ampezzo in Kombination mit den tief hängenden Wolken verleiht dem Bild einen leicht mystischen Touch. Aufgenommen wurde dieses Panorama oberhalb des Passo di Giau in den Dolomiten.

24 mm | f2 | 10 s | ISO 3 200 | 02. August, 22:55 Uhr | Panorama aus vier Hochformataufnahmen

Klassen der Himmelshelligkeit

Was genau hat es nun aber mit den Farben auf der Lichtverschmutzungskarte (siehe die Abbildung auf Seite 70) auf sich, und was bedeuten sie für die Beobachtung und Fotografie von Himmelsobjekten?

Werfen wir dazu einen genaueren Blick auf die Farbskala in der App Planit Pro (siehe Abbildung auf Seite 71). Öffnen Sie dazu die Funktion NACHTHIMMEL über den Eintrag EPHEMERIDEN FUNKTIONEN im Menü. Abgebildet werden mit Hilfe 15 verschiedener Farben (die definierte Farbskala von David Lorenz) die neun Klassen der sogenannten *Bortle-Skala*, wobei Sie die Definition und Eigenschaften der jeweiligen Klasse mit einem Tippen auf die entsprechende Farbe einblenden. Die in der Kopfzeile angezeigte Himmelshelligkeit-Einheit lässt sich durch Tippen auf den jeweiligen Begriff ändern. Die Einstellung BORTLE SKALA ist aus meiner Sicht am sinnvollsten, da diese Klasse eine einheitliche Skala darstellt, die auch in anderen Apps verwendet werden kann.

Sehr schön zu sehen ist die Auswirkung der Lichtverschmutzung auf den Sternenhimmel beispielsweise in der App Stellarium auf dem PC, Tablet oder Smartphone.

Durch Ein- und Ausblenden der Atmosphäre über das Icon ❶ schalten Sie zwischen einem nicht lichtverschmutzten Himmel (Icon deaktiviert ❶ wie in der linken Ansicht) und einem Himmel in einer lichtverschmutzten Region mit der entsprechenden Bortle-Klasse (Icon aktiviert ❷ wie in der rechten Ansicht) hin und her. Dadurch wird nicht nur die Auswirkung der Lichtverschmutzung extrem gut sichtbar, sondern auch das Auffinden von Sternen am realen Sternenhimmel sehr viel einfacher. Die Einstellung der Bortle-Klasse erfolgt über das Menü ❸ und den Menüpunkt ERWEITERTEN im entsprechenden Unterpunkt LICHTVERSCHMUTZUNG. In der Desktop-Anwendung kann dieser Wert praktischerweise auch automatisch aus der Ortsdatenbank bezogen werden.

Himmelshelligkeit-Bedingung an Kameraposition

Bortle Skala
Klasse 4 (Land/Vorstadt Übergang)

Oberflächenhelligkeit
21.69 – 21.51 mag/arcsec²

Natürlicher Himmelsfaktor
0.33 – 0.58

Bloßes Auge
6.1 – 6.5

Schätzwert Sternenanzahl
3000

Beschreibung der Bortle Skala

• Das Zodiakallicht erstreckt sich zu Beginn der Dämmerung nicht mehr ganz über die halbe Distanz zum Zenit.
• Die Milchstraße ist immer noch deutlich zu sehen, es fehlt aber schon die Struktur.
• Messier 33 ist nur noch schwierig im indirekten Sehen zu erkennen und sollte bei der Suche ca. 50° über den Horizont stehen.
• Die Lichtverschmutzung über den Städten und Ansiedlungen ist deutlicher.
• Aus mehreren Richtungen sind deutlich sichtbare Aufhellungen aus Licht und Lichtglocken zu sehen.
• Wolken über den Aufhellungen sind angeleuchtet.
• Die Umgebung kann man deutlich erkennen.
• Die Grenzgröße der Sterne in einem 32cm Teleskop liegt bei 15m5.
• Die Grenzgröße liegt mit dem freien Augen bei 6m1 bis 6m5.

FERTIG

« *Beschreibung der ausgewählten Klasse (hier: KLASSE 4 • LAND/ VORSTADT ÜBERGANG) der Himmelshelligkeit aus der Bortle-Skala in der App Planit Pro*

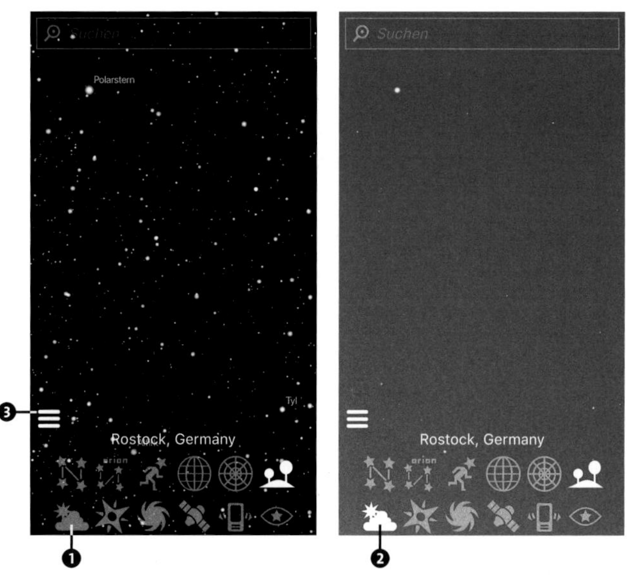

⌃ *Links sehen Sie die Darstellung des Sternenhimmels in der App Stellarium ohne atmosphärische Einflüsse wie Lichtverschmutzung. Rechts dagegen sehen Sie deutlich weniger Sterne im gleichen Himmelsausschnitt mit aktivierter Atmosphäre bei einer Lichtverschmutzung der Klasse 4.*

DIE BORTLE-SKALA

Im Jahre 2001 veröffentlichte John E. Bortle eine Skala zur Ermittlung des Lichtverschmutzungsgrades eines astronomischen Beobachtungsstandorts. Er teilte die Skala in neun Klassen ein und definierte jeweilige Grenzhelligkeiten für die Sichtbarkeit von Himmelsobjekten. Daraus ergibt sich, welche Objekte und wie viele Sterne in etwa mit bloßem Auge erkennbar sind. Letzteres bewegt sich zwischen etwa 7 000 Sternen in Klasse 1 (sehr dunkler Himmel, z. B. in der Wüste) und nur noch etwa 50 Sternen in Klasse 9 (innerstädtischer Himmel einer großen Metropole, wie z. B. New York). In Deutschland befinden wir uns meist in Bereichen zwischen Klasse 4 und 7, womit es kein optimales Land für Astrofotografen ist, aber durchaus geeignete Plätze für beeindruckende Astroaufnahmen bietet. Im weiteren Verlauf des Buches werden Sie zahlreiche Beispiele dafür sehen.

Dämmerungsphasen

Gerade haben Sie die Einflüsse der Lichtverschmutzung auf die Astrofotografie kennengelernt. Nun ist dies aber leider nicht der einzige Lichtfaktor, den Sie bei der Aufnahme von Astrofotos berücksichtigen müssen. Um lichtschwache Objekte am Himmel eindrucksvoll aufnehmen zu können, muss es draußen erst einmal »richtig dunkel« sein – und dies ist in unseren Breitengraden erst eine ganze Zeit nach Sonnenuntergang der Fall.

Definition der Dämmerungsphasen

Die Zeit zwischen Sonnenuntergang und völliger Dunkelheit am Abend sowie die Zeit zwischen völliger Dunkelheit und Sonnenaufgang am Morgen wird als Dämmerung bezeichnet. Das ist meist auch die Zeit, in der es draußen menschenleerer wird, da die meisten Fotografen nach Sonnenuntergang ihre Sachen packen und nach Hause fahren. Für uns Astrofotografen fängt jetzt allerdings die Arbeit erst an, denn auch bevor es ganz dunkel wird, bieten sich uns während der verschiedenen Dämmerungsphasen bereits einige spannende Motive.

Die Dämmerung wird in drei verschiedene Phasen unterteilt, die sich über den Winkel der Sonne unter dem Horizont definieren.

Bürgerliche Dämmerung | In dieser Phase steht die Sonne zwischen 0 und 6 Grad unter dem Horizont – die bürgerliche Dämmerung beginnt also direkt nach dem Sonnenuntergang. Nachtfotos sind zu Beginn dieser Phase natürlich noch nicht möglich, aber bei passendem Wetter lassen sich hier wunderschöne Landschaftsaufnahmen mit rot angestrahlten Wolken machen. Der erste Teil der bürgerlichen Dämmerung wird übrigens auch gern von Porträt- und Architekturfotografen genutzt, da die sogenannte *Goldene Stunde* ein besonders warmes Licht auf die Motive wirft. Astronomisch interessant ist die bürgerliche Dämmerung für solche Landschaftsaufnahmen, die den Mond als Motiv enthalten. Durch die ausgewogene Beleuchtung der Landschaft und des Mondes durch die Sonne ist es meist möglich, beides in einer einzigen Belichtung auf ein Bild zu bannen.

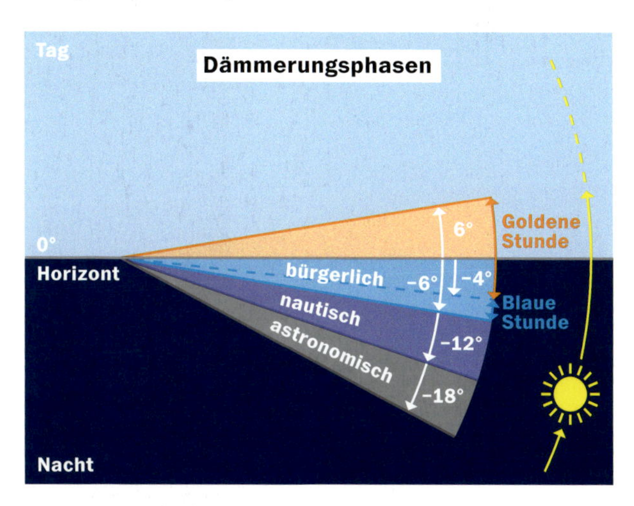

Die Dämmerungsphasen definieren sich nach dem Stand der Sonne unter dem Horizont. Ein Winkel von jeweils 6 Grad bezeichnet eine der drei Dämmerungsphasen, bis es ab 18 Grad Sonnenstand unter dem Horizont maximal dunkel ist.

Nautische Dämmerung | In dieser Phase steht die Sonne zwischen 6 und 12 Grad unter dem Horizont. Sind am Ende der bürgerlichen Dämmerung bereits die ersten Planeten und hellen Sterne am Himmel zu sehen, so werden in der nautischen Dämmerung immer mehr Sterne sichtbar. Da der Himmel jedoch noch immer von der untergegangenen Sonne erhellt wird, können in dieser Phase sehr schöne Langzeitbelichtungen entstehen. Aufpassen müssen Sie jedoch bei der Dauer der Belichtung – je nach Brennweite werden die bereits sichtbaren Sterne schnell zu Strichen. Näheres dazu stelle ich Ihnen im Abschnitt »Langzeitbelichtung« ab Seite 107 vor.

Astronomische Dämmerung | In dieser Phase steht die Sonne schließlich zwischen 12 und 18 Grad unter dem Horizont. Jetzt können Sie bereits mit den ersten Astroaufnahmen beginnen. Beispielsweise lassen sich hier schon sehr schöne Startrails oder Aufnahmen der ISS machen. Für die Aufnahme sehr lichtschwacher Objekte wie Nebeln oder Galaxien sollte es jedoch maximal dunkel sein.

Die Phasen laufen beim Übergang vom Tag zur Nacht in der genannten Reihenfolge ab, beim Übergang von der Nacht in den Tag entsprechend in der umgekehrten Reihenfolge.

Die Zeit nach Ende der astronomischen Dämmerung am Abend und vor Beginn der astronomischen Dämmerung am Morgen ist also der für Astrofotografen meist interessanteste Teil der Nacht, da es in dieser Zeit theoretisch maximal dunkel ist. Eingeschränkt wird diese Dunkelheit leider, wie Sie wissen, durch die Lichtverschmutzung und häufig auch durch den Mond – darauf werde ich im Abschnitt »Mondphasen« ab Seite 77 noch genauer eingehen.

Blaue Stunde | Aber auch die Phasen während der Dämmerung sind für Nachtfotos durchaus reizvoll. So liegt beispielsweise die sogenannte *Blaue Stunde* in der Phase der bürgerlichen Dämmerung. Diese besondere Phase der Nacht – ob abends oder morgens – werden Sie in einem eigenen Projekt ab Seite 138 noch näher kennenlernen. Vorweg sei gesagt, dass Fotos während der Blauen Stunde wirklich beeindruckend aussehen können, zumal die Szene für das menschliche Auge schon fast zu dunkel und somit unspektakulär wirkt. Aber das ist ja in vielen Bereichen der Nacht- und Astrofotografie der Fall – hier ist die Kamera mit ihren Möglichkeiten des Lichtsammelns unseren Augen häufig überlegen.

» *Das Bild zeigt die verschiedenen Dämmerungsphasen, aufgenommen in der Zeit um den Neumond in den Dolomiten. Mondlicht und Lichtverschmutzung beeinflussen diese Aufnahmen folglich nur minimal, so dass der Verlauf vom Ende der bürgerlichen Dämmerung bis zum Ende der astronomischen Dämmerung gut zu erkennen ist.*

Aufnahme zur Blauen Stunde in Tromsø, Nordnorwegen. Der Kontrast zwischen den Lichtern der Stadt und dem Blau des Himmels erzeugt eine magische Farbstimmung.

35 mm | f11 | 4 s | ISO 400 | 06. März, 18:10 Uhr

Dämmerungsphasen für einen Standort bestimmen

Der Beginn und die Dauer der Dämmerung (und auch der Blauen Stunde) hängen davon ab, auf welchem Längen- und Breitengrad der Erde Sie sich befinden und welche Jahreszeit aktuell herrscht. Aufgrund der Erdrotation setzt die Dämmerung beispielsweise im Osten Deutschlands um einiges früher ein als im Westen – so liegen zwischen Dresden und Köln durchaus 30 Minuten Unterschied am gleichen Tag. Wie lange die Dämmerung andauert, hängt wiederum stark von der geografischen Breite ab. Dabei gilt grundsätzlich, dass die Dämmerung umso länger dauert, desto weiter nördlich Sie sich befinden. In Deutschland sind dies je nach Jahreszeit meist zwischen zwei und dreieinhalb Stunden.

Mitternachtssonne | Viele von Ihnen werden sicherlich den Begriff Mitternachtssonne kennen. Hierbei ist die Sonne – wie der Name schon sagt – auch um Mitternacht noch sichtbar, schlicht und einfach, weil sie in einer bestimmten Zeit im Sommer an Orten jenseits der Polarkreise nicht unter den Horizont wandert. Die Sonne ist somit an diesen Orten zu dieser Zeit für 24 Stunden am Tag sichtbar, folglich wird es hier natürlich auch nicht dunkel. Auch in unseren Breitengraden spüren wir ein ähnliches Phänomen im Sommer, wenn die astronomische Dämmerung vom Abend direkt in die astronomische Dämmerung am Morgen übergeht oder sie sogar gar nicht erst beginnt. An diesen Orten wird es also zu dieser Zeit nicht mehr komplett dunkel, da die Sonne nicht mehr unter 18 Grad unter den Horizont sinkt. Prüfen Sie dies doch einfach einmal für Ihren eigenen Wohnort in den Sommermonaten – wie genau, sehen Sie jetzt.

Da die Zeiten für die einzelnen Dämmerungsphasen für jeden Standort und jede Jahreszeit unterschiedlich sind, existieren hierfür keine allgemeingültigen Tabellen oder Ähnliches. Glücklicherweise gibt es heutzutage jedoch zahlreiche Apps und Webseiten, die Ihnen die genauen Dämmerungszeiten für einen gewünschten Tag für Ihren Standort oder einen Standort Ihrer Wahl verraten. Ich möchte an dieser Stelle exemplarisch die Nutzung zweier Apps zur Ermittlung der Dämmerungszeiten vorstellen.

Dämmerungszeiten in TPE | Wenn ich mich ausschließlich über die Dämmerungszeiten informieren möchte, nutze ich meist The Photographer's Ephemeris (TPE). Auf dem Rechner können Sie die Grundfunktionen von TPE unter *https://app.photoephemeris.com* kostenfrei nutzen.

Hierzu geben Sie einfach den gewünschten Ort (z. B. »Drei Zinnen«) über das Suchfeld ❷ ein und stellen das Zieldatum im Datumsfeld ❸ ein. Den roten Standort-Pin ❹ können Sie, wenn gewünscht, noch beliebig verschieben. Angezeigt werden Ihnen daraufhin in der unteren Leiste sämtliche Zeiten der Dämmerung am Morgen ❻ und am Abend ❿ sowie die Auf- und Untergangszeiten für Sonne und Mond ❼. In der darüberliegenden Karte sind durch analog gefärbte Linien ❶ die Richtungen für den Auf- und Untergang des Mondes und der Sonne visuell dargestellt. Durch das Verschieben des Zeitreglers ❽ sehen Sie ebenfalls oben in der Karte, aus welcher Richtung Mond und Sonne (wenn zu dieser Zeit sichtbar) gerade scheinen ❺. Außerdem können Sie den Winkel des Mondes und der Sonne zum Horizont ❾ zur jeweiligen Zeit direkt ablesen. Diese Informationen helfen bereits enorm bei der Planung von Nachtaufnahmen.

So weiß ich im angezeigten Beispiel, dass ich am 2. August 2016 ab 22:51 Uhr an den Drei Zinnen in den Dolomiten die Milchstraße fotografieren könnte, da zu dieser Zeit die maximale Dunkelheit beginnt und auch der Mond bereits untergegangen ist – vorausgesetzt natürlich, das Wetter spielt mit.

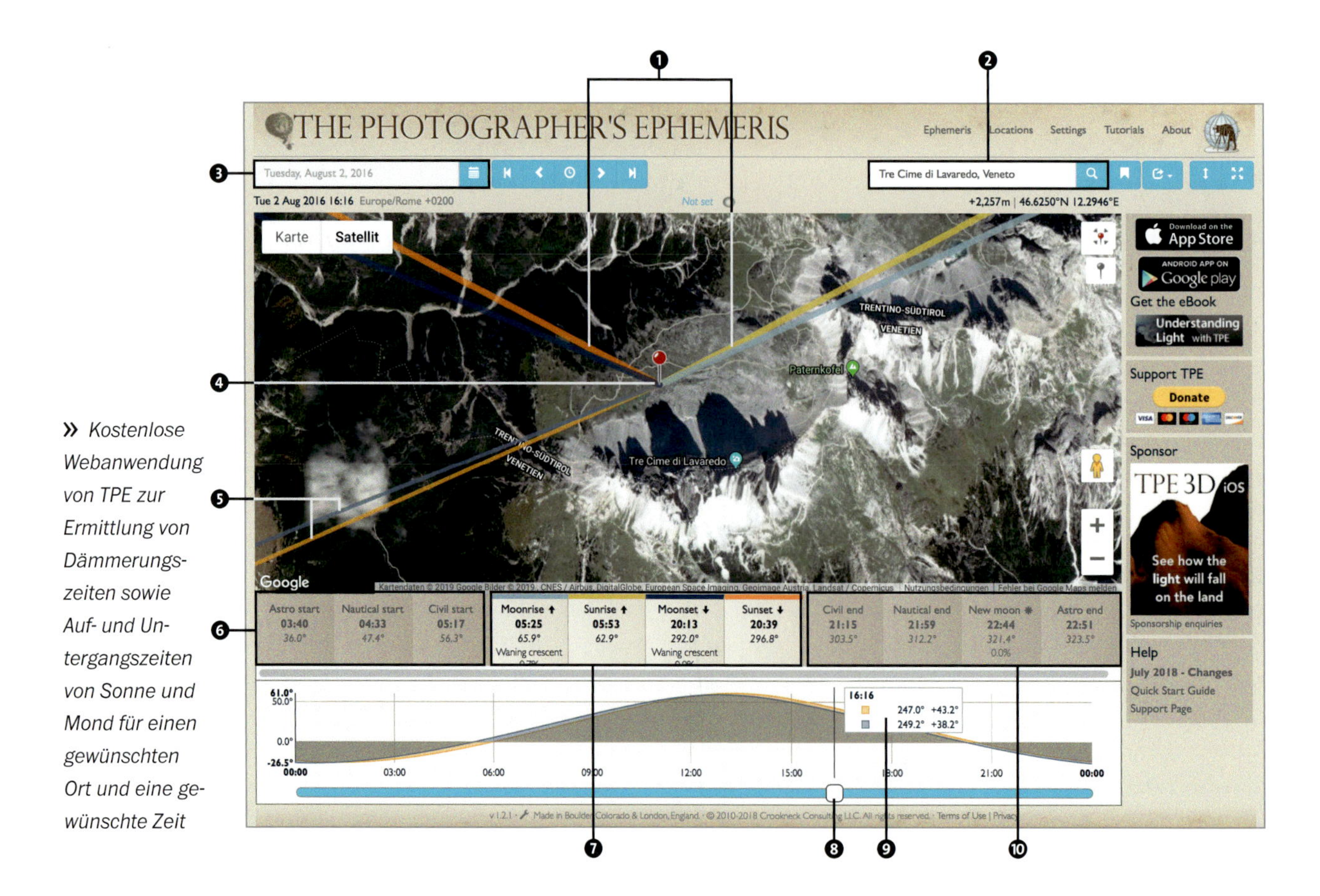

» *Kostenlose Webanwendung von TPE zur Ermittlung von Dämmerungszeiten sowie Auf- und Untergangszeiten von Sonne und Mond für einen gewünschten Ort und eine gewünschte Zeit*

Dämmerungszeiten in Planit Pro | All diese Informationen sind natürlich ebenfalls in den entsprechenden (kostenpflichtigen) TPE-Apps für Android und iOS verfügbar. Alternativ können Sie die Angaben zu Dämmerungszeiten, Auf- und Untergangszeiten von Mond und Sonne sowie die Zeiten der Blauen und Goldenen Stunde auch in der Planit-Pro-App auf Tablets und Smartphones (Android und iOS) abfragen. Die Abbildung unten zeigt drei Bildschirmausschnitte der App für das Beispiel, das Sie gerade schon in TPE gesehen haben.

Erstellen Sie dazu eine neue Planung (wie im Abschnitt »Nützliche Apps und Software« ab Seite 56 beschrieben), in der Sie den Pin für den Kamerastandort ⓯ setzen. Stellen Sie anschließend das entsprechende Datum durch langes Drücken des aktuell gesetzten Datums ⓰ ein. Über die drei Ephemeriden-Funktionen AUFGANG UNTERGANG, DÄMMERUNG und SPEZIELLE STUNDEN, die Sie beispielsweise über die ersten drei orangefarbenen Punkte ⓮ erreichen, sehen Sie schließlich die genauen Zeiten. Auch hier erhalten Sie die gleichen Informationen wie in der TPE-App hinsichtlich der Auf- und Untergangszeiten von Sonne und Mond ⓫ sowie der Dämmerungsphasen ⓬. Zusätzlich können Sie ablesen ⓭, dass es sich schon lohnt, ab ca. 20 Uhr an der Location zu sein, um die Drei Zinnen im Licht der Goldenen Stunde und ab 21 Uhr zur Blauen Stunde in Szene zu setzen.

Die fotografische Umsetzung dieses Planungsbeispiels sehen Sie übrigens in Kapitel 8, »Milchstraße«, ab Seite 180.

Mondphasen

Kommen wir nun zum wohl größten Lichtverschmutzer am Nachthimmel: dem Mond. Der Mond leuchtet nicht selbst, sondern wird auf seiner Umlaufbahn um die Erde von der Sonne angeleuchtet. Zu sehen ist dabei von der Erde immer die gleiche Seite des Mondes, da dieser sich während der Umrundung der Erde genau einmal um die eigene Achse dreht und der Erde deshalb immer die gleiche Seite zuwendet. Durch gewisse Schwankungen

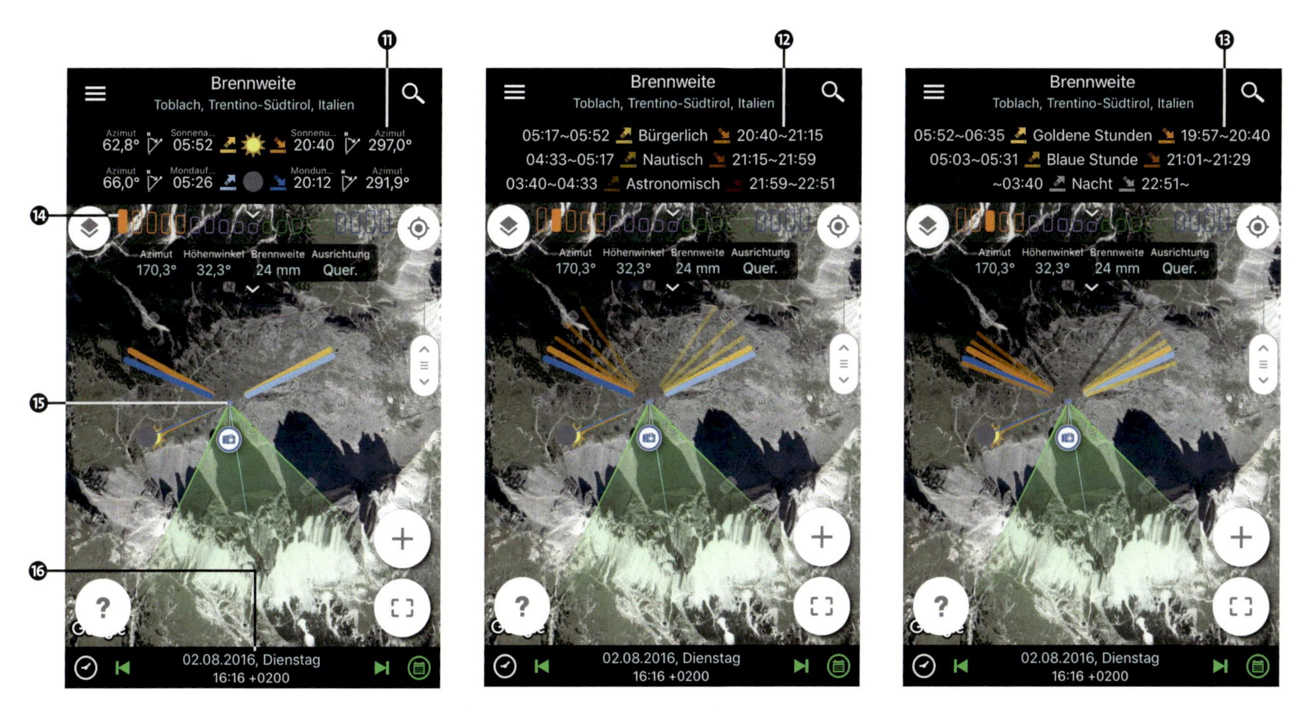

⮝ *Planit-Pro-App auf dem Tablet oder Smartphone zur Ermittlung von Auf- und Untergangszeiten von Mond und Sonne, Dämmerungszeiten sowie Zeiten für die Goldene und Blaue Stunde*

(auch Libration genannt) sieht man insgesamt im Laufe eines Monats von der Erde mit 59 % etwas mehr als die Hälfte der Mondoberfläche.

Für den Betrachter auf der Erde ändert sich bei dieser Umrundung die scheinbare Gestalt des Mondes aufgrund der unterschiedlichen Positionen von Erde, Mond und Sonne mit jedem Tag bzw. jeder Nacht. Daraus ergeben sich verschiedene Mondphasen, und so bietet auch der Mond selbst ein willkommenes Fotomotiv – dies konnten Sie ja bereits im ersten Projekt des Buches selbst ausprobieren. In Wirklichkeit ändert sich natürlich nicht das Aussehen des Mondes, sondern lediglich die beleuchtete Fläche. Da wir auf der Erde jedoch nur diese sehen können, sieht der Mond für uns scheinbar in jeder Nacht anders aus.

Noch wichtiger und einflussreicher auf die Bildgestaltung ist jedoch das unterschiedlich starke Mondlicht, das in den jeweiligen Mondphasen auf die Erde trifft. Es beeinflusst je nach Intensität sowohl die notwendigen Kameraeinstellungen wie Belichtungszeit und ISO als auch das Aussehen der Bilder. So lassen sich in der Zeit um den Vollmond herum wundervolle Landschaftsaufnahmen machen, die durch das Licht des Mondes taghell erscheinen und somit fast nur durch die Sterne am Himmel als Nachtaufnahmen zu identifizieren sind. Auch dieses Phänomen haben Sie ja bereits zu Beginn des Buches kennengelernt und vielleicht auch schon selbst ausprobiert.

Dass Sie die Zeit rund um den Vollmond wunderbar für fotografische Nachtwanderungen nutzen können, werden Sie in einem konkreten Projekt im Abschnitt »Nachtwanderung im Mondschein« ab Seite 168 sehen.

Dieses Foto vom Pordoijoch in den Dolomiten mit Blick auf den Talort Arabba nahm ich vier Tage vor Vollmond auf. Es zeigt sehr schön die verschiedenen Lichteinflüsse: die künstlichen Lichter des Talorts, die von den Wolken reflektierte allgemeine Lichtverschmutzung und schließlich das Mondlicht, das die gesamte Szenerie erhellt.

24 mm | f2 | 8 s | ISO 1600 | 20. Januar, 01:39 Uhr

DER GOLDENE HENKEL

Besonders beeindruckend wirken die Krater und Berge des Mondes an der Grenze zwischen seinem hellen und dunklen Teil, dem sogenannten *Terminator*. Da hier die Sonne flach einfällt, werfen sämtliche Erhebungen lange Schatten, die die Oberfläche sehr plastisch erscheinen lassen. Eine optisch und fotografisch besonders reizvolle Erscheinung stellt dabei der sogenannte *Goldene Henkel* am linken oberen Rand des zunehmenden Mondes dar. Die optisch an einen Henkel erinnernde Form entsteht, wenn die Sonne die Bergspitzen des Juragebirgsbogens auf dem Mond bereits beleuchtet, während der Gebirgsstock selbst noch im Dunkeln liegt. Dieses Phänomen tritt etwa 10 Tage nach Neumond (genauer 9 Tage und 18 Stunden) auf und ist nur für wenige Stunden zu sehen. Als Fotograf haben Sie also im Normalfall maximal 12 Chancen im Jahr, den Mond mit seinem Goldenen Henkel zu fotografieren.

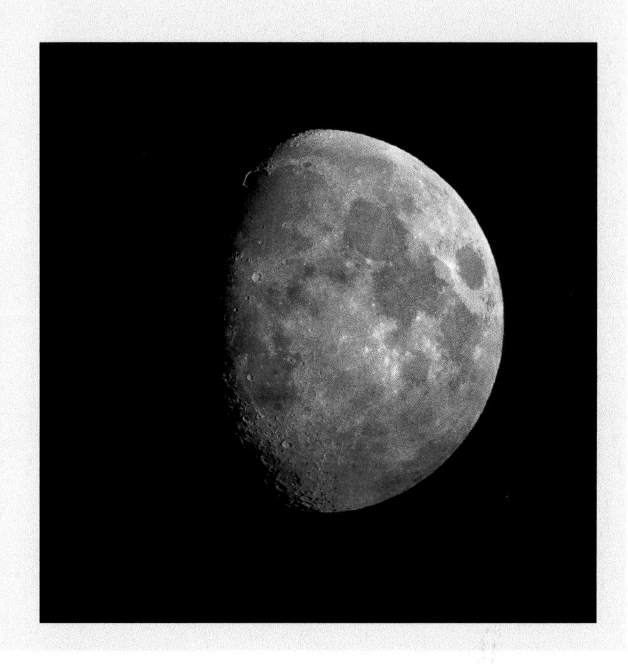

» Diese Aufnahme vom Mond mit Goldenem Henkel entstand am 2. November um 20:15 Uhr. Neumond war am 23. Oktober um 23:57 Uhr, also knapp 10 Tage vorher. Der »Henkel« ist sehr gut im oberen Bereich des Terminators zu erkennen, an der Grenze zur dunklen Seite des Mondes.

300 mm (480 mm im Kleinbildformat) | f8 | 1/200 s | ISO 200 | 02. November, 20:15 Uhr

Zyklus des Mondes

Um die Mondphasen und ihre konkreten Einflüsse auf die Astrofotografie besser zu verstehen, schauen wir uns zunächst die wesentlichen Grundlagen an: Auf seinem Weg um die Erde benötigt der Mond durchschnittlich ca. 29 Tage, woraus ursprünglich auch die Länge eines Kalendermonats abgeleitet wurde – ähnlich wie sich aus dem Umlauf der Erde um die Sonne das Kalenderjahr ableitete. Die Sonne beleuchtet den Mond auf seinem Umlauf um die Erde stets nur zur Hälfte. Von dieser beleuchteten Hälfte sehen wir auf der Erde je nach Position wiederum nur einen Teil, woraus sich verschiedene Mondphasen ergeben.

Ein Zyklus beginnt jeweils bei Neumond, der von der Erde aus nicht sichtbar ist, da er zusammen mit der Sonne am Taghimmel steht. Aber schon wenige Tage nach Neumond erscheint der Mond als schmale Sichel am abendlichen Westhimmel (das sogenannte *Neulicht* oder die *neue Sichel*) und wächst mit jedem Tag weiter an. Nach etwa einer Woche ist Halbmond – astronomisch ausgedrückt ist jetzt das »erste Viertel« erreicht, und der zur Hälfte beleuchtete Mond steht am nächtlichen Südhimmel. Eine weitere Woche später scheint der Vollmond mit maximaler Helligkeit die ganze Nacht über vom Himmel. Er geht dabei fast zeitgleich mit dem Sonnenuntergang im Osten auf und am Morgen mit dem Sonnenaufgang im Westen wieder unter. In der darauffolgenden Phase nimmt der Mond dann wieder ab, bis schließlich das »letzte Viertel« erreicht ist. Die Sichel wird nun wieder schmaler und erscheint wenige Tage vor Neumond erst morgens am Osthorizont (das sogenannte *Altlicht* oder die *alte Sichel*). Mit Erreichen des Neumonds beginnt der Zyklus schließlich wieder von vorn. Um einen konkreten Zeitpunkt in einem solchen Zyklus anzugeben, wird häufig entweder das *Mondalter* – also die Zeit, die seit dem letzten Neumond vergangen ist – oder die Sichtbarkeit des Mondes in Prozent angegeben.

ZU- ODER ABNEHMENDER MOND?

Um beim Blick in den Himmel schnell und ohne Hilfsmittel erkennen zu können, ob es sich um einen zu- oder abnehmenden Mond handelt, gibt es eine ganz hilfreiche Eselsbrücke (siehe auch die Abbildung unten): Ist die Klammer **zu** – also der rechte Teil des Mondes beleuchtet –, befinden wir uns in der Phase des **zu**nehmenden Mondes, und als Nächstes steht der Vollmond bevor. Ist die Klammer hingegen **auf** – also der linke Teil des Mondes beleuchtet –, herrscht die **a**bnehmende Phase, und als Nächstes folgt der Neumond. Diese Regel lässt sich in mittleren bis hohen Breiten auf der Nordhalbkugel anwenden, auf der Südhalbkugel gilt sie entsprechend umgekehrt.

Die Höhe des Mondes am Himmel ist dabei abhängig von den Jahreszeiten. So steht beispielsweise der Vollmond im Winter besonders hoch am Himmel, im Sommer dagegen sehr tief. Entgegengesetzt ist es bei der Sonne – sie steht im Sommer besonders hoch und im Winter eher niedrig.

Aschgraues Mondlicht | Da der Mond nicht selbst scheint, sehen wir von der Erde aus meist nur den von der Sonne angestrahlten Teil des Mondes. Der nicht beschienene Teil des Mondes wird jedoch ebenfalls angestrahlt, nämlich von der Tagseite der Erde, die das Sonnenlicht reflektiert (siehe Abbildung rechts unten). Diesen sogenannten *Erdschein* und das wiederum vom Mond zurück zur Erde reflektierte aschgraue Mondlicht kann man jedoch nur selten sehen oder fotografieren, da der von der Sonne bestrahlte Teil des Mondes um ein Vielfaches heller scheint. Hat der Mond jedoch eine sehr schmale Sichelform – und »strahlt« somit nur noch sehr gering –, so lässt sich der dunkle Teil des Mondes ebenfalls eindrucksvoll fotografisch festhalten. Machen Sie eine solche Aufnahme während der Dämmerung, so sorgt das Umgebungslicht außerdem für eine ausgewogenere Belichtung.

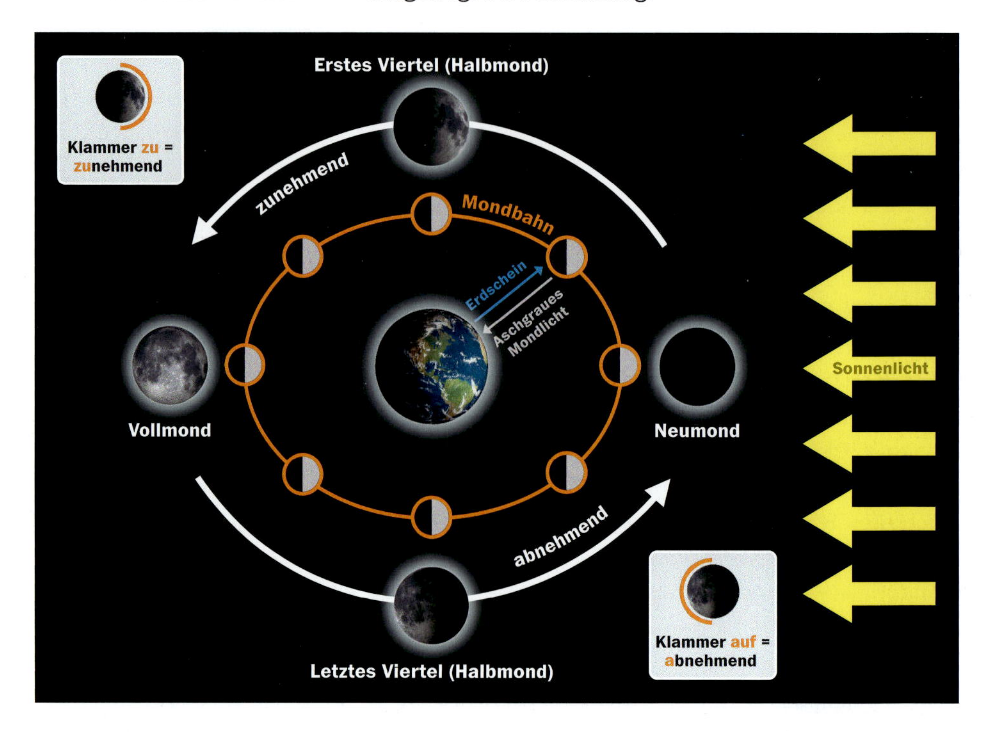

» *Vereinfachte Darstellung der elliptischen Umlaufbahn des Mondes um die Erde sowie der daraus resultierenden Mondphasen. Die kleine Eselsbrücke mit der »Klammer« hilft beim Erkennen der Mondphase.*

» *Diese Aufnahme entstand kurz nach Beginn der nautischen Dämmerung und ca. 45 Minuten nach Mondaufgang. Die Mondsichel (»alte Sichel«) war zwei Tage vor Neumond nur noch minimal, so dass der dunkle Teil des Mondes sehr gut sichtbar war. Zudem zeigt das Bild eine besondere Konstellation aus Mond, Venus (oben rechts) und Mars (der kleine helle Punkt oben links).*

70 mm | f4,5 | 3 s | ISO 1 600 | 11. September, 05:32 Uhr

¥ *Dieses Bild entstand zwei Tage nach Neumond genau nach dem Ende der astronomischen Dämmerung und etwa eine Stunde vor Monduntergang. Das Ziel war hierbei, den Erdschein bzw. das aschgraue Mondlicht optisch abzubilden, was dazu führte, dass ich die Mondsichel stark überbelichten musste. Das Bild zeigt sehr gut den Helligkeitsunterschied zwischen dem normalen (hellen) Mondlicht und dem aschgrauen Mondlicht.*

420 mm (672 mm im Kleinbildformat) | f8 | 0,8 s | ISO 1 600 | 22. März, 20:31 Uhr | 1,4-fach-Extender

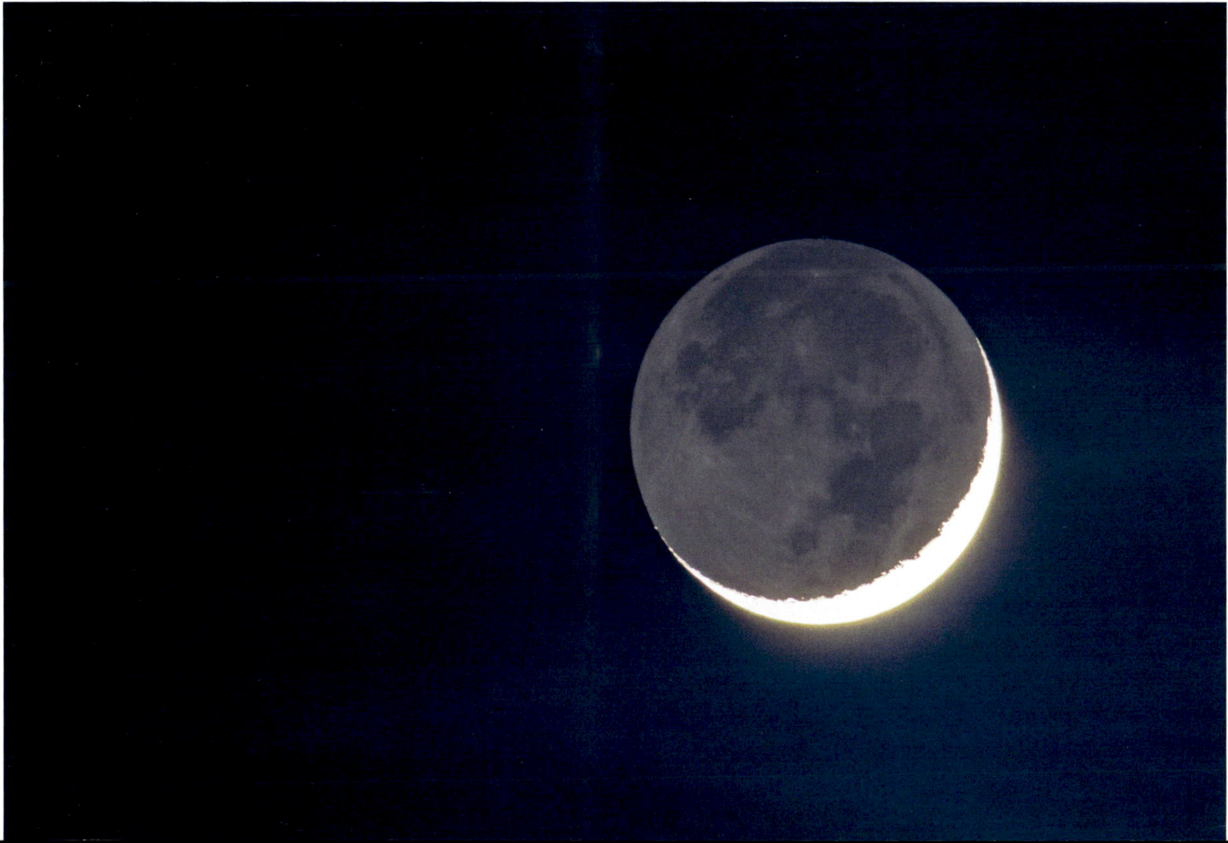

»Blutmond« | Einen ähnlichen Effekt erleben Sie auch bei Mondfinsternissen, wenn der Vollmond nicht mehr von der Sonne angestrahlt wird, da er im Schatten der (größeren) Erde steht. Trotzdem ist er nicht völlig dunkel, sondern erhält eine rötliche Färbung. Dieses in den Medien auch als »Blutmond« bezeichnete Ereignis lässt sich durch die Brechung des auf die Erde strahlenden Sonnenlichts in der Erdatmosphäre erklären. Das Sonnenlicht wird dabei also quasi an der Erde vorbei zum Mond gelenkt. Dort kommen jedoch fast ausschließlich die roten Anteile des Lichts an, was die rote Färbung während einer Mondfinsternis erzeugt. Ein eigenes Projekt widme ich der Erstellung einer Collage der totalen Mondfinsternis im Abschnitt »Der Verlauf einer totalen Mondfinsternis« ab Seite 285.

Sind Aufnahmen des Mondes normalerweise aufgrund seiner Helligkeit vergleichsweise einfach machbar, so müssen Sie bei einer totalen Mondfinsternis schon wesentlich länger belichten und mit einer höheren ISO-Zahl arbeiten, um den Mond während der Verfinsterung durch den Erdschatten ausreichend hell aufzunehmen.

300 mm (480 mm im Kleinbildformat) | f4 | 1 s | ISO 1000 | 28. September, 04:43 Uhr

Mondphasen für einen bestimmten Zeitpunkt ermitteln

Aufgrund der extremen Helligkeit des Mondes ist es für Sie als Astrofotograf essentiell, die Mondphasen zu kennen und während der Planung zu berücksichtigen. Wollen Sie also beispielsweise sehr lichtschwache Objekte wie die Milchstraße eindrucksvoll fotografieren, so brauchen Sie neben einer möglichst geringen Lichtverschmutzung zwingend auch einen dunklen, mondlosen Himmel. Planen Sie nun zum Beispiel Ihren nächsten Urlaub, in dem Sie auch gern mal die Milchstraße ablichten möchten, so müssen Sie sehr genau auf die Mondphasen, aber auch auf die Auf- und Untergangszeiten des Mondes achten. Im Gegensatz zur Dämmerung, die täglich nur mit wenigen Minuten Unterschied beginnt und endet, liegen beim Auf- und Untergang des Mondes durchaus mal 30 bis zu über 60 Minuten Unterschied von einem Tag auf den anderen. Hier kommt es also im wahrsten Sinne des Wortes »auf jede Nacht« an, zumal auch das Wetter die brauchbaren Tage für die Astrofotografie weiter einschränken kann.

Konkretes Planungsbeispiel | Ungeachtet des Wetters, das wir sowieso nicht langfristig planen oder gar beeinflussen können, möchte ich Ihnen eine solche Planung einmal anhand eines praktischen Beispiels zeigen. Ziel dieses Beispiels ist es, die möglichen Nächte und Zeiten für die Astrofotografie bei maximaler Dunkelheit für einen geplanten Urlaub im August 2020 zu ermitteln. Dazu nutze ich wieder die App oder Webanwendung TPE und die gleiche Location an den Drei Zinnen in den Dolomiten wie im Abschnitt »Dämmerungsphasen für einen Standort bestimmen« ab Seite 75.

Zunächst sollten Sie sich den Tag des Neumonds für Ihren geplanten Urlaubsmonat heraussuchen, so dass Sie zeitlich möglichst um diesen Tag herum planen können. Dazu können Sie entweder die TPE-App unter iOS sehr gut verwenden oder aber eine der zahlreichen verfügbaren Apps oder Webseiten zum Stichwort »Mondkalender« zu Rate ziehen.

In der TPE-App beispielsweise wählen Sie mit einem Tippen auf das Datum ❷ zunächst Tag, Monat und Jahr aus und sehen dann dazu alle astronomischen VER-

ANSTALTUNGEN in einer Liste. Am Beispiel August 2020 sehen Sie verschiedene Ereignisse wie den Perseiden-Meteorschauer ❹ am 12. August. In diesem Fall sollen jedoch die Mond- und Dämmerungsphasen im Mittelpunkt stehen, daher sind zunächst folgende vier Termine für die Mondphasen relevant: ⓫ der Vollmond am 3. August, ❿ das letzte (bzw. hier dritte) Viertel am 11. August, ❾ der Neumond am 19. August und schließlich ❽ das erste Viertel am 25. August. Interessant für die (mondlose) Astrofotografie ist somit der Zeitraum um den 19. August herum. Nun ist zwar die Neumondnacht die einzige Nacht, in der der Mond gar nicht am Nachthimmel erscheint, aber auch in den anderen Nächten bleibt noch ausreichend Zeit, ohne dass der Mond sich am Himmel zeigt.

Um diese Zeit genauer eingrenzen und somit gezielt planen zu können, tippen Sie am besten auf das Neumond-Event ❾ in der Liste, so dass die App automatisch auf diesen Tag ❷ springt. In der Zeitleiste erkennen Sie, dass der Mond früh am Abend untergeht ❼ und Sie somit in dieser Nacht zwischen dem Ende der astronomischen Dämmerung ❻ um 22:12 Uhr und dem erneuten Beginn der astronomischen Dämmerung ❺ um 04:17 Uhr insgesamt mehr als sechs Stunden maximale Dunkelheit haben werden. (Leider ließ sich der Screenshot nicht so gestalten, dass die Ereignisleiste vollständig gezeigt wird.)

Über die Vor- und Zurück-Tasten ❶ und ❸ können Sie sich nun Tag für Tag »vorarbeiten«. Gehen Sie dazu ausgehend vom Neumondtag zunächst schrittweise einige Tage zurück, und schauen Sie sich dabei jeweils die konkreten Auf- und Untergangszeiten des Mondes sowie Ende und Beginn der astronomischen Dämmerung (ASTRO-ENDE und ASTRO-START) an – also den Zeitraum der maximalen Dunkelheit. Machen Sie dann das Gleiche für die Tage nach Neumond. Zusätzlich sehen Sie den Aufgang und Untergang des sogenannten *galaktischen Zentrums* der Milchstraße (GZ-AUFGANG, GZ-UNTERGANG), das Sie sehr eindrucksvoll bei maximaler Dunkelheit und gutem Wetter fotografieren können.

Die Auswertung in der Abbildung auf Seite 84 zeigt, dass Sie in der Zeit um den Neumond am 19. August 2020 in insgesamt 19 Nächten potentiell Astrofotografie bei maximaler Dunkelheit betreiben könnten. Die mögliche Fotozeit pro Nacht nimmt natürlich ab, je weiter Sie sich datumstechnisch vom Neumond entfernen. So bleiben in der ersten und letzten dargestellten Nacht nur jeweils etwa eineinhalb Stunden während der maximalen Dunkelheit, ohne dass der Mond am Himmel steht. Dagegen haben Sie in den Nächten direkt um den Neumond herum mehr als sechs Stunden zur Verfügung. Sie sehen

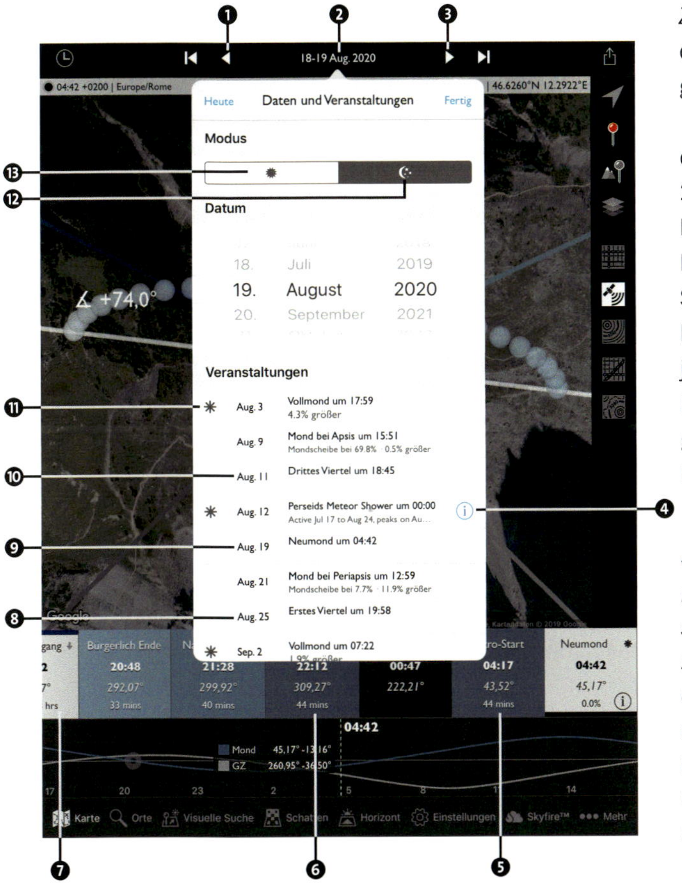

« Planung von Astroaufnahmen anhand von Mond- und Dämmerungsphasen in der TPE-App unter iOS. In der Android-App steht die Liste der VERANSTALTUNGEN leider (zum Erstellungszeitpunkt des Buches) nicht zur Verfügung. Bei der Auswahl des Datums in der TPE-App unter iOS stellen Sie am besten den Nachtmodus ⓬ ein, um die relevanten nächtliche Ereignisse in der Zeitleiste angezeigt zu bekommen. Die Auf- und Untergangszeiten der Sonne, die Sie im Tagmodus ⓭ angezeigt bekommen, sind in diesem Beispiel nicht relevant.

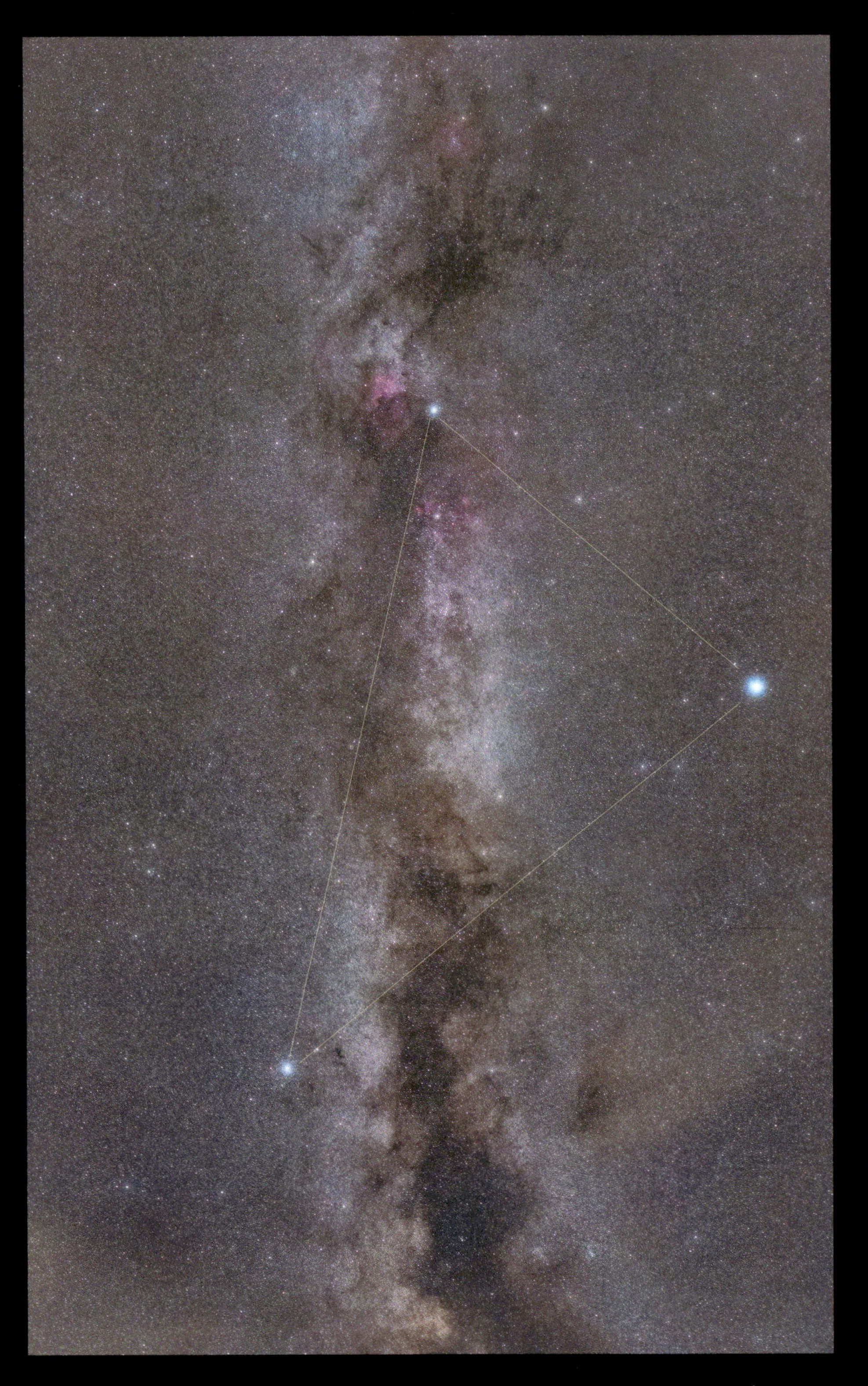

« *Fotografisch besonders attraktiv ist das Sommerdreieck aus Deneb (oben links), Wega (oben rechts) und Altair (unten links) – drei helle Sterne, die sich rund um oder auf dem hellen Band der Milchstraße befinden.*

24 mm | f2 | 10 s | ISO 6400 | 05. Oktober, 20:48 Uhr | astromodifizierte Kamera, gestacktes Panorama aus insgesamt 28 Aufnahmen

Im Vergleich zu anderen Sternen ist der Polarstern mit fast 2 mag eher dunkel. »Der hellste Stern am Nachthimmel« ist der Polarstern daher bei weitem nicht, was leider auch heute noch ein weitverbreiteter Irrglaube ist. Sirius ist der hellste Stern am Himmel, mit −1,44 mag fast 25-mal so hell wie der Polarstern!

Sternhaufen | Wie der Name schon sagt, sind Sternhaufen große Ansammlungen vieler Sterne und gleichzeitig Ort ihrer Entstehung. Unterschieden wird zwischen *offenen Sternhaufen* und *Kugelsternhaufen*, wobei Kugelsternhaufen sehr viel älter und sternenreicher als offene Sternhaufen sind. Solche Ansammlungen von Sternen sind für die einfache Astrofotografie häufig eher uninteressant, da sie für normale Weitwinkel- und Teleobjektive ähnlich wie für das menschliche Auge meist nur als nebelige Flecken am Himmel wahrgenommen werden. Eine Ausnahme und gleichzeitig die bekanntesten Vertreter der offenen Sternhaufen sind aber sicherlich die Plejaden, die aufgrund ihrer Helligkeit und markanten Form auch schon mit bloßem Auge sehr einfach am Himmel identifizierbar sind. Auf Weitwinkelaufnahmen wie oben rechts in der Abbildung unten und im Deep-Sky-Bereich sind sie ebenso ein sehr fotogenes Motiv mit hohem Wiedererkennungswert. Dazu werden Sie im Projekt »Komet Lovejoy und die Plejaden« ab Seite 377 noch Näheres erfahren.

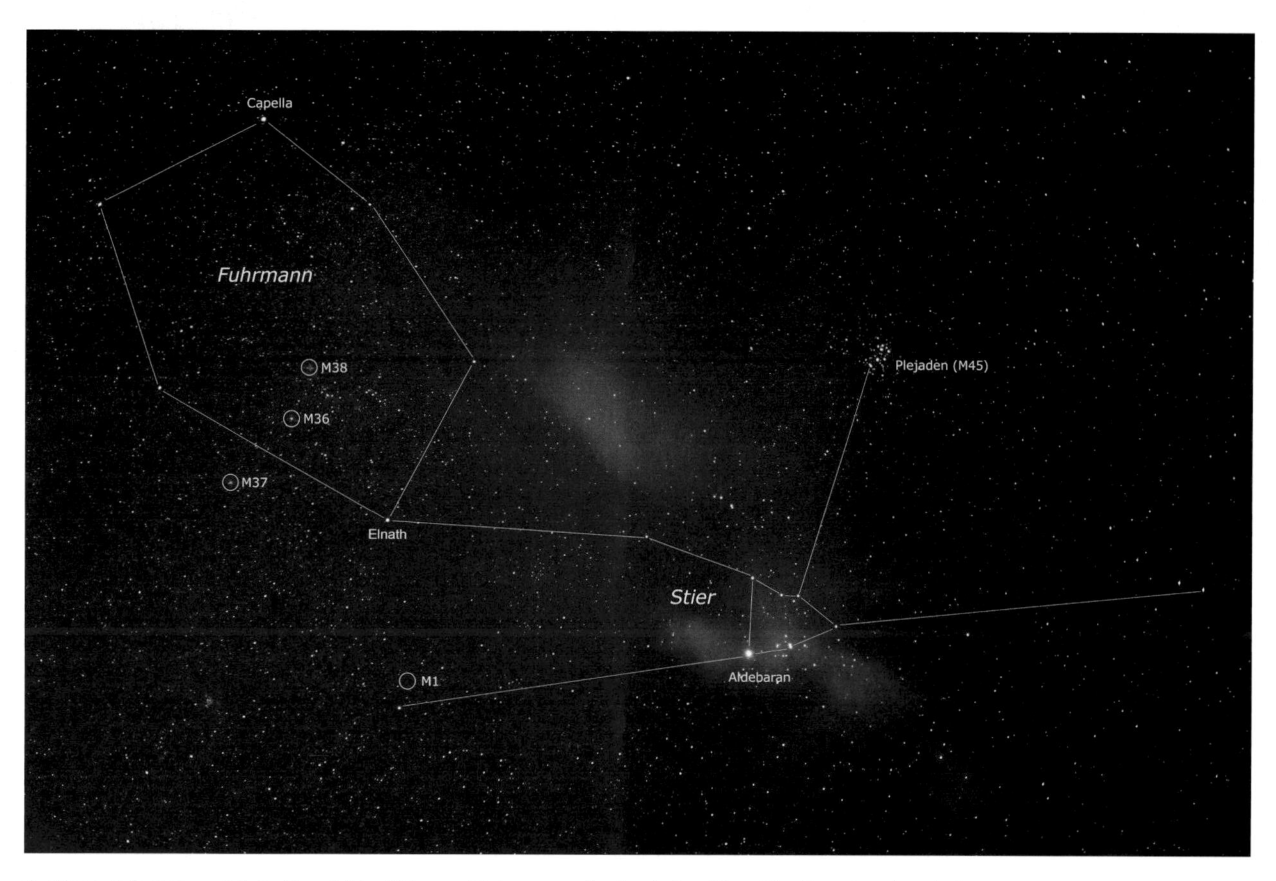

Diese Aufnahme zeigt die Sternbilder Stier und Fuhrmann, die durch den Stern Elnath verbunden sind. Außerdem zu sehen sind die Plejaden (M45) sowie die weniger bekannten, deutlich kleineren und lichtschwächeren offenen Sternhaufen M36, M37 und M38 – die in dieser Aufnahme nur als kleine diffuse Flecken erkennbar sind. Auch hier fällt die gelbe Färbung von Aldebaran stark ins Auge.

35 mm | f1,4 | 8 s | ISO 1600

Sternbilder | Bilden mehrere Sterne am Himmel eine visuelle Einheit, so fasst man sie zu Sternbildern zusammen. Insgesamt gibt es 88 offiziell festgelegte Sternbilder, die sich sehr gut zur Orientierung am Himmel eignen. 12 dieser Sternbilder sind auch als *Tierkreisbilder* bekannt, wie beispielsweise der Löwe. Sie werden später noch mehr über Sternbilder und auch die im Folgenden vorgestellten Asterismen erfahren, wenn es um die Orientierung am Himmel geht.

Asterismen | Asterismen sind lediglich auffällige Sternkonstellationen, gelten jedoch nicht als eigene Sternbilder. Am bekanntesten ist sicherlich der Große Wagen, den Sie wahrscheinlich auch kennen und schon am Himmel gesehen haben. Er ist selbst, entgegen der häufigen Annahme, kein eigenes Sternbild, sondern nur Teil des Sternbildes Großer Bär. Außerdem gibt es in jeder Jahreszeit markante Konstellationen, die sich recht einfach am nächtlichen Sternenhimmel auffinden und fotografisch festhalten lassen: das Frühlingsdreieck, das Sommerdreieck (siehe die Abbildung auf Seite 88), das Herbstviereck und das Wintersechseck.

Messier-Objekte | Der französische Astronom Charles Messier war eigentlich auf der Suche nach Kometen, als er andere diffuse »Flecken« am Himmel entdeckte, die er nicht zuordnen konnte. Diese verzeichnete er von 1764 bis 1782 in einem eigenen Katalog – dem sogenannten *Messier-Katalog*. Bis auf wenige Ausnahmen wurden alle 110 darin verzeichneten Objekte von ihm entdeckt, was unter Anbetracht der damaligen Zeit und des Standes der Technik sehr beeindruckend ist. Heute weiß man, dass er hauptsächlich Nebel, Galaxien und Sternhaufen entdeckte, die auch heute für das bloße Auge oder auf Weitwinkelaufnahmen als diffuse Flecken erscheinen. Interessant werden die Messier-Objekte daher für länger belichtete Teleaufnahmen, denen ich mich in Kapitel 16, »Deep-Sky-Fotografie«, widme. Hier werden Sie beispielsweise die bekannten Messier-Objekte M31 (Andromedagalaxie), M42 (Orionnebel) und M45 (Plejaden) sehen, die Sie mit einem minimalen Spezialequipment und einer besonderen Aufnahme- und Bearbeitungstechnik auch selbst aufnehmen können.

Nach dem Messier-Katalog wurden weitere Kataloge veröffentlicht: der *New General Catalogue* (Objekte darin beginnen mit der Abkürzung NGC) und ergänzend dazu zwei Index-Kataloge (Objekte darin beginnen mit der Abkürzung IC). Auch diese Bezeichnungen werden Ihnen daher ab und an begegnen, zumal die Messier-Objekte ebenfalls NGC-Nummern haben.

Weitere Himmelsobjekte wie Nebel, Galaxien und Kometen, aber auch Leuchterscheinungen wie Meteore sowie schließlich die Internationale Raumstation ISS lernen Sie in vielen Projekten dieses Buches kennen. Dort sehen Sie auch, wie Sie diese Motive eindrucksvoll und kreativ ins Bild setzen können.

Orientierung am Sternenhimmel

Bevor Sie jetzt sofort mit Ihrer Kamera losziehen, um die verschiedensten Himmelsobjekte fotografisch festzuhalten, sollten Sie erst einmal ohne Kamera nach draußen gehen und den Sternenhimmel ganz bewusst wahrnehmen und Schritt für Schritt erkunden. Suchen Sie sich dafür eine möglichst sternenklare, mondlose

»PFERD UND REITERLEIN« ALS AUGENPRÜFER

Bei genauem Hinschauen (und guten Augen) ist der mittlere Deichselstern des Großen Wagens eigentlich ein Doppelstern. Dicht neben ihm befindet sich ein weiterer, weniger leuchtstarker Stern. Die beiden werden auch als »Pferd und Reiterlein« bezeichnet und dienen auch heute noch als »Augenprüfer«. Hierbei spielt jedoch nicht nur ihr geringer Abstand eine Rolle, sondern auch die geringe Leuchtkraft des »Reiterleins«. Mit einer visuellen Helligkeit von etwa 4 mag braucht es neben guten Augen auch eine entsprechend wenig lichtverschmutzte Umgebung, um ihn ohne Hilfsmittel erkennen zu können.

Überlieferungen zufolge wurde dieser Sehtest früher als Einstellungskriterium für Elitekrieger der persischen Armee durchgeführt. Damals war vermutlich auch die Lichtverschmutzung noch kein Thema.

Nacht aus, und fahren Sie, wenn nötig, ruhig ein kleines Stück, um möglichst wenig störendes Umgebungslicht zu haben. Die astronomische Dämmerung sollte zu diesem Zeitpunkt idealerweise bereits beendet sein.

Dunkeladaption | Als Erstes fällt Ihnen dabei sicherlich auf, dass Sie in den ersten Minuten unter freiem Himmel zunehmend mehr Sterne sehen – insbesondere wenn Sie vorher in einem hellen Raum oder im Auto waren. Grund hierfür ist die sogenannte *Dunkeladaption*, ein Anpassungsprozess des menschlichen Auges. Ähnlich wie bei Kameraobjektiven wird dabei die Pupillenöffnung vergrößert, so dass in das Auge durch diese »offene Blende« möglichst viel Licht einfallen kann. Im Unterschied zur vergleichsweise schnellen Anpassung der Augen vom Dunklen ins Helle, wobei die Pupille quasi »abgeblendet« wird, dauert die Dunkeladaption sehr viel länger. Es kann daher schon mal zehn Minuten dauern (manchmal sogar bis zu 50 Minuten), bis Sie maximal viele Sterne sehen. Für die Beobachtung des Sternenhimmels sollten Sie sich daher ausreichend Zeit nehmen – erst dann können Sie die volle Schönheit des Nachthimmels genießen und bei entsprechend geringer Lichtverschmutzung sogar das Band der Milchstraße mit bloßen Augen erkennen. Dabei ist es extrem wichtig während oder nach der Dunkeladaption nicht in ein helles Licht zu schauen – die Pupillen schließen sich ansonsten binnen weniger Sekunden wieder, und das Ganze beginnt von vorn. Dies ist auch der Grund, weshalb Sie aus Rücksicht auf sich selbst und andere Astrofotografen beim nächtlichen Fotografieren stets mit schwachem Rotlicht (z. B. Stirnlampe) arbeiten sollten. Dieses beeinflusst die Dunkeladaption nicht, ist aber natürlich trotzdem auf Fotos oder in Zeitraffervideos als störender Faktor zu sehen. Idealerweise beherrschen Sie daher Ihre Kamera blind und benötigen lediglich für den Weg eine Lampe.

Wenn Sie nun also – vielleicht sogar zum ersten Mal im Leben ganz bewusst – unter einem dunklen, schein-

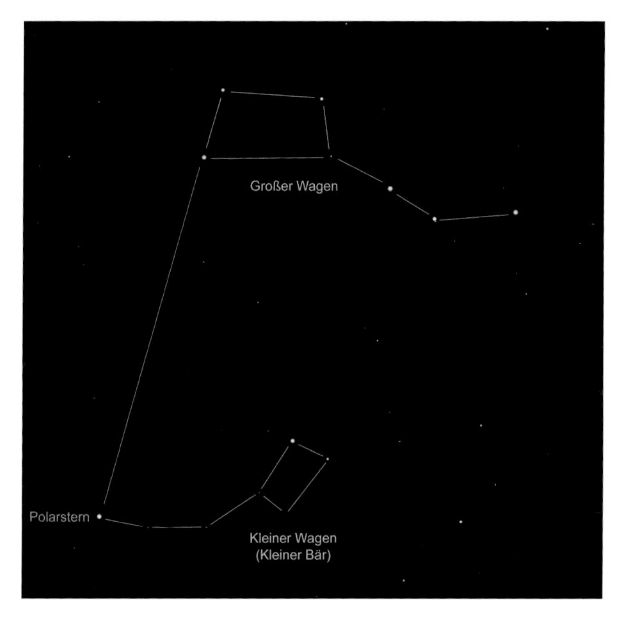

Der Vergleich zeigt links den (virtuellen) Blick zu einem lichtverschmutzten Himmel sowie rechts den (fotografischen) Blick zu einem dunklen Himmel. Beide Bilder zeigen in etwa den gleichen Himmelsausschnitt. Das Auffinden des Polarsterns ist bei dunklem Himmel allerdings schon etwas schwieriger. Schauen Sie sich das rechte Foto daher einmal genauer an: Können Sie den Polarstern mit Hilfe des Großen Wagens erkennen? Und finden Sie den Doppelstern in der Deichsel des Großen Wagens?

24 mm | f2 | 10 s | ISO 3 200 (Bild rechts)

bar endlosen Sternenhimmel stehen, so versuchen Sie zunächst einmal, sich ohne Hilfsmittel eine erste Orientierung zu verschaffen. Ideal ist hierfür (sofern Sie sich auf der Nordhalbkugel befinden) der Polarstern, da er die ganze Nacht über sichtbar ist, unabhängig von Uhrzeit und Jahreszeit. Dass dies nicht bei allen Sternen der Fall ist, sehen Sie gleich.

Polarstern | Wie Sie bereits gesehen haben, ist der Polarstern bei weitem nicht der hellste Stern am Himmel, so dass die Helligkeit keine passende Strategie für sein Auffinden am Sternenhimmel ist. Es gibt jedoch ein anderes »Hilfsmittel«, das in unseren Breitengraden ebenfalls die ganze Nacht zu sehen ist: der Große Wagen. Diese sieben hellsten Sterne des Sternbildes Großer Bär lassen sich selbst bei relativ hoher Lichtverschmutzung noch gut erkennen. Dabei bilden vier der sieben Sterne den Kasten des Wagens und die anderen drei Sterne die Deichsel.

Verlängern Sie nun die hinteren Kastensterne des Großen Wagens optisch um etwa ihren fünffachen Abstand, so landen Sie sehr nah beim Polarstern, der vergleichsweise leicht zu identifizieren ist, da er in dieser Region der einzige hellere Stern ist. Er ist Teil des Sternbilds Kleiner Bär, das im Deutschen volkstümlich auch Kleiner Wagen genannt wird. Aufgrund seiner geringen Helligkeit ist er jedoch sehr viel schwerer aufzufinden als sein großer Bruder.

Erdrotation | Schauen Sie sich den Großen Wagen zu verschiedenen Zeiten in einer Nacht an, so werden Sie feststellen, dass er seine Position am Himmel im Laufe der Nacht verändert – er scheint sich um den Polarstern zu drehen. Die scheinbare Bewegung der Sterne hat ihre Ursache in der Erdrotation. Die eigentlich fix am Himmel stehenden Sterne wirken daher lediglich so, als würden sie sich bewegen, da wir als Beobachter fest auf der Erde stehen und diese sich um ihre eigene Achse dreht. Der Polarstern steht dabei in Verlängerung der Erdachse nahezu am Himmelsnordpol und »bewegt« sich dadurch für uns nicht merklich.

Durch die Erdrotation ist der Sternenhimmel demnach im Laufe einer Nacht zwar »immer in Bewegung«, die Position der Sterne zueinander jedoch bleibt fix – wodurch es ja auch möglich ist, feste Sternbilder zu definieren. Keinen festen Platz haben hingegen die

« Die Aufnahme zeigt das Sternbild Jungfrau mit dem hellen Stern Spica in der Mitte des Bildes. Rechts im Bild ist der Planet Jupiter sehr deutlich zu erkennen.

24 mm | f2 | 10 s | ISO 2 500 | 03. April, 00:30 Uhr | Panorama aus drei Hochformataufnahmen

Planeten, die wie die Erde um die Sonne kreisen. Da sie sich somit vor dem Hintergrund der Fixsterne bewegen, sorgen sie leicht für Verwirrung bei Astrofotografen.

Weitere Hilfsmittel | Vor dem Zeitalter von Smartphones und Tablets war es für Hobbyastronomen ganz selbstverständlich, bei der nächtlichen Beobachtung mit sogenannten *drehbaren Himmelskarten* aus Pappe und Plastik zu arbeiten. Diese gibt es natürlich auch heute noch, allerdings empfinde ich die heute verfügbaren Apps für mobile Geräte als eine wesentlich komfortablere und einfachere Art, sich draußen am Sternenhimmel zurechtzufinden. Ich werde daher in diesem Buch auch lediglich auf diese Art Hilfsmittel eingehen. So habe ich Ihnen im Abschnitt »Nützliche Apps und Software« ab Seite 59 ja bereits einige Apps vorgestellt, die ich für die einfache Orientierung am Sternenhimmel verwende. Für unterwegs sind solche Apps wirklich praktisch, da sie den eingebauten Kompass, den Neigungssensor sowie das integrierte GPS (sofern vorhanden) nutzen, um genau Ihren Standort, die aktuelle Uhrzeit sowie insbesondere die Himmelsrichtung und sogar den Neigungswinkel, mit dem Sie das Gerät in den Himmel halten, ermitteln können. Dadurch sehen Sie in der App nahezu exakt den Ausschnitt des Himmels, der sich gerade vor Ihrem Smartphone befindet. Das vereinfacht das Identifizieren von Sternen, Planeten und Sternbildern enorm.

Zu beachten ist dabei, dass manche Geräte eine Weile brauchen, um die Himmelsrichtung korrekt zu erkennen. Manchmal muss auch erst der Kompass kalibriert oder müssen wie im Falle von Stellarium die Sensoren aktiviert werden ❶. Kontrollieren Sie daher am besten zunächst die Position des Großen Wagens anhand der App, um sicher zu sein, dass die Ausrichtung der App korrekt ist. In der Regel bieten die Apps auch einen Nachtsichtmodus ❷ an, bei dem alles in roter Schrift dargestellt wird, so dass Sie die Dunkeladaption der Augen nicht verlieren.

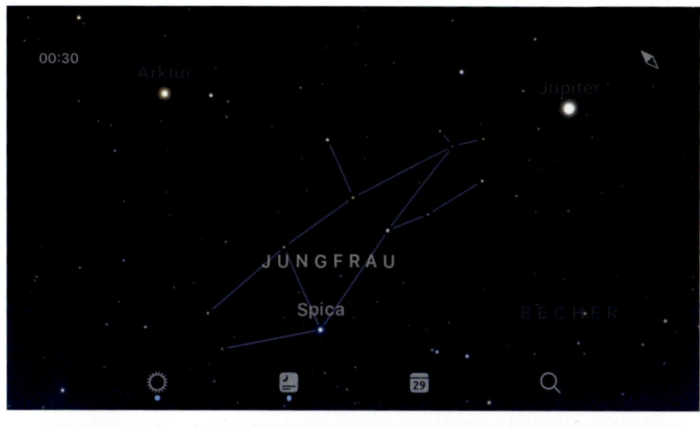

⮝ *Anhand einer Sternen-App auf dem Smartphone lassen sich das Sternbild Jungfrau und der Planet Jupiter recht einfach identifizieren. Die Beispiele zeigen die iOS-App SkyGuide (oben) sowie die App Stellarium (unten), wobei die leicht unterschiedliche Darstellung des Sternbilds in beiden Apps auffällt.*

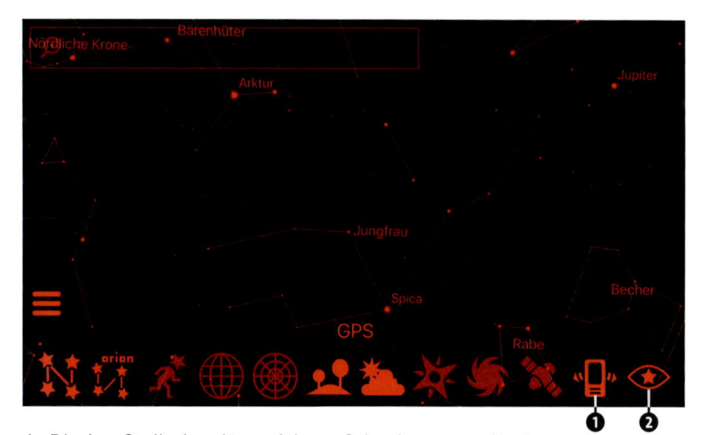

⮝ *Die App Stellarium lässt sich zur Orientierung am Nachthimmel nutzen, nachdem die Sensoren ❶ aktiviert wurden. Der Nachtsichtmodus ❷ erhält dabei die Dunkeladaption der Augen.*

EXKURS

DEN HIMMEL MIT DEM FERNGLAS ERKUNDEN

Sollten Sie neben der Fotografie auch Gefallen an der reinen Beobachtung des Sternenhimmels finden – zum Beispiel während Ihre Kamera Serienaufnahmen macht –, dann müssen Sie nicht sofort in ein teures Teleskop investieren. Es gibt sogar viele gute Gründe, zunächst mit einem einfachen Fernglas einzusteigen:

- **Gewicht und Größe** eines Fernglases sind vergleichsweise gering, so dass Sie es einfach mit nach draußen nehmen können. Auch auf Wanderungen ist ein Fernglas ein idealer Begleiter – nachts und auch tagsüber! Das geringe Zusatzgewicht lohnt sich häufig, um weit entfernte Tiere oder waghalsige Kletterer in der Felswand zu beobachten, oder einfach, um die wunderschönen Himmelsobjekte visuell einzufangen, während die Kamera ihre Arbeit verrichtet.
- Die **Kosten** für ein bereits brauchbares Fernglas für die Astrobeobachtung sind vergleichsweise gering. Schon für 50 bis 100 € bekommen Sie eine erstaunliche Qualität geboten, mit der das »Schweifen« am Himmel großen Spaß bereitet.
- Ferngläser haben gegenüber Teleskopen ein sehr viel größeres **Gesichtsfeld** – also den Bereich, den Sie durch das Fernglas am Himmel sehen können. Das erleichtert das Auffinden von Himmelsobjekten enorm und ist bei ausgedehnten Objekten wie dem Mond, Kometen oder Nebeln sogar sehr viel besser als das sehr eingeschränkte Gesichtsfeld der meisten Teleskope.
- Sie können mit einem Fernglas mit **beiden Augen** gleichzeitig beobachten, was sehr viel entspannter ist, als nur mit einem Auge durch das Okular eines Teleskops zu schauen.

Die Vorteile eines Fernglases gegenüber der Beobachtung mit den Augen sind sowohl die Vergrößerung als auch die größere Helligkeit, was insgesamt dazu führt, dass Sie wesentlich mehr am Himmel sehen können, wenn Sie durch ein Fernglas schauen. Sie sollten dabei allerdings auf eine entspannte Körperhaltung achten – wenn möglich sogar aus einer liegenden Position, sonst gibt es schnell Nackenschmerzen!

Auswahl eines Fernglases | Nun wird die Auswahl des richtigen Fernglases schnell zu einer Wissenschaft – und es gibt auch durchaus Ferngläser jenseits der 1 000 €, bei denen eine intensive Betrachtung definitiv sinnvoll ist. Ich möchte mich an dieser Stelle jedoch auf die grundlegenden Überlegungen beschränken: Die wichtigsten Kenngrößen eines Fernglases sind die Vergrößerung und die Öffnung, die von den Herstellern durch

ACHTUNG VOR DER SONNE!

Obwohl es hier natürlich primär um die Beobachtung und Fotografie bei Nacht geht, möchte ich trotzdem an dieser Stelle den Hinweis geben, **niemals** ungeschützt mit dem Fernglas, dem Teleskop, der Kamera oder dem bloßen Auge direkt in die Sonne zu schauen. Schon wenige Sekunden reichen aus, um schlimmstenfalls zu erblinden! Ebenso nimmt der Kamerasensor dabei sehr schnell Schaden. Einen ausreichenden Schutz können ausschließlich spezielle Sonnenfilter bieten.

ein »×« getrennt angegeben werden. Ein 10×50-Fernglas hat also beispielsweise eine 10-fache Vergrößerung bei 50 mm Öffnung. Dividiert man beide Werte, so erhält man die sogenannte *Austrittspupille* – den Durchmesser des Lichtbündels, das schlussendlich auf Ihr Auge trifft. Im genannten Beispiel wären das also 5 mm (50/10). Nun ist eine größere Austrittspupille zwar prinzipiell gut für die Astrobeobachtung, jedoch stellt das menschliche Auge eine natürliche Grenze dar. So kann sich die Pupille bei einem jungen Menschen in der Regel nicht weiter als 7 mm öffnen (Dunkeladaption), was bei einer größeren Austrittspupille eines Fernglases dazu führen würde, dass das Auge »abblendet« und das große Lichtbündel aus dem Fernglas im Auge gar nicht komplett verarbeitet werden kann. Mit zunehmendem Alter wird die Austrittspupille beim Menschen zudem immer kleiner. Hinzu kommt, dass Ferngläser mit zunehmender Vergrößerung und Öffnung auch schwerer, größer und meist auch teurer werden, daher ist weniger hier manchmal mehr. Ab einer 10-fachen Vergrößerung wird es außerdem schwierig, das Fernglas ohne ein Stativ verwacklungsfrei zu verwenden – bei der Beobachtung des Sternenhimmels nach meiner Erfahrung häufig auch schon darunter.

Mit einem solchen einfachen Fernglas können Sie bereits viele Himmelsobjekte am Sternenhimmel eindrucksvoll sehen.

Daher sind 8×40-Ferngläser für Astronomieeinsteiger ein guter Kompromiss aus einer ausreichenden und dennoch leicht ruhig zu haltenden Vergrößerung (8-fach), einer akzeptablen Austrittspupille (5 mm) und einem vertretbaren Gewicht (ca. 700 – 800 Gramm). Ich besitze ein Olympus 8×40 DPS I, das aus meiner Sicht bei unter 60 € ein exzellentes Preis-Leistungs-Verhältnis bietet und sehr viel Spaß macht.

BUCHTIPP

Sollte Ihr Interesse ebenfalls geweckt sein, so kann ich Ihnen das Buch »Sterne finden ganz einfach: Die 25 schönsten Sternbilder sicher erkennen« von Klaus M. Schittenhelm nur wärmstens ans Herz legen. In diesem Buch führt der Autor Sie durch die verschiedenen Jahreszeiten und Sternbilder. Dabei lernen Sie nicht nur Schritt für Schritt den Sternenhimmel auf der Nordhalbkugel kennen, sondern können auch gleich Ideen für Ihre Astrofotografie sammeln.

KAPITEL 4

FOTOTECHNIKEN FÜR DAS FOTOGRAFIEREN BEI NACHT

Das Fotografieren in der Nacht erfordert besondere Techniken und Einstellungen. Wenn Sie diese Grundlagen sicher und im wahrsten Sinne des Wortes »blind« beherrschen, haben Sie schon den wichtigsten Grundstein für professionelle Nacht- und Astroaufnahmen gelegt. Mit der richtigen Nachbearbeitung können Sie dann jede Menge faszinierender Details in Ihren Bildern hervorbringen.

Grundlegende Kameraeinstellungen

In Kapitel 2, »Die richtige Ausrüstung«, haben Sie bereits erfahren, welche Kameras und Objektive sich besonders für das Fotografieren bei Nacht eignen. Anknüpfend daran möchte ich Ihnen nun die relevanten Einstellungen und Zusammenhänge erläutern. Wichtig ist an dieser Stelle, zu erwähnen, dass es nicht *die* Einstellungen für eine Nacht- oder Astroaufnahme gibt, da die Rahmenbedingungen bei jedem Foto anders sind. Sämtliche Angaben zu den Aufnahmeparametern der einzelnen Bilder in diesem Buch sollten Ihnen daher lediglich als Orientierung dienen. Für Ihre eigenen Fotos müssen Sie die jeweils besten Einstellungen, angepasst an die Lichtsituation und Ihr Equipment, selbst herausfinden.

Im Folgenden möchte ich Sie durch die verschiedenen Einstellungen Ihrer Kamera führen sowie ihren Nutzen und ihre Besonderheiten für die Nachtfotografie erläutern. Vorweg sei dabei erwähnt, dass natürlich nicht alle beschriebenen Funktionen auch zwingend in allen Kameras verfügbar sind. Schauen Sie daher für Ihre eigene Kamera, ob und in welcher Form sie die einzelnen Funktionen unterstützt. Außerdem sollten Sie in der Lage sein, Ihre Kamera weitestgehend »blind« zu bedienen, um nicht für jede Einstellungsänderung eine zusätzliche Beleuchtung zu benötigen. Insbesondere beim gemeinsamen Fotografieren mit anderen Astrofotografen macht Sie dies nämlich schnell unbeliebt. Üben Sie die blinde Bedienung Ihrer Kamera also ruhig ein paarmal vor Ihrem ersten nächtlichen Fotoausflug!

Raw vs. JPEG | Vielleicht fotografieren Sie bereits tagsüber im Raw-Format, um in der Bildbearbeitung mehr aus Ihren Aufnahmen herausholen zu können. Falls nicht, sollten Sie spätestens für die Nacht- und Astrofotografie das Raw-Format in maximaler Auflösung an Ihrer Kamera einstellen. Es benötigt zwar mehr Speicherplatz, bietet dafür aber auch wesentlich mehr Möglichkeiten in der Nachbearbeitung – die Sie für Nachtaufnahmen sowieso machen müssen. Dies betrifft beispielsweise die nachträgliche Änderung des Weißabgleichs und die umfangreiche Belichtungskorrektur.

Stativ vs. Bildstabilisator | Sobald es dunkel wird, müssen Sie automatisch länger belichten. In gewissem Maße können Sie dies noch (falls am Objektiv oder an der Kamera verfügbar) mit einem Bildstabilisator ausgleichen. Wenn Sie jedoch nachts Bilder im Sekundenbereich aufnehmen, gehört das Stativ zur zwingenden Ausrüstung. Der Bildstabilisator sollte dabei auf jeden Fall deaktiviert sein, da er – paradoxerweise – aufgrund seiner Funktionsweise häufig bei Aufnahmen vom Stativ zu ungewollten Unschärfen führt. Dies kann durchaus zu einer versteckten Fehlerquelle für »verwackelte« Bilder werden.

Aufnahme des Sternenhimmels in den Dolomiten im Licht des Mondes. Die Kamera steht sicher auf einem Dreibeinstativ.

Spiegelvorauslösung vs. Live View | Beim Thema Spiegelvorauslösung (SVA) scheiden sich in der Nacht- und Astrofotografie ein wenig die Geister. Generell ist diese Funktion von Spiegelreflexkameras zwar für Aufnahmen vom Stativ gedacht, allerdings eher für den Telebereich mit Belichtungszeiten von unter einer Sekunde. Vielfach wird trotzdem empfohlen, davon Gebrauch zu machen, um Unschärfen aufgrund der Spiegelbewegung zu vermeiden. Auf der anderen Seite gibt es bei den meisten Kameras heute den Live View, also die Live-Vorschau des späteren Bildes auf dem Kameradisplay. Da hierfür ebenfalls der Spiegel nach oben geklappt werden muss, ist bei vielen Kameras die SVA bereits automatisch »integriert«, wenn Sie Bilder aus dem Live View heraus aufnehmen. Da jedoch jeder Kamerahersteller eine etwas unterschiedliche Umsetzung dieser Funktionen hat – durchaus auch zwischen verschiedenen Modellen desselben Herstellers –, kann ich Ihnen nur empfehlen, die Wirkung beider Funktionen für Ihre Kamera und Ihr Objektiv einfach mal zu testen. Nach meinen Erfahrungen bringt die Spiegelvorauslösung bei Nachtaufnahmen von mehreren Sekunden keinerlei Verbesserungen, daher lasse ich diese Funktion deaktiviert. Den Live View nutze ich hingegen sowieso zum Fokussieren (siehe den Abschnitt »Fokussieren bei Nacht« ab Seite 104), weshalb ich bei Einzelaufnahmen auch meist in diesem Modus fotografiere. Einen Unterschied in der Bildschärfe macht er jedoch auch nicht.

Vergleich der Schärfe mit aktiviertem Live View, aktivierter Spiegelvorauslösung und ohne beide Einstellungen. Die Ausschnitte zeigen 100 %-Ansichten der unbearbeiteten Bilder. Alle Aufnahmeparameter sowie der Fokus blieben unverändert. Ein Unterschied zwischen den Bildern ist nicht wirklich zu erkennen.

24 mm | f2 | 10 s | ISO 3 200

Wo die Spiegelvorauslösung hingegen einen Unterschied macht, ist beim Fotografieren des Mondes. Hier werden meist Belichtungszeiten von unter einer Sekunde mit großen Brennweiten angewendet, so dass der Spiegelschlag bereits zu sichtbaren Unschärfen führen kann.

Selbstauslöser vs. Fernauslöser | Grundsätzlich sollten Sie bei Aufnahmen vom Stativ darauf achten, die Kamera während der Aufnahme nicht zu berühren, um Verwacklungen zu vermeiden. Würden Sie die Aufnahme einfach mit dem Auslöser an der Kamera starten, wäre die Gefahr der Verwacklungsunschärfe sehr groß. Abhilfe schafft bereits der in der Kamera integrierte Selbstauslöser, der bei vielen Kameras mit zwei oder zehn Sekunden Vorlauf verfügbar ist. Ich nutze diese Möglichkeit (mit zwei Sekunden Vorlauf) auch sehr häufig für meine Nachtaufnahmen, da es einfach bequemer ist, als jedes Mal einen Fernauslöser anzuschließen. Letzterer hat aber natürlich auch Vorteile gegenüber der Selbstauslöser-Variante (abhängig vom Kameramodell):

- Belichtungszeiten im Sekundenbereich lassen sich genauer einstellen als an der Kamera selbst. Hier besteht häufig nur die Wahl zwischen 8, 10 und 15 Sekunden.
- Es lassen sich Belichtungszeiten von mehr als 30 Sekunden einstellen. Dafür müssen Sie an der Kamera in der Regel den sogenannten *Bulb-Modus* wählen.
- Bei einem Fernauslöser mit Timer-/Intervall-Funktion lassen sich Serienaufnahmen mit definierten Intervallen und Belichtungszeiten einstellen, beispielsweise für Zeitrafferaufnahmen. Diese Funktion ist bereits in einigen Kameramodellen direkt integriert, meist ist jedoch ein externer Fernauslöser zuverlässiger.

Weißabgleich | Nehmen Sie im Raw-Format auf, so müssen Sie sich um den Weißabgleich während der Aufnahme eigentlich wenig Sorgen machen, da Sie ihn im Nachhinein beliebig anpassen können. Was ich Ihnen nicht empfehle, ist, den automatischen Weißabgleich (AWB) zu aktivieren, da er nachts zum einen sowieso

« Vergleich verschiedener Farbtemperaturen für eine Nachtaufnahme. Die individuelle Einstellung von 3 900 K sieht gegenüber den anderen Standardvorgaben für den Weißabgleich in Lightroom am natürlichsten aus. Auch in der Kamera stelle ich daher meist diesen individuellen Wert ein.

nicht zuverlässig funktioniert und zum anderen für verschiedene Bilder einer Serie einen unterschiedlichen Weißabgleich ermitteln könnte. Letzteres erschwert Ihnen die Nachbearbeitung, da Sie im schlimmsten Fall nicht einfach die Einstellungen eines bearbeiteten Bildes auf die anderen Fotos synchronisieren können.

Da aus den kamerainternen Standardvorgaben für den Weißabgleich keine dabei ist, die sich aus meiner Sicht wirklich gut für Nachtaufnahmen eignet, stelle ich den Weißabgleich meist auf einen individuellen Wert von 3900 K (Kelvin). So sehen die Bilder bereits in der Kamera halbwegs gut aus, und ich muss in der Nachbearbeitung nur noch wenig korrigieren. Haben Sie die Möglichkeit der individuellen Einstellung in Ihrer Kamera nicht, können Sie aber wie gesagt auch jeden anderen Weißabgleich einstellen.

Auslösemodus | In der Nachtfotografie werden Sie in der Regel ausschließlich den Modus für Einzelaufnahmen benötigen. Mir ist zumindest kein sinnvoller Anwendungsfall von Serienaufnahmen in der Nacht bekannt.

Bildschirmhelligkeit | Ein weiterer Fallstrick bei Nachtaufnahmen ist ein zu hell eingestelltes Kameradisplay. Schnell ist der Bildschirm tagsüber bei voller Sonneneinstrahlung auf die maximale Helligkeit gestellt. Vergessen Sie jedoch, die Helligkeit in der Nacht wieder zu reduzieren, so gibt Ihnen das Vorschaubild im Kameradisplay einen völlig falschen Eindruck der Bildhelligkeit. So nehmen Sie unter Umständen die ganze Nacht lang vermeintlich korrekt belichtete Bilder auf, um hinterher am PC festzustellen, dass alle Bilder unterbelichtet sind und nur für den Preis eines hohen Rauschens »gerettet« werden können. Das ist definitiv ärgerlich – daher empfehle ich Ihnen, die Helligkeit Ihres Kameradisplays für Nachtaufnahmen auf maximal 20–30 % einzustellen und zusätzlich immer das Histogramm zur verlässlichen Beurteilung der Belichtung heranzuziehen.

Histogramm | Die Qualität Ihrer Nachtaufnahmen hängt sehr stark von der korrekten Belichtung der Bilder ab. Da viele nächtliche Situationen einmalig sind, sollten Sie die Belichtung Ihrer Aufnahmen immer sofort überprüfen, um notfalls nachjustieren zu können. Das beste Hilfsmittel dafür ist das kamerainterne Histogramm. Bei Tageslichtaufnahmen ist es meist das Ziel, eine ausgeglichene Verteilung der Helligkeitswerte über das gesamte Histogramm zu erreichen, ohne rechts oder links »anzustoßen«, also Teile des Bilder über- oder unterzubelichten (siehe die Abbildung unten). Dies verhält sich in der Nachtfotografie natürlich etwas anders, da hier die dunklen Bildanteile in der Regel überwiegen.

Trotzdem sollten Sie versuchen, den »Berg« im Histogramm möglichst weit in Richtung der Mitte zu bewegen, indem Sie das Bild ausreichend lange belichten, die Blende möglichst weit öffnen oder die ISO-Zahl entsprechend hoch einstellen. Hierbei spielt es natürlich eine Rolle, ob Sie bei Neumond oder Vollmond fotografieren. Aufnahmen im Licht des Vollmondes ähneln hinsichtlich ihrer Helligkeitsverteilung schon eher normalen Tageslichtaufnahmen. Neumondaufnahmen hingegen – beispielsweise der Milchstraße – können durchaus auch komplett schwarze Bildanteile enthalten, wenn der Vordergrund nicht durch künstliche Lichtquellen angestrahlt wird.

Es gibt also nicht *das* richtige Histogramm für Nachtaufnahmen – Sie sollten jedoch ein Gefühl dafür entwickeln, wie Ihr Histogramm in bestimmten Aufnahmesituationen idealerweise aussehen sollte, damit Sie schon vor der Nachbearbeitung das Optimum herausholen können. Machen Sie dazu am besten in verschiedenen Situationen mehrere unterschiedlich belichtete Aufnahmen, schauen Sie sich die entsprechenden Histogramme dazu an, und vergleichen Sie die Bearbeitungsmöglichkeiten der Bilder am Rechner.

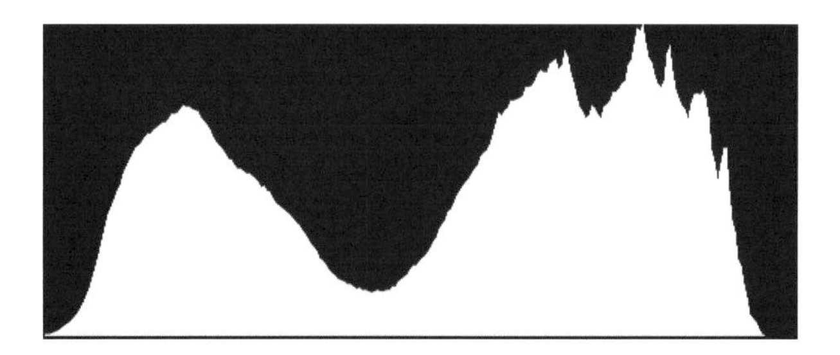

Bei diesem Histogramm einer Tageslichtaufnahme sind sowohl einige dunkle Bildanteile zu erkennen (»Berg« links) als auch verschiedene hellere (»Berge« rechts).

« Vergleich einer unterbelichteten sowie zweier besser/korrekt belichteter Nachtaufnahmen bei Neumond, die ansonsten unbearbeitet sind. Die Histogramme weisen deutliche Unterschiede auf.

24 mm | f2 | (v. l. n. r.) 6 s, 10 s, 15 s | ISO 3 200

Der Vergleich in der Abbildung oben zeigt, worauf Sie bei der Prüfung des Histogramms achten sollten: Der linke (kleinere) Berg repräsentiert in der Regel den Vordergrund einer Nachtaufnahme bei Neumond. Er kann durchaus links »anstoßen«, wenn Teile des Vordergrundes lediglich als schwarze Silhouette dargestellt werden – was in Gegenden mit geringer Lichtverschmutzung nicht ungewöhnlich ist. Interessant ist der weitere (größere) Berg rechts daneben, der den Nachthimmel – und falls Teil des Motivs auch die Milchstraße – repräsentiert. Er sollte nach Möglichkeit bis mindestens in die Mitte des Histogramms hineinreichen, um später das Herausarbeiten der Details zu ermöglichen. Im gezeigten Vergleich wäre bereits die mittlere Aufnahme mit zehn Sekunden Belichtungszeit anhand des Histogramms als ausreichend belichtet zu beurteilen.

ISO | In der Nacht- und Astrofotografie kommt der ISO-Zahl – also der Lichtempfindlichkeit des Kamerasensors – eine entscheidende Bedeutung zu. Zwangsweise müssen Sie bei Nachtaufnahmen mit einer höheren Empfindlichkeit arbeiten, da der Blende und Belichtungszeit natürliche Grenzen gesetzt sind. Insbesondere bei Aufnahmen während des Neumondes, also bei maximaler Dunkelheit, müssen Sie häufig mit ISO-Zahlen von 1 600, 3 200 oder noch mehr arbeiten, um die nötigen Details Ihres Motivs (z. B. der Milchstraße) einfangen zu können. Dabei kommt es weniger darauf an, wie hoch die maximale ISO-Empfindlichkeit Ihrer Kamera ist, sondern eher darauf, wie stark Ihre Kamera bei hohen ISO-Werten rauscht. Von diesem Rauschverhalten ist es abhängig, wie hoch Sie mit der ISO-Zahl maximal gehen können oder möchten. Erstellen Sie daher ruhig mal eine Testreihe, bei der Sie Nachtaufnahmen mit verschiedenen ISO-Werten machen und diese hinterher am PC hinsichtlich ihres Bildrauschens vergleichen. Achten Sie dabei auch darauf, wie sich das Rauschen verstärkt, wenn Sie das Bild nachträglich in der Bearbeitung aufhellen – hier unterscheiden sich die Kameras durchaus stark. Bedenken Sie dabei, dass Sie ein gewisses Rauschen durch die spätere Bearbeitung (z. B. in Lightroom) noch reduzieren können, jedoch immer zu Lasten der Bildschärfe. Eine weitere Methode der nachträglichen Rauschreduzierung stellt das Stacken mehrerer Aufnahmen dar, worüber Sie z. B. in Kapitel 8 im Projekt »Stacking einer Astro-Landschaftsaufnahme« mehr erfahren werden.

Vergleich vierer unbearbeiteter Aufnahmen mit gleicher Belichtung, jedoch unterschiedlichen ISO-Werten. Das Bild zeigt jeweils Ausschnitte eines Gesamtbildes in der 100 %-Ansicht. Das Bildrauschen nimmt bei dieser Kamera (Canon EOS 6D) ab ISO 12 800 deutlich zu.

Nehmen Sie daher lieber ein etwas höheres Bildrauschen und eine leichte Unschärfe durch das Entrauschen in Kauf, als Ihr Bild unterzubelichten. Vermeiden sollten Sie jedoch die automatische ISO-Einstellung durch die Kamera (»Auto« statt einer konkreten ISO-Zahl). In diesem Fall würden Sie die Kontrolle an die Kamera abgeben, ohne dass diese jedoch die korrekte Belichtung im Dunkeln zuverlässig beurteilen kann.

Kameramodus | In der Nachtfotografie helfen Ihnen die Belichtungsautomatiken Ihrer Kamera in der Regel nichts. Stellen Sie daher den Kameramodus grundsätzlich auf »manuell« (bei den meisten Kameras mit »M« bezeichnet), um die volle Kontrolle über Belichtungszeit und Blende zu behalten. Wenn Sie mit Belichtungszeiten arbeiten möchten, die über die maximale in der Kamera einstellbare Zeit (in der Regel 30 Sekunden) hinausgehen, stellen Sie die Kamera entsprechend auf »B« wie »bulb« und schließen einen Fernauslöser an. Bei manchen Kameras ist diese Bulb-Funktion auch im M-Modus integriert – in diesem Fall müssen Sie bei 30 Sekunden Belichtungszeit einfach noch einen Schritt weiterdrehen.

Blende | Die mögliche Blendenöffnung ist ausschließlich abhängig von Ihrem Objektiv. Dabei wäre es grundsätzlich natürlich wünschenswert, die Blende komplett zu öffnen, um möglichst viel Licht auf den Sensor fallen zu lassen. Es hängt jedoch sehr stark vom Objektiv ab, ob Sie dieses wirklich offenblendig verwenden möchten. Bei vielen Objektiven – insbesondere bei sehr lichtstarken

Vergleich der Schärfe und Bildqualität mit unterschiedlichen Blendenöffnungen in der 100 %-Ansicht (Bilder unbearbeitet). Bei diesem Objektiv (Walimex 24 mm f1,4) empfiehlt es sich, um eine Blendenstufe auf f2 abzublenden, um eine wesentlich bessere Bildqualität als offenblendig bei f1,4 zu erzielen.

24 mm | 12 s | ISO 3 200

Fokussieren bei Nacht

Fast noch wichtiger als die korrekte Belichtung ist der richtig gesetzte Fokus bei Aufnahmen des Sternenhimmels. Liegen Sie daneben, lässt sich das auch in der Nachbearbeitung nicht mehr retten. Daher ist es wichtig, dass Sie für sich eine Methode finden, in der Nacht mit Ihrem Equipment auf möglichst schnellem und zuverlässigem Wege zu fokussieren.

Realistisch beurteilen können Sie die Schärfe einer Nachtaufnahme sowohl am Kameradisplay als auch am Computerbildschirm ausschließlich in der 100%-Ansicht. Erst dann können Sie sehen, ob die Sterne am Himmel wirklich als kleine scharfe Punkte abgebildet sind. Folglich werden Sie auch im Sucher der Kamera vor der Aufnahme nicht beurteilen können, ob der Sternenhimmel korrekt fokussiert ist oder nicht. Hier müssen daher andere Methoden zum Einsatz kommen.

Grundsätzlich gilt bei der Nachtfotografie, dass Sie Ihre Aufnahmen stets im manuellen Modus machen, um die Blende und Belichtungszeit gezielt setzen zu können. Aber auch den Autofokus müssen Sie zwingend deaktivieren, da dieser in der Regel nachts keine brauchbaren Ergebnisse liefert. In den meisten Fällen schalten Sie direkt am Objektiv vom Autofokus (AF) auf den manuellen Fokus (MF) um. In Ausnahmefällen müssen Sie diesen Wechsel auch im Kameramenü vornehmen.

Vergleich einer korrekt fokussierten (links) sowie einer leicht unscharfen Aufnahme (rechts) des Sternenhimmels. Erst in der 100%-Ansicht können Sie die Schärfe realistisch beurteilen.

Sollten Sie nicht gerade ein Objektiv mit spürbarem Einrasten des Fokusrings in der Unendlich-Stellung haben (wie das Irix 15 mm f2,4 aus dem Abschnitt »Objektive« auf Seite 45), müssen Sie Ihr Objektiv auf herkömmliche Weise fokussieren. Bevor ich Ihnen dazu meine präferierte Vorgehensweise vorstelle, möchte ich zunächst einige Methoden aufführen, die häufig empfohlen werden, manchmal jedoch nur eingeschränkt anzuwenden sind. Aber auch hier gilt wie so oft: Probieren Sie ruhig alle Varianten aus, und finden Sie die richtige für sich.

« Tagsüber fotografieren Sie wahrscheinlich häufig mit aktiviertem Autofokus (AF) und Bildstabilisator. Nachts müssen Sie auf den manuellen Fokus (MF) wechseln und den Bildstabilisator ausschalten (OFF).

Autofokus auf ein helles Objekt | Der Autofokus der Kamera wird Ihnen in den meisten Fällen bei der Nacht- und Astrofotografie nicht helfen, da hier schlichtweg die Helligkeit und die Kontraste fehlen. Was funktionieren kann ist das automatische Fokussieren auf ein entferntes, helles Objekt, das entweder Teil des Bildes ist, sich in Sichtweite befindet oder durch die eigene Taschenlampe erzeugt wird. Gelingt eine solche Fokussierung, so müssen Sie den Autofokus anschließend unbedingt deaktivieren, bevor Sie Ihre eigentlichen Aufnahmen machen. Nach meiner Erfahrung ist jedoch selten ein so helles Objekt in der Nähe, das für diese Methode herhalten kann. Auch mit der Taschenlampe haben Sie nur eine vergleichsweise geringe Reichweite, was dazu führen kann, dass der weit entfernte Sternenhimmel durch diese Fokussierung noch immer nicht korrekt scharfgestellt ist. Zudem sollten Sie es Ihrer Dunkeladaption zuliebe (und aus Rücksicht auf eventuelle Mitstreiter) vermeiden, eine helle Lichtquelle wie eine Taschenlampe zu nutzen.

Unendlich-Markierung am Objektiv | Viele Objektive haben heutzutage eine eingebaute Entfernungsskala, die unter anderem eine Einstellung für Unendlich (Symbol ∞) enthält. Erfahrungsgemäß kann diese Markierung jedoch nur als Orientierung dienen, da sie bei den meisten Objektiven nicht sehr präzise ist. Auch die Annahme, dass der Scharfstellring des Objektivs einfach nur bis zum Anschlag gedreht werden muss, um es auf Unendlich scharfzustellen, ist leider falsch. Der Grund hierfür ist, dass alle Autofokus-Objektive nach dem Unendlich-Fokus noch etwas Spielraum haben. Aber auch bei den heutigen manuellen Objektiven ohne Autofokus funktioniert dieses Vorgehen meist nicht. Ich empfehle Ihnen, die Unendlich-Markierung lediglich als erste Einstellung zu nutzen, um den Fokus grob zu setzen. Eine Feinjustierung über einen anderen Weg ist jedoch auf jeden Fall zusätzlich notwendig, wenn Sie exakt scharfe Bilder erzielen möchten.

« Unendlich-Markierung an verschiedenen Objektiven von diversen Herstellern. Die Markierungen sollten Ihnen lediglich als erste Orientierung dienen, da sie in der Regel zu ungenau sind.

Eigene Markierung am Objektiv | Haben Sie einmal die korrekte Stellung für den Fokus auf Unendlich an Ihrem Objektiv gefunden, so können Sie sich zusätzlich eine eigene Markierung mit einem Stift oder Klebeband setzen. Achten Sie jedoch darauf, dass Sie Ihre Markierung auch nachts noch erkennen können – notfalls auch im Rotlicht. Aus meiner Erfahrung kann aber auch diese Methode nicht exakt sein, da schon geringe Abweichungen bei den meisten Objektiven zu Unschärfen führen.

Tagsüber fokussieren und fixieren | Wenn Ihnen das Fokussieren bei Nacht generell schwerfällt, können Sie diese Prozedur auch bereits am Tag davor, wenn es noch hell ist, erledigen. Fokussieren Sie dazu auf ein weit entferntes Objekt – durchaus mit Hilfe des Autofokus –, und deaktivieren Sie diesen hinterher. Nun versuchen Sie, die Stellung des Scharfstellrings am Objektiv mit Klebeband zu fixieren, damit dieser sich in der Tasche nicht mehr verstellt. Hier sollten Sie unbedingt darauf achten, ein Klebeband zu nutzen, das nach der Nacht wieder rückstandslos zu entfernen ist. Mit ein bisschen Geschick und Übung funktioniert dieses Vorgehen ganz gut, allerdings ist es auch sehr unflexibel, da sich der Fokus – einmal fixiert – nicht mehr ändern lässt (z. B. um ein Foto mit mehreren Schärfeebenen aufzunehmen, siehe dazu auch den Abschnitt »Stacking« auf Seite 120). Zudem kann beispielsweise eine Temperaturänderung in der Nacht dazu führen, dass Sie den Fokus korrigieren müssen, was bei fixiertem Fokus natürlich ebenfalls etwas umständlicher ist.

Der Fokus auf Unendlich ist an diesem Objektiv mit Hilfe eines Klebebandes fixiert.

Schrittweises Herantasten | Eine weitere Möglichkeit, den richtigen Fokus zu finden, ist das schrittweise Herantasten. Beginnen Sie dazu mit der (möglichst exakten) Einstellung auf Unendlich mit Hilfe der Entfernungsskala oder Ihrer eigenen Markierung, und nehmen Sie ein Probebild auf. Dieses beurteilen Sie anschließend in der vergrößerten Ansicht im Kameradisplay. Sollte die Schärfe noch nicht exakt sitzen, verstellen Sie den Scharfstellring am Objektiv minimal und machen eine weitere Aufnahme. Dies wiederholen Sie so oft, bis Sie mit der Schärfe Ihrer Aufnahme zufrieden sind. Sie können zusätzlich wieder versuchen, diese Stellung über ein Klebeband zu fixieren. Grundsätzlich führt diese Methode natürlich mit ausreichend Geduld irgendwann zum Ziel, allerdings ist sie auch ziemlich zeitaufwendig – insbesondere wenn es schnell gehen muss, weil beispielsweise die Polarlichter gerade sehr intensiv leuchten.

Manuelles Fokussieren per Live View | Ich nutze zum Fokussieren bei Nacht aus den genannten Gründen meist keine der soeben beschriebenen Methoden. Für mich hat sich folgendes Verfahren bewährt: das manuelle Fokussieren über den Live View der Kamera. Es funktioniert nach meiner Erfahrung hervorragend mit einem lichtstarken Objektiv, idealerweise mit einer Anfangsblende von f2,8 oder besser. Und so gehen Sie vor:

1. Richten Sie Ihre Kamera in den Nachthimmel, und aktivieren Sie den Live View. Nun werden Sie vermutlich erst einmal nicht mehr als einen schwarzen Bildschirm sehen – was ganz normal ist.
2. Bevor Sie nun fokussieren können, stellen Sie bereits alle Aufnahmeparameter (Blende, Belichtungszeit, ISO-Zahl) entsprechend einer Nachtaufnahme ein. Außerdem sollten Sie für Ihre Kamera prüfen, ob es

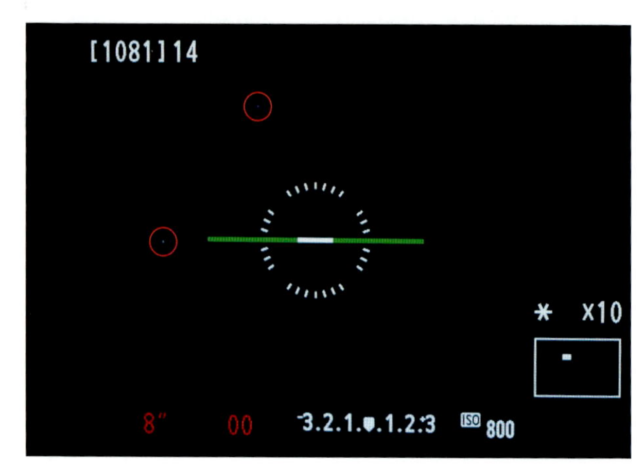

Hellere Sterne sind als kleine Punkte (rot markiert) in der 10-fach-Vergrößerung im Live View der Kamera zu sehen (hier am Beispiel der Canon EOS 6D). Drehen Sie vorsichtig am Scharfstellring des Objektivs, bis die Punkte maximal klein sind, um die Aufnahme korrekt zu fokussieren.

die Funktion der Belichtungssimulation gibt und diese falls ja aktivieren. Sollte Ihr Objektiv eine Entfernungsskala besitzen, so stellen Sie außerdem den Fokus schon grob auf die Unendlich-Position, da Sie bei einer Defokussierung keine Sterne sehen werden.

3. Anschließend stellen Sie im Live View Ihrer Kamera die größtmögliche Vergrößerung des Vorschaubildes ein und verändern den Bildausschnitt so lange, bis Sie Sterne in Form von hellen Punkten erkennen. Dieser Bildausschnitt sollte nach Möglichkeit nicht am Rand des Bildes liegen, da hier die Abbildung der Sterne – je nach Objektiv – manchmal verzerrt ist.
4. Nun müssen Sie nur noch vorsichtig am Scharfstellring des Objektivs drehen, bis die Sterne minimal klein sind. Dazu sollten Sie sich nicht unbedingt die hellsten Sterne aussuchen, sondern eher kleinere Exemplare, die Sie gerade eben noch im Live View sehen können. Sollten Sie keine Sterne sehen, können Sie noch versuchen, die Displayhelligkeit kurzzeitig zu erhöhen – dies versuche ich jedoch wenn möglich zu vermeiden.

Mit ein wenig Übung und Fingerspitzengefühl lässt sich eine Aufnahme mit dieser Methode innerhalb weniger Sekunden scharfstellen, weshalb ich mittlerweile fast ausschließlich mit diesem Vorgehen arbeite. Nur eingeschränkt zu nutzen ist dieses Vorgehen, wenn das Vorschaubild im Live View Ihrer Kamera stark rauscht. Dies muss sich nicht unbedingt auf die spätere Bildqualität auswirken, erschwert jedoch das Scharfstellen nach dieser Methode ein wenig, da Sie Sterne nur schwer vom Bildrauschen unterscheiden können.

⮝ *Schwieriger wird es, wenn das Vorschaubild im Live View stark rauscht (hier am Beispiel der Canon EOS 700D). Dann sind Sterne nur sehr schwer vom Bildrauschen zu unterscheiden, und Sie sollten zunächst nach helleren Sternen Ausschau halten.*

Bahtinov-Maske | Der Vollständigkeit halber möchte ich Ihnen noch die sogenannte *Bahtinov-Maske* vorstellen. Diese Fokussierhilfe ist eine Art Filter mit vielen parallelen Schlitzen, an denen das einfallende Licht gebeugt wird. Dieser »Filter« enthält zwar kein Glas, wird aber trotzdem vor die Linse gesetzt oder geschraubt. Durch die Lichtbeugung entstehen an hellen Sternen im Live View der Kamera charakteristische, strahlenförmige Beugungsmuster. Dieses Muster verrät Ihnen schließlich auch, ob Sie Ihr Objektiv (oder Teleskop) korrekt fokussiert haben: Ist es symmetrisch, ist dies der Fall; ist es asymmetrisch, sitzt der Fokus nicht perfekt. Ich muss zugeben, dass ich eine solche Maske bisher nie eingesetzt habe, da ich die zusätzlichen Kosten sowie den Aufwand für dieses zusätzliche Hilfsmittel vermeiden wollte. Zudem war ich mit den Ergebnissen der Live-View-Methode immer sehr zufrieden. Hinzu kommt, dass dies nur bedingt als Alternative zu meiner präferierten Methode zu sehen ist, da Sie auch für die Bahtinov-Maske Sterne im Live View erkennen müssen.

Welche Methode für Sie und Ihre Kamera-Objektiv-Kombination am besten passt, können Sie nur durch Ausprobieren herausfinden. Ihnen sollte dabei auf jeden Fall bewusst sein, dass eine korrekte Fokussierung eine der wichtigsten Voraussetzungen für eine gute Nachtaufnahme ist – investieren Sie daher ruhig ein bisschen mehr Zeit in dieses Thema!

Langzeitbelichtung

Wenn Sie nun alle Einstellungen für eine Nachtaufnahme an Ihrer Kamera vorgenommen und auch schon den korrekten Fokus eingestellt haben, müssen Sie nur noch die

NPF-Regel

Eine etwas differenziertere Regel stellt die sogenannte *NPF-Regel* dar, die ebenfalls in der App Planit Pro ausgewählt werden kann ❺ (siehe Vorseite). Hier werden neben der Blende (*N*) auch die Größe und Auflösung Ihres Kamerasensors (*P*) sowie die Brennweite (*F*) einbezogen. Im Beispiel meines 24-mm-Objektivs bei Blende f2 an einer Canon EOS 6D mit 20 Megapixeln und einem Kleinbildsensor ergibt sich mit dieser Regel eine Belichtungszeit < 11 s, was noch einmal weniger ist als unter Anwendung der Zerstreuungskreis-Regel. Meine Erfahrung ist jedoch tatsächlich, dass ich mit dieser Kamera-Objektiv-Kombination bei mehr als 12 s Belichtungszeit in der Regel leichte Strichspuren auf dem Bild erhalte, so dass diese Regel wahrscheinlich die sicherste Methode zur Ermittlung der maximalen Belichtungszeit darstellt.

Nachführung | Wie Sie anhand der Tabelle auf der Vorseite sehen, sind im Telebereich nur noch Aufnahmen im unteren Sekundenbereich möglich, bevor die Sterne strichförmig werden. In der Regel ist dies zu wenig, um Motive wie Nebel, Galaxien oder Sternhaufen ausreichend lange zu belichten. Daher müssen Aufnahmen spätestens in diesem Brennweitenbereich nachgeführt werden – das heißt, dass während der Aufnahmedauer die Erdrotation simuliert wird, um die (scheinbare) Bewegung der Sterne im Bild zu verhindern und somit sehr viel längere Belichtungszeiten von mehreren Minuten zu ermöglichen. Natürlich kann diese Technik auch im Weitwinkelbereich eingesetzt werden, um auch hier länger belichten zu können und somit beispielsweise lichtschwache Objektive oder ein starkes Rauschen auszugleichen. Da dieses Thema jedoch zusätzliches Equipment und zum Teil spezielle Bearbeitungstechniken erfordert, behandle ich es erst im letzten Teil des Buches.

« *Eine sogenannte parallaktische Montierung führt eine Kamera mit dem Sternenhimmel mit, indem sie die Erdrotation simuliert. Vergleichsweise kompakte Montierungen wie dieser »Star Adventurer« können auf einem normalen Stativ betrieben werden.*

Panoramafotografie

Die Panoramafotografie erfreut sich seit vielen Jahren großer Beliebtheit; seien es nun imposante Landschaftsaufnahmen in schier unendlich wirkender Breite oder 360-Grad-Panoramen, die einen kompletten Rundumblick ermöglichen. Dank leistungsfähiger Kompaktkameras und Smartphones lassen sich einfache Panoramaaufnahmen (bei Tag) oft schon ohne großen Aufwand und in sehr hoher Auflösung erstellen.

Auch in der Nacht- und Astrofotografie hat es Vorteile, mehrere zusammengehörende Bilder eines Motivs aufzunehmen und sie anschließend zu einem Gesamtbild zusammenzusetzen. Sobald die Lichtverhältnisse allerdings schlechter werden, stoßen Smartphones und

Kompaktkameras aufgrund ihres kleinen Sensors und der kleinen Optik schnell an ihre Grenzen. Und genau da möchte ich in diesem Abschnitt ansetzen und Ihnen Techniken zur Aufnahme von Panoramen mit Spiegelreflexkamera oder Spiegellosen vorstellen. Betrachten werde ich dabei nur die Facetten und Arten der Panoramafotografie, die in der Nacht- und Astrofotografie sinnvoll und vergleichsweise einfach angewendet werden können:

- ein- oder mehrzeilige Horizontalpanoramen
- ein- oder mehrzeilige Vertikalpanoramen

Vorweg sei gesagt, dass man nicht jedem Foto sofort ansieht, dass es ein Panoramabild ist und aus mehreren Einzelaufnahmen zusammengesetzt wurde. Denn auch ein Einzelbild, das entsprechend zugeschnitten wurde, kann wie ein Panorama wirken. Warum sich dann aber die Mühe machen, Panoramaaufnahmen zu erstellen? Dafür gibt es zwei wesentliche Gründe:

- **Bildwinkel**: Viele Weitwinkelobjektive bieten mittlerweile eine sehr gute Qualität bei einem gleichzeitig großen Bildwinkel. Physikalisch begründet müssen Sie hier jedoch immer mit gewissen Verzeichnungen und Unschärfen an den Bildrändern leben. Insbesondere in der Nacht und am Sternenhimmel, wenn Sie mit möglichst weit offener Blende fotografieren, kommt dieser negative Effekt besonders stark zum Tragen. Durch die Aufnahme mehrerer Einzelaufnahmen mit mittlerer Brennweite (24–35 mm im Vollformat) und das Zusammensetzen zu einem Panorama erreichen Sie einen ähnlichen Effekt, wobei die Bildfehler stark minimiert werden können. In manchen Fällen reicht selbst ein extremes Weitwinkelobjektiv nicht aus, um ein bestimmtes Motiv komplett in einer einzigen Aufnahme festzuhalten – beispielsweise der Milchstraßenbogen. Gerade dann kommt Ihnen die Erweiterung des horizontalen und gegebenenfalls auch vertikalen Bildwinkels durch die Panoramafotografie sehr zu Hilfe.
- **Auflösung**: Ein einzelnes Foto kann natürlich maximal die Auflösung haben, die die jeweilige Kamera zulässt. In der Praxis liegt die tatsächliche Auflösung sogar meist noch darunter, da man im Rahmen der Bearbei-

Dieses Alpenpanorama am Stilfser Joch in Italien wurde mit einem Smartphone aufgenommen und könnte bei einer Pixeldichte von 300 dpi in einer Größe von 78 × 25 cm gedruckt werden.

f2,2 | 1/1600 s | ISO 32 | 22. Juli, 12:46 Uhr | automatische Panoramafunktion des Smartphones

« Die Einzelaufnahme des Karersees in den Dolomiten im Mondlicht kann nur einen begrenzten Bildwinkel des Sternenhimmels, des Sees sowie des dahinterliegenden Latemargebirgszuges abbilden.

24 mm | f2 | 8 s | ISO 800 | 21. Januar, 03:53 Uhr

» Diese zweizeilige Panoramaaufnahme des gleichen Motivs aus insgesamt acht Fotos bildet einen wesentlich größeren Bildwinkel ab und hat gegenüber der Einzelaufnahme eine fast viermal so hohe Auflösung.

24 mm (Einzelbilder) | f2 | 8 s | ISO 800 | 21. Januar, 04:00 Uhr | zweizeiliges Panorama aus acht Einzelaufnahmen

tung in der Regel einen leichten Beschnitt hinzufügt oder durch das Entfernen von Verzerrungen Teile des Bildes verliert. Nehmen Sie nun statt einer einzigen Weitwinkelaufnahme drei Bilder im Hochformat in einem mittleren Brennweitenbereich auf und setzen diese zu einem horizontalen Panorama zusammen, so ähnelt das Ergebnis auf den ersten Blick der Einzelaufnahme. Bei genauerem Betrachten sehen Sie jedoch neben dem Qualitätsunterschied auch eine deutliche Steigerung der Auflösung. Diese ist zwar aufgrund der Überlappung nicht ganz dreimal so hoch wie die der Einzelaufnahme, aber doch schon erheblich gesteigert. Dies macht sich insbesondere dann bemerkbar, wenn die Aufnahme im Großformat gedruckt werden soll oder Sie mit einer Kamera mit vergleichsweise geringer Auflösung arbeiten, wie z. B. der Sony Alpha 7S/Alpha 7S II mit 12 Megapixeln.

Einschränkungen | Dies klingt erst einmal so, als ob man aufgrund dieser Vorteile eigentlich viel häufiger Panoramaaufnahmen machen sollte – und sich auf diese Weise vielleicht sogar das Weitwinkelobjektiv sparen kann. Tatsächlich wende ich diese Technik in der Praxis relativ häufig an, insbesondere bei Nachtaufnahmen. Aber natürlich gibt es kein Licht ohne Schatten, und so möchte ich auch die Nachteile bzw. Situationen, in denen es eher ungeeignet ist, ein Panorama aufzunehmen, nicht verschweigen:

- Die Bilder benötigen mehr Zeit in der Nachbearbeitung. Dieser Nachteil ist jedoch heutzutage schon fast zu vernachlässigen, da die meisten Panoramen schon mit wenigen Klicks automatisch zusammengesetzt werden können.
- Die Bilder werden größer und benötigen somit je nach Ausstattung Ihres Rechners mehr Zeit in der Bearbeitung. Dies kommt jedoch stark auf die Anzahl der Einzelbilder an. Bei drei bis fünf Einzelbildern für ein Gesamtpanorama macht sich dies in der Regel noch nicht stark bemerkbar.
- Ist es aufgrund der Lichtverhältnisse notwendig, das Panorama als HDR-/DRI-Bild aufzunehmen (siehe auch den Abschnitt »Stacking« auf Seite 120), so verdreifacht sich die zu verarbeitende Datenmenge (bei einer Belichtungsreihe aus jeweils drei Bildern). Insbesondere bei mehrzeiligen Panoramen wird dies schnell zu einer Herausforderung bei der Verarbeitung auf dem PC.
- Ändern sich die Lichtverhältnisse während der Aufnahme der Einzelbilder eines Panoramas, so stellt dies ebenfalls eine Herausforderung in der Nachbearbeitung dar. Ein klassisches Beispiel dafür ist die Blaue Stunde, die je nach Standort und Jahreszeit sehr kurz sein kann.
- Panoramen eignen sich wenig bis gar nicht für bewegte Objekte, da Sie zwischen den Einzelaufnahmen eine »Schwenkpause« einlegen müssen. Beim nächtlichen Sternenhimmel gibt es hiermit meist keine Probleme. Tanzende Polarlichter oder ein Himmel mit schnell ziehenden Wolken können jedoch durchaus problematisch werden und dazu führen, dass das Panorama später nicht zusammengesetzt werden kann. Sie sollten ein Panorama daher immer als Ergänzung zu einer normalen Einzelaufnahme eines Motivs sehen, um am Ende nicht ganz ohne ein brauchbares Bild dazustehen.
- Arbeiten Sie nicht sorgfältig bei der Aufnahme der Einzelbilder, wird die Nachbearbeitung sehr schwierig bis unmöglich. Mögliche Ursachen hierfür sind schiefe Aufnahmen oder falsche Panoramaschwenks, die zu einer unzureichenden Überlappung zweier benachbarter Bilder führen.

Panoramaformate | Trotzdem bin ich mittlerweile ein großer Fan der Panoramafotografie, wenngleich man vielen meiner Bilder diese Besonderheit gar nicht sofort ansieht. Letztlich kommt es immer auf das Motiv an, in welchem Format ich meine Panoramen aufnehme. In vielen Situationen wähle ich jedoch ein herkömmliches Format (z. B. 1:1, 3:2 oder 16:9), das ich durch die entsprechende Kombination mehrerer Aufnahmen in der Horizontalen und/oder Vertikalen erreiche.

Equipment für Panoramen

Für einfache Panoramen, die aus mehreren Einzelbildern in einer Reihe zusammengefügt werden, genügt bei einer entsprechend guten Lichtsituation (tagsüber) bereits

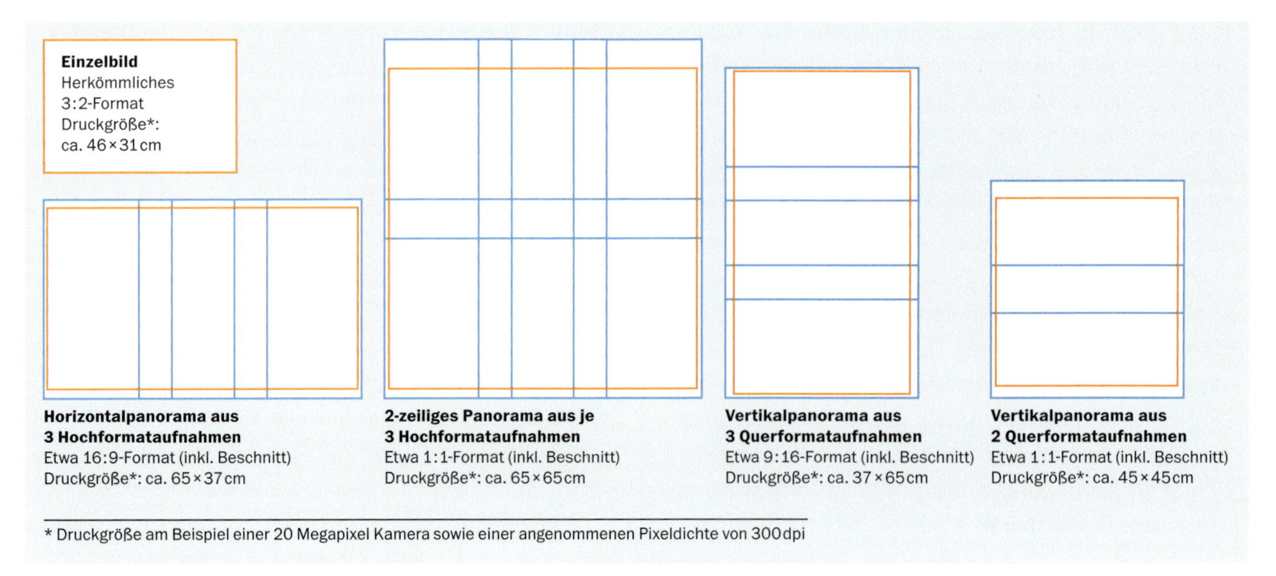

Beispielformate für Panoramaaufnahmen, die anhand ihres Seitenverhältnisses nicht unbedingt als solche zu erkennen sind. Die Abbildung zeigt einen maßstabsgetreuen Vergleich zwischen Panorama- und Einzelaufnahme.

die Aufnahme aus der freien Hand. Das klappt mit ein bisschen Übung sehr gut und zuverlässig. Sobald die Umgebungshelligkeit jedoch eine längere Belichtungszeit erfordert (z.B. nachts), wird wie bei normalen Einzelaufnahmen ein Stativ notwendig.

Kugelkopf | Für eine entsprechende Ausrichtung und Drehung der Kamera ist zudem ein Kugelkopf mit integrierter Panoramafunktion unerlässlich. Die Panoramabasis ist dabei idealerweise über einen Fixierknopf arretierbar und ermöglicht das Drehen des Kopfes um die eigene Achse. Meist können Sie an dieser Panoramabasis auch den Drehwinkel ❶ ablesen.

Dies gibt Ihnen zu Beginn einen guten Anhaltspunkt, um nach jeder Aufnahme im etwa gleichen Winkel zu schwenken. Allerdings sollten Sie dazu natürlich wissen, wie groß dieser Drehwinkel sein muss, um eine ausreichende Überlappung der benachbarten Bilder zu erreichen. Als ausreichende Überlappung erwarten Stitchingprogramme in der Regel einen Bereich zwischen minimal 20% und maximal 35%, um die Bilder vernünftig aneinanderfügen zu können. Der Drehwinkel zwischen zwei Aufnahmen hängt unter Berücksichtigung dieses Überlappungsbereiches von der Wahl des Objektives bzw.

Dieser Beispiel-Kugelkopf mit integrierter 360°-Panoramabasis ermöglicht die Aufnahme von Panoramen durch die Drehung um die eigene Achse. Der Drehwinkel kann über die Vertiefung ❶ abgelesen werden.

dessen Brennweite sowie von der Größe des Kamerasensors ab. Die Tabelle unten soll einen Anhaltspunkt für verschiedene Brennweiten und Sensorgrößen liefern, mit denen Sie mit der hier vorgestellten Methode gute Ergebnisse erzielen können.

Bei ausreichender Helligkeit können Sie natürlich auch im Sucher oder mittels Live View der Kamera die Überlappung der Bilder einfach optisch überprüfen. Auch hier gilt wieder: Je öfter Sie dies üben, desto besser und schneller klappt es. Führen Sie dieses Verfahren daher ruhig einige Male bei Tag durch, bevor Sie gleich im Dunkeln damit beginnen. In der Nacht müssen Sie nämlich häufig »blind« arbeiten, da Sie im Live View oder durch den Sucher meist wenig erkennen können und auch die Panoramabasis mit den Winkelzahlen im Kugelkopf nicht beleuchtet ist.

STITCHING

Als *Stitching* (vom englischen »stitch« für »nähen«) wird das Zusammenfügen von Einzelbildern zu einem Panorama bezeichnet. Dies kann in der Regel automatisch erfolgen, sofern die Stitchingsoftware genügend übereinstimmende Punkte auf den jeweils benachbarten Bildern findet. Diese Punkte werden als Kontrollpunkte bezeichnet und müssen unter Umständen, z. B. bei sehr dunklen Nachtaufnahmen, händisch gesetzt werden.

Objektiv/ Brennweite	Winkelschritt Vollformat	Winkelschritt APS-C-Format
14 bis 16 mm	50 bis 60 Grad	30 bis 35 Grad
20 mm	40 bis 45 Grad	25 Grad
24 mm	35 bis 40 Grad	23 Grad
35 mm	25 bis 30 Grad	17 Grad
40 mm	25 Grad	15 Grad
50 mm	20 Grad	12 Grad

Die Tabelle gibt einen Anhaltspunkt für verschiedene Brennweiten und Sensorgrößen. Berücksichtigt sind Vollformat- und Crop-Kameras.

Fernauslöser | Ein letztes Hilfsmittel ist ein Fernauslöser. Um beim Auslösen der Aufnahme die Kamera nicht zu berühren und damit mögliche Verwacklungen zu verursachen, können Sie entweder einen solchen Fernauslöser anschließen oder einfach die integrierte Selbstauslösefunktion der Kamera nutzen. Da ich häufig zu faul bin, einen Fernauslöser aus der Tasche zu holen und anzuschließen, gehe ich meist letzteren Weg.

Die Kamera sitzt im Hochformat auf einem Kugelkopf, der mittels integrierter Panoramafunktion um die eigene Achse gedreht wird. Alternativ könnten Sie die Kamera mit Hilfe eines L-Winkels auch hochkant auf den Kugelkopf setzen, ohne diesen zur Seite kippen zu müssen. Ein angeschlossener Fernauslöser verhindert Verwacklungen bei der Aufnahme der Einzelbilder.

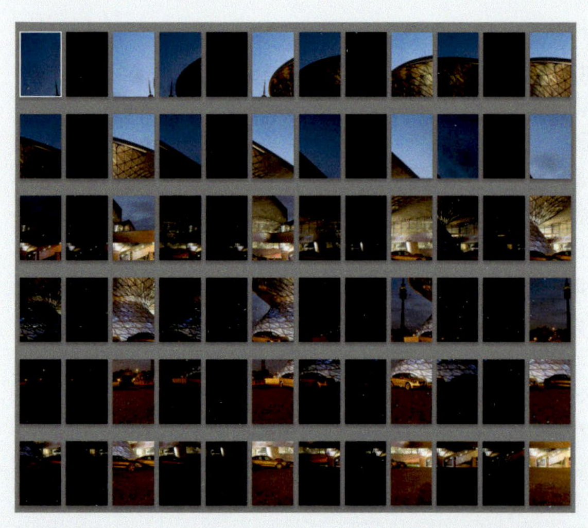

« *Zusammengefügt habe ich das dreizeilige Panorama unten aus insgesamt 24 Aufnahmen, die ich jeweils als Belichtungsreihe mit 3 Bildern aufgenommen habe. Insgesamt habe ich also 72 Quellbilder verarbeitet.*

» *Das Ergebnisbild entspricht dem 16:9-Format und ist somit auf den ersten Blick nicht unbedingt von einer Einzelaufnahme zu unterscheiden. Durch die Panoramatechnik konnte ich jedoch die Auflösung deutlich erhöhen und Verzeichnungen (gegenüber einer Superweitwinkel-Aufnahme) nahezu vollständig vermeiden.*

39 mm (62 mm im Kleinbildformat) | f7,1 | 1,3–20 s | ISO 100 | 03. September, 19:45 Uhr | dreizeiliges DRI-Panorama aus 72 Einzelbildern

Checkliste für gelungene Panoramen

Was ist nun aber bei der Aufnahme der Panoramen oder besser gesagt deren Einzelaufnahmen zu beachten?

> **WICHTIGE GRUNDREGEL FÜR PANORAMAAUFNAHMEN**
>
> Bei der Aufnahme von Einzelbildern für ein Panorama müssen alle Kameraeinstellungen auf allen Bildern gleich sein. Sie sollten daher stets im manuellen Modus der Kamera arbeiten und die Belichtungszeit, die Blende, den Weißabgleich sowie die ISO-Zahl entsprechend der Lichtsituation fest einstellen. Wichtig ist auch, dass Sie den Autofokus – und falls Sie auf dem Stativ arbeiten auch den Bildstabilisator – abschalten.

Es hilft, wenn Sie sich die folgende Checkliste vornehmen und zu Beginn Schritt für Schritt abarbeiten, um die einzelnen Handgriffe zu verinnerlichen. Die Checkliste bezieht sich auf die Aufnahme eines Nachtpanoramas, lässt sich aber in ganz ähnlicher (und etwas vereinfachter) Form auch tagsüber anwenden:

1. Bauen Sie das Stativ auf, so dass der Fuß des Kugelkopfes in Waage steht – um diesen Punkt wird später bei der Aufnahme gedreht. Die Ausrichtung der Schnellwechselbasis am Ende des Kugelkopfes, die die Kamera aufnimmt, ist dabei noch nicht interessant.
2. Setzen Sie die Kamera auf den Kugelkopf, und richten Sie sie im Hochformat waagerecht aus – idealerweise mit einer in der Kamera integrierten Wasserwaage. Die gerade Ausrichtung ist dabei enorm wichtig, da das spätere Panorama ansonsten schief wird und Sie durch das nachträgliche Begradigen wertvolle Bildteile am oberen und unteren Rand verlieren würden.
3. Nehmen Sie die Kameraeinstellungen so vor, dass alle Parameter im manuellen Modus (M) fixiert werden und auf allen Bildern gleich sind (feste Belichtungszeit, Blende, ISO und Weißabgleich). Die Werte müssen Sie natürlich der jeweiligen Belichtungssituation anpassen.
4. Schalten Sie den Autofokus ab, und stellen Sie manuell scharf. Dabei sollten Sie eine der im Abschnitt »Fokussieren bei Nacht« ab Seite 104 vorgestellten Techniken anwenden. Bei ausreichend Licht (z. B. bei Tag oder in der Dämmerung) können Sie natürlich auch den Autofokus zum einmaligen Fokussieren nutzen. Wichtig ist nur, dass Sie den Autofokus und, falls vorhanden, auch den Bildstabilisator vor dem Aufnehmen der Bilder auf jeden Fall ausschalten!
5. Schließen Sie einen Fernauslöser an, oder aktivieren Sie den Selbstauslöser der Kamera.
6. Machen Sie eine Probeaufnahme, und prüfen Sie insbesondere die Schärfe (100 %-Ansicht), Belichtung (Histogramm) und die gerade Ausrichtung.
7. (Optional, aber hilfreich) Nehmen Sie vor Beginn der Einzelbildreihe ein »Trennbild« auf, z. B. einfach durch Verdecken des Objektivs mit der Hand. Am Ende der Aufnahmereihe nehmen Sie dann ein weiteres dieser Trennbilder auf. Dies hat den Vorteil, dass Sie so später in Lightroom sehr einfach Anfang und Ende einer neuen Panoramasequenz erkennen können.
8. Nehmen Sie die Einzelfotos je nach Motiv und gewünschtem Panoramaformat nacheinander und mit möglichst kurzen Pausen auf. Achten Sie dabei auf eine ausreichende Überlappung entsprechend der eingesetzten Brennweite. Für jede Aufnahme sollten Sie die Panoramabasis dabei fixieren, um ungewollte Bewegungen zu vermeiden.

Zusammenfügen von Panoramen

Sind die Einzelaufnahmen gemacht, geht es schließlich an das Zusammenfügen des Panoramas am PC. In vielen Fällen lässt sich dieser Prozess – auch für Nachtaufnahmen – automatisiert durchführen, da die heutigen Stitchingprogramme sehr gute Algorithmen zur Erkennung von Kontrollpunkten haben. Auch mehrzeilige Horizontal- und Vertikalpanoramen werden in der Regel als solche erkannt und korrekt zusammengesetzt.

Da sich das Zusammenfügen von Panoramen sehr viel besser anhand praktischer Beispiele zeigen lässt, werde ich Ihnen die verschiedenen Techniken und Programme in den folgenden Projekten vorstellen:

- **Panoramafunktion in Lightroom**: das Projekt »NLC über dem Planetarium« in Kapitel 6, »Leuchtende Nachtwolken«
- **Panoramasoftware PTGui**: das Projekt »Milchstraße über dem Barmsee« in Kapitel 8, »Milchstraße«, sowie das Projekt »Polarlichter über dem Darß« in Kapitel 9, »Polarlichter«

Stacking

In der Nacht- und Astrofotografie ist neben dem Aneinanderreihen von Bildern zu einem Panorama eine weitere Fototechnik besonders verbreitet und findet in verschiedenen Ausprägungen Anwendung: Das Übereinanderlegen und Überblenden von Einzelbildern – meist auch mit dem englischen Begriff *Stacking* bezeichnet. Grundsätzlich werden dabei jeweils mehrere Einzelaufnahmen exakt deckungsgleich übereinandergelegt, um ihre Bildinformationen gezielt in einem Bild zusammenzufassen. Die folgenden Arten des Stackings werden Sie im Rahmen der Projekte dieses Buches detaillierter kennenlernen, weshalb ich sie hier nur überblicksartig darstelle:

- **Verschiedene Helligkeitsbereiche abbilden**: Diese Technik, die häufig auch als *DRI* (Dynamic Range Increase) oder *HDR* (High Dynamic Range) bezeichnet wird, lernen Sie in Kapitel 5, »Blaue Stunde«, im Projekt »Volkswagen-Werk zur Adventszeit« kennen.
- **Verschiedene Schärfebereiche abbilden**: Diese häufig auch als *Focus Stacking* bezeichnete Technik findet in Kapitel 7, »Mond«, im Projekt »Nachtwanderung im Mondschein« Anwendung.
- **Sternspuren erzeugen**: Diese Technik zur Erzeugung sogenannter *Startrails* wende ich im gleichnamigen Kapitel 10 im Projekt »Startrails über der Sella bei Vollmond« an.
- **Bestimmte Bildteile zu einer Komposition zusammenfügen**: Diese Technik des Überblendens und Maskierens nutze ich im Projekt »Collage der Perseiden« in Kapitel 11, »Meteore«.
- **Detailtiefe erhöhen und Rauschen reduzieren**: Diese Technik können Sie beispielsweise auf Ihre Mondbilder aus dem Einführungskapitel anwenden. Ich werde sie noch einmal explizit anhand von Beispielen in Kapitel 7, »Mond«, im Rahmen des Projekts »Detailreicher Mond« erläutern.
- **Gesamtbelichtungszeit eines Bildes erhöhen**: Diese letzte Technik wird sehr häufig in der Deep-Sky-Fotografie angewendet und findet somit einen Platz im letzten Teil des Buches, in Kapitel 16, »Deep-Sky-Fotografie«, und dem Projekt »Andromedagalaxie«. Durch die Steigerung der Gesamtbelichtungszeit erhöht sich ebenfalls die Detailtiefe, und das Rauschen wird reduziert. Aber nicht nur für das »Deep-Sky-Stacking« findet diese Technik Anwendung, sondern auch immer mehr in der Astro-Landschaftsfotografie. Daher gibt es auch im Kapitel 8, »Milchstraße«, ein entsprechendes Projekt »Stacking einer Astro-Landschaftsaufnahme« dazu.

Aus diesen verschiedenen Arten des Stackings resultieren natürlich auch verschiedene Techniken bei der Aufnahme und der Nachbearbeitung. Letztere wiederum erfordert unterschiedliche Spezialsoftware, die ich Ihnen ebenfalls in den jeweiligen Kapiteln praxisnah vorstellen werde.

Es lohnt sich aber auf jeden Fall, sich diese meist recht einfach zu realisierenden Techniken anzueignen und regelmäßig zu nutzen, da sie bei richtiger Anwendung sehr viel bessere Ergebnisse liefern als einfache Einzelaufnahmen! Entsprechende Vergleiche werden Sie in den genannten Projekten kennenlernen.

Grundlegende Bildbearbeitung

Die Bildbearbeitung ist wohl der Schritt in der Astrofotografie, in den man am meisten Zeit investieren kann und manchmal auch muss. Ich versuche allerdings immer, die Zeit, die ich am Rechner mit der Bildbearbeitung verbringe, so kurz wie möglich zu halten, da ich lieber draußen bin und fotografiere. Komplett entfallen kann die Nachbearbeitung von Nacht- und Astroaufnahmen zwar nicht, aber ich möchte mich in diesem Buch auf möglichst einfache Techniken und Programme, die Ihnen die Bearbeitung erleichtern, konzentrieren. Es gibt dabei sicherlich nicht *die* eine richtige Bildbearbeitung für Nachtaufnahmen. Denn auch hier gilt wie so oft in der Fotografie: Viele Wege führen nach Rom. Jeder hat seine eigenen Methoden und schließlich auch ein individuelles ästhetisches Empfinden, welchen Look er oder sie den eigenen Bildern geben möchte. Sehen Sie meine Vorgehensweise also eher als Orientierung und Anregung für Ihre eigene Bearbeitung.

In diesem Kapitel soll es jedoch zunächst um die grundlegende Bearbeitung von Nacht- und Astroaufnahmen gehen, wofür ich prinzipiell die Software Adobe Lightroom CC Classic verwende. Ich verzichte bei meinen Beschreibungen bewusst auf die Nutzung von Vorgaben, mit denen Sie regelmäßige Arbeitsschritte beschleunigen können. Solche Vorgaben sind oft recht individuell und sollten sich daher aus Ihren Vorlieben für den Fotobearbeitungsworkflow ergeben. Wenn Sie für sich herausgefunden haben, welcher Workflow für Sie funktioniert, sollten Sie diese Möglichkeit aber durchaus nutzen, um regelmäßige Arbeitsschritte zu beschleunigen.

Für ein unbearbeitetes nächtliches Landschaftsfoto, das aus der Kamera im Raw-Format vorliegt, nehme ich nach dem Import in Lightroom in der Regel die ab der nächsten Seite beschriebenen grundsätzlichen Bearbeitungsschritte im ENTWICKELN-Modul der Software vor.

ANDERE SOFTWARE

Vielleicht arbeiten Sie bereits mit einem Fotoverwaltungs- und Bildbearbeitungsprogramm (oder mehreren), um Ihre Tagaufnahmen zu organisieren und zu bearbeiten. Nutzen Sie es ruhig auch für Ihre Nachtaufnahmen, selbst wenn ich die Programme nicht explizit in diesem Buch beschreibe – häufig bietet unterschiedliche Bildbearbeitungssoftware ähnliche Funktionen an. Spezielle Software, zum Beispiel um Bilder zu stacken, werde ich Ihnen in den einzelnen Projekten praxisnah vorstellen.

« *So sieht das unbearbeitete Foto der folgenden Beispielbearbeitung im Raw-Format aus – noch nicht sehr ansehnlich!*

Objektivkorrekturen

Fast alle Objektive erzeugen bei der Aufnahme bestimmte unerwünschte Effekte wie Verzeichnungen oder Vignettierungen. Dies ist normal, wenn auch natürlich nicht schön. Bei Nachtaufnahmen werden diese Effekte meist sogar noch verstärkt, da Sie hier in der Regel relativ offenblendig fotografieren und dadurch beispielsweise eine besonders starke Vignettierung, also eine Abschattung am Bildrand, entsteht. Da die Korrektur dieser Effekte meist auch die Helligkeit des Bildes verändert, nehme ich diese Bearbeitung immer zuerst vor.

Dazu setzen Sie im Bereich OBJEKTIVKORREKTUREN ❶ unter PROFIL ❷ den Haken bei PROFILKORREKTUREN AKTIVIEREN ❹. Wird Ihr Objektiv nicht automatisch erkannt, so wählen Sie die passende MARKE und das MODELL aus den Listen aus. Sie sollten nun schon eine Änderung des Bildes feststellen können. Sehen Sie noch immer eine Verzeichnung oder Vignettierung im Bild, so können Sie über die STÄRKE ❺ hier noch nachkorrigieren oder über den Bereich MANUELL ❸ zusätzliche Einstellungen vornehmen. Sollte Ihr Objektiv hingegen nicht in der Liste auftauchen, so können Sie die Objektivkorrekturen auch komplett händisch im Bereich MANUELL vornehmen. Neue Objektivprofile werden jedoch regelmäßig über Updates in Lightroom hinzugefügt. Die Entfernung der Vignettierung ist insbesondere bei den Einzelbildern eines Panoramas wichtig, da ansonsten die Übergänge im zusammengesetzten Bild sichtbar sein können.

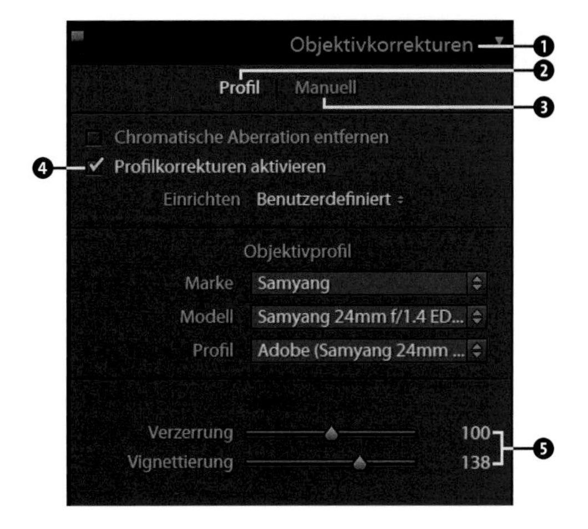

Profilkorrekturen können für viele Objektive bereits automatisch vorgenommen werden. Dazu wählen Sie einfach die Marke und das Modell Ihres Objektivs aus der Liste aus, falls dieses nicht automatisch erkannt wird.

Grundeinstellungen

Wie der Name schon sagt, lassen sich in diesem Bereich in Lightroom alle wichtigen Grundeinstellungen vornehmen. Beginnen Sie hier mit Ihrer Bearbeitung.

Weißabgleich | Wenige Parameter in der Bildbearbeitung beeinflussen die Bildwirkung wohl so stark wie die Farbtemperatur. Sehr häufig finden Sie im Internet extrem bunte und »knallige« Bilder der Milchstraße, die zwar auf den ersten Blick spektakulär wirken, mit einer natürlichen Farbwiedergabe jedoch nicht mehr viel zu tun haben. Ich versuche daher immer, den Himmel (bei Nachtaufnahmen ohne Mondlicht) möglichst neutral grau mit minimalem Blauanteil zu gestalten. Einen guten Ausgangspunkt dafür liefert meist die Pipette zur Weißabgleichsauswahl ⓬, mit der ich in einen dunklen, möglichst sternenfreien Bereich des Himmels ❻ klicke. Dies wiederhole ich zum Teil mehrfach, wenn mir die automatische Weißabgleichsanpassung noch nicht gefällt. Anschließend kann ich die Farbtemperatur durch Ziehen des Reglers TEMP. ❽ weiter anpassen. Auch die Lichtverschmutzung, die meist als gelb-orangefarbener Schein am Horizont zu sehen ist, versuche ich nicht unbedingt zu eliminieren – sie existiert nun mal auch in der Realität und verleiht dem Bild häufig auch einen willkommenen Farbklecks. Eine Veränderung der TONUNG ❾ nehme ich nur vor, wenn Farbstiche im Bild vorhanden sind.

Tonwert | In diesem Bereich ❿ lassen sich in Lightroom die wichtigsten Helligkeitseinstellungen vornehmen. Beginnen sollten Sie mit der BELICHTUNG, wobei ähnliche Grundsätze gelten wie bei der Kontrolle des kamerainternen Histogramms, das ich im Abschnit »Grundlegende Kameraeinstellungen« auf Seite 96 beschrieben habe. Ist die Aufnahme laut Histogramm in Lightroom also noch zu dunkel, erhöhen Sie die Belichtung ruhig noch ein wenig, bis der Datenberg im Histogramm über die

In den GRUNDEINSTELLUNGEN können Sie die wichtigsten Parameter hinsichtlich der Farbtemperatur sowie der Helligkeits- und Kontrastwerte setzen.

Mitte hinausgeht ❼. Um der Bildqualität nicht zu schaden, sollten Sie dabei aber nicht mehr als eine Blendenstufe (+1) nachbelichten. Gute Erfahrungen habe ich bei den weiteren Tonwerteinstellungen damit gemacht, die LICHTER herunterzusetzen und anschließend den Wert für WEISS anzuheben. Dies bringt die Strukturen und Sterne am Himmel sehr gut zur Geltung. Die TIEFEN hebe ich in der Regel nur an, wenn es darum geht, Details im Vordergrund weiter herauszuarbeiten. Hier gibt es durch die Aufnahme im Raw-Format eine Menge Potential, allerdings kann dies auch schnell zu starkem Rauschen führen, weshalb Sie vorsichtig damit umgehen sollten. Betrachten Sie die aufgehellten Bereiche daher auch immer in der 100%-Ansicht (durch Klicken auf das Bild), um solch ein übermäßiges Rauschen zu identifizieren.

Präsenz | In diesem Bereich ⓫ finden Sie unter anderem den Regler KLARHEIT, der erst einmal sehr verlockend ist, da er die Kontraste der Mitteltöne anhebt und damit den Himmel und insbesondere die Milchstraße sehr imposant wirken lässt. Ziehen Sie den Regler ruhig einmal ganz nach rechts auf +100, und schauen Sie sich die Wirkung auf das Gesamtbild an. Reduzieren Sie die KLARHEIT aber auf jeden Fall wieder deutlich, da sich eine übertriebene KLARHEIT sehr negativ auf die Bildqualität auswirkt. In der 100%-Ansicht werden Sie ein deutlich erhöhtes Rauschen und unschöne helle Ränder feststellen, wenn Sie die KLARHEIT zu stark erhöhen.

Seit einiger Zeit gibt es zusätzlich zum KLARHEIT-Regler auch den Filter DUNST ENTFERNEN. Damit erzielen Sie einen ähnlichen Effekt und erhöhen den Gesamtkontrast des Bildes. Obwohl er eigentlich – wie der Name schon sagt – bei Tagbildern helfen soll, Nebel und Dunst zu entfernen, kann er auch auf Nachtbilder sinnvoll angewandt werden. Übertreiben Sie es aber auch hier nicht, wenn Sie bei einem möglichst natürlichen Look des Bildes bleiben möchten.

Schließlich können Sie Ihrem Bild durch eine moderate Erhöhung der DYNAMIK und SÄTTIGUNG eine erhöhte Intensität verleihen.

Vergleich verschiedener Klarheitseinstellungen in der 100%-Ansicht in Lightroom. Schon bei einem Wert von +50 kommt es zu unschönem Rauschen im Bild. Eine komplette Anhebung der KLARHEIT *auf +100 macht das Bild quasi unbrauchbar.*

NEU AB LIGHTROOM CLASSIC 8.3: DER STRUKTUR-REGLER

Da die Version 8.3 von Lightroom erst nach der Überarbeitung des Buches erschienen ist, nutze ich in allen Projekten noch die Version 8.2. Nicht vorenthalten möchte ich Ihnen jedoch einen neuen Regler, der mit Version 8.3 seinen Weg in die Grundeinstellungen gefunden hat: den Struktur-Regler. Dieser erhöht laut Adobe die Struktur in detaillierten Bereichen (z.B. Felsen, Baumrinde etc.), ohne dabei die Farbe und Tonalität des Bildes zu verändern oder auf nicht-fokussierte Bereiche zu wirken.

Für die Bearbeitung des Sternenhimmels ist dieser Regler aus meiner Sicht jedoch nur eingeschränkt sinnvoll, da er die Struktur der (scharfen) Sterne erhöht und diese nach meiner Erfahrung dabei hervorhebt bzw. vergrößert. Bei Milchstraßenaufnahmen möchte man aber eher das Gegenteil erreichen, um die Strukturen des galaktischen Zentrums besser sichtbar zu machen. Selektiv angewendet auf Teile des Vordergrunds – zum Beispiel im Rahmen eines Verlaufsfilters oder Korrekturpinsels – ist der Struktur-Regler aber durchaus eine Bereicherung. So lassen sich beispielsweise bestimmte Elemente wie Wege oder Felsen optisch betonen.

Details

In diesem Bereich können Sie das Rauschen Ihrer Aufnahme reduzieren und die Schärfe erhöhen, wobei Lightroom insbesondere in puncto Rauschreduzierung vergleichsweise gute Ergebnisse liefert.

Rauschreduzierung | Anschließend sollten Sie sich dem Rauschen Ihrer Aufnahme bzw. dessen Reduzierung widmen. Lightroom bietet dazu sehr wirkungsvolle Funktionen unter dem Bereich DETAILS. Die meiste Wirkung hat dabei der Regler LUMINANZ ❶. Wechseln Sie zunächst wieder in die 100%-Ansicht Ihrer Aufnahme, denn nur darin können Sie das Rauschen wirklich beurteilen. Je nachdem, wie rauscharm Ihre Kamera ist und mit welcher ISO-Zahl Sie fotografiert haben, wird Ihr Bild ein mehr oder weniger starkes Rauschen aufweisen. Probieren Sie daher die Wirkung des LUMINANZ-Reglers, indem Sie ihn zunächst weit nach rechts ziehen. Sie werden sehen, dass das Rauschen zwar weniger wird, das Bild jedoch dadurch auch erheblich an Schärfe verliert. Daher sollten Sie – ähnlich wie bei der KLARHEIT – einen Mittelweg zwischen ausreichender Schärfe und vertretbarem Rauschen finden, mit dem Sie selbst zufrieden sind.

Schärfen | Über den Regler BETRAG ❸ im Bereich SCHÄRFEN können Sie versuchen, das Bild leicht nachzuschär-

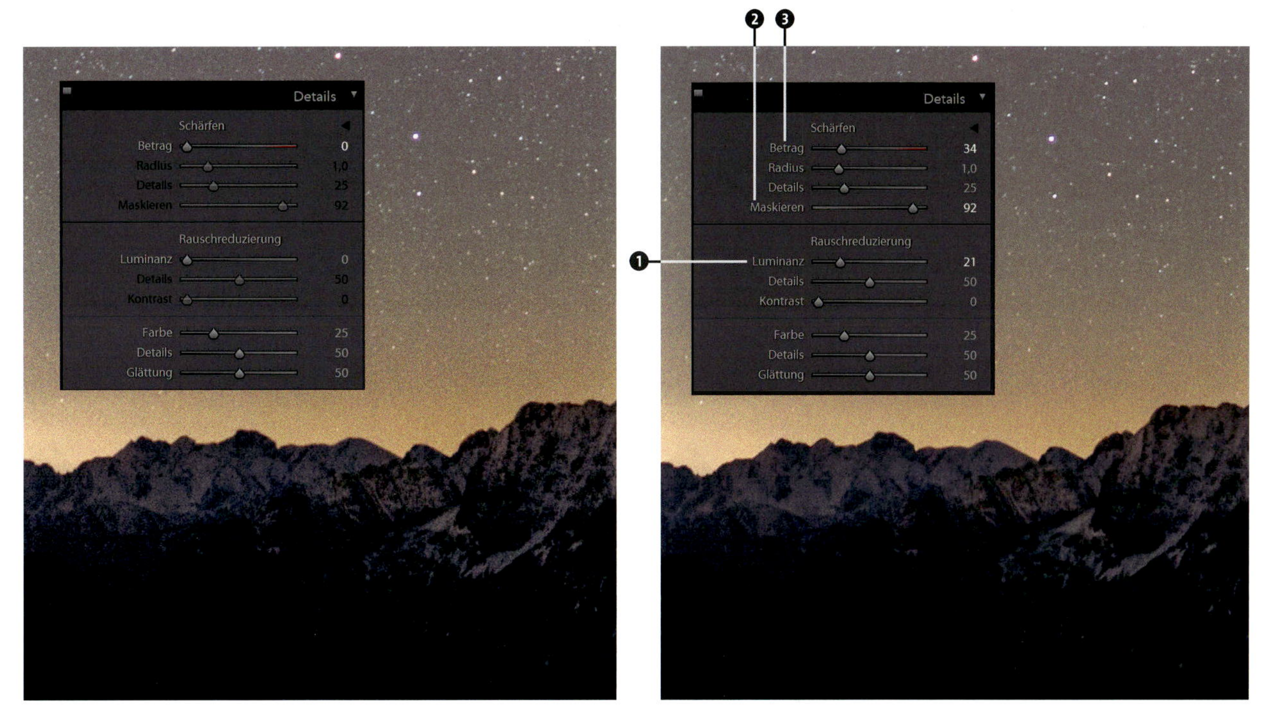

⮝ *Durch ein leichtes Anheben der* LUMINANZ*-Rauschreduzierung können Sie das Bildrauschen verringern, ohne viel Schärfe einzubüßen.*

fen, allerdings sollten Sie dabei die Bereiche einschränken, die Sie schärfen möchten. Indem Sie den Regler MASKIEREN ❷ nach rechts schieben, können Sie das Scharfzeichnen auf Bildbereiche mit klar erkennbaren Kanten begrenzen. Halten Sie dabei die `Alt`-Taste gedrückt, dann sehen Sie in einer Schwarz-Weiß-Darstellung diese Kanten.

Entfernung von Flugzeugspuren

Wenn Sie in unseren Breiten Nachtaufnahmen machen, werden Sie in vielen Bildern störende Strichspuren feststellen. In den meisten Fällen sind dies künstliche Lichtspuren von Flugzeugen oder Satelliten. Die einzigen Strichspuren, über die sich ein Astrofotograf in der Regel freut, sind Meteore (Sternschnuppen). Ebenfalls fotografisch interessant sein kann die Internationale Raumstation (ISS), deren Überflug zeitlich vorhersagbar und somit für eine Aufnahme planbar ist. Mehr dazu werden Sie im Projekt in Kapitel 15, »Internationale Raumstation ISS«, erfahren. Eine weitere Leuchtspur auf Ihren Bildern können sogenannte *Iridium Flares* erzeugen. Dies sind Reflexionen des Sonnenlichts an einem Iridium-Kommunikationssatelliten im Orbit. Optisch sind diese Reflexionen für ein paar Sekunden als heller Punkt wahrnehmbar – fotografisch ähneln sie ein wenig einem Ufo. Wie Sie die verschiedenen Spuren am Nachthimmel voneinander unterscheiden können, sehen Sie in der Abbildung auf Seite 126 oben.

Möglicherweise kommen Sie jedoch gar nicht mehr in den Genuss, ein solches Iridium Flare zu sehen oder zu fotografieren. Seit Anfang 2017 werden die bisherigen Satelliten nämlich sukzessive durch neue Modelle ersetzt, die keine solche Reflexion mehr erzeugen. Es wird erwartet, dass es spätestens 2020 keine solche vorhersagbaren Iridium Flares mehr geben wird.

Falls Sie aber nun eine Aufnahme mit einer solchen Strichspur haben und diese wie ich als störend empfinden, nutzen Sie am besten das Werkzeug BEREICHSREPARATUR ❺ (siehe nächste Seite), um sie zu entfernen.

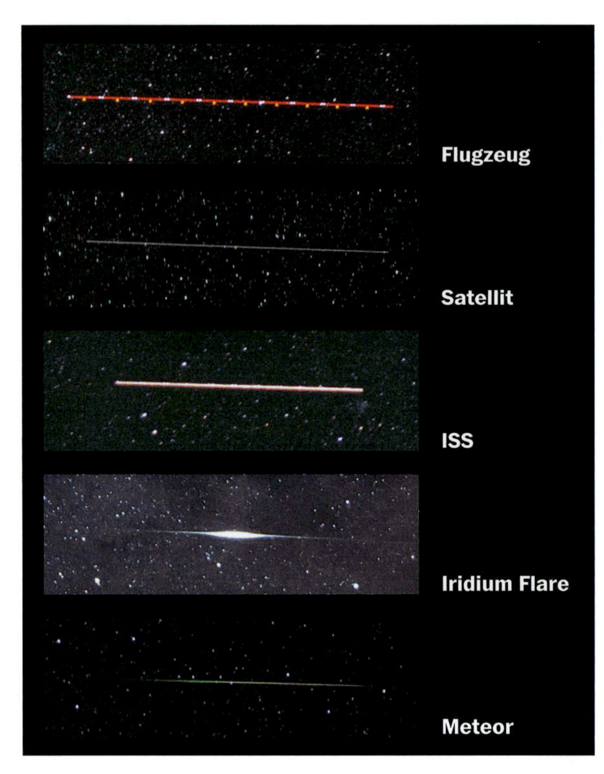

Wählen Sie den Reparaturpinsel ❻. Ändern Sie die GRÖSSE ❼ des Pinsels ❷ entsprechend der Breite der Strichspur ❶, die Sie entfernen wollen. Dann zeichnen Sie mit gedrückter linker Maustaste über die Flugzeugspur, so dass Lightroom einen analogen Referenzbereich ❹ in der Nähe markiert. Der Pinselstrich mit der Flugzeugspur ❽ wird daraufhin mit dem Inhalt des Referenzbereichs nahtlos befüllt, so dass Sie auf diese Weise das Flugzeug einfach verschwinden lassen können.

Ein kleiner Nachteil dieser schnellen Retusche ist natürlich, dass Sie Sterne des Referenzbereichs in die Bereichsreparatur kopieren, die dort eigentlich nicht hingehören. Um keine allzu markanten Sterne zu duplizieren, können Sie den Referenzbereich auch mit der Maus verschieben, indem Sie den Mittelpunkt ❸ dabei mit der linken Maustaste halten. Dieses Verfahren funktioniert daher weniger gut in Bereichen mit sehr vielen Sternen, wie der Milchstraße. Hier ist es wirklich empfehlenswerter, eine weitere Aufnahme zu machen, wenn das Flugzeug verschwunden ist.

⮝ *Vergleich verschiedener Objekte am Himmel, die Strichspuren verursachen*

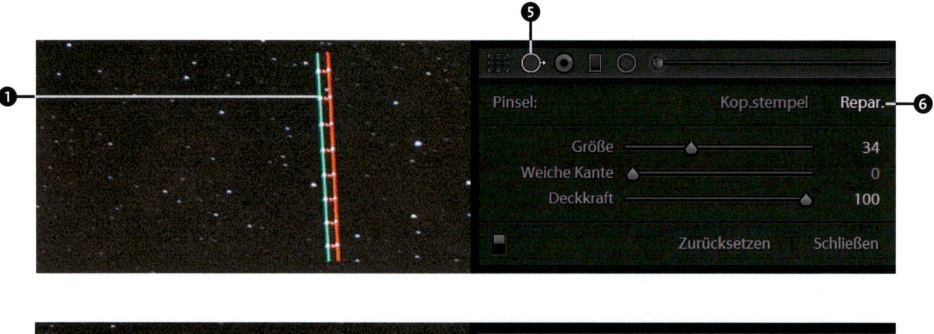

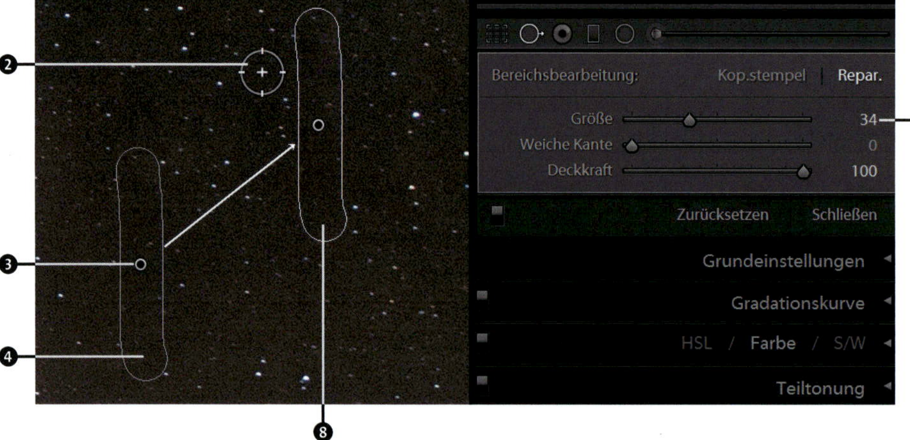

» *Bereichsreparaturpinsel zur schnellen Entfernung einer Flugzeugspur*

Entfernen von Farbsäumen

Sie werden vielleicht in einigen Ihrer Bilder blau-violette Färbsäume um die Sterne herum entdecken. Dabei handelt es sich wie bei der Verzeichnung oder Vignettierung ebenfalls um einen Abbildungsfehler, der auf eine unterschiedliche Lichtbrechung im Objektiv zurückzuführen ist. Da dieser Effekt, der auch *chromatische Aberration* (CA) genannt wird, insbesondere bei offener Blende auftritt, sind solche Farbsäume in der Astrofotografie nicht selten. Häufig lassen sie sich jedoch recht einfach in Lightroom entfernen. Dazu aktivieren Sie zunächst wieder die 100%-Ansicht und wechseln noch einmal in den Bereich OBJEKTIVKORREKTUREN ❿, dieses Mal ins Untermenü MANUELL ⓫. Meist bringt die Aktivierung der Option CHROMATISCHE ABERRATION ENTFERNEN bei Sternenaufnahmen nicht den gewünschten Effekt, so dass Sie besser mit der Pipette FARBSAUM-FARBAUSWAHL ⓭ arbeiten sollten. Sobald Sie diese anklicken, wird Ihre Maus zur Pipette, und Sie können auf eine beliebige Stelle im Bild klicken. Dabei wählen Sie einen exemplarischen Farbsaum aus, was durch eine Art Lupenfunktion ❾ unterstützt wird. Nachdem Sie einen solchen blauvioletten Farbsaum per Klick markiert haben, entfernt die Funktion sämtliche dieser Farbränder im gesamten Bild. Achten Sie hierbei jedoch darauf, dass dadurch keine anderweitigen Verfärbungen auftreten – manchmal erhalten die Sterne im Ergebnis nämlich einen andersfarbigen Rand, den Sie natürlich auch vermeiden wollen. Sollte dies der Fall sein, machen Sie diesen Schritt rückgängig und versuchen es ruhig mit einer neuen Auswahl eines Farbsaums. Sollte auch dies nicht zum gewünschten Ergebnis führen, können Sie auch über die Regler ⓬ manuelle Anpassungen vornehmen. Wenn keine der Methoden zum gewünschten Erfolg führt (so wie es leider in meinem Beispielbild der Fall war), belassen Sie es besser bei den Farbsäumen – diese fallen meist weniger auf als andere Verfärbungen, die stattdessen im Bild entstanden sind.

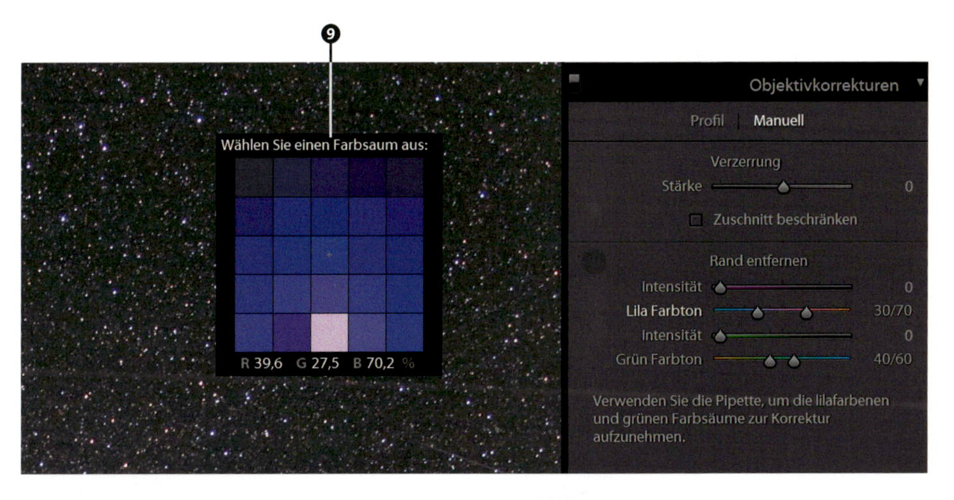

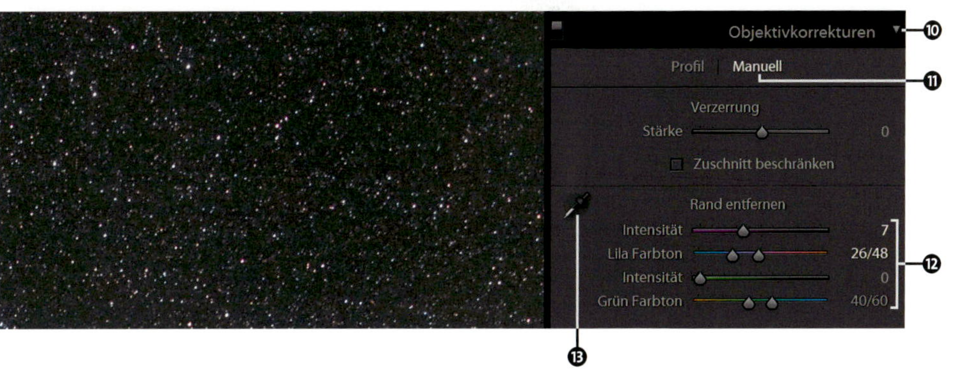

« Das Pipettenwerkzeug zur Entfernung von chromatischen Aberrationen hilft dabei, unschöne blau-violette Farbsäume um die Sterne loszuwerden. Auch hier sollten Sie in der 100%-Ansicht arbeiten.

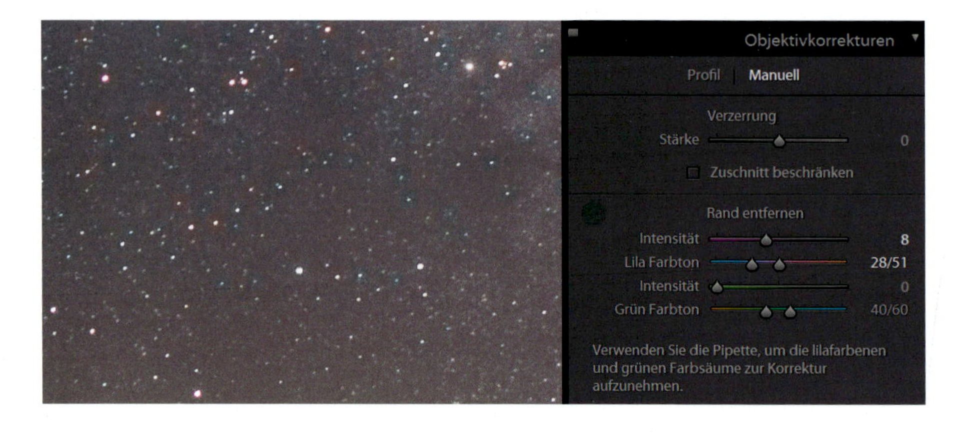

« *Dieser Versuch, die violetten Farbsäume in meinem Milchstraßenfoto mit Hilfe der Pipette zu entfernen, ist leider nicht geglückt. Es sind unschöne grüne und gelbe Ränder um die Sterne entstanden. Auch über die manuellen Regler ließ sich kein befriedigendes Ergebnis erreichen, so dass ich die Farbsäume um die hellen Sterne nicht verändert habe.*

Dies sind die wesentlichen Bearbeitungen, die ich für die meisten meiner Nachtaufnahmen in Lightroom durchführe. Einige Bilder benötigen natürlich noch weitere Anpassungen oder eine Weiterverarbeitung in anderen Programmen. Diese Schritte werden Sie in den jeweiligen Projekten in diesem Buch praxisnah kennenlernen.

ASTRONOMY TOOLS ALS ERGÄNZUNG

Zusätzlich zu der beschriebenen Bearbeitung in Lightroom nutze ich für Milchstraßenaufnahmen sehr gern die Astronomy Tools – ein Set aus Aktionen für Photoshop. Eine detailliertere Beschreibung der konkreten Aktionen finden Sie in Kapitel 8, »Milchstraße« im Projekt »Stacking einer Astro-Landschaftsaufnahme« ab Seite 202. An dieser Stelle möchte ich Ihnen lediglich den Vergleich der beiden Bearbeitungen zeigen.

Der Vergleich zeigt deutlich, dass aus dem ausschließlich in Lightroom bearbeiteten Bild (links) mit Hilfe einfacher Aktionen der Astronomy Tools noch deutlich mehr herauszuholen ist (rechts). Durch die zusätzliche Bearbeitung wirken die Sterne kleiner/weniger dominant und das galaktische Zentrum der Milchstraße kommt besser und strukturierter zur Geltung.

Die grundsätzliche Bearbeitung einer solchen Aufnahme entspricht der soeben beschriebenen Vorgehensweise. Bei diesem Bild kamen allerdings noch weitere Techniken wie die Nachführung und das Stacken ins Spiel, die Sie im weiteren Verlauf des Buches kennenlernen werden.

100 mm | f2,8 | 30 s (Einzelbild) | ISO 3200 | astromodifizierte Kamera, nachgeführt mit iOptron SkyTracker, Stacking aus 15 Einzelbildern, Vordergrund ohne Nachführung aufgenommen

TEIL II

FOTOGRAFISCHE PROJEKTE

KAPITEL 5

BLAUE STUNDE

Im Abschnitt »Dämmerungsphasen« ab Seite 73 haben Sie bereits einiges über die verschiedenen Phasen vor dem Anbruch der Nacht gelesen und im Verlauf des Buches auch schon einige Beispiele für Aufnahmen während der Blauen Stunde gesehen. In diesem Kapitel erfahren Sie nun, welche Motive sich besonders für die Fotografie während der Blauen Stunde eignen und wie Sie den richtigen Zeitraum für diese besondere Lichtstimmung zwischen Tag und Nacht herausfinden.

Schon vor vielen Jahren erkannten Dichter, Musiker und Maler das besondere Licht der Blauen Stunde und thematisierten es in ihren Werken. Und auch auf Fotografen übt die Blaue Stunde einen ganz besonderen Reiz aus: Die intensive Blaufärbung des Himmels und das vorhandene Restlicht ermöglichen wunderschöne Aufnahmen, die bei Motiven mit künstlichem Licht oder bei Sonnenuntergang außerdem einen sehr reizvollen Komplementärkontrast aus intensiven Blau- und Orangetönen aufweisen.

Lange Zeit sahen Forscher keinen Unterschied zwischen der Blaufärbung des Himmels in der Blauen Stunde und dem normalen Himmelsblau am Tag. Erst 1952 wurde wissenschaftlich (eher zufällig) bewiesen, dass die physikalischen Ursachen komplett verschieden sind und die Farbgebung des Himmels nur zufällig ähnlich zu sein scheint. Maßgeblich verantwortlich für die Färbung des Himmels während der Blauen Stunde ist nämlich die Absorptionswirkung des Ozons, das fast ausschließlich blaues Licht übrig lässt. Am Tage macht sich dieser Effekt nicht bemerkbar, da hier andere physikalische Mechanismen der Lichtstreuung wirken. Damit lässt sich also auch erklären, weshalb das Licht der Blauen Stunde häufig eine so »magische« Wirkung hat, die man tagsüber nicht erreichen kann.

Beginn und Dauer

Bei der Blauen Stunde handelt es sich nicht – wie der Begriff vielleicht suggerieren mag – um eine genau definierte Zeitspanne von 60 Minuten, sondern der Beginn und die Dauer der Blauen Stunde hängen wie bei den Dämmerungsphasen vom eigenen Standort und von der Jahreszeit ab. So dauert die Blaue Stunde umso länger, je weiter man sich vom Äquator entfernt. In Deutschland können wir uns beispielsweise je nach Jahreszeit etwa zwischen 45 und 120 Minuten an der Blauen Stunde erfreuen. Eine exakte (wissenschaftliche) Definition, wie sich die Blaue Stunde abgrenzt, gibt es dabei jedoch nicht. Allgemein wird damit die Zeit zwischen Sonnenuntergang und nächtlicher Dunkelheit am Abend bzw. zwischen nächtlicher Dunkelheit und Sonnenaufgang am Morgen bezeichnet. Allerdings ist es kurz nach Sonnenuntergang (oder kurz vor Sonnenaufgang) noch zu hell für diese Art der Fotografie.

Viele Apps und Webseiten bieten heute schon eine Funktion an, die den Beginn und die Dauer der Blauen Stunde für einen bestimmten Standort und ein bestimmtes Datum anzeigt. Sie werden jedoch feststellen, dass Sie bei fünf verschiedenen Apps auch fünf verschiedene Angaben dazu finden, da jeder die Grenzen ein wenig anders definiert. Als Referenz wird dabei in der Regel der Sonnenstand unter dem Horizont herangezogen.

Diese Aufnahme des Neuen Rathauses in Hannover, das sich im davor gelegenen Maschteich spiegelt, entstand während der Blauen Stunde bei relativ schlechtem Wetter. Trotz eines leichten Nieselregens war es möglich, die besondere Blaufärbung des Himmels zu dieser Zeit einzufangen.

14 mm (23 mm im Kleinbildformat) | f6,3 | 1/13 s–20 s | ISO 100 | 16. Januar, 17:21 Uhr | zusammengesetzt aus manueller Belichtungsreihe mit fünf Einzelbildern

Das (vom Ozon absorbierte) Sonnenlicht ist ja für die Färbung des Himmels verantwortlich. Die App PhotoPills begrenzt den Zeitraum der Blauen Stunde beispielsweise sehr eng, und zwar für den Sonnenstand von −4 bis −6 Grad. Nach dieser Auslegung liegt die Blaue Stunde also genau am Ende der bürgerlichen Dämmerung (siehe die Abbildung auf Seite 73). Andere Apps dehnen die Phase noch bis in die nautische Dämmerung hinein aus.

Sie können diese Angaben daher lediglich als Anhaltspunkt nutzen und sollten am besten versuchen, ein passendes Motiv zu verschiedenen Zeiten der Blauen Stunde aufzunehmen, um später das beste Foto auswählen zu können. Ich selbst bin dabei immer wieder überrascht, welch ein intensives Blau der Himmel auf Fotos annehmen kann, auch wenn es für das eigene Auge draußen scheinbar schon viel zu dunkel ist. Daher mein Tipp: Bleiben Sie ruhig noch ein bisschen länger an einem Fotospot, und experimentieren Sie ein wenig mit verschiedenen Belichtungszeiten!

Aufnahme und Bearbeitung

Auch wenn Sie im folgenden Projekt die Aufnahme und Bearbeitung eines Fotos zur Blauen Stunde an einem konkreten Beispiel kennenlernen werden, so möchte ich Ihnen auf den nächsten Seiten trotzdem schon ein paar generelle Hinweise zur Aufnahme und Bearbeitung solcher Bilder geben.

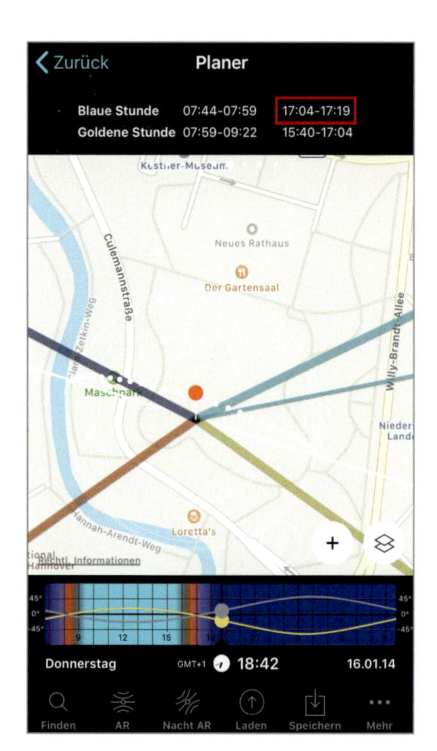

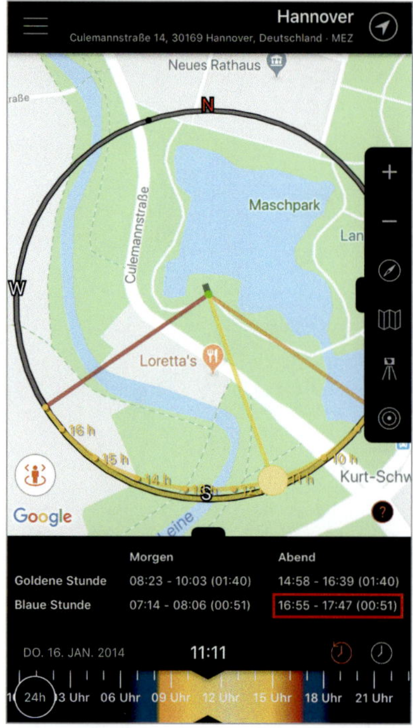

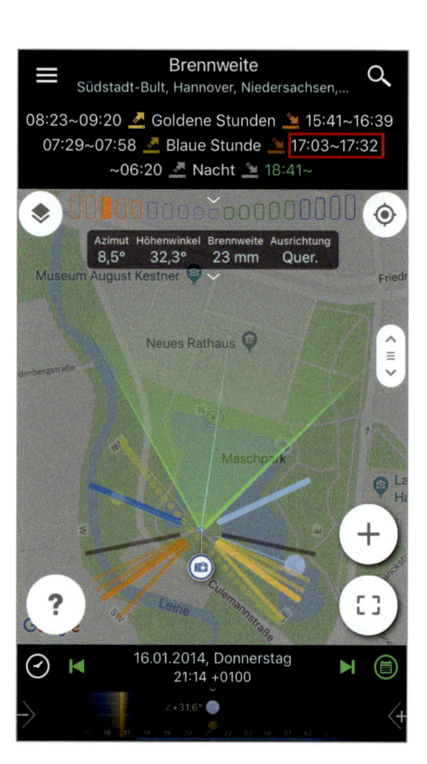

Ein Vergleich der drei Smartphone-Apps PhotoPills, Sun Surveyor und Planit Pro (v. l. n. r.) zeigt, dass die Angaben zum Beginn und Ende der Blauen Stunde für den gleichen Standort und den gleichen Tag unterschiedlich ausfallen (siehe rote Markierung). Zu sehen ist der Standort, von dem die Aufnahme auf Seite 133 entstand. Der Aufnahmezeitpunkt um 17:21 Uhr liegt bei fast allen Apps per Definition noch im Zeitrahmen der Blauen Stunde.

Laut der App PhotoPills war die Blaue Stunde an diesem Abend bereits seit fast einer Stunde vorbei, und die Sonne schon mehr als 10 Grad unter dem Horizont verschwunden. Doch obwohl das Blau des Himmels nicht mehr so hell und strahlend erscheint, so bildet es doch gegenüber einer reinen Nachtaufnahme einen harmonischen Kontrast zu dem schneebedeckten Hausberg und den Lichtern von Tromsø.

23 mm | f4 | 2 s | ISO 800 | 06. März, 18:57 Uhr

Bei dieser Aufnahme in der Hamburger Speicherstadt können Sie die intensive Blaufärbung des Himmels nur an wolkenfreien Stellen deutlich erkennen. Auch dieses Bild entstand recht spät am Abend, als die Sonne schon mehr als 10 Grad unter dem Horizont stand.

24 mm | f4 | 2 s–30 s | ISO 100 | 17. April, 21:37 Uhr | zusammengesetzt aus manueller Belichtungsreihe mit fünf Einzelbildern

Wetter | Anders als bei vielen anderen Nachtaufnahmen spielt das Wetter bei Aufnahmen zur Blauen Stunde gar keine so große Rolle. Wie Sie in der Abbildung auf Seite 133 sehen, lässt sich die Blaufärbung des Himmels sogar bei Regen fotografieren. Sehr tief hängende Wolken können den Blick auf den »blauen Himmel« allerdings manchmal schon versperren. Kategorisch ausschließen sollten Sie Aufnahmen während der Blauen Stunde jedoch aufgrund des Wetters nicht.

Belichtungszeit | Zu Beginn der Blauen Stunde sind in der Regel noch keine Sterne am Himmel zu sehen, da es noch zu hell ist. Je später es jedoch wird, desto größer wird die Wahrscheinlichkeit, dass Sterne in den Aufnahmen zu sehen sind. Ob sie punkt- oder strichförmig abgebildet werden, hängt – wie Sie im Abschnitt »Langzeitbelichtung« ab Seite 107 gesehen haben – von der Belichtungszeit ab. Sollten Sie also bei Ihren Aufnahmen zur Blauen Stunde mit längeren Belichtungszeiten arbeiten – beispielsweise um mit niedrigen ISO-Zahlen fotografieren zu können, Passanten verschwinden zu lassen oder Wasseroberflächen möglichst glatt zu bekommen –, dann achten Sie je nach der gewählten Brennweite auf die maximale Belichtungszeit, bevor Sterne strichförmig abgebildet werden.

Bei meiner Aufnahme des Wasserschlosses in der Hamburger Speicherstadt (siehe die Abbildung unten) ist mir genau dies passiert: Zum Zeitpunkt der Aufnahme hatte die astronomische Dämmerung bereits 15 Minuten vorher begonnen, so dass trotz der Lichtverschmutzung der Stadt die ersten Sterne am Himmel zu sehen waren – zumindest für die Kamera. Mit bloßem Auge und bei der Kontrolle am Kameradisplay waren mir die Sterne noch nicht aufgefallen, so dass ich auch bei der Wahl der Belichtungszeit nicht darauf achtete. Erst bei der Bearbeitung des Fotos am PC fielen mir die unbeabsichtigten Strichspuren der Sterne auf. Aber wie heißt es so schön: Aus Fehlern wird man klug.

» *Bei der Bearbeitung dieser Aufnahme vom Wasserschloss in der Hamburger Speicherstadt fielen mir die leichten Strichspuren der Sterne auf, die durch eine etwas zu lange Belichtungszeit entstanden waren.*

35 mm | f8 | 20 s | ISO 400 | 17. April, 22:06 Uhr

« Dieses Foto entstand beim Warten auf den Sonnenaufgang am Barmsee in der Nähe von Garmisch-Partenkirchen. Erst 50 Minuten nach dieser Aufnahme ging die Sonne auf – es lohnt sich also durchaus, auch die Zeit zwischen der dunklen Nacht und dem Sonnenaufgang fotografisch zu nutzen! In diesem Fall bilden das Blau des Himmels und der Orangeschimmer der aufgehenden Sonne einen harmonischen Komplementärkontrast.

23 mm | f11 | 15 s | ISO 200 | 08. Mai, 04:57 Uhr

Blaue Stunde am Morgen | Aufgrund der menschlichen Schlafgewohnheiten ist die Fotografie zur abendlichen Blauen Stunde sicherlich wesentlich »beliebter« als diejenige während des morgendlichen Pendants. Aber auch am Morgen können Sie vor Sonnenaufgang sehr schöne Fotos zur Blauen Stunde machen – meist sicherlich in Verbindung mit einer nächtlichen Fotosession und/oder dem Warten auf den Sonnenaufgang.

Nachbearbeitung | Direkt nach der Aufnahme können Sie meist im Kameradisplay bereits Ansätze der besonderen Blaufärbung des Himmels erkennen. So richtig intensiv arbeiten Sie dieses Blau jedoch erst in der Nachbearbeitung heraus. Dabei geht es nicht darum, den Himmel blau einzufärben (auch das wäre ja mit heutigen Mitteln der Bildbearbeitung kein Problem), sondern vielmehr durch Spielen mit der Farbtemperatur und Verstärken der Sättigung oder Dynamik die im Bild vorhandenen Farben »herauszukitzeln«.

Projekt »Volkswagen-Werk zur Adventszeit«

Das Heizkraftwerk Wolfsburg Nord liegt mit seinen vier markanten Schornsteinen zentral am Wolfsburger Hauptbahnhof. Da ich in der Nähe wohne und das Kraftwerk schon mehrfach zur Blauen Stunde fotografiert hatte, wurde ich irgendwann auf die besondere Beleuchtung der Schornsteine zur Adventszeit aufmerksam. Mit jedem Advent wird ein weiterer der vier Schornsteine so beleuchtet, dass sie wie glühende Kerzen aussehen. Das schrie geradezu nach einer Aufnahme zur Blauen Stunde!

Projektsteckbrief

Schwierigkeit	■■□□□
Ausrüstung	Kamera, Stativ, Weitwinkelobjektiv, gegebenenfalls Fernauslöser
Zeitraum	für wenige Tage nach dem vierten Advent
Erreichbarkeit	direkt neben dem Hauptbahnhof in Wolfsburg, daher gut per Zug, Auto oder Bus zu erreichen
Planung	5 – 10 Minuten
Durchführung	30 Minuten
Nachbearbeitung	ca. 30 Minuten
Programme	Planit Pro, Lightroom, LR/Enfuse (Lightroom-Zusatzmodul)
Fotospot	Wolfsburg
Höhe	61 m
GPS-Koordinaten	52.430052, 10.789348
⤓	Ausgangsbilder im Raw-Format, GPS-Wegpunkt des Fotospots

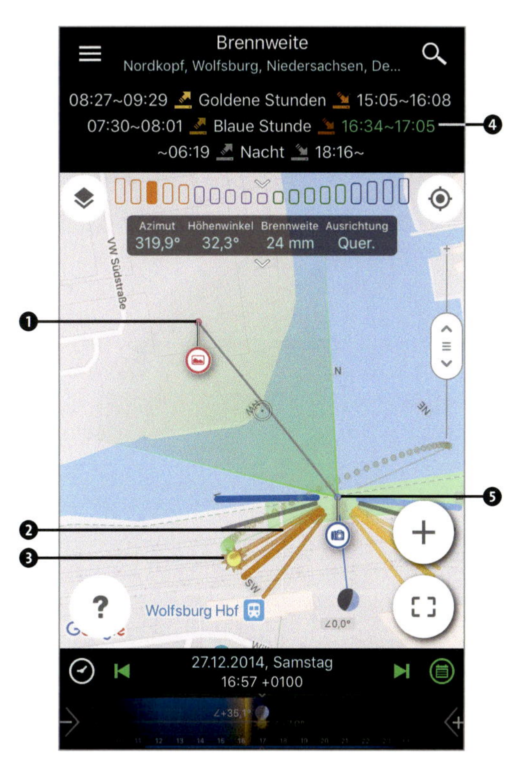

⌃ *Die App Planit Pro zeigt den (ungefähren) Zeitraum der Blauen Stunde am geplanten Aufnahmetag.*

Die Planung

In der Vorbereitung der Aufnahme gab es nicht allzu viel zu tun. Der Zeitraum war bereits auf wenige Tage nach dem vierten Advent festgelegt, wenn ich alle vier »Adventskerzen« einfangen wollte. Als ich am 27.12. sowieso in Wolfsburg unterwegs war und der Himmel relativ wolkenfrei aussah, schaute ich daher kurz, wann die Blaue Stunde an diesem Tag in Wolfsburg beginnen und enden würde.

Dazu nutzte ich die App Planit Pro und setzte die Kameraposition ❺ auf das Ufer des Mittellandkanals. Diesen können Sie übrigens sehr einfach erreichen, indem Sie durch die Unterführung im Wolfsburger Hauptbahnhof ❷ hindurchgehen. Um die ungefähre Zeitspanne der Blauen Stunde ❹ herauszufinden, rief ich die Ephemeriden-Funktion Spezielle Stunden auf. Da das Motiv ❶ im Nordwesten lag und die Sonne ❸ vorher im Südwesten unterging, wäre das Rot des Sonnenuntergangs nicht im Bild zu sehen. Mehr gab es an dieser Stelle auch gar nicht zu planen.

Die Aufnahme

Für die Aufnahme platzierte ich die Kamera auf einem Stativ am Ufer des Mittellandkanals. Da hier meist reger Schiffsverkehr herrscht, achtete ich sowohl bei der Platzierung der Kamera als auch bei den Aufnahmen darauf, dass kein Schiff ins Bild ragt oder durch das Bild fährt.

Aus der Erfahrung früherer Aufnahmen dieses Motivs zur Blauen Stunde wusste ich, dass ich aufgrund des sehr hellen Volkswagen-Logos mehrere Aufnahmen mit verschiedenen Belichtungszeiten brauchte, die ich später zu einem ausgewogenen Gesamtbild zusammenfügen würde.

EXKURS

DYNAMIKUMFANG, DRI, HDR UND CO.

Den Bereich zwischen der hellsten und der dunkelsten Stelle in einem Motiv bezeichnet man als *Helligkeitsumfang* oder *Kontrastumfang*. In bestimmten Situationen, wie bei Gegenlichtaufnahmen oder künstlichen Lichtquellen auf Nachtaufnahmen, kann der Kontrastumfang des Motivs durchaus sehr groß sein. Wenn Sie schon einmal in solchen Situationen fotografiert haben, werden Sie vielleicht festgestellt haben, dass sehr leicht Bereiche über- oder unterbelichtet waren, die Sie in der Nachbearbeitung nicht mehr »retten« konnten. Eventuell waren Sie aber auch schon einmal erstaunt, was Sie aus einem scheinbar unterbelichteten (Raw-)Bild noch alles herausholen konnten. Dies ist auf den sogenannten *Dynamikumfang* des Kamerasensors zurückzuführen, der in vielen modernen Kameras schon erstaunlich hoch ist. Angegeben wird dieser Wert meist in Lichtwerten (abgekürzt durch »LW« oder aber »EV« für den englischen Begriff »exposure value«), wobei zu einem bestimmten Lichtwert immer alle Kombinationen aus Blende und Verschlusszeit gehören, die die gleiche Lichtmenge auf den Sensor fallen lassen.

Gute Bildsensoren haben heute durchaus einen Dynamikumfang von mehr als 12–14 LW/EV. Dies bedeutet, dass Sie große Helligkeitsunterschiede auf einem einzigen Bild abbilden können und trotzdem die Zeichnung in den hellsten und dunkelsten Stellen noch erhalten bleibt. Das Histogramm hilft Ihnen dabei, eine Über- und Unterbelichtung der Aufnahme zu erkennen und idealer-

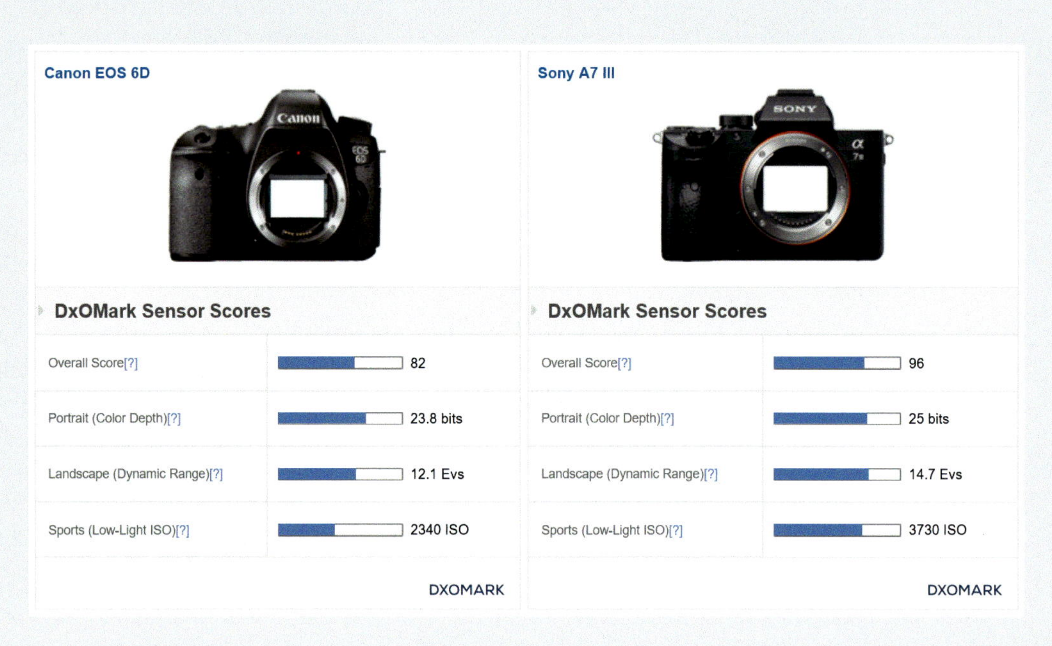

» *Beispielhafter Vergleich der beiden Kameras, die ich für die Astrofotografie nutze. Mit über 2,5 LW mehr bietet die Sony A7 III einen erheblich höheren Dynamikumfang als die schon etwas in die Jahre gekommene Canon EOS 6D. (Quelle: www.dxomark.com)*

Diese winterliche Szene im Harz lag im Schatten, so dass ich eine Belichtungsreihe aus drei Bildern aufnahm, um diese später zu einem ausgeglichenen Gesamtbild zusammenzufügen, ohne dass der Himmel »ausbrennt«.

weise zu vermeiden. Um den konkreten Dynamikumfang Ihrer jetzigen oder vielleicht zukünftigen Kamera herauszufinden, können Sie sich an den Werten auf der Seite *www.dxomark.com* orientieren. Die Kategorie LANDSCAPE (DYNAMIC RANGE) gibt dabei den Dynamikumfang des jeweiligen Kameramodels in Lichtwerten an.

In der Praxis ist es jedoch häufig nicht optimal, den kompletten Dynamikumfang des Sensors auf einer Aufnahme zu nutzen, da Sie dazu in der Nachbearbeitung die dunklen Stellen zum Teil extrem aufhellen müssen und damit ein mehr oder weniger starkes Rauschen hervorrufen. Dies kann sich folglich sehr negativ auf die Bildqualität auswirken und liefert häufig keine wirklich zufriedenstellenden Ergebnisse. Manchmal reicht der Dynamikumfang des Kamerasensors auch schlichtweg nicht aus, um den gesamten Kontrastumfang des Motivs abzubilden.

In diesen Fällen bedienen Sie sich besser einer anderen Methode, die nur wenig Mehraufwand erfordert, dafür aber beeindruckende Ergebnisse erzielt: Sie erzeugen ein ausgewogen belichtetes Bild durch die Aufnahme und das Zusammenfügen mehrerer Belichtungen des gleichen Motivs. Dieses Verfahren wird auch *Belichtungsfusion* (*Exposure Fusion*) oder *Belichtungsmischung* (*Exposure Blending*) genannt, da hierbei mehrere Aufnahmen zu einem Gesamtbild vereint bzw. überblendet werden. Je nach Kontrastumfang des Motivs erstellen Sie zwei oder mehr Aufnahmen innerhalb einer sogenannten *Belichtungsreihe* (idealerweise mit Hilfe eines Stativs) und belichten dabei auf einem Bild die hellsten und auf einem weiteren Bild die dunkelsten Stellen korrekt. Zwischen diesen beiden extremen Belichtungen können Sie beliebige weitere Aufnahmen machen, die die mittleren Helligkeiten korrekt abbilden. Drei bis fünf Aufnahmen sind dabei erfahrungsgemäß eine gute Anzahl Bilder für eine Belichtungsreihe. Die meisten Kameras bieten auch eine automatische Aufnahmefunktion an: *Belichtungsreihenautomatik* oder auch *Bracketing* genannt.

Sie werden wahrscheinlich auch die Begriffe »DRI« oder »HDR« in diesem Zusammenhang schon einmal gehört haben. *DRI* steht für »Dynamic Range Increase«, also die Erhöhung des Dynamikumfangs. Damit ist meist das Verfahren des Exposure Blendings gemeint, bei dem verschieden belichtete Aufnahmen zu einem Bild mit scheinbar erweitertem Dynamikumfang überblendet werden. Auf den Ergebnisbildern werden sowohl sehr helle als auch sehr dunkle Stellen noch mit Zeichnung abgebildet, also ein größerer Kontrastumfang dargestellt, als der Kamerasensor auf einem Bild einfangen könnte. Dieses Verfahren wenden wir auch in diesem Kapitel mit Hilfe einer entsprechenden Software an.

Der Begriff *HDR(I)* für »High Dynamic Range (Image)« wird sehr oft äquivalent verwendet und verfolgt ein ähnliches Ziel, allerdings beschreibt er technisch ein anderes

Verfahren: Ein echtes HDR-Bild wird in 32 Bit Farbtiefe erzeugt, was normale Monitore jedoch nicht darstellen können. Behelfsweise wird es daher wieder hinsichtlich des Dynamikumfangs komprimiert, wobei man auch von einem *Tone-Mapping* spricht. Dieses Verfahren ist in der Vergangenheit stark in Verruf geraten, da es viele Fotografen mit der Bearbeitung von HDR-Bildern übertrieben haben und dadurch ein unnatürlicher und bunter Look entstanden ist.

Sie sehen also, es gibt durchaus mehrere Begriffe für eigentlich ähnliche Verfahren oder Ziele. Insgesamt halte ich diese Techniken jedoch trotz der großen Dynamikumfänge heutiger Kamerasensoren für sehr sinnvoll, wenn es darum geht, Motive mit großen Helligkeitsunterschieden natürlich wirkend auf einem Bild abzubilden. Ein Beispiel dafür lernen Sie in diesem Kapitel ausführlich kennen.

Das Ergebnisbild der Belichtungsreihe von der vorangegangenen Seite ist sowohl im Bereich des Himmels als auch in Schattenanteilen ausgeglichen belichtet.

11 mm (18 mm im Kleinbildformat) | f5,6 | 5–20 s | ISO 100 | 25. Januar, 12:34 Uhr | Graufilter; zusammengesetzt aus Belichtungsreihe mit drei Einzelbildern

Belichtungsreihe aufnehmen | Bevor ich die manuelle Belichtungsreihe startete, stellte ich die Kamera zunächst folgendermaßen ein:

- Horizontale **Ausrichtung** der Kamera. Diese erreichen Sie idealerweise mit Hilfe einer eingebauten oder aufgesteckten Wasserwaage.
- Einstellung einer geeigneten **Brennweite**, wobei ich an den Rändern ausreichend Platz für den späteren Beschnitt nach dem Entzerren einkalkulierte. In diesem Fall arbeitete ich mit einer Brennweite von 15 mm an einer APS-C-Kamera (also 24 mm gerechnet auf das Kleinbildformat).
- Abschalten des **Bildstabilisators** sowie schließlich auch des Autofokus, um eine fixe **manuelle Schärfe** für alle Aufnahmen einstellen zu können. Dabei stellte ich aufgrund der Helligkeit zunächst per Autofokus auf das VW-Logo scharf und schaltete den Autofokus danach ab. Im Live View fokussierte ich dann in der Zehnfach-Vergrößerung noch minimal manuell nach.
- Einstellen eines festen **Weißabgleichs**, zum Beispiel TAGESLICHT. Der korrekte Weißabgleich findet später am PC statt, allerdings sollten Sie alle Aufnahmen einer Belichtungsreihe mit dem gleichen festen Weißabgleich aufnehmen, um das spätere Zusammensetzen zu erleichtern.
- Einstellen einer festen **Blende**, wobei Sie aufgrund des Restlichts nicht offenblendig arbeiten müssen. Ich entschied mich für Blende f5, um eine möglichst gute Schärfe zu erreichen, ohne die Belichtungszeiten zu lang werden zu lassen.
- Feste Einstellung der **ISO-Zahl** auf einen niedrigen Wert, um das Bildrauschen zu minimieren. Ich wählte für die Aufnahmen ISO 100.
- Durch Anschluss eines **Fernauslösers** oder Aktivieren des 2-Sekunden-Selbstauslösers der Kamera verhinderte ich ein Verwackeln der Aufnahmen.

Ich beließ die Kamera zunächst im Zeitautomatik-Modus und machte ein paar Probeaufnahmen. Im Kameradisplay prüfte ich dann vor allem die Schärfe des Bildes.

Als alles passte, stellte ich die Kamera auf den manuellen Modus, um die Belichtungszeiten selbst einstellen zu können. Als Erstes machte ich eine »korrekt« belichtete Aufnahme, wobei ich die entsprechende Belichtungszeit von sechs Sekunden über den Belichtungsmesser im Live View ermittelte.

Sowohl auf dem Vorschaubild im Kameradisplay als auch im Histogramm erkannte ich, dass es mindestens eine »ausgebrannte« (also überbelichtete) Stelle im Bild gab: das VW-Logo. Da das Histogramm auch im linken Bereich »abgesoffene« (also unterbelichtete) Stellen aufzeigte, machte ich danach eine Belichtungsreihe, die sowohl länger als auch wesentlich kürzer belichtete Aufnahmen enthielt. Zwischen den Aufnahmen variierte ich jeweils nur die Belichtungszeit, alles andere blieb gleich. Ich nutzte dabei bewusst nicht die Bracketing-Funktion der Kamera (automatische Aufnahme einer Belichtungsreihe), da sie für das Motiv aufgrund der extremen Helligkeitsunter-

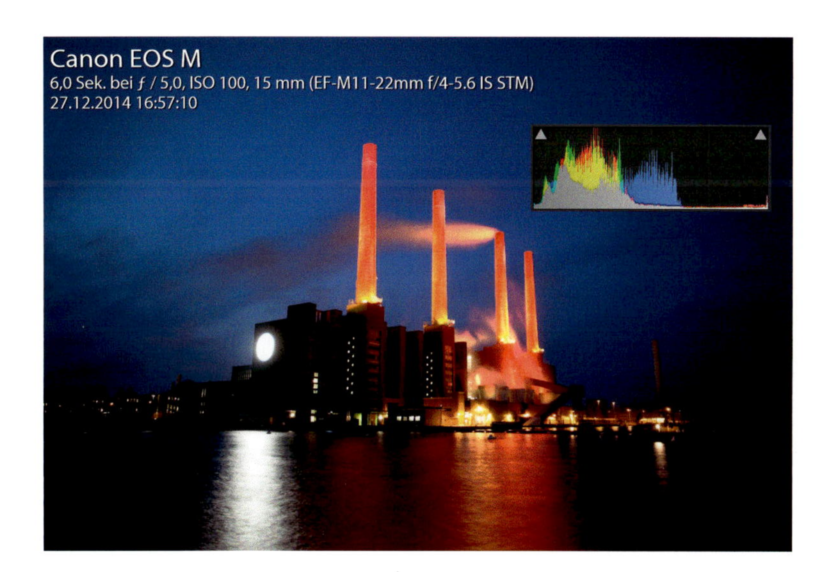

« Diese laut Belichtungsmesser der Kamera korrekt belichtete Aufnahme zeigt sowohl im Bild als auch im Histogramm überbelichtete und unterbelichtete Bildbereiche. Sehr auffällig ist dabei das völlig »ausgebrannte« Volkswagen-Logo, das nur noch als großer weißer Fleck erscheint. Dieser Bereich wäre in diesem Einzelbild definitiv nicht mehr zu retten.

schiede nicht funktioniert hätte. Außerdem wollte ich bei der kürzesten Verschlusszeit ja genau so lang belichten, dass nur noch das helle VW-Logo zu sehen ist. Orientiert habe ich mich deshalb an der Belichtungssimulation im Live-View-Modus, die bei diesen Lichtverhältnissen und für diese Zwecke gut funktionierte. Insbesondere bei der kurzen Belichtung hilft diese Simulation, da ich die Belichtungszeit dafür einfach manuell so weit herunterdrehen konnte, dass nur noch die hellsten Stellen gerade eben so im Display zu erkennen waren.

Zusätzlich prüfte ich über das Histogramm, ob es weiterhin über- oder unterbelichtete Stellen in den Bildern gab. So machte ich insgesamt sieben weitere Aufnahmen, wobei die längste Belichtungszeit 30 Sekunden entsprach und die kürzeste 1/25 Sekunde. Allein

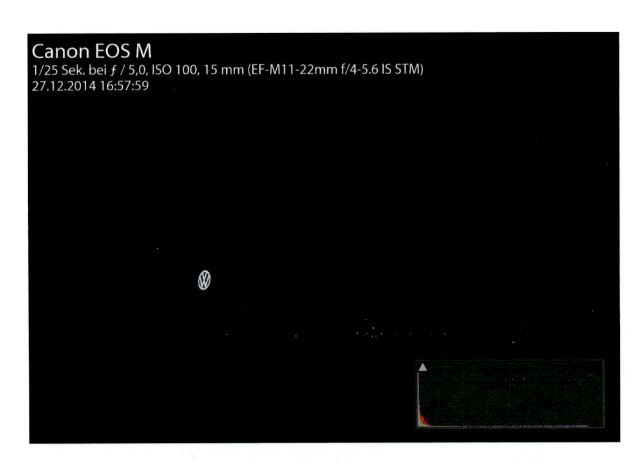

Im Vergleich zur »korrekt« belichteten Aufnahme weist dieses sehr kurz belichtete Foto lediglich im Bereich des Logos eine korrekte Belichtung auf. Dass es keine überbelichteten Stellen im Bild mehr gibt, zeigt auch das Histogramm, das an der rechten Seite nun nicht mehr »anstößt«. Die Schornsteine und andere Lichter sind in diesem Bild nur noch minimal zu erkennen. Andere Bereiche sind stark unterbelichtet und ließen sich in diesem Einzelbild ebenfalls nicht mehr retten.

anhand dieser Spanne lässt sich erkennen, dass das Bild einen extrem hohen Dynamikumfang von fast zehn Lichtwerten aufweist, den man zwar theoretisch noch mit modernen Kamerasensoren abbilden könnte, allerdings nur zum Preis eines höheren Bildrauschens.

Mit dieser Belichtungsreihe aus insgesamt acht Fotos war die Aufnahmeserie dann auch schon nach wenigen Minuten abgeschlossen. Ob ich wirklich alle acht Bilder benötigen würde, wusste ich noch nicht, aber es ist ja immer besser, zu viele Aufnahmen zu haben als zu wenige.

Die Bearbeitung

Nun gibt es die verschiedensten manuellen oder automatischen Verfahren und Programme, um Belichtungsreihen zu einem ausgewogen belichteten Gesamtbild zusammenzufügen. Da ich versuche, lange und aufwendige Bearbeitungen zu vermeiden, probiere ich es zunächst immer mit automatischen Funktionen, die idealerweise kostenfrei zur Verfügung stehen. Zwei dieser Verfahren, die Sie zum Zusammenfügen von Belichtungsreihen anwenden können, möchte ich Ihnen anhand des Projektbeispiels vorstellen – mit ihren Vor-, aber auch Nachteilen.

HDR-Funktion in Lightroom | Nachdem ich alle acht Aufnahmen in Lightroom importiert hatte, lag es zunächst nahe, die seit Lightroom 6 bzw. CC verfügbare HDR-Funktion zu nutzen. Diese fügt mindestens zwei verschieden belichtete Aufnahmen zu einem »HDR-Bild« zusammen (kein echtes HDR-Bild, eher ein Bild mit ausgewogener Belichtung) und speichert es im DNG-Format ab. Damit können Sie auch nach dem Zusammenfügen noch sämtliche Bearbeitungen im Raw-Format vornehmen, was ein großer Vorteil ist. Um diese Funktion zu nutzen, sind zunächst mehrere Bilder zu markieren und über den Menü-

Belichtungsreihe aus acht Aufnahmen, deren Belichtungszeit zwischen 30 Sekunden und 1/25 Sekunde beträgt. Die erste Aufnahme stellt dabei die (laut Kamera) korrekte Belichtung dar.

punkt FOTO • ZUSAMMENFÜGEN VON FOTOS • HDR... die entsprechende Funktionalität aufzurufen. Ich wählte hierzu zunächst vier der acht Bilder aus und startete die Funktion. Anschließend erschien nach kurzer Berechnungszeit eine Vorschau des zusammengefügten Bildes. Auf den ersten Blick sah dies schon recht vielversprechend aus, wenn auch noch etwas dunkel im ersten Moment.

Die Optionen AUTOMATISCH AUSRICHTEN und AUTOMATISCHER TONWERT können in diesem Beispiel ruhig aktiviert bleiben. Die Geistereffektbeseitigung hingegen sollten Sie in diesem konkreten Fall nicht anwenden, da sie zu ungewollten Effekten führt.

Um das Resultat besser beurteilen zu können, habe ich im Ergebnisbild die Belichtung sowie die Tiefen heraufgesetzt sowie die Lichter reduziert, was aufgrund der Bildinformationen aus verschiedenen Aufnahmen kein Problem war. Das Ergebnis im Bereich des Logos war durchaus überzeugend, allerdings waren in der Detailansicht unschöne Übergänge im Rauchbereich der kleinen Schornsteine zu sehen. Ein Versuch mit allen acht Aufnahmen verstärkte diesen negativen Effekt leider noch einmal. (Frühere Lightroom-Versionen, die ebenfalls bereits das Zusammenfügen als HDR-Bild unterstützten, hatten auch mit dem Logo größere Probleme.)

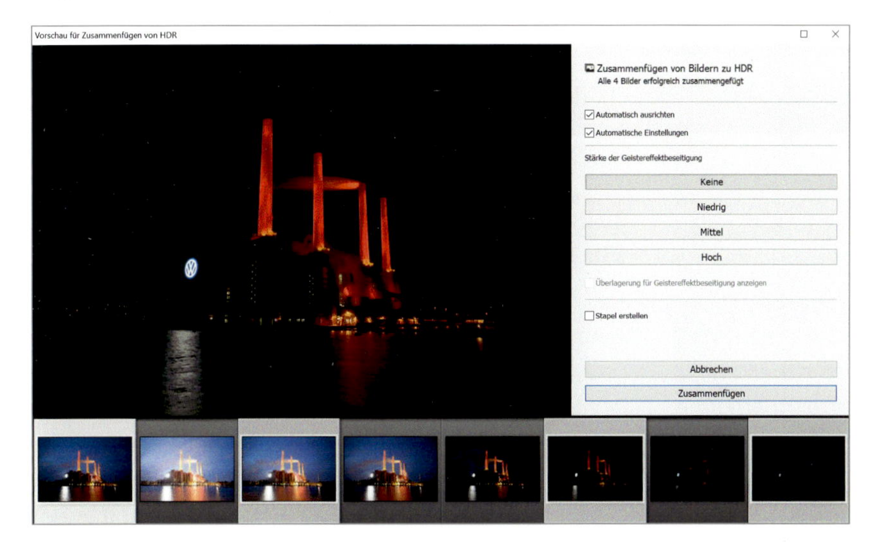

« Mit der direkt in Lightroom (ab Version 6/CC) verfügbaren HDR-Funktion fügte ich zunächst vier der acht Bilder aus der Belichtungsreihe zu einem Bild zusammen. Die Vorschau sah auf den ersten Blick vielversprechend, allerdings noch recht dunkel aus. Dies ließ sich jedoch in der weiteren Bearbeitung schnell ändern.

» In der Detailansicht (hier mit einer Vergrößerung von 1:2) fällt auf, dass beim Zusammenfügen der vier Aufnahmen im Bereich des Rauchs der unteren Schornsteine unschöne Übergänge entstanden sind.

« *Beim Zusammenfügen aller acht Aufnahmen verstärkten sich die Bildfehler im Rauch noch einmal, so dass diese Aufnahme nicht zu verwenden war.*

Ein weiterer Versuch, nur noch zwei Bilder zu kombinieren, lieferte ebenfalls keine brauchbaren Ergebnisse. Mein Fazit daher: Ich nutze die HDR-Funktion in Lightroom durchaus für einige Bilder, aber in diesem Fall erwies sie sich für mich als ungeeignet, da sie mit meinen Ausgangsbildern keine zufriedenstellenden Ergebnisse lieferte. Wenn Sie viel in Lightroom arbeiten, ist diese Möglichkeit aber sicherlich der einfachste und kostengünstigste Weg zum Zusammenfügen von Belichtungsreihen, da die Funktion Bestandteil von Lightroom ist. Hier wollte ich jedoch mehr aus meinem Bild herausholen und probierte daher noch einen anderen Weg aus.

LR/Enfuse | Alternativ nutze ich häufig das Lightroom-Zusatzmodul LR/Enfuse von Timothy Armes zum Zusammenfügen von DRI-Bildern. Das Modul können Sie unter *www.photographers-toolbox.com/products/lrenfuse.php* als sogenannte *Donationware* herunterladen, das heißt, Sie können es prinzipiell kostenfrei herunterladen und nutzen, die volle Funktionalität (hier konkret die volle Ausgabegröße) erhalten Sie jedoch erst gegen eine Spende. Diese musste zum Zeitpunkt der Buchentstehung mindestens 3,50 € zuzüglich Mehrwertsteuer betragen – unter Berücksichtigung der Weiterentwicklung und des Funktionsumfangs ist dieses Modul aus meiner Sicht jedoch wesentlich mehr wert.

SCHRITT FÜR SCHRITT

Ein DRI erstellen mit LR/Enfuse

Die Installation des Moduls in Lightroom erledigen Sie über den ZUSATZMODULMANAGER, den Sie im Menü DATEI finden. Nach dem Hinzufügen des Zusatzmoduls müssen Sie noch den Registrierungscode eingeben, um den vollen Funktionsumfang freizuschalten. Ihn erhalten Sie nach der Bestätigung der Spende. Genutzt wird das Modul ähnlich wie die HDR-Funktion in Lightroom.

1 Bilder in LR/Enfuse laden

Dazu markierte ich zunächst wieder alle relevanten Bilder in Lightroom – dieses Mal wählte ich gleich alle acht aus – und rief das Modul über den Menüpunkt FOTO • ZUSATZMODULOPTIONEN • LR/ENFUSE... (BELICHTUNGSREIHE –> DRI) auf. In diesem Fall verzichtete ich auf die vorherige Korrektur der Einzelbilder, z. B. hinsichtlich des Weißabgleichs oder der Objektivkorrekturen. Sollten Sie diese Korrekturen vor dem Zusammenfügen vornehmen wollen, achten Sie darauf, dass Sie die Einstellungen für alle Bilder der Belichtungsreihe synchronisieren.

In LR/Enfuse nahm ich dann in vier Konfigurationsbildschirmen die wesentlichen Einstellungen vor. Dies sieht zunächst komplizierter aus, als es schlussendlich ist. Sie müssen die Einstellungen auch nicht bei jedem Bild neu vornehmen, sondern können die Konfiguration auch für die Zukunft speichern. Die folgenden Abbildungen zeigen die konkreten Einstellungen für die Aufnahmen dieses Projekts.

2 Konfiguration

Im oberen Bereich des Reiters CONFIGURATION ❶ werden Sie bei der ersten Nutzung von LR/Enfuse darauf hingewiesen, dass das Modul weitere Software benötigt. Standardmäßig sollten Sie diese direkt von den Servern der Photographer's Toolbox installieren, also die erste Option ❷ auswählen. Außerdem können Sie entsprechend Ihres Rechners noch entscheiden, ob Sie eine Installation für neuere oder ältere Prozessoren wünschen ❸. Über den Button INSTALL APPS ❹ führen Sie anschließend die einmalige Installation der benötigten Applikationen durch. Alle anderen Optionen in diesem Reiter können Sie so belassen.

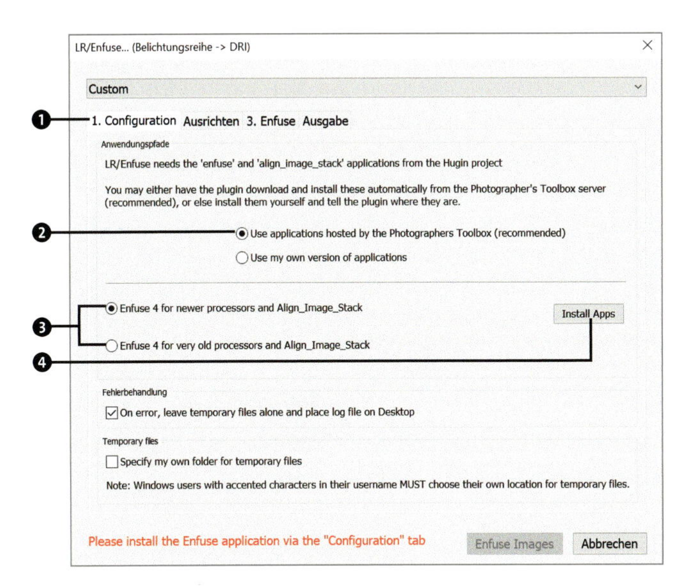

Reiter *CONFIGURATION in LR/Enfuse*

3 Ausrichten

Im Reiter AUSRICHTEN ❺ können Sie die automatische Ausrichtung ❻ aktivieren, was jedoch für Aufnahmen vom Stativ nicht zu empfehlen ist. Die erweiterten Optionen ❼ habe ich im Standard belassen.

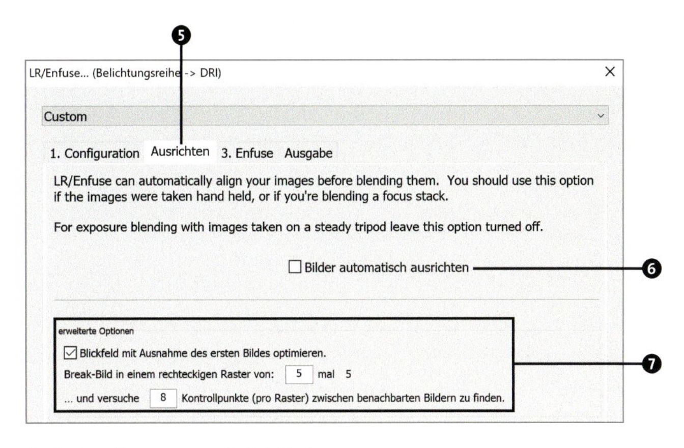

Reiter *AUSRICHTEN in LR/Enfuse*

4 Enfuse

Im Reiter ENFUSE ❽ können Sie verschiedene Überblendoptionen anzeigen. Auch hier habe ich die Standardvorgaben so belassen, was in der Regel zu guten Ergebnissen führt.

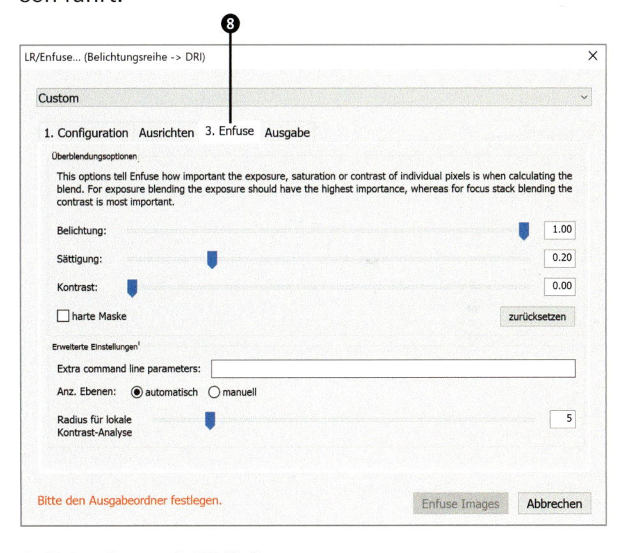

Reiter *ENFUSE in LR/Enfuse*

5 Ausgabe

Im letzten Reiter AUSGABE ❾ können Sie das Ausgabeformat des erzeugten DRI-Bildes bestimmen. Da ich nach dem Zusammenfügen direkt in Lightroom weiterarbeite, habe ich die Option REIMPORT IMAGE INTO LIGHTROOM ⓭ aktiviert. Außerdem habe ich den Ausgabebildern zur besseren Wiedererkennung das Kürzel »DRI« angehängt ⓫ und sie im 16-Bit-TIFF-Format ohne Kompression ⓬ exportiert. Ein wenig aufpassen müssen Sie bei der Option zur Übernahme der Metadaten ⓮. Standardmäßig werden hier die Verschlusszeit, Blende und Brennweite des primären Ausgangsbildes **nicht** in das fertige Bild übernommen. Dies ist für die Verschlusszeit sicherlich sinnvoll, da sie sich ja bei allen Bildern unterscheidet. Da Blende und Brennweite sich jedoch innerhalb einer Belichtungsreihe nicht ändern sollten, sehe ich keinen Grund, diese Daten nicht ins finale Bild zu übernehmen – und habe daher die Haken bei diesen beiden Werten entfernt. Zum Schluss können Sie die aktuellen Einstellungen auch als Vorgabe für zukünftige Bilder speichern, indem Sie oberhalb der vier Reiter ❿ entweder ein neues Preset erstellen (SAVE CURRENT SETTINGS AS NEW PRESET) oder ein eventuell schon bestehendes Preset aktualisieren (UPDATE PRESET »XYZ«...).

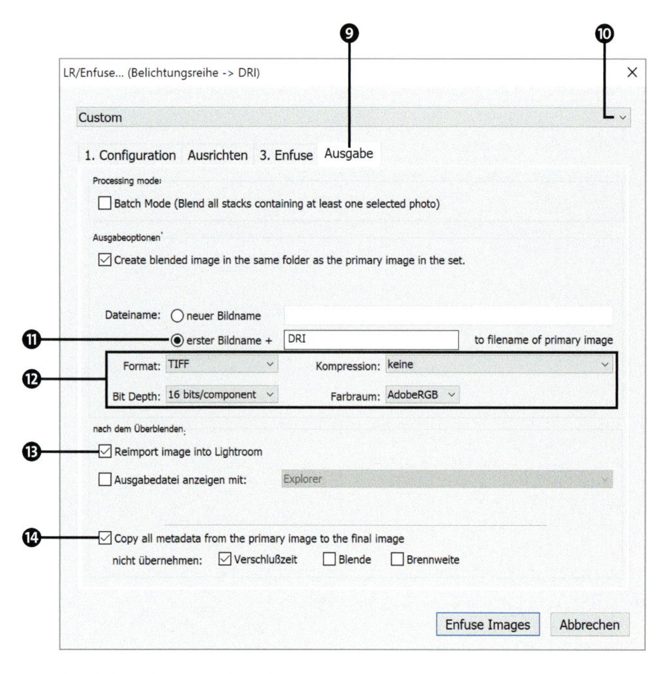

Reiter AUSGABE in LR/Enfuse

Mein Fazit: Das Ergebnisbild wies in diesem Beispiel an den kritischen Stellen glücklicherweise keine Fehler auf, so dass ich es sehr gut als Basis für die finale Bearbeitung nutzen konnte. Das Modul leistet bei mir in vielen Fällen sehr gute Arbeit, so dass ich es häufig für Tag- und auch Nachtaufnahmen nutze. Der Preis, die Geschwindigkeit und die direkte Integration in Lightroom sprechen zudem ganz klar für dieses kleine Hilfsmittel, auch wenn es sicherlich keine »Allzweckwaffe« ist!

Das unbearbeitete Ergebnisbild aus dem Modul LR/Enfuse. Als Quelle verwendete ich alle acht Aufnahmen der Belichtungsreihe, ohne diese vorher zu bearbeiten. Bildfehler sind auch in der Detailansicht nicht zu erkennen. Das Logo wirkt zwar noch immer etwas überbelichtet, dies lässt sich jedoch in der anschließenden Bearbeitung noch korrigieren.

SCHRITT FÜR SCHRITT

Bearbeitung des DRIs in Lightroom

Die weitere Bearbeitung des Ergebnisbildes nahm ich dann ausschließlich in Lightroom vor:

1 Verzerrungen und Vignettierung entfernen

Zunächst richtete ich das Bild über die Freistellungsüberlagerung ❷ gerade aus und entfernte anschließend die vertikale Verzerrung ❹ im Bereich TRANSFORMIEREN. Danach fügte ich einen Beschnitt ❶ hinzu, um die bei der Entzerrung entstandenen Ränder zu entfernen. Da das Bild nach dem Freistellen noch eine geringe Vignettierung aufwies, entfernte ich diese über die entsprechende Funktion ❸ in den OBJEKTIVKORREKTUREN.

2 Grundeinstellungen anpassen

Das gerade und korrekt ausgerichtete Bild bearbeitete ich anschließend in den GRUNDEINSTELLUNGEN. Dazu reduzierte ich als Erstes die LICHTER ❼, um vor allem die Leuchtkraft des Logos zu verringern. In diesem Fall zog ich den Regler für die Lichter komplett nach links. Eine zusätzliche Erhöhung der TIEFEN ❽ brachte außerdem etwas mehr Zeichnung in die dunklen Bildbereiche, ohne dabei ein nennenswertes Rauschen zu erzeugen. Das Blau des Himmels und das Orange der Schornsteine verstärkte ich durch eine Erhöhung der DYNAMIK ❾ ein wenig, was diesen Komplementärkontrast noch intensiver erscheinen lässt. Die Farbtemperatur ❺ verschob ich noch ein klein wenig in Richtung Blau und erhöhte die BELICHTUNG ❻ minimal.

« *Im ersten Schritt habe ich das Bild ausgerichtet, die Verzerrungen entfernt sowie einen Beschnitt hinzugefügt. Anschließend habe ich die leichte Vignettierung manuell entfernt.*

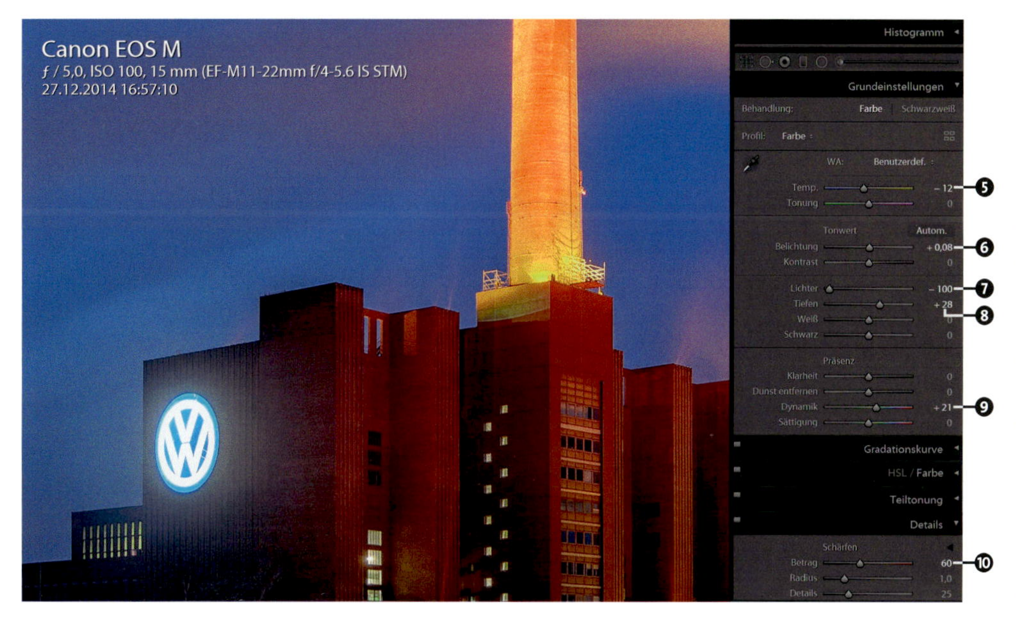

« *Im zweiten Schritt habe ich die Lichter komplett reduziert, die Tiefen ein wenig erhöht und die Dynamik verstärkt. Belichtung und Farbtemperatur habe ich anschließend minimal angepasst. In der 1:1-Ansicht habe ich im finalen Schritt schließlich noch die Schärfe erhöht.*

3 Schärfe verbessern

Im finalen Schritt erhöhte ich schließlich noch die Schärfe ⓾ ein wenig, wobei ich mich am Logo sowie den Häuser- und Schornsteinstrukturen orientierte. Eine Rauschreduzierung war bei diesem Bild nicht notwendig.

Im fertigen Bild leuchtet das Logo zwar noch immer recht stark, aber das tut es schließlich auch in Wirklichkeit. Es ging mir daher nicht darum, es komplett auf das Helligkeitsniveau der restlichen Bildelemente zu bringen – dies hätte wohl auch eher unnatürlich gewirkt –, sondern lediglich darum, es überhaupt wieder sichtbar zu machen.

Dieses Beispiel zeigt eindrucksvoll, wie sinnvoll eine Belichtungsreihe für bestimmte Aufnahmen sein kann. Auch wenn moderne Kameras heute schon einen beeindruckenden Dynamikumfang bieten, erzielen Sie, wie ich finde, mit dieser Technik in vielen Situationen sehr viel bessere Ergebnisse – und das bei minimalem Mehraufwand in der Aufnahme und Bearbeitung. Ich nutze diese Möglichkeit bei Nachtaufnahmen meist dann, wenn künstliche (meist sehr helle) Lichtquellen Teil des Motivs sind.

» *Im fertigen Bild entsprechen die Helligkeiten der einzelnen Bildelemente in etwa der Wahrnehmung des menschlichen Auges, so dass das Bild harmonisch wirkt. Die Langzeitbelichtung hat zudem für eine glattere Wasseroberfläche und eine weichere Rauchwolke aus dem Schornstein gesorgt. Es sieht fast so aus, als ob jemand die dritte »Adventskerze« gerade ausgepustet hat.*

15 mm (24 mm im Kleinbildformat) | f5 | 1/25 s–30 s | ISO 100 | 27. Dezember, ab 16:57 Uhr | DRI aus manueller Belichtungsreihe, zusammengesetzt aus acht Einzelbildern

KAPITEL 6

LEUCHTENDE NACHTWOLKEN

In den meisten Bereichen der Astrofotografie gehören Wolken zum schlimmsten Feind des Fotografen, da sie den Blick auf den Sternenhimmel verdecken. Eine willkommene und gleichzeitig ganz besondere Art Wolken stellen jedoch die sogenannten *leuchtenden Nachtwolken* dar, auch bekannt als *NLC* (aus dem Englischen, Abkürzung für »**n**octi**l**ucent **c**louds«). Sie zählen zwar nicht zu den astronomischen Phänomenen, lassen sich aber trotzdem wunderbar am Nachthimmel bewundern und fotografieren.

Während normale Wolken maximal eine Höhe von 13 km erreichen können, treten NLC in einer Höhe von 80 bis 85 km auf. Sie bestehen aus Eiskristallen und kommen in verschiedenen Formen vor. Häufig zeigen sie sich als fein strukturierte Wellen oder Rippen und schimmern meist silbrig weiß oder bläulich. Ihren Namen verdanken sie der Tatsache, dass sie von der untergegangenen Sonne angestrahlt werden und so vor einem sonst eher dunklen Nachthimmel »leuchten«.

Um leuchtende Nachtwolken sehen und fotografieren zu können, muss es daher zum einen dunkel genug sein, zum anderen darf die Sonne nicht zu tief unter dem Horizont stehen. Konkret müssen folgende Bedingungen für die NLC-Sichtung erfüllt sein:

« Leuchtende Nachtwolken schimmern wunderschön silbrig in der Dämmerung und können auch für das bloße Auge sehr faszinierend sein. Der Vergleich zu echten Wolken (unten im Bild) wird hier besonders deutlich!

100 mm | f3,5 | 2 s | ISO 100 | 03. Juli, 03:37 Uhr

- Die Sonne muss zwischen 6 und 16 Grad unter dem Horizont stehen.
- NLC können lediglich von Mitte Mai bis Mitte August gesehen werden, wobei Sichtungen im Juni und Juli am häufigsten sind.
- NLC können meist in nordwestlicher bis nordöstlicher Richtung beobachtet werden.
- Eine weitestgehend freie Sicht auf den Horizont wird vorausgesetzt, da NLC im Normalfall eine Höhe von 20 bis 30 Grad nicht überschreiten.
- Der Nordhorizont sollte möglichst wolkenfrei sein.
- Die Chance auf NLC-Sichtungen ist in Norddeutschland wesentlich höher als in Süddeutschland, aber auch dort nicht ausgeschlossen. Auch weiter nördlich in Skandinavien können sie gesehen werden, sofern es dunkel genug ist und die Sonne weit genug untergeht.

Projekt »NLC über dem Planetarium«

Anders als Motive wie der Mond oder die Milchstraße lassen sich leuchtende Nachtwolken nicht in jeder klaren Nacht während der »NLC-Saison« im Juni und Juli aufnehmen. Ein solches Projekt kann also durchaus ein wenig Geduld und mehrere Anläufe erfordern – die es nach meiner Erfahrung jedoch definitiv wert sind!

Projektsteckbrief

Schwierigkeit	■□□□□
Ausrüstung	Kamera, Stativ, Weitwinkelobjektiv, gegebenenfalls Teleobjektiv für Detailaufnahmen, gegebenenfalls Panoramakopf
Zeitraum	Juni/Juli in der Abend- oder Morgendämmerung
Erreichbarkeit	Auto oder öffentliche Verkehrsmittel (Bahn und Bus)
Planung	10 Minuten
Durchführung	60 Minuten (gegebenenfalls länger mit Wartezeit)
Nachbearbeitung	30 Minuten
Programme	TPE, Lightroom
Fotospot	Nahe dem Theater in Wolfsburg
Höhe	75 m
GPS-Koordinaten	52.416209, 10.781170
⬇	GPS-Wegpunkt des Fotospots

Die Planung

Da leuchtende Nachtwolken – anders als die meisten astronomischen Motive – auch bei vorhandener Lichtverschmutzung gesehen und fotografiert werden können, bot sich ein urbanes Motiv als Vordergrund an. Um gleichzeitig einen astronomischen Bezug herzustellen, entschied ich mich für das Planetarium in Wolfsburg, das ich zusammen mit hoffentlich eindrucksvollen NLC

Für das Zusammenfügen ließ ich beide Bilder markiert und öffnete die Panoramafunktion über das Menü Foto • Zusammenfügen von Fotos • Panorama... (alternativ über die Tastenkombination [Strg]/[Cmd]+[M]). Nachdem in einem separaten Fenster eine Vorschau des fertigen Panoramas erstellt und angezeigt wurde, wählte ich als Projektion Zylindrisch aus und beließ die anderen Parameter auf ihrer Standardeinstellung.

Nachdem das Bild zusammengefügt wurde, bearbeitete ich es noch folgendermaßen nach, um die Wirkung der NLC über dem Planetarium zu erhöhen:

- geringe Rauschreduzierung ❶
- Entfernen der Verzerrung ❷ und Objektiv-Vignettierung ❸
- Freistellen des Bildes ❹
- Anpassen der Grundeinstellungen ❺ wie beispielsweise Lichter, Tiefen und Klarheit
- Einfügen eines Verlaufsfilters ❼ im unteren Bildbereich, für den ich verschiedene Einstellungen separat vornahm – beispielsweise die Tiefen ❻

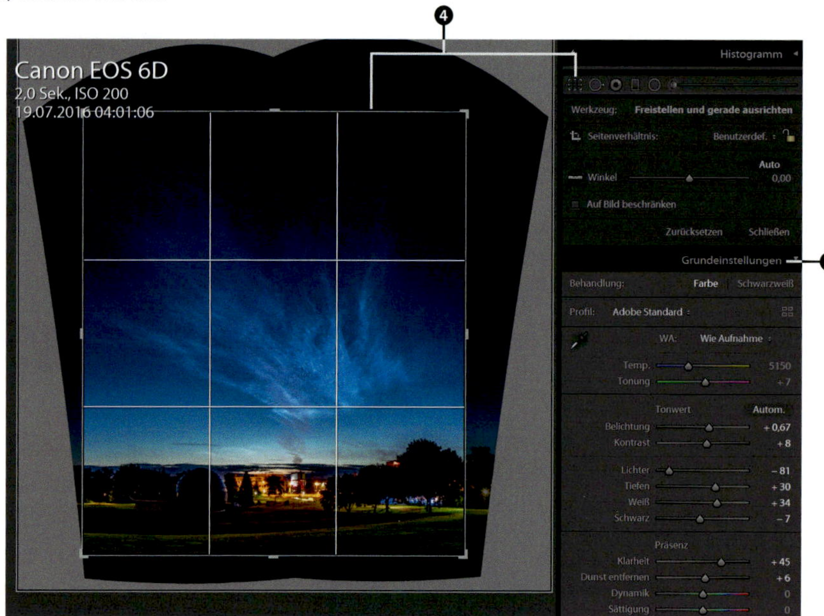

Zuschneiden des Bildes sowie Anpassung der Grundeinstellungen

Rauschreduzierung sowie Entfernen der Verzerrung und Vignettierung im Bild

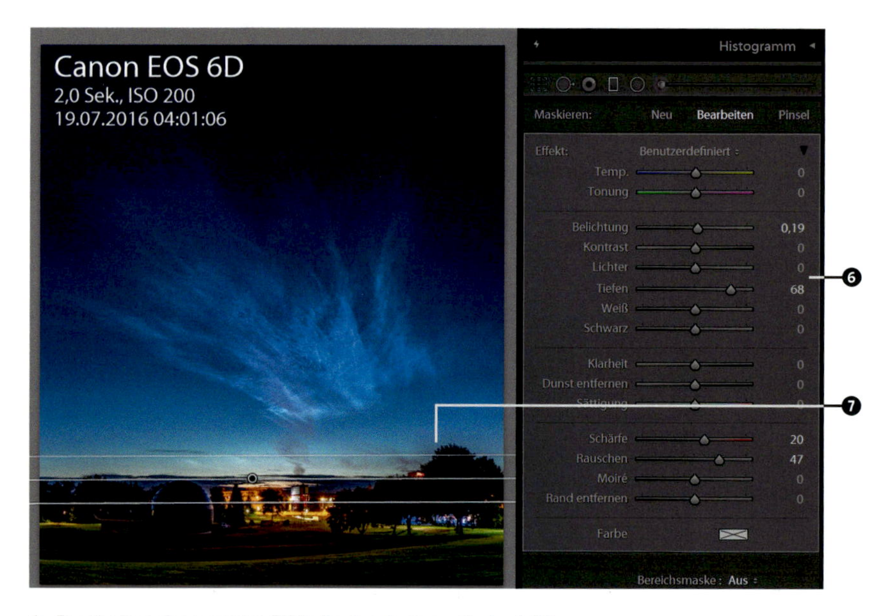

Bearbeiten des unteren Bildteils durch einen Verlaufsfilter

Das finale Bild zeigt eindrucksvoll ein helles und ausgedehntes NLC-Display über dem Planetarium in Wolfsburg.

24 mm | f2 | 2 s | ISO 200 | 19. Juli, 04:01 Uhr | Panorama aus zwei Hochformataufnahmen

KAPITEL 7

MOND

Im Abschnitt »Mondphasen« ab Seite 77 haben Sie schon einiges über den Mond und seine verschiedenen Phasen erfahren. Und vielleicht haben Sie in den Einstiegsprojekten zu Beginn des Buches auch bereits Ihre ersten Aufnahmen des Mondes oder einer Mondscheinlandschaft gemacht? Dieses Kapitel soll nun genau daran anknüpfen und Ihnen zeigen, wie Sie noch schärfere und detailreichere Mondfotos erstellen können und wie viel Spaß es machen kann, eine fotografische Nachtwanderung im Mondschein zu unternehmen.

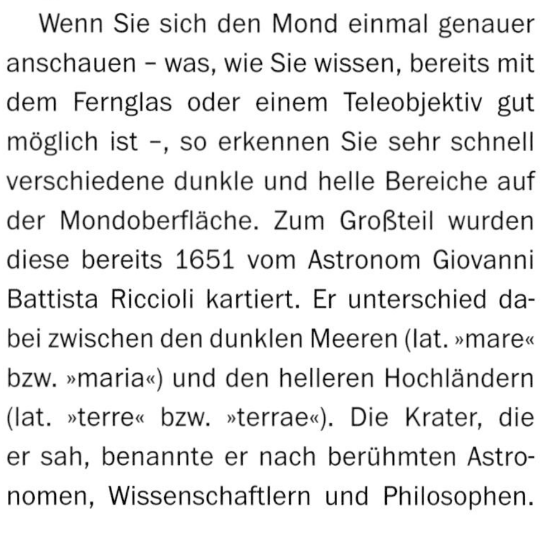

Wenn Sie sich den Mond einmal genauer anschauen – was, wie Sie wissen, bereits mit dem Fernglas oder einem Teleobjektiv gut möglich ist –, so erkennen Sie sehr schnell verschiedene dunkle und helle Bereiche auf der Mondoberfläche. Zum Großteil wurden diese bereits 1651 vom Astronom Giovanni Battista Riccioli kartiert. Er unterschied dabei zwischen den dunklen Meeren (lat. »mare« bzw. »maria«) und den helleren Hochländern (lat. »terre« bzw. »terrae«). Die Krater, die er sah, benannte er nach berühmten Astronomen, Wissenschaftlern und Philosophen. Viele der von ihm vor fast 400 Jahren vergebenen Namen sind noch heute gültig.

Da der Mond im Mittel »nur« einen Abstand von 384 400 Kilometern von der Erde hat, ist er ein beliebtes Foto- und Fernglasobjekt. Selbst Krater mit weit weniger als 100 Kilometern Durchmesser (wie Kepler mit 32 km, Tycho mit 88 km oder Copernicus mit 93 km) lassen sich, wie Sie sehen, schon deutlich auf solchen Bildern erkennen.

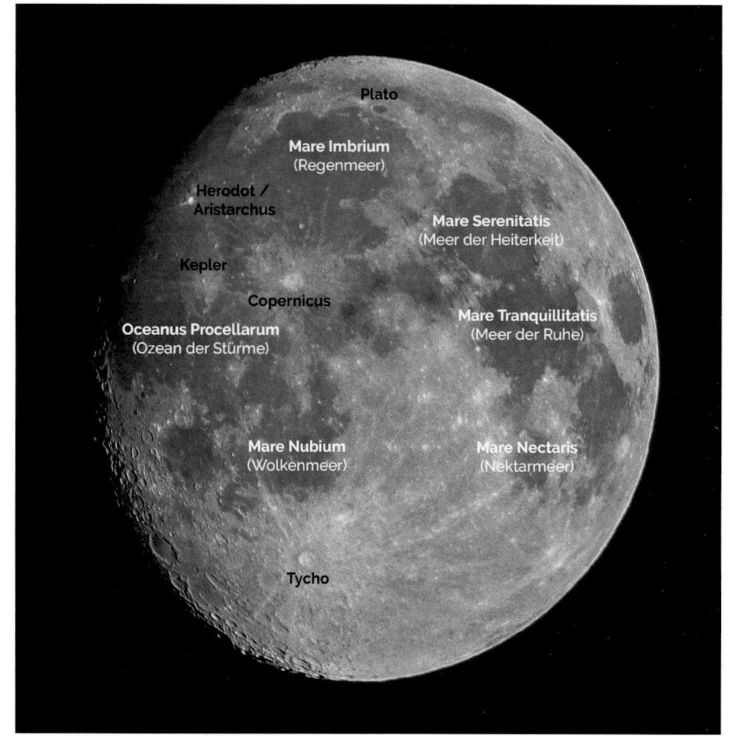

» *Auswahl bekannter Krater und Meere auf dem Mond. Viele sind noch heute auf die Bezeichnungen von Giovanni Battista Riccioli aus dem Jahre 1651 zurückzuführen.*

Projekt »Detailreicher Mond«

Vielleicht haben Sie schon einmal versucht, den Mond mit einem Teleobjektiv zu fotografieren. Dann wird Ihnen vermutlich aufgefallen sein, wie schwer es ist, den Mond wirklich scharf aufs Bild zu bekommen oder überhaupt für die Aufnahme scharf zu fokussieren. Neben der Vibration Ihres Stativs liegt dies vor allem an der Erdatmosphäre, die für eine mehr oder weniger gute Sicht auf die Himmelskörper sorgt. Die aus der Luftunruhe resultierende Bildunschärfe wird in der Astronomie auch »Seeing« genannt.

Die Luftunruhe ist auch der Grund dafür, warum manche Mondaufnahmen schärfer sind als andere, die kurz davor oder danach mit den exakt gleichen Einstellungen aufgenommen wurden. Wie ist es nun aber möglich, den Mond wirklich scharf zu fotografieren? Das Stichwort lautet hier: »Stacking«. Durch das Übereinanderlegen verschiedener Mondaufnahmen mit minimal unterschiedlicher Schärfe entsteht ein sehr viel detailreicheres Bild des Mondes, das zudem an Rauschen verliert.

Ich plante, dies in der Zeit um den Vollmond herum umzusetzen, um möglichst viel von der Mondoberfläche abzubilden, aber trotzdem noch die kontrastreichen Krater am Terminator (also der Licht-Schatten-Grenze) aufnehmen zu können. Bei einer Vollmondaufnahme gehen diese ja (optisch) »verloren«, und es wird noch schwieriger, den Mond scharf und plastisch abzubilden.

Projektsteckbrief

Schwierigkeit	■■□□□
Ausrüstung	Kamera, Stativ, Teleobjektiv, gegebenenfalls Telekonverter, gegebenenfalls Fernauslöser
Zeitraum	kurz vor oder nach Vollmond
Erreichbarkeit	nicht relevant
Planung	nicht notwendig
Durchführung	10–15 Minuten
Nachbearbeitung	ca. 30 Minuten
Programme	Lightroom, RegiStax
Fotospot	nicht relevant – kann überall gemacht werden
(Download)	Ausgangsbilder im Raw-Format

Die Planung

Die Planungsphase konnte ich in diesem Fall sehr kurz halten, da ich mich lediglich um die passende Mondphase und das Wetter kümmern musste. Eine wirkliche Planung war hier also nicht notwendig.

Die Aufnahme

Als sich schließlich eine geeignete Nacht zwei Tage vor dem Vollmond ergeben hatte, stellte ich das entsprechende Equipment auf – ähnlich, wie ich es im Einführungsprojekt im Abschnitt »Der Mond unter der Lupe« ab Seite 20 beschrieben habe. Dieses Mal nutzte ich neben der Crop-Kamera und dem 300-mm-Teleobjektiv einen 1,4-fachen Telekonverter, so dass ich insgesamt auf eine

Brennweite von 420 mm kam (672 mm umgerechnet auf das Kleinbildformat). Ich fokussierte zunächst per Autofokus auf den Terminator, was ich anschließend in der maximalen Vergrößerung im Live View der Kamera noch einmal überprüfte und ein wenig nachjustierte. Hierbei war deutlich die Luftunruhe zu erkennen, so dass die Schärfe des Mondes im Live View häufig variierte.

Mit einem Fernauslöser machte ich dann 50 Aufnahmen des Mondes innerhalb von etwa drei Minuten mit den exakt gleichen Einstellungen: f8, 1/125 s, ISO 100. Das war es dann auch schon mit der Aufnahme.

Die Bearbeitung

Die eigentliche Arbeit lag dann in der Nachbearbeitung der Bilder. Hierzu waren drei wesentliche Schritte notwendig:

1. Auswahl der schärfsten Aufnahmen der Serie
2. Bearbeitung der ausgewählten Bilder
3. Stacking der bearbeiteten Bilder zu einem detailreichen Gesamtbild

SCHRITT FÜR SCHRITT

Bilder in Lightroom auswählen und bearbeiten

Für die Auswahl der besten Aufnahmen lud ich alle Bilder zunächst in Lightroom.

1 Vorschauen erstellen lassen

Um eine schnelle Beurteilung in der 100 %-Ansicht vornehmen zu können, ließ ich zunächst über den Menüpunkt BIBLIOTHEK • VORSCHAUEN • 1:1-VORSCHAUEN ERSTELLEN Vorschaubilder generieren. Dies spart nervige Wartezeit beim Durchgehen der Bilder; die Vorschauen können Sie nach der Bildauswahl über den Menüpunkt BIBLIOTHEK • VORSCHAUEN • 1:1-VORSCHAUEN VERWERFEN wieder löschen.

2 Bildschärfe beurteilen

Beim Durchgehen der Bilder stellte ich fest, dass es durchaus große Qualitätsunterschiede zwischen den einzelnen Bildern gab. So hatten beispielsweise zwei direkt aufeinanderfolgende Fotos im Abstand von nur zwei Sekunden eine komplett verschiedene Schärfe.

» *Zwei direkt aufeinanderfolgende Aufnahmen weisen aufgrund der Luftunruhe eine komplett unterschiedliche Schärfe auf. Es ist daher wichtig, nur die besten Aufnahmen für das spätere Stacking auszuwählen.*

3 Bilder auswählen

Ich ging daher alle Bilder einzeln durch und markierte die einigermaßen scharfen Exemplare in roter Farbe ❷. Dies können Sie für ein ausgewähltes Bild über den Menüpunkt Foto • Farbmarkierung festlegen oder noch schneller über die Taste [6] erledigen. Natürlich können Sie auch mit anderen Markierungen wie Sternen o. Ä. arbeiten. Sie sollten am Ende nur in der Lage sein, schnell nach den ausgewählten Fotos zu filtern ❶. Nach der Auswahl blieben von meinen 50 Aufnahmen nur noch zehn Fotos übrig, die ich für das Stacking verwenden wollte, was jedoch ausreichend war.

4 Bilder beschneiden

Bevor ich die Bilder für das Zusammenfügen exportierte, bearbeitete ich sie noch in Lightroom. Dazu bearbeitete ich zunächst das erste Bild der Serie:

Zuerst fügte ich wie bei allen Mondaufnahmen einen relativ starken Beschnitt ❸ im 4:3-Format ❹ hinzu. Dieser Beschnitt ist für den späteren Stackingprozess sehr wichtig, da es in der verwendeten Software ansonsten zu Problemen bei der Verarbeitung der Bilder kommen kann! Dabei drehte ich das Bild auch gleich noch ein wenig ❺, da ich die Kamera bei der Aufnahme nicht ganz gerade ausgerichtet hatte.

« *Vergleichsweise starker Beschnitt und Drehung der Aufnahme*

5 Grundeinstellungen anpassen

Anschließend nahm ich lediglich minimale Änderungen der Farbtemperatur ❻, der Lichter ❼, Tiefen ❽ sowie des Wertes für Weiss ❾ vor.

Auf eine Kontraststeigerung und Nachschärfung verzichtete ich an dieser Stelle bewusst, da dies das Stackingergebnis negativ beeinflussen könnte.

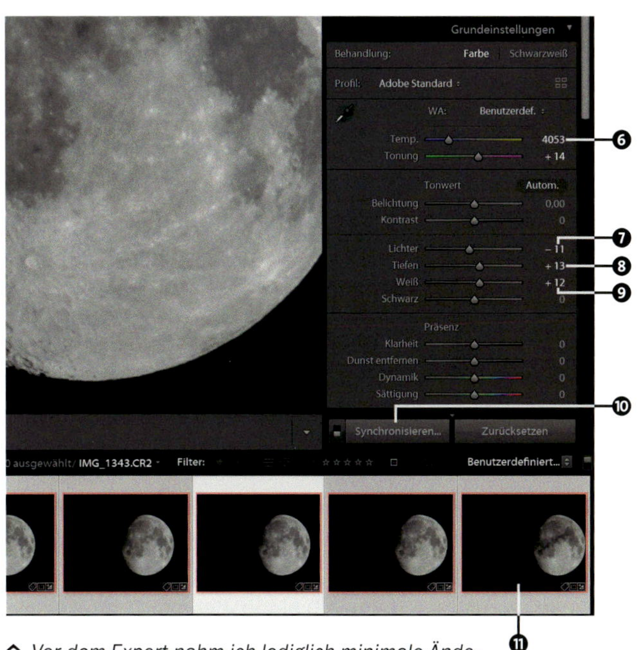

⌃ *Vor dem Export nahm ich lediglich minimale Änderungen der Farbtemperatur und Tonwerte vor und synchronisierte alle Einstellungen auf die restlichen Bilder.*

AUSWAHL UND AUSRICHTUNG DER BILDER AUTOMATISIEREN

Bei sehr vielen Bildern oder wenn Sie sich die manuelle Auswahl sowie die händische Ausrichtung sparen möchten, kann ich Ihnen das Programm PIPP (**P**lanetary **I**maging **P**re**P**rocessor) ans Herz legen. Diese für Windows verfügbare kostenlose Software automatisiert diese Prozessschritte und fügt den ausgewählten und auf den Mond zentrierten Bildern einen einstellbaren Beschnitt hinzu. Die von PIPP im TIFF-Format gespeicherten Bilder könnten Sie daher direkt für den Stackingprozess (siehe Schritte ab Seite 164) verwenden. An dieser Stelle möchte ich Ihnen jedoch lediglich meinen Bearbeitungsworkflow mit Lightroom vorstellen. Eine ausführliche Schritt-für-Schritt-Beschreibung der Verarbeitung mit PIPP (in englischer Sprache) finden Sie auf der Seite des Entwicklers: *https://sites.google.com/site/astropipp/exampleuasge/example5*.

3 Schärfen und Export

Im letzten Reiter, Wavelet, verschob ich die Schieberegler der einzelnen Ebenen ❸ entsprechend der abgebildeten Werte und wendete die Einstellungen anschließend über den Button Do All ❷ auf alle Bereiche des Bildes an. Nun wurde der Unterschied in den Details und der Schärfe deutlich sichtbar. Im finalen Schritt speicherte ich das Bild über den Button Save image ❶, um es abermals in Lightroom zu importieren und ihm den letzten Schliff zu verpassen. Dabei wählte ich dieses Mal nicht das TIFF-Format, da die so gespeicherten ».tif«-Dateien aus mir nicht bekannten Gründen nicht in Lightroom geöffnet werden können. Ich wählte daher das PNG-Format.

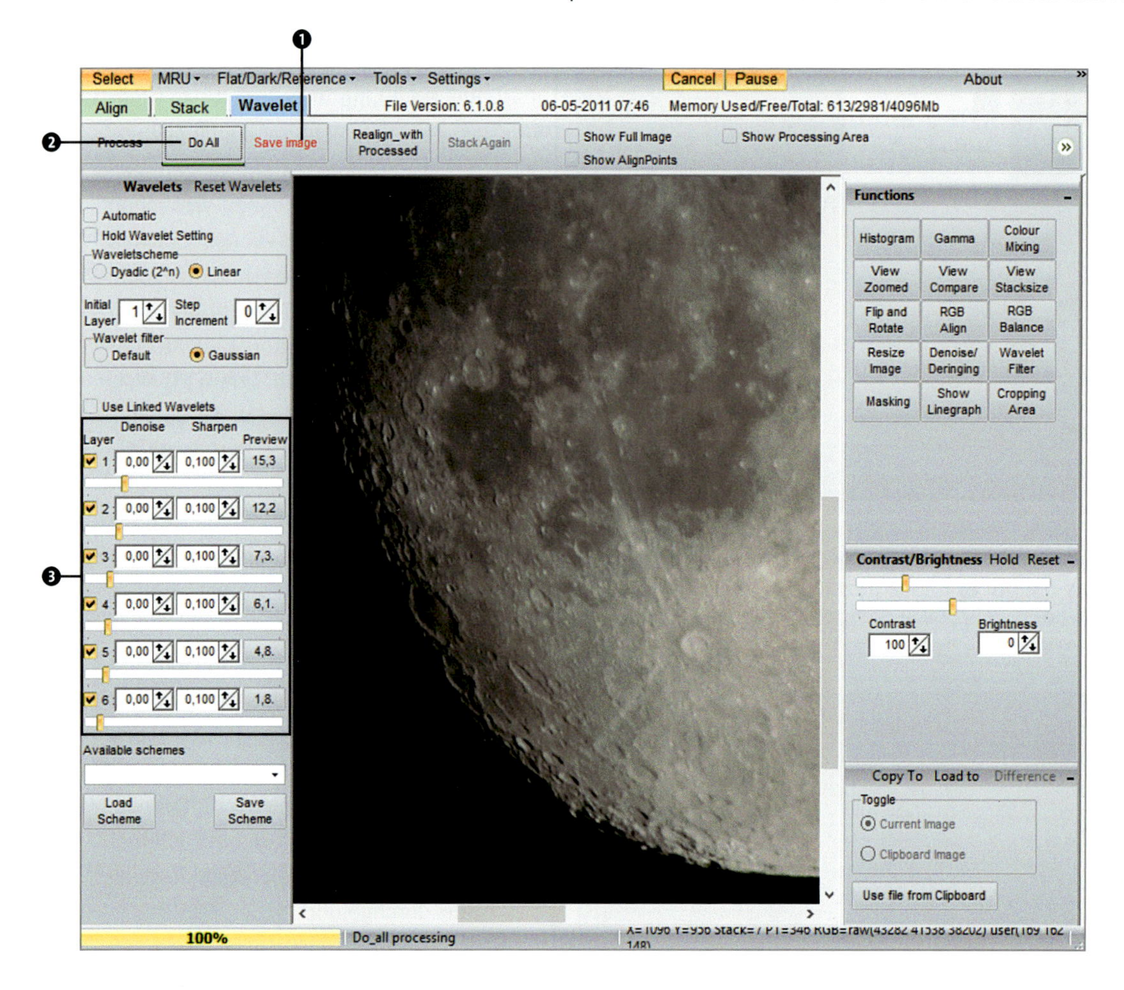

Im letzten Schritt werden finale Einstellungen vorgenommen. Die Veränderung des Bildes ist jetzt deutlich zu sehen.

4 Finetuning in Lightroom

Den letzten Feinschliff können Sie dann ganz nach Ihren Vorlieben in Lightroom vornehmen. Ich habe im fertigen Bild noch einige Änderungen der Tonwerte vorgenommen sowie die Schärfe leicht erhöht.

Wenn Sie sich nun ein komplett bearbeitetes und, so gut es geht, geschärftes Einzelbild (die beste der 50 Aufnahmen) gegenüber dem Ergebnis des Stackings anschauen, werden Sie eine wesentliche Qualitätssteigerung feststellen.

Bei Vollmondaufnahmen, die in der Regel noch schwieriger zu fokussieren sind als Aufnahmen bei zu- oder abnehmendem Mond, ist der Unterschied zwischen dem bearbeiteten Einzelbild und dem gestackten Ergebnisbild noch deutlicher zu sehen.

Der Vergleich des besten Einzelbildes der Aufnahmeserie (links) mit dem gestackten Ergebnisbild (rechts) zeigt einen deutlichen Qualitätsgewinn durch das Stacking von nur sieben Einzelbildern.

420 mm (672 mm im Kleinbildformat) | f8 | 1/125 s | ISO 100 | 16. August 00:50 Uhr

Beim Vollmond wird der Unterschied zwischen Einzelbild und gestacktem Ergebnisbild aus sieben Einzelbildern noch deutlicher.

300 mm (480 mm im Kleinbild) | f4 | 1/1500 s | ISO 100 | 28. September 02:09 Uhr

Projekt »Nachtwanderung im Mondschein«

Wann haben Sie das letzte Mal eine Nachtwanderung gemacht? Wenn dies für Sie bisher ein reines Kindheitserlebnis ist, sollten Sie diese Erfahrung auf jeden Fall noch einmal mit den Augen eines Nacht- und Astrofotografen machen! Bevor Sie eine solche Wanderung bei völliger Dunkelheit in einer mondlosen Nacht planen, um beispielsweise die Milchstraße zu fotografieren, suchen Sie sich am besten für den Anfang eine Nacht um den Vollmond herum aus. Der Ort ist dabei zunächst eigentlich nebensächlich, denn nachts kann selbst der »langweiligste« Wanderweg aufregend werden. Wenn Sie Ihre Erlebnisse allerdings auch fotografisch festhalten wollen, sollten Sie sich eine Tour aussuchen, auf der Sie auch ab und zu einen freien Blick gen Himmel haben, idealerweise mit fotogenen Motiven im Vordergrund. Ich nutzte beispielsweise einen Sommerurlaub in den Dolomiten für einige Nachtwanderungen in den Bergen.

Projektsteckbrief

Schwierigkeit	■■■□□
Ausrüstung	Kamera, Stativ, Weitwinkelobjektiv, gegebenenfalls Fernauslöser, Stirnlampe, gegebenenfalls Taschenlampe, Outdoor-Navigationsgerät oder Smartphone
Zeitraum	um den Vollmond herum
Erreichbarkeit	Wanderung
Planung	ca. 20 Minuten
Durchführung	mindestens 1,5 Stunden (je nach Länge der Wanderung)
Nachbearbeitung	ca. 30 Minuten
Programme	TPE, Pocket Earth, Lightroom, Photoshop
Fotospot	Bindelweg in den Dolomiten
Höhe	2373 m
GPS-Koordinaten	46.47692, 11.81589
⤓	Ausgangsbilder im Raw-Format, GPS-Wegpunkt des Fotospots, GPS-Track der Nachtwanderung

Die Planung

Wanderwege gibt es in den Bergen naturgemäß zuhauf. Da ich ungern unbekannte Wege nachts zum ersten Mal kennenlerne, überlege ich bei jeder Tagwanderung auch immer, ob dies ein geeigneter Weg für eine Nachtwanderung wäre. Mit »geeignet« meine ich dabei, dass er nicht allzu gefährlich sein (nah am Abgrund, Kletterpassagen etc.) und gleichzeitig schöne Ausblicke in die richtige Himmelsrichtung bieten sollte. In meinem Fall wollte ich die Zeit rund um den Vollmond nutzen, um Fotos im Mondlicht zu machen und damit ein passendes Bergmotiv »ins richtige Licht zu setzen«.

Vollmond war in diesem Fall am 18. August. Da jedoch einige Nächte vorher, am 11./12. August, das Maximum eines Meteorschauers (mehr dazu in Kapitel 11, »Meteore«) vorhergesagt war, wollte ich eine Nacht zwischen diesem Maximum und dem Vollmond nutzen, um vielleicht sogar noch ein paar Sternschnuppen mit zu erwischen. Ich schaute mir in der TPE-App daher zunächst die Position des Mondes und seine Auf- und Untergangszeiten für die Nacht vom 12. auf den 13. August an.

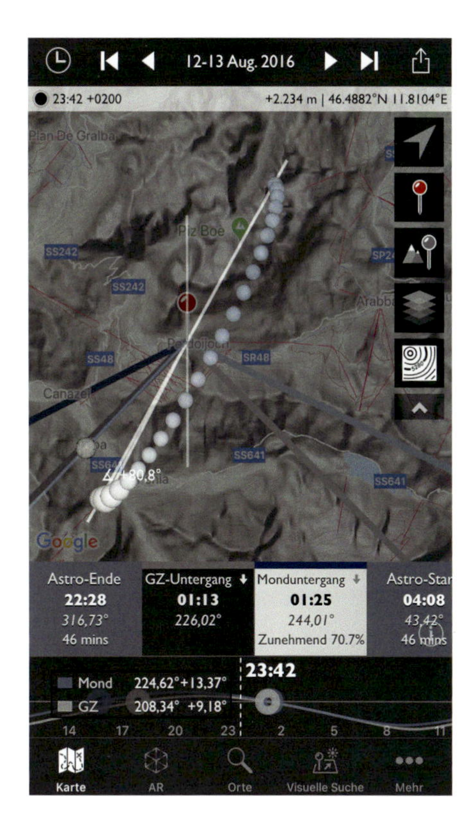

⮝ *Ermittlung von Position und Untergangszeit des Mondes in der geplanten Aufnahmenacht mit Hilfe der TPE-App auf dem Smartphone*

Der Mond stand zwischen dem Beginn der Nacht und seinem Untergang etwa im Südwesten. Da er für das geplante Foto noch eine gewisse Höhe und somit entsprechende Leuchtkraft haben sollte, schien ein Aufnahmezeitpunkt vor Mitternacht ideal geeignet. Außerdem plante ich, den Mond als seitliche »Lichtquelle« zu nutzen, da ein frontal vom Mond beleuchtetes Motiv fast nicht mehr von einer Aufnahme bei Tag zu unterscheiden ist. Als Motiv wollte ich einen markanten Berg mit einem von innen beleuchteten Zelt kombinieren und darüber den im Mondlicht blau leuchtenden Sternenhimmel abbilden. Den geeigneten Fotospot dafür fand ich auf einer Tagwanderung auf dem Bindelweg in der Nähe des Pordoijochs zwischen Arabba und Canazei in den Dolomiten. Da ich – auch bei einfach zu findenden Wegen – gern vorher weiß, welche Strecke und wie viele Höhenmeter es zu bewältigen gilt, stelle ich mir meine Wanderungen immer im Vorfeld zusammen. Diesen sogenannten *Track* (GPX-Format) kann ich dann auf meinem Outdoor-Navigationsgerät oder einfach auf dem Smartphone mitnehmen. Dies hilft gerade in der Nacht, sich zu orientieren und nicht zu verlaufen!

SCHRITT FÜR SCHRITT

Eine Wanderroute planen und im GPX-Format speichern

Um solche Tracks zusammenzustellen, gibt es eine sehr einfache und vor allem kostenfreie Möglichkeit: Über die Webseite *www.gpsies.com* können Sie sich am Rechner oder Tablet eine solche Tour zusammenklicken und direkt exportieren. Ich möchte dies an dieser Stelle exemplarisch anhand der Tablet-Variante mit direktem Export in die App Pocket Earth demonstrieren.

Kurz vor Redaktionsschluss hat uns die Nachricht erreicht, dass das Tourenportal GPSies in das US-amerikanische Portal AllTrails übergeht. Ob und wie lange die hier beschriebene Funktion dann noch verfügbar sein wird, ist noch unklar. Ich werde Sie jedoch in meinem Blog unter *https://nacht-lichter.de/alternative-gpsies* über dieses Thema und mögliche Alternativen informieren.

1 Strecke im Web planen

Von der Startseite aus wechselte ich zunächst in den Menüpunkt ERSTELLEN • STRECKE PLANEN ❶ (siehe Seite 170) und verschob die Karte mit dem Finger bis zum gewünschten Gebiet. Das Ein- und Auszoomen in der Karte erreichte ich dabei einfach mit den Zoomgesten auf dem Tablet. Anschließend wechselte ich im rechten Menü in den Wandermodus ❹, was automatisch die Option WEGEN FOLGEN ❸ aktivierte. Den voreingestellten Kartentyp beließ ich auf OPEN STREET MAP, hätte ihn aber jederzeit über das Kartensymbol ❺ ändern können.

In einem geeigneten Zoomlevel begann ich nun, die Wanderung zusammenzustellen. Dazu tippte ich zunächst auf einen Punkt eines Parkplatzes ❽, was einen grünen Wegpunkt setzte. Nachdem ich weitere Punkte auf dem geplanten Wanderweg Nr. 601 ❾ gesetzt hatte,

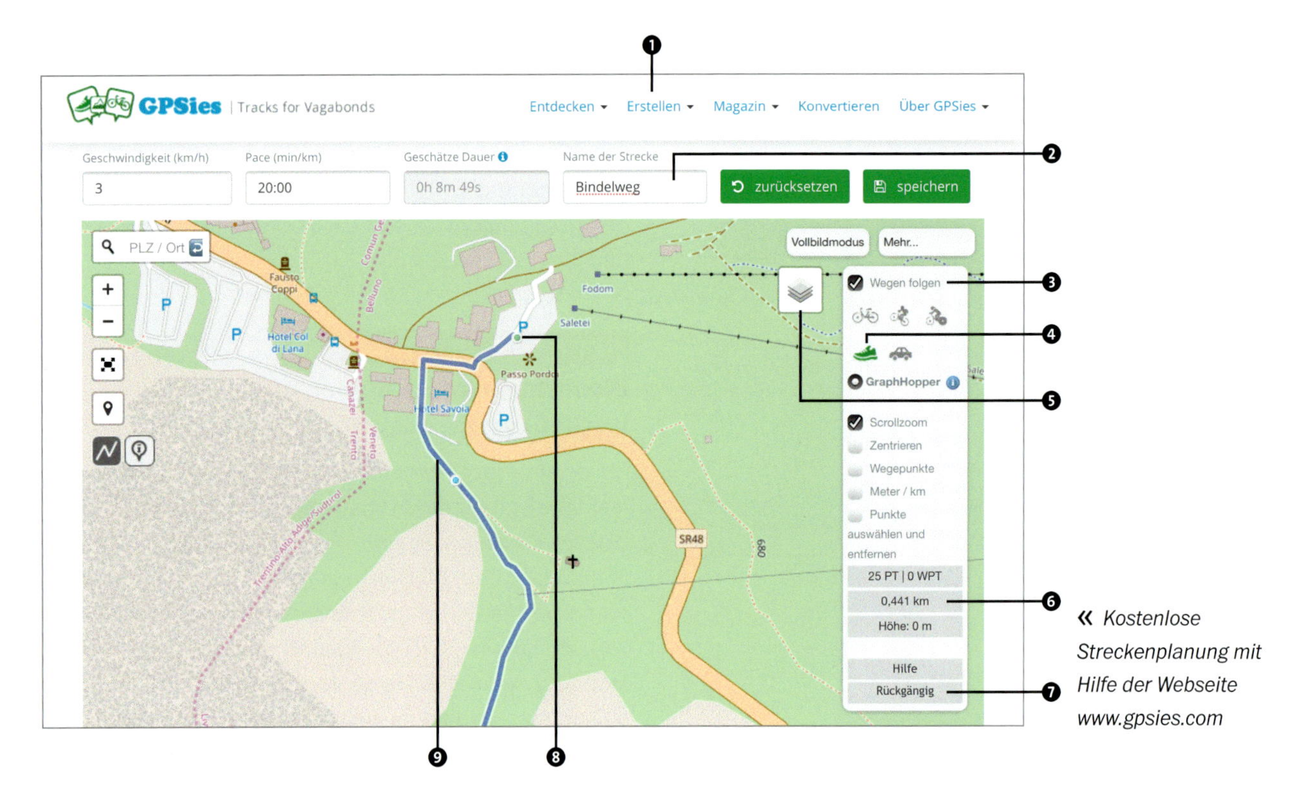

« Kostenlose Streckenplanung mit Hilfe der Webseite www.gpsies.com

wurden die Strecken dazwischen automatisch entlang des Weges generiert. Ohne die Option WEGEN FOLGEN würde der direkte Luftlinienweg zwischen zwei Punkten ermittelt. Die Länge der Wanderstrecke konnte ich rechts in der Box ablesen ❻. Sollten Sie dabei aus Versehen einen falschen Punkt setzen, so lässt sich dies über den RÜCKGÄNGIG-Button ❼ schnell wieder beheben.

Unterhalb der Karte konnte ich außerdem sehen, wie viele Höhenmeter ⓫ bei der Wanderung zu überwinden waren und wie das Höhenprofil ❿ aussah.

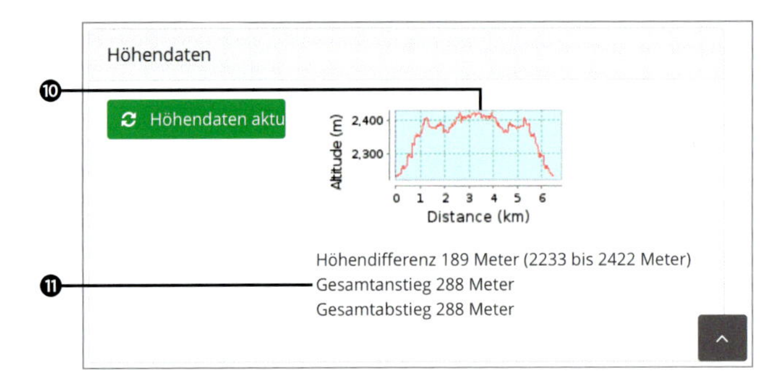

Das dazugehörige Höhenprofil der fertigen Wanderroute vom Pordoijoch zur Bindelweghütte und zurück

2 GPX-Track speichern

Zum Schluss gab ich der Strecke einen Namen ❷ und lud sie im Bereich DATEI EXPORTIEREN als GPX TRACK ⓬ herunter.

Auf dem Tablet öffnet dies direkt einen Dialog zum Auswählen der App, mit der dieser Track geöffnet werden soll. Hier wählte ich die App Pocket Earth aus (zum Zeitpunkt der Bucherstellung leider nur für iOS erhältlich), ich hätte jedoch auch jede andere Tracking- oder Karten-App nutzen können, die mit dem GPX-Format umgehen kann.

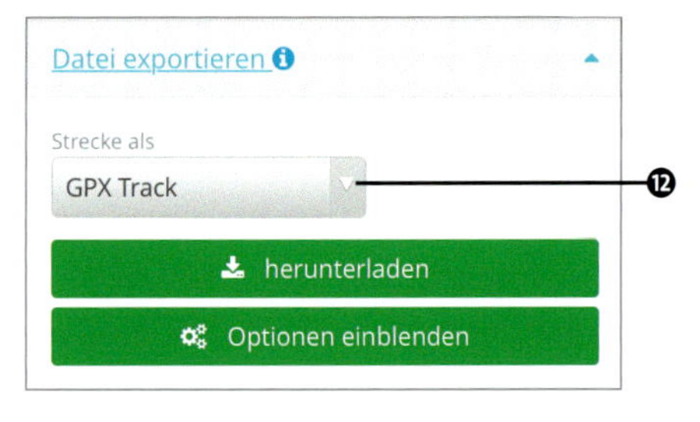

Auf dem Tablet können Sie die selbsterstellte Strecke direkt im GPX-Format in eine kompatible App wie Pocket Earth laden.

3 GPX-Track in Pocket Earth laden

In Pocket Earth bestätigte ich dann den Importdialog, und die Strecke öffnete sich in der App. In den Details konnte ich noch einmal alle Streckendaten sowie natürlich den Wegverlauf auf der Karte sehen. Was auffällt, ist, dass die Höhenmeter in Pocket Earth ⓯ von denen auf *www.gpsies.com* abweichen. Erfahrungsgemäß stimmt jedoch eher die Angabe in der App. Anschließend ordnete ich eine Gruppe ⓰ zu, um die Strecke mit ihrer Hilfe wiederfinden zu können.

Mehr ist an sich nicht zu tun, da sich der Track automatisch mit der Smartphone-App synchronisiert, so dass er dort ebenfalls für die Navigation auf der Wanderung zur Verfügung steht. Dabei könnten Sie die tatsächlich gelaufene Strecke auch parallel über den Button Aufzeichnen ⓮ aufnehmen, was jedoch ein wenig zu Lasten des Akkus geht. Wenn Sie eine solche Strecke im Standard-GPX- oder im Pocket-Earth-Format (inkl. Notizen, Gruppenzuordnungen etc.) mit anderen Personen teilen wollen, so ist dies über den Button Teilen ⓭ möglich.

Für mich stellt diese Art der Tourenplanung und der anschließenden Navigation beim Wandern die mit Abstand einfachste und schnellste Möglichkeit dar. Eine weitere Fotoplanung machte ich an dieser Stelle nicht, da ich den Fotospot bereits am Tage gefunden hatte und über die Monddaten Bescheid wusste.

Die Aufnahme

Am Abend der geplanten Wanderung spielte glücklicherweise das Wetter mit – nur ein paar letzte Wolken hingen noch etwas hartnäckig in den Berggipfeln fest. Die Wanderung vom Parkplatz am Pordoijoch hinauf zum Bergkamm verlief relativ steil, war aber gut machbar. Während der Bindelweg tagsüber bei schönem Wetter extrem gut besucht ist, war er nachts natürlich menschenleer – ein positiver Nebeneffekt einer Nachtwanderung!

Nachdem ich die erste Hütte auf dem Weg passiert hatte, erreichte ich den Fotospot mit Blick auf die be-

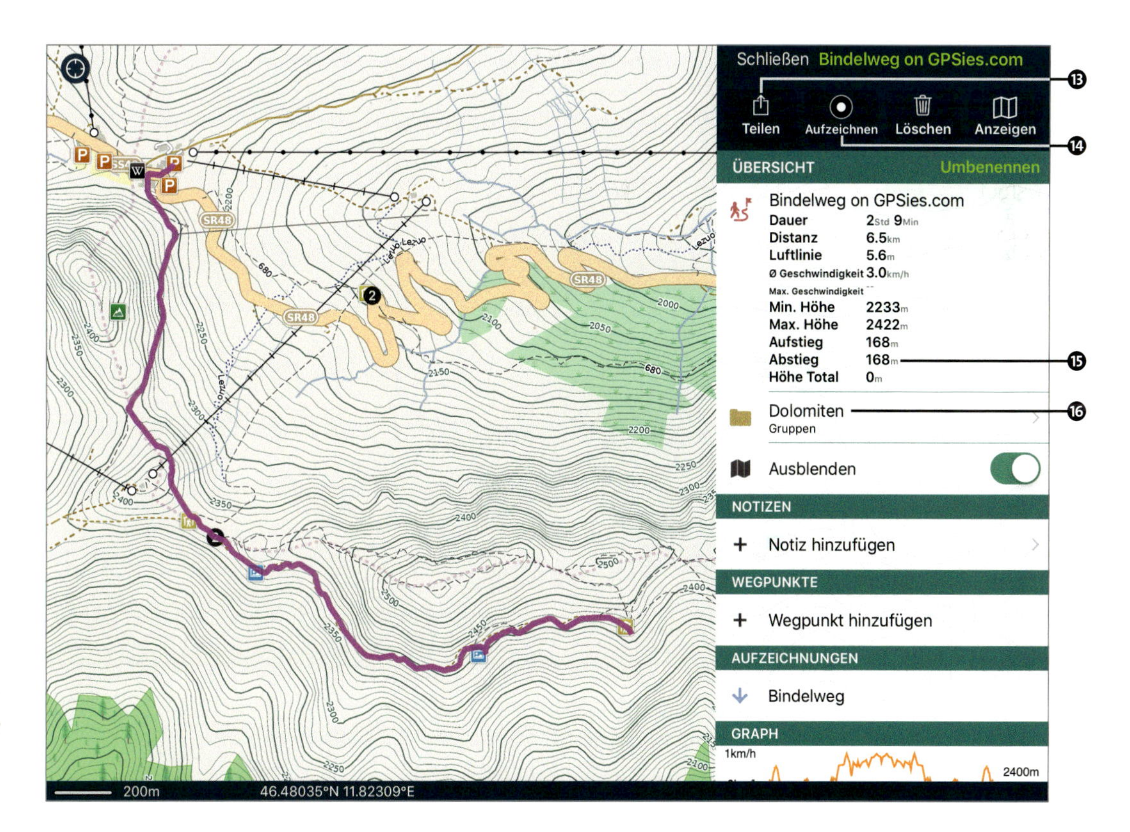

» *Die mit GPSies erstellte Strecke wird in der Pocket-Earth-App mit allen wichtigen Daten angezeigt.*

rühmte Marmolata. Nach ein paar Probeaufnahmen und dem Scharfstellen des Sternenhimmels baute ich schließlich das Zelt als »Deko-Objekt« wenige Meter von der Kamera entfernt auf. Um es von innen zu beleuchten, wickelte ich die angeschaltete Stirnlampe in die Zelthülle und legte sie in das Zelt. Dabei reichte tatsächlich eine minimale Beleuchtung aus, da das Zelt ansonsten auf der Langzeitaufnahme hoffnungslos überbelichtet gewesen wäre. Nach einigen Positionierungsversuchen hatte ich schließlich die richtige Stellung des Zeltes und mit 10 Sekunden bei ISO 800 und Blende f2 auch die korrekten Belichtungseinstellungen des Bildes gefunden, so dass ich die finale Aufnahme machen konnte. Und wie es der Zufall so wollte, huschten genau im Moment der Belichtung gleich zwei recht helle Sternschnuppen parallel am Himmel über die Marmolata hinweg. Ein kurzer Blick aufs Display verriet, dass sie auch trotz Mondlicht gut auf dem Foto zu erkennen waren.

Bevor ich die Ausrüstung wieder zusammenpackte, machte ich noch eine zweite Aufnahme mit den gleichen Einstellungen, jedoch mit geändertem Fokus. Da das Zelt sehr nah an der Kamera stand, war es auf dem Bild unscharf, nachdem die Kamera ja auf Unendlich bzw. den Sternenhimmel fokussiert war. Ich leuchtete daher kurz mit der Taschenlampe auf das Zelt, um es im Live View der Kamera manuell scharfzustellen. Dieses so aufgenommene Bild zeigte nun also das Zelt und die Wiese im Vordergrund scharf, während der Sternenhimmel nicht im Fokus war. Später am Rechner würde ich beide Bilder zusammensetzen, um ein durchgängig scharfes Bild zu erhalten.

Auf der weiteren Wanderung nahm ich noch ein ähnliches Foto auf, allerdings mit Blumen statt des Zelts im Vordergrund. Die Wanderung auf dem Bindelweg lässt sich nun noch beliebig fortsetzen. In der nächsten Hütte auf dem Weg, der Bindelweghütte auf 2421 Metern, könnten Sie, wenn Sie möchten, sogar übernachten.

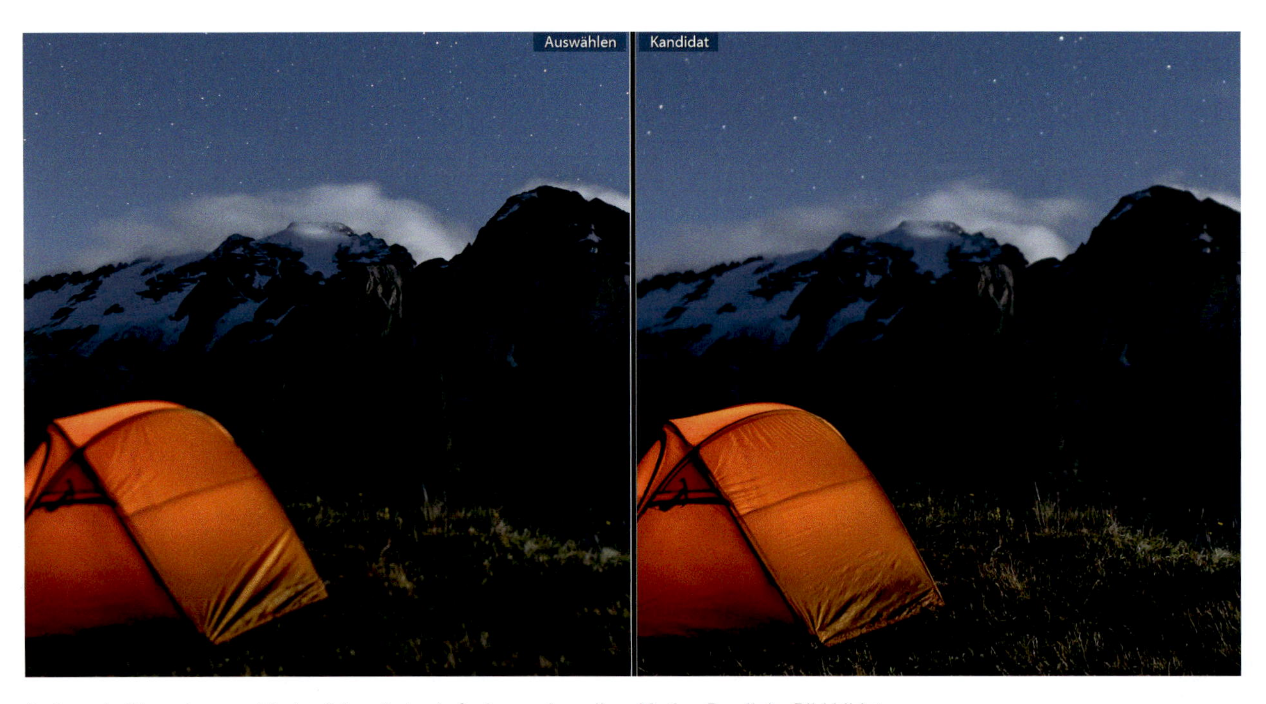

Ausschnitt zweier verschieden fokussierter Aufnahmen desselben Motivs. Das linke Bild bildet die Berge und den Himmel scharf ab, das rechte das Zelt und die Wiese im Vordergrund. Beide Bilder sollen später zu einem durchgehend scharfen Gesamtbild zusammengefügt werden.

Die beeindruckende Marmolata unter einem herrlichen Sternenhimmel bei Mondlicht. Links im Bild sehen Sie einen Teil des Bindelweges, der sich sehr gut für eine Nachtwanderung im Mondschein (natürlich mit zusätzlicher Taschenlampe) eignet. Die Blumen im Vordergrund wurden gerade noch so eben vom Mondlicht beschienen.

24 mm | f2 | 10 s | ISO 1 600 | 13. August, 00:21 Uhr | Focus Stack aus zwei Aufnahmen

Die beeindruckende Marmolata unter einem herrlichen Sternenhimmel bei Mondlicht. Links im Bild sehen Sie einen Teil des Bindelweges, der sich sehr gut für eine Nachtwanderung im Mondschein (natürlich mit zusätzlicher Taschenlampe) eignet. Die Blumen im Vordergrund wurden gerade noch so eben vom Mondlicht beschienen.

24 mm | f2 | 10 s | ISO 1 600 | 13. August, 00:21 Uhr | Focus Stack aus zwei Aufnahmen

Die Bearbeitung

Zurück am Rechner ging es dann darum, die beiden Bilder mit unterschiedlicher Schärfeebene zu einem Bild zusammenzufügen – also ein *Focus Stacking* zu machen.

Nach dem Import der Bilder in Lightroom suchte ich mir dort zunächst die zwei Bilder aus, die ich für den Focus Stack nutzen wollte. Eines davon war korrekt auf den Sternenhimmel und die Berge im Hintergrund fokussiert, das andere auf das Zelt und die Wiese im Vordergrund. Dabei fiel mir auf, dass die Gräser hinter dem Zelt aufgrund eines leichten Windes und der langen Belichtungszeit von zehn Sekunden eine Bewegungsunschärfe aufwiesen. Dies lässt sich leider bei Nachtaufnahmen mit Belichtungszeiten im Sekundenbereich fast nicht vermeiden, es erschwert allerdings das Focus Stacking der Bilder, wie Sie gleich noch sehen werden.

Die Wiese im Vordergrund war zwar korrekt fokussiert, jedoch entstand durch die lange Belichtungszeit von zehn Sekunden eine Bewegungsunschärfe bei einigen Gräsern, wie Sie in diesem Bildausschnitt sehen.

FOCUS STACKING

Diese besondere Fototechnik wird sehr häufig in der Makrofotografie angewendet, wo man auch bei geschlossener Blende nur eine geringe Schärfentiefe erreicht. Um diese zu erhöhen, werden von einem Motiv viele Einzelaufnahmen gemacht, wobei die Schärfeebene mit jedem Bild ein Stück weiter nach hinten verschoben wird. Anschließend werden alle Bilder mit Hilfe eines speziellen Programms (z. B. Helicon Focus oder auch Photoshop) zu einem Gesamtbild zusammengesetzt, auf dem das Motiv im Idealfall durchgehend scharf abgebildet ist.

Aber auch in der Landschaftsfotografie können Sie sich diese Fototechnik zunutze machen, wenn Sie Vordergrundobjekte haben, die sehr nah vor dem Objektiv positioniert sind. Auch hier klappt die automatische Verrechnung von normalen Tageslichtbildern in der Regel sehr gut. Eine entsprechende Vorgehensweise in Photoshop lernen Sie in diesem Projekt kennen.

Etwas anders sieht es in der nächtlichen Landschaftsfotografie aus. Hier kommt das Problem der Unschärfe im Vordergrund bei fokussiertem Sternenhimmel noch stärker als tagsüber zum Tragen, da Sie nachts in der Regel mit einer sehr viel offeneren Blende arbeiten und somit nur eine geringe Schärfentiefe erreichen. Nach meiner Erfahrung lassen sich Nachtaufnahmen allerdings nicht sehr gut automatisch mittels Focus Stacking zusammenfügen – hier ist immer etwas Nacharbeit erforderlich. Das grundsätzliche Verfahren ist jedoch für Tag- und Nachtaufnahmen identisch.

Diese Blume konnte ich mit nur einer Aufnahme (links) nicht komplett scharf abbilden. Erst das Zusammenfügen von sechs Bildern mit unterschiedlicher Schärfe mittels Focus Stacking führte zu einer nahezu durchgehenden Schärfe (rechts).

100 mm | f5,6 | 1/80 s | ISO 400 | Focus Stack aus sechs Aufnahmen

SCHRITT FÜR SCHRITT

Focus Stacking in Photoshop

Bevor ich die Bilder nun in Photoshop zusammenfügte, bearbeitete ich sie in Lightroom. Hierbei nahm ich folgende Anpassungen am Bild mit dem korrekt fokussierten Sternenhimmel vor:

- Aktivieren der OBJEKTIVKORREKTUREN und zusätzlich manuelles Entfernen der Vignette
- Erhöhen der Schärfe und Reduzierung des Luminanzrauschens
- Erhöhen der Belichtung
- Reduzieren der Lichter
- Erhöhen der Tiefen und des Weißwertes
- Erhöhen der Klarheit und Dynamik

Die Anpassungen synchronisierte ich anschließend auf das zweite Bild, auf dem der Vordergrund korrekt fokussiert war.

1 Bilder in Photoshop-Ebenen laden

Anschließend öffnete ich beide Bilder als Ebenen in Photoshop, indem ich sie markierte und den Menüpunkt FOTO • BEARBEITEN IN • IN PHOTOSHOP ALS EBENEN ÖFFNEN... aufrief. Die beiden Bilder wurden daraufhin als separate Ebenen in einer Datei in Photoshop geöffnet. Zur besseren Übersicht benannte ich die Ebenen in »vorn scharf« ❷ und »hinten scharf« ❶ um, wobei ich die Ebene mit korrekt fokussiertem Sternenhimmel als oberste Ebene platzierte.

2 Ebenen automatisch ausrichten

Auch wenn ich die Fotos vom Stativ aufgenommen hatte, ergab sich durch die unterschiedliche Fokussierung ein gewisser Versatz der Bildelemente. Daher markierte ich beide Ebenen und rief über den Menüpunkt BEARBEITEN • EBENEN AUTOMATISCH AUSRICHTEN... die entsprechende Funktion auf. Im darauffolgenden Dialog beließ ich es bei der automatischen Projektion ❸, die meist sehr gut funktioniert, wenn die Aufnahmen vom Stativ gemacht wurden.

3 Ebenen automatisch überblenden

Nun ließ ich zunächst Photoshop versuchen, die beiden Bilder automatisch zu überblenden. Dabei versucht die Funktion, die jeweils unscharfen Bereiche jeder Ebene durch entsprechende Maskierung (Ebenenmasken) aus-

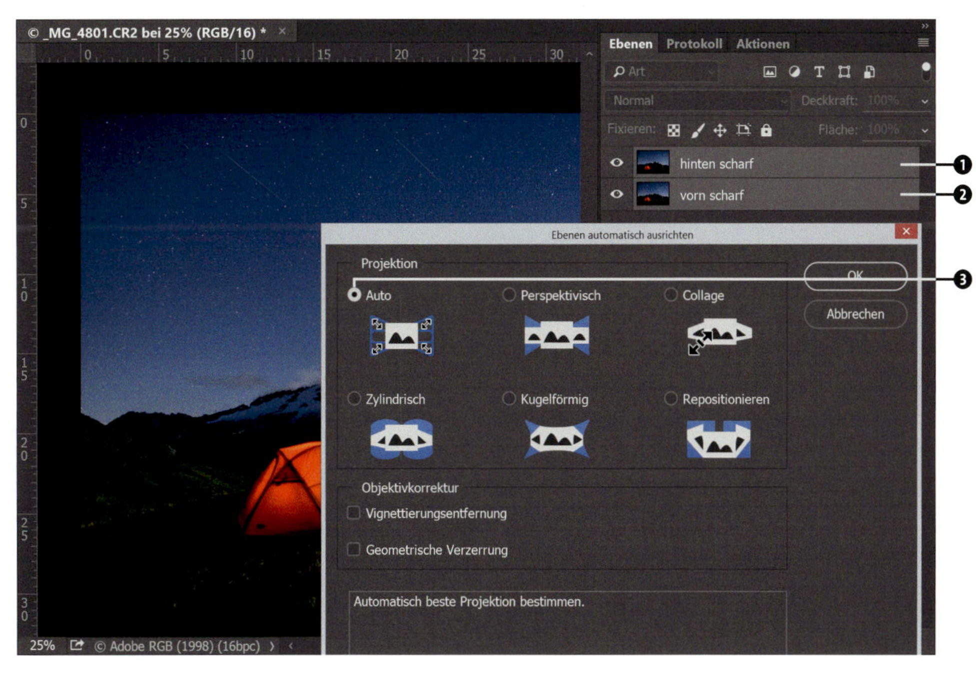

« *Im ersten Schritt richtete ich die beiden Ebenen automatisch aus.*

zublenden und stattdessen die scharfen Bereiche der anderen Ebene an dieser Stelle im Gesamtbild anzuzeigen. Dazu ließ ich die Ebenen weiterhin markiert und rief den Menüpunkt BEARBEITEN • EBENEN AUTOMATISCH ÜBERBLENDEN... auf. Hier wählte ich die Option BILDER STAPELN ❶ aus, um ein Stacking durchzuführen. Wichtig war außerdem, die Option NAHTLOSE TÖNE UND FARBEN ❷ zu deaktivieren, da es sonst erfahrungsgemäß bei Nachtbildern zu ungewollten Artefakten im Bereich des Himmels kommt. Auch die INHALTSBASIERTE FÜLLUNG FÜR TRANSPARENTE BEREICHE ❸ beließ ich deaktiviert, da ich das Bild im Randbereich später beschneiden würde.

Nach dem automatischen Überblenden wurde schnell eine der »Problemzonen« beim Focus Stacking einer Nachtaufnahme sichtbar: der Sternenhimmel. Durch die Erdrotation waren die Sterne natürlich zwischen beiden Aufnahmen »gewandert«, so dass sie auch nach dem automatischen Ausrichten nicht übereinanderlagen. Daher konnte Photoshop diesen Bereich auch nicht korrekt stacken.

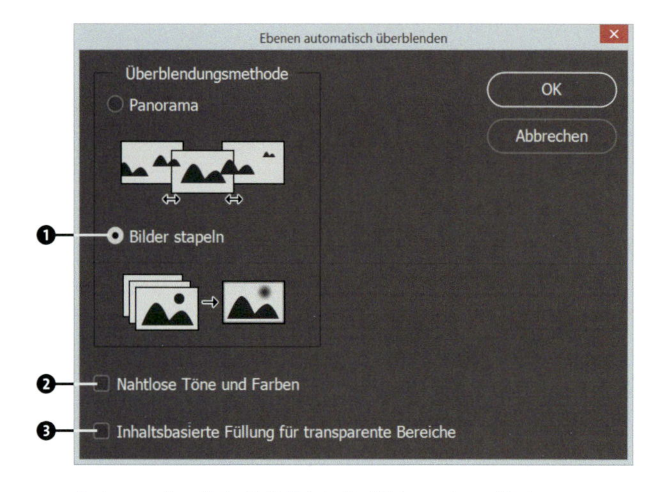

Im zweiten Schritt ließ ich die Bilder automatisch überblenden – das Focus Stacking.

Photoshop hat für beide Ebenen eine Ebenenmaske angelegt, um die jeweils scharfen Bereiche beider Fotos im Gesamtbild anzuzeigen.

4 Ebenenmaske des Sternenhimmels bearbeiten

Dieses Problem konnte ich jedoch sehr leicht beheben, indem ich die Ebenenmaske der Ebene »hinten scharf« ❺ so mit einem weißen Pinsel ❹ bearbeitete, dass der komplette Himmelsbereich weiß war und somit nur noch dieser scharfe Sternenhimmel im Ergebnisbild erschien. Dabei konnte ich mit einem großen Pinsel arbeiten, da auch die Berge in diesem Bild scharf waren und ich somit nicht so genau arbeiten musste.

Zur Kontrolle, ob ich mit dem Pinsel wirklich den gesamten Himmelsbereich erwischt hatte, klickte ich bei gedrückter Alt-Taste auf die Ebenenmaske ❻, so dass diese statt des eigentlichen Bildes angezeigt wurde. Dabei korrigierte ich innerhalb der Ebenenmaske auch gleich den schwarzen Bereich des Zeltes ❽, der beim Stacken nicht ganz korrekt erkannt worden war. Durch ein Klicken auf das Ebenenbild ❼ verschwand diese Ansicht schließlich wieder.

5 Ebenenmaske weiter verbessern

Als letzte manuelle Korrektur bearbeitete ich den Bereich der Blumen und Gräser vor der Bergkette. Durch die Bewegungsunschärfe der Pflanzen klappte auch hier das automatische Focus Stacking nicht hundertprozentig, so dass ich mit einem kleineren weißen Pinsel in der Ebenenmaske der Ebene »hinten scharf« ❾ vorsichtig in den Bereichen zwischen den Grashalmen und Blumen arbeitete. Dadurch wurden die dahinterliegenden Felsen scharf abgebildet. Im letzten Schritt fügte ich noch einen Beschnitt hinzu, um die transparenten Randbereiche zu eliminieren.

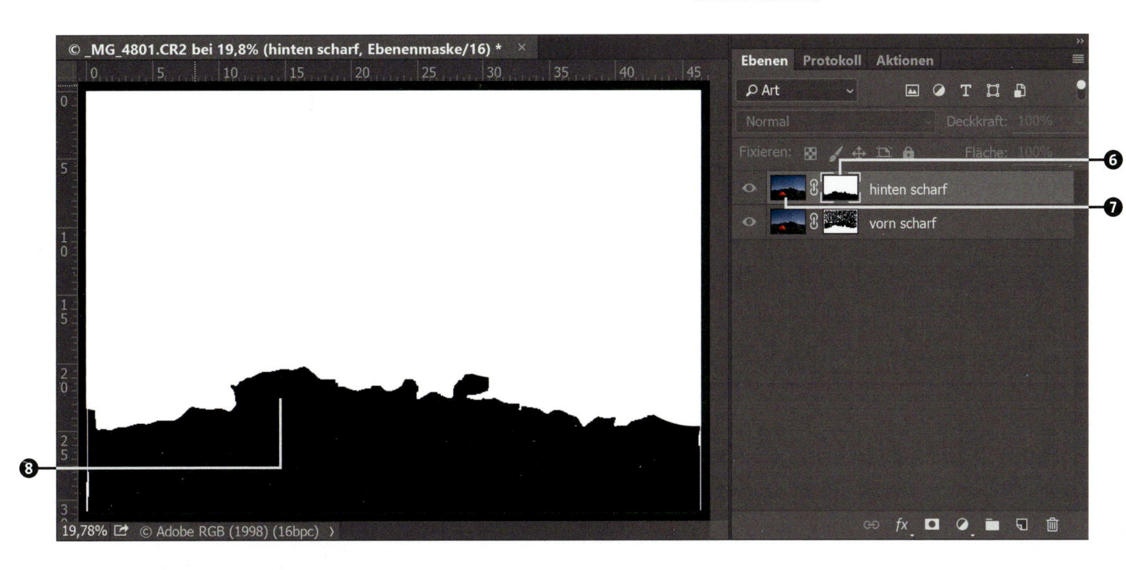

« Ich bearbeitete die Ebenenmasken manuell nach, um Fehler beim Focus Stacking zu beheben.

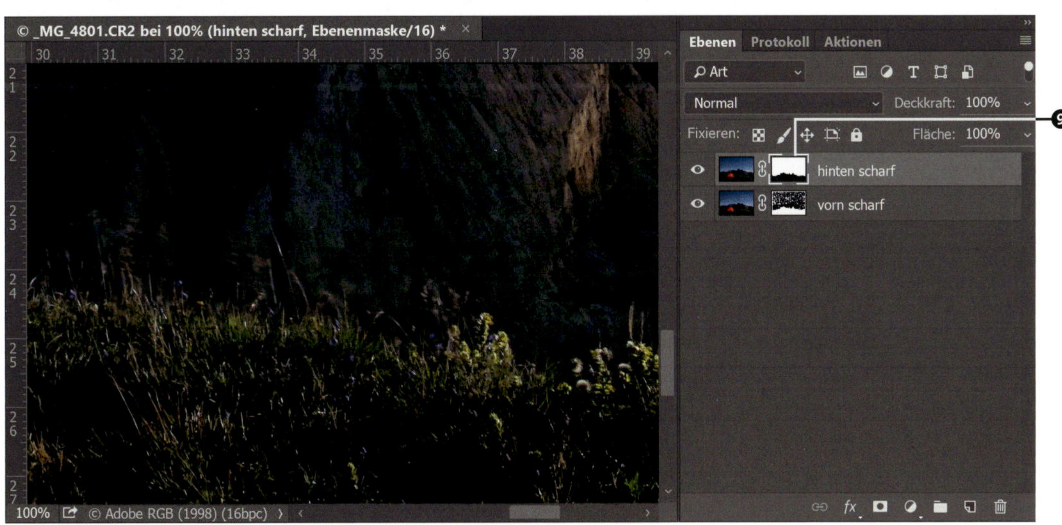

« Im Bereich der Gräser vor den Felsen war ein Focus Stacking aufgrund der Bewegungsunschärfe schwierig. Auch hier musste ich manuell mit einem Pinsel in der Maske nacharbeiten.

« *Das fertige Bild weist sowohl im Vordergrund als auch im Hintergrund eine korrekte Schärfe auf. Lediglich die Gräser an der Kante zeigen eine Bewegungsunschärfe aufgrund des Windes und der langen Belichtungszeit. Die zwei Meteore am oberen Bildrand symbolisieren das Quäntchen Glück, das Sie für solche Aufnahmen manchmal brauchen.*

24 mm | f2 | 10 s | ISO 800 | 12. August, 23:42 Uhr
Focus Stack aus zwei Aufnahmen

KAPITEL 8

MILCHSTRASSE

Nachdem wir uns in den bisherigen Projekten mit dem Fotografieren in der Dämmerung oder bei Mondlicht beschäftigt haben, soll es in diesem Kapitel nun um ein populäres Fotomotiv gehen, das Sie am besten bei völliger Dunkelheit aufnehmen: die Milchstraße. Den Namen verdankt unsere Heimatgalaxie ihrem Aussehen, das von der Erde aus betrachtet an einen milchigen Streifen am Himmel erinnert. In Wirklichkeit setzt sich dieses Band aus unzähligen einzelnen Sternen zusammen, die schon durch ein einfaches Fernglas oder mit einem Weitwinkelobjektiv fotografisch festgehalten sehr beeindruckend sind. Aktuellen Studien zufolge hat jedoch ein Drittel der Menschheit gar keine Chance mehr, die Milchstraße mit bloßem Auge zu sehen – in Europa sind es sogar 60

Das beeindruckende Band der Milchstraße mit dem galaktischen Zentrum im Kontrast zum lichtverschmutzten Garmisch-Partenkirchen

24 mm (Einzelbilder) | f2 | 12 s | ISO 3 200 | 06. Mai, 03:06 Uhr | Panorama aus fünf Einzelaufnahmen

Prozent! Grund hierfür ist die Lichtverschmutzung (siehe dazu auch den Abschnitt »Lichtverschmutzung« ab Seite 67), die in vielen Industrie- und Ballungszentren den Nachthimmel so stark erhellt, dass die Strukturen der Milchstraße nicht mehr zu erkennen sind. Umso beeindruckender ist es, wenn Sie das erste Mal in einer dunkleren Region unter einem sternenklaren Himmel stehen und plötzlich das helle Band der Milchstraße über sich »leuchten« sehen!

STERNENPARKS IN DEUTSCHLAND

Ähnlich einem Naturschutzgebiet gibt es auch sogenannte *Lichtschutzgebiete*, in denen sehr geringe Lichtverschmutzung herrscht und die Dunkelheit daher als Schutzgut erklärt wurde. Weltweit gibt es über 50 dieser Gebiete, die in Deutschland die Bezeichnung »Sternenpark« tragen. Bislang wurden hierzulande vier Sternenparks von internationalen Organisationen offiziell anerkannt:

- International Dark Sky Reserve Naturpark Westhavelland
- International Dark Sky Reserve UNESCO Biosphärenreservat Rhön
- International Dark Sky Park Nationalpark Eifel
- International Dark Sky Park Winklmoos-Alm

In diesen Regionen herrscht zwar nachweisbar eine sehr geringe Himmelshelligkeit, die zum Beobachten und Fotografieren von Deep-Sky-Objekten sehr gut ist, der Horizont ist jedoch aufgrund der Nähe zu großen Städten meist trotzdem nicht frei von Lichtverschmutzung. Ideale Bedingungen für die Milchstraßenfotografie gibt es also auch hier nicht zwingend, wie das folgende Beispiel des Sternenparks im Westhavelland zeigt.

Ein Besuch im Sternenpark lohnt sich für Fotografen mit Interesse an der Astronomie aber allemal. Häufig können Sie hier auch verschiedenes Equipment ausleihen oder sich fachkundig anleiten lassen.

Selbst im Sternenpark Westhavelland, der für seinen dunklen Nachthimmel offiziell ausgezeichnet ist, stört die Lichtverschmutzung am Horizont beim Fotografieren der Milchstraße. Die »Lichtglocke« des über 60 km entfernten Berlins überstrahlt das galaktische Zentrum der Milchstraße im Südosten nahezu vollständig.

24 mm (Einzelbilder) | f2 | 10 s | ISO 3 200 | 09. April, 02:07 Uhr | zweizeiliges Panorama aus 14 Einzelaufnahmen, astromodifizierte Kamera

Besonders imposant ist das helle Zentrum der Milchstraße, das auf der Südhalbkugel der Erde meist hoch am Himmel steht und deshalb dort natürlich noch eindrucksvoller fotografiert werden kann. Aber auch bei uns auf der Nordhalbkugel können Sie diesen Teil der Milchstraße – auch *galaktisches Zentrum* (abgekürzt mit GZ oder englisch GC) genannt – wunderschön ablichten, Sie müssen nur zur richtigen Zeit am richtigen Ort sein!

Standort und Zeitpunkt für die Aufnahme

Den »richtigen« Ort finden Sie am besten anhand der Lichtverschmutzungsinformationen im Internet oder in verschiedenen Apps heraus. Insgesamt sollten Sie folgende Kriterien bei der Standortwahl berücksichtigen:

- Der Ort sollte möglichst dunkel sein, also einen geringen Lichtverschmutzungsgrad aufweisen.
- Es sollten sich in Richtung Südosten bis Südwesten möglichst keine großen Städte in der Nähe befinden, die den Horizont stark aufhellen.
- Der Blick in Richtung Südosten bis Südwesten sollte möglichst frei sein, da sich das galaktische Zentrum nur wenige Grad über dem Horizont zeigt. Ideal ist natürlich ein Rundumblick in alle Richtungen, dann können Sie auch Panoramen aufnehmen.
- Interessante Vordergrundmotive wie Felsformationen oder Seen geben dem Foto einen ganz besonderen Touch. Die Bildkomposition solcher Motive zusammen mit der Milchstraße erfordert jedoch meist eine erhöhte Planungsarbeit.
- Ein möglichst hoch gelegener Standort (z. B. in den Bergen) sorgt in der Regel für eine bessere Lufttransparenz und lässt die Bilder noch kontrastreicher werden.
- Vermeiden Sie, wenn möglich, Einflugschneisen von Flughäfen – das erspart Arbeit beim späteren Retuschieren der Flugzeugspuren.
- Je weiter südlich Sie sich aufhalten, desto mehr sehen Sie vom Zentrum der Milchstraße. In Deutschland haben Sie aber schon sehr gute Chancen auf beeindruckende Fotos.

Ebenso wichtig wie der richtige Ort ist eine geeignete Zeit für die Milchstraßenfotografie. Hierbei bestimmen drei wesentliche Faktoren den Zeitraum, den Sie für das Fotografieren der Milchstraße nutzen können:

- der Mond
- die Dämmerung
- die Sichtbarkeit des Milchstraßenzentrums

» *Der aufgehende Mond hat hier auf Sardinien ein magisches Licht auf die Wasseroberfläche gezaubert. Da der Halbmond zum Aufnahmezeitpunkt nur knapp über dem Horizont stand, sind noch vergleichsweise viele Strukturen der Milchstraße zu erkennen.*

24 mm | f2 | 10 s | ISO 6400 | 27. April, 03:15 Uhr | Stack aus 14 Einzelaufnahmen

Mond | Zunächst schränkt natürlich der Mond die möglichen Zeiträume ein, da Sie für die Aufnahme der Milchstraße einen dunklen und somit mondlosen Himmel brauchen. Unter Berücksichtigung der Mondauf- und Untergangszeiten lassen sich aber dennoch viele Nächte im Monat (zumindest teilweise) nutzen, wie das Beispiel im Abschnitt »Mondphasen« auf Seite 84 bereits gezeigt hat. Aber auch die Zeit direkt zum Mondauf- oder -untergang kann sehr stimmungsvoll für die Milchstraßenfotografie genutzt werden (siehe links unten).

Dämmerung | Hinzu kommt die Dämmerung, die insbesondere im Sommer die potentielle Fotozeit für die Milchstraße stark verkürzt bzw. in Norddeutschland sogar komplett entfallen lässt, da es hier nicht mehr richtig dunkel wird. Sinnvoll fotografieren lässt sich die Milchstraße nämlich nur bei maximaler Dunkelheit, also nach dem Ende der astronomischen Dämmerung am Abend und vor dem Anfang der astronomischen Dämmerung am Morgen. Die Dämmerungszeiten sollten Sie sich daher explizit für Ihren Standort anschauen (siehe dazu auch den Abschnitt »Dämmerungsphasen für einen Standort bestimmen« ab Seite 75).

Milchstraßenzentrum | Wollen Sie wirklich beeindruckende Fotos der Milchstraße machen, sollten Sie außerdem wissen, wann diese wo und in welchem Winkel am Himmel steht. Die meisten Fotos, die Sie wahrscheinlich von der Milchstraße kennen werden, zeigen ihr helles und farbenprächtiges Zentrum, das jedoch nicht das ganze Jahr über auf der Nordhalbkugel zu sehen ist. Vielmehr gibt es eine »Milchstraßensaison«, die in Mitteleuropa etwa von März bis September/Oktober dauert. Am Anfang der Saison können Sie das Milchstraßenzentrum am besten in der zweiten Nachthälfte vor der astronomischen Morgendämmerung fotografieren, ab dem Sommer dann direkt nach der astronomischen Abenddämmerung in der ersten Hälfte der Nacht. Wie gut Sie das Zentrum über dem Horizont sehen können, hängt von Ihrem Standort ab. Während es Ende April in Flensburg gerade einmal 3,5 Grad hoch steht, sind es zur gleichen Zeit in den Alpen bereits über 10 Grad mehr.

Als erste Orientierung für Ihre Planung kann Ihnen die Tabelle unten dienen, die die für Sie interessanten Informationen der Milchstraßensaison 2020 für einen exemplarischen Standort am Alpenrand in der Nähe von Garmisch-Partenkirchen enthält. Dort nahm ich auch das Projektbild »Milchstraßenpanorama über dem Barmsee« auf. Bei der Angabe, wann das galaktische Zentrum gut sichtbar ist (mindestens 3 Grad über dem Horizont), habe ich bereits die Dämmerungszeiten des Standorts einfließen lassen. Die angegebenen Zeiträume befinden sich demnach alle in der Phase der maximalen Dunkelheit und können – gutes Wetter vorausgesetzt – komplett für die Fotografie genutzt werden. Die beeindruckendsten Bilder werden Sie dabei vermutlich machen, wenn das Zentrum maximal über dem Horizont steht.

Neumond	Zentrum gut sichtbar	Zentrum maximal über dem Horizont
24. Februar 2020	ca. 04:40 – 05:25 Uhr	7° im Südosten (05:25 Uhr)
24. März 2020	ca. 02:45 – 04:25 Uhr	11° im Süden (04:25 Uhr)
23. April 2020	ca. 01:45 – 04:10 Uhr	13° im Süden (04:10 Uhr)
23. Mai 2020	ca. 23:45 – 02:55 Uhr	13,5° im Süden (2:55 Uhr)
20. Juni 2020	ca. 00:30 – 02:15 Uhr	13,5° im Süden (01:00 Uhr)
20. Juli 2020	ca. 23:30 – 02:15 Uhr	13,5° im Süden (23:15 Uhr)
18. August 2020	ca. 22:20 – 00:15 Uhr	12° im Südwesten (22:20 Uhr)
17. September 2020	ca. 21:10 – 22:15 Uhr	9,5° im Südwesten (21:10 Uhr)

« Die Tabelle zeigt exemplarisch die Sichtbarkeit und Höhe des galaktischen Zentrums der Milchstraße über dem Horizont für jeden Monat der Milchstraßensaison 2020, jeweils am Tag des Neumonds (Folgejahre natürlich ähnlich). Der Standort dieses Beispiels befindet sich in der Nähe von Garmisch-Partenkirchen.

schaft zu finden. Diese Information speichern Sie sich am besten über den Button Aktion ⓮, was einfach einen Screenshot in der Fotobibliothek Ihres Smartphones ablegt. Anschließend brauchen Sie »nur« noch bei gutem Wetter zur ermittelten Zeit an diesen Ort zurückzukehren und Ihr Milchstraßenfoto aufzunehmen.

Diese AR-Funktion ist also vor allem dann ideal, wenn Sie die Planung Ihres Milchstraßenbildes statt ausschließlich vom Sofa aus auch direkt vor Ort machen möchten – zum Beispiel bei einer Wanderung am Tage. Bei meinem Besuch des Drei-Zinnen-Nationalparks in den Dolomiten etwa wusste ich zwar, dass ich die markante Formation der Zinnen zusammen mit dem Nachthimmel und der Milchstraße fotografieren wollte, ich war mir allerdings noch nicht über den idealen Standort klar. So nutzte ich die Abendstunden vor der Dämmerung zum einen, um die passende Location mit einem schönen Blickwinkel auf die markanten Berge zu finden, zum anderen, um anhand der Nacht-AR-Funktion in der PhotoPills-App herauszufinden, wann genau die Milchstraße rechts neben den Zinnen stehen würde.

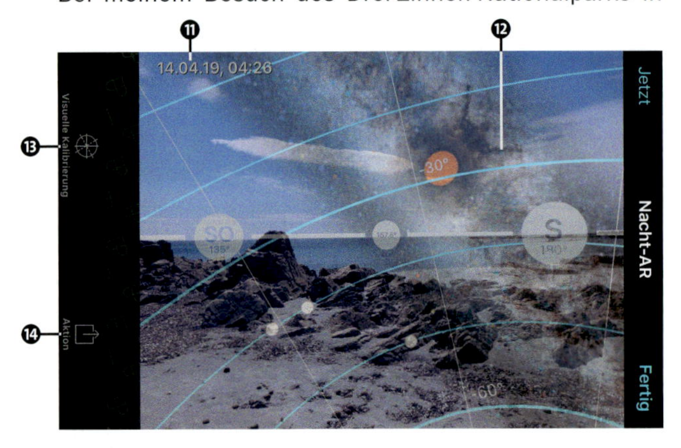

⌃ *Mit der Augmented-Reality-Funktion der App können Sie Ihre Planung vor Ort schon am Tage prüfen.*

Für ein komplettes Milchstraßenpanorama war es mir in dieser Nacht im August bereits zu spät im Jahr (der höchste Punkt stand zur Zeit des Fotos mit 85° fast senkrecht über dem Horizont), aber auch der Ausschnitt des Bogens rahmt das Bergpanorama, wie ich finde, wunderbar ein. Die Wartezeit bis zur Nacht konnte ich übrigens ideal nutzen, um dieses Motiv in verschiedenstes Licht zu tauchen: Zunächst ließ die untergehende Sonne die Berge für ein paar Minuten zauberhaft glühen (das sogenannte *Alpenglühen*), dann sorgten die Blaue Stunde und das Restlicht des untergehenden Mondes für eine magische Lichtstimmung, und schließlich funkelten unzählige Sterne über den Silhouetten des markanten Wahrzeichens der Sextner Dolomiten (siehe nächste Seite).

« *Das Ergebnisbild stimmt sehr gut mit der zuvor erstellten Planung überein.*

20 mm | f2 | 12 s | ISO 6400 | 14. April, 04:31 Uhr

Die Drei Zinnen in den Dolomiten in unterschiedlichstes Licht getaucht. Diese Panorama-aufnahmen entstanden an einem Tag im August zwischen 20:30 und 00:30 Uhr.

AIRGLOW

Wundern Sie sich nicht, wenn Sie auf Ihren Fotos aus einer mondlosen Nacht an einem dunklen Standort ein schwaches oder manchmal sogar helleres, meist grünes Leuchten erkennen. Dabei handelt es sich in aller Regel nicht um Polarlicht, sondern um das sogenannte *Airglow* – manchmal auch *Nachthimmellicht* oder *Nachthimmelsleuchten* genannt. Es ist auf Bildern meist in Horizontnähe zu sehen und ist indirekt auf die UV-Strahlung der Sonne zurückzuführen. Diese spaltet vereinfacht gesagt Sauerstoffmoleküle in atomaren Sauerstoff auf, der wiederum verschiedene chemische Reaktionen und somit die Emission von Airglow auslöst. Nähere Informationen darüber sowie eine Liste der dokumentierten Airglow-Beobachtungen in Mitteleuropa finden Sie unter *www.polarlichter.info/airglow.htm*.

Auf der untersten Milchstraßenaufnahme in der Abbildung auf der vorherigen Seite erkennen Sie bei genauem Hinsehen ein schwaches Airglow links der Drei Zinnen.

Eine ähnliche 2D-Planungsfunktion wie PhotoPills bietet übrigens auch die TPE-App unter iOS (in der Android-Version der App war die Milchstraßenfunktion zur Entstehung des Buches noch nicht enthalten). Anhand des Drei-Zinnen-Beispiels aus der Abbildung auf der vorherigen Seite möchte ich daher auch sie kurz erläutern, bevor ich im Projekt dieses Kapitels eine sowohl für iOS als auch für Android verfügbare App mit einer ähnlichen Milchstraßenfunktion nutzen werde.

Die Darstellung des Milchstraßenbogens gestaltet sich in der TPE-App ähnlich wie in PhotoPills – je näher der Bogen ❿ am aktuell gesetzten Standort ❷ ist, desto steiler steht die Milchstraße am Himmel. Die genaue Gradzahl des höchsten Punktes ❾ können Sie ebenfalls ablesen. Im Nachtmodus (einzustellen, indem Sie auf das Datum ❶ tippen) können Sie neben den Dämmerungszeiten auch den Zeitpunkt des Monduntergangs ❹ sowie des Untergangs des galaktischen Zentrums der Milchstraße ❽ ablesen. Im Bereich des Zeitreglers ❼ sehen Sie außerdem die Informationen zum Stand des Milchstraßenzentrums und des Mondes, sowohl als Zahlen mit Azimut und Höhe ❻ als auch in Form von grafischen Kurven ❺ dargestellt. Verschieben Sie nun den Zeitregler, sehen Sie, wie der Milchstraßenbogen entsprechend wandert. Wenn Sie als Kartentyp die OPENCYCLEMAP TOPOGRAPHIC ⓫ (letzte Karte in der Reihe) auswählen, sehen Sie auf der Karte auch Wanderwege und Höhenlinien. In der Abbildung ist bei genauem Hinsehen anhand der Höhenlinien zu erkennen, dass sich der fotografisch interessante Teil der Milchstraße ❸ zum Zeitpunkt der Aufnahme etwa auf Höhe des Sattels rechts neben den Drei Zinnen befand (vom Standpunkt des Fotografen ❷ aus gesehen) und das galaktische Zentrum noch 6,7 Grad über dem Horizont stand.

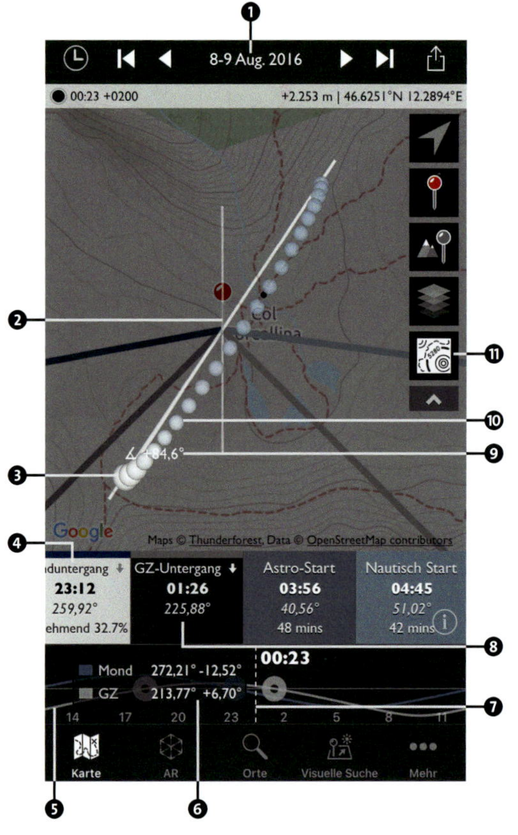

2D-Milchstraßenplanung der Drei-Zinnen-Aufnahme mit der Smartphone-App TPE unter iOS

Projekt »Milchstraßenpanorama über dem Barmsee«

Seen haben immer etwas Besonderes, da sie bei Windstille eine wundervolle Spiegelung des Sternenhimmels ermöglichen. Der Barmsee bei Garmisch-Partenkirchen ist ideal geeignet, um ihn im Frühjahr als Teil eines 180°-Milchstraßenpanoramas zu fotografieren.

Projektsteckbrief

Schwierigkeit	■■■□□
Ausrüstung	Kamera (Astromodifikation von Vorteil, aber nicht zwingend notwendig), Stativ, Weitwinkelobjektiv, gegebenenfalls Panoramakopf, gegebenenfalls Fernauslöser
Zeitraum	März bis Mai, jeweils um die Zeit des Neumonds herum
Erreichbarkeit	einfache Wanderung von ca. 30 Minuten, Parkplatz im Ort mit dem Auto erreichbar
Planung	ca. 15 Minuten
Durchführung	ca. 2 Stunden inklusive Wanderung
Nachbearbeitung	ca. 30 – 60 Minuten
Programme	Planit Pro, Lightroom, PTGui
Fotospot	Barmsee in der Nähe von Garmisch-Partenkirchen
Höhe	886 m
GPS-Koordinaten	47.497479, 11.240760
⤓	GPS-Wegpunkt des Fotospots, GPS-Track der Nachtwanderung

Die Planung

Nachdem ich bereits einen herrlichen Sonnenaufgang am Ufer des Barmsees erlebt hatte, wollte ich noch einmal in der Nacht an diesen Ort zurückkehren. Das Westufer des Sees ist leicht zu erreichen und bietet einen nahezu freien Blick über den See in Richtung Osten. Nun galt es zunächst, herauszufinden, wann die Milchstraße in einem nicht allzu steilen Bogen über dem See zu sehen sein würde.

SCHRITT FÜR SCHRITT

Das Milchstraßenpanorama planen mit Planit Pro

Nach einem Besuch des Fotospots bei Tag wusste ich bereits, dass ein etwa parallel zum Seeufer verlaufender Milchstraßenbogen ideal für die Aufnahme wäre. Und da die beste Zeit für Milchstraßenpanoramen das Frühjahr ist, versuchte ich, alle potenziellen Tage bzw. Nächte herauszufinden, an denen eine solche Komposition in einer mondlosen Nacht möglich wäre. Dazu nutzte ich die App Planit Pro, die eine geniale Funktion für solche Aufgabenstellungen bietet.

1 Komposition planen

Nachdem ich den Standortmarker ❽ (siehe nächste Seite) auf das Westufer des Barmsees gesetzt hatte, wechselte ich in die Ephemeriden-Funktion Milchstrassensuche. Das Datum ⓫ setzte ich zunächst auf Anfang März, da hier die Milchstraße noch einen schönen flachen Bogen bildet und das galaktische Zentrum trotzdem schon über dem Horizont zu sehen ist. Auf die Mondphase musste ich an dieser Stelle noch nicht achten. Den Zeitregler ⓬ verschob ich dann so weit in die zweite Nachthälfte, bis die Milchstraße ❿ einen Bogen bildete, der sich parallel zum Ufer des Sees erstreckte. Anhand der Kreise ❼ um den gesetzten Standort konnte ich dabei auch die maximale Höhe des Bogens zwischen 30° und 40° ablesen, was für ein Milchstraßenpanorama aus meiner Sicht ein idealer Wert ist. Und auch das galaktische Zentrum würde zu diesem Zeitpunkt schon gut sichtbar mit mehr als 6° über dem Horizont stehen, was ich sowohl in der Zeitleiste als auch in den Angaben im Kopfbereich ❷ ablesen konnte.

2 Mögliche Aufnahmenächte ermitteln

Dies war nun also meine geplante Komposition aus See, Bergen und Milchstraße. Nun brauchte ich nur noch die Liste der möglichen Nächte, an denen genau diese Aufnahme möglich sein würde. Ich stellte dazu einen möglichen Zeitraum ein, für den mir die App alle potentiellen Termine ermitteln sollte. Um zu sehen, wann im Laufe eines Jahres eine solche Aufnahme zu realisieren war, stellte ich das Anfangsdatum ❶ auf den 1. Januar und das Enddatum ❸ auf den 31. Dezember. Daraufhin zeigte mir die App an, dass es innerhalb dieses Zeitraums 102 EREIGNISSE (Nächte) im Jahr geben würde, an denen die Milchstraße genau in dieser Form über dem Barmsee stehen würde ❺.

Ein Tippen auf diese Angabe ❺ öffnete schließlich eine Liste, in der alle 102 Ereignisse mit Datum und Uhrzeit tabellarisch aufgeführt wurden, inklusive dem Stand der Sonne und des Mondes.

⮝ *Milchstraßenplanung mit der Planit-Pro-App unter iOS oder Android*

3 Ergebnisse filtern

Da eine Milchstraßenaufnahme in einer mondlosen Nacht gemacht werden sollte, konnte ich die Liste der Termine durch den Filter KEIN MOND ⓮ weiter sinnvoll einschränken. Die gefilterten Ergebnisse zeigten mir dabei nicht nur die Neumondnächte an, sondern auch jene zu anderen Mondphasen, in denen der Mond jedoch schon untergegangen oder noch nicht aufgegangen war. Es blieb danach weniger als die Hälfte der Termine übrig ⓭, von denen der früheste am 6. März und der späteste am 31. Mai war. Eine weitere sinnvolle Einschränkung wären bestimmte Wochentage gewesen, hätte ich beispielsweise nur Samstage oder Sonntage für einen solchen Fotoausflug nutzen wollen. Durch Tippen auf einen der Termine führte ich anschließend weitere Planungen durch.

Da es im Jahr der Aufnahme Anfang Mai eine längere Schönwetterperiode gab, entschied ich mich für einen spontanen Kurzurlaub in der Region und wählte mir dazu einen entsprechenden Termin aus der Liste aus.

4 Brennweite einstellen

Ich war mir schon recht sicher, dass ich die Aufnahme gern mit einem 24-mm-Objektiv machen wollte, weshalb ich diese Brennweite durch ein Tippen auf die Angabe ❻ einstellte. Grüne Begrenzungslinien ❾ zeigten mir daraufhin den Bildausschnitt, den ich mit dieser Brennweite aufnehmen könnte, in der Karte an. Dies reichte natürlich nicht für den kompletten Bogen der Milchstraße, weshalb ich über den Aktionsbutton ❹ die Ansicht PANORAMA BETRACHTEN ⓳ aufrief.

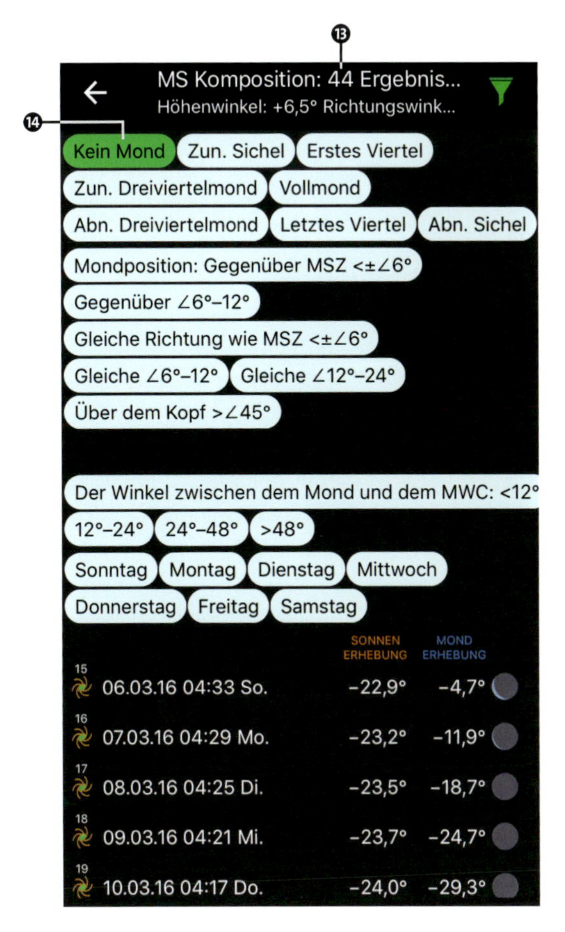

Die Funktion ermittelt alle mondlosen Nächte inklusive der genauen Uhrzeiten, zu denen die Milchstraße an einer bestimmten Position am Himmel steht.

5 Panorama betrachten

Nachdem ich die Kameraausrichtung in das Hochformat ⓰ geändert und die grünen Begrenzungslinien ⓱ mit dem Finger links und rechts der Milchstraße platziert hatte, konnte ich aus der Infobox ⓯ ablesen, dass ich sechs Bilder mit einer Drehung von 37,5° zwischen den Aufnahmen für mein Panorama machen müsste. Mit einem Tippen auf diese Angabe ⓯ können Sie übrigens auch in der Einstellung des Panoramawerkzeugs MEHRERE REIHEN konfigurieren, um so auch mehrzeilige Panoramen mit einem größeren vertikalen Bildwinkel zu planen. Dies ist beispielsweise dann hilfreich, wenn der Milchstraßenbogen nicht mehr so flach über dem Horizont steht und Sie diesen trotzdem noch mit ausreichend Vordergrund in einem Gesamtbild festhalten möchten.

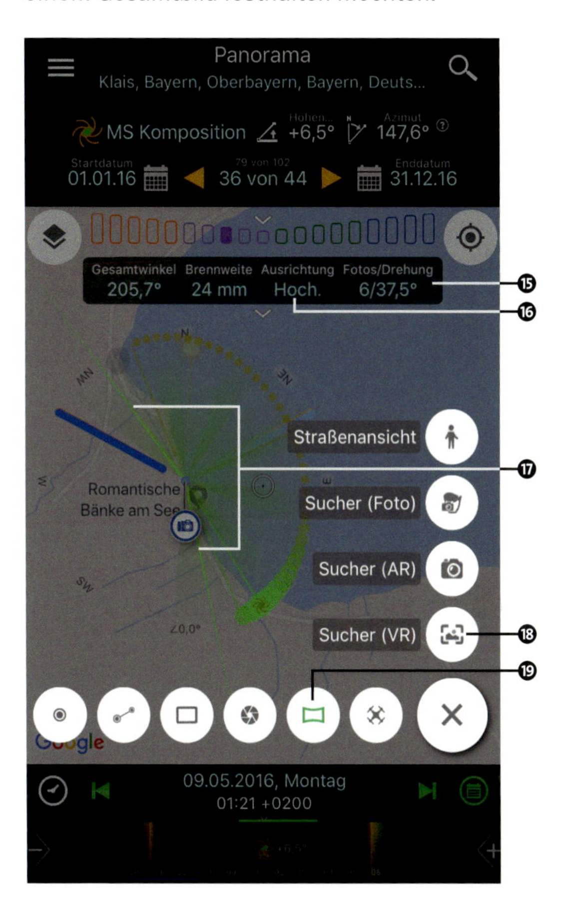

Genauere Planung der Panoramaaufnahme

6 VR-Modus aktivieren

Erneut über den Aktionsbutton ❹ wechselte ich anschließend in eine andere Ansicht, um mein Milchstraßenpanorama virtuell sehen zu können. Aus den verfügbaren Ansichten wählte ich daher den Modus SUCHER (VR) ⓲.

7 VR-Simulation

Nun sah ich den Milchstraßenbogen ❷ für das ausgewählte Datum und die eingestellte Brennweite als Panorama über dem Horizont ❶ durch den virtuellen Sucher. Dabei simulierte die App bereits mehrere aneinandergereihte Fotos, die durch die grünen Striche am unteren Bildrand ❺ gekennzeichnet waren. Durch ein Wischen über die beiden Achsen, die die Höhe ❸ und den Azimut ❹ anzeigen, verschob ich den Bildausschnitt noch weiter. Auch in dieser Ansicht erkannte ich, dass der Bogen sich zu dieser Zeit maximal bis zu einer Höhe von etwa 35 Grad erstrecken würde, so dass theoretisch ein einzeiliges Panorama genügen würde, um sowohl einen Teil der Wasseroberfläche als auch die Milchstraße abzubilden. Wenn Sie wie in Schritt 5 beschrieben mehrere Reihen in Planit eingestellt haben, würden diese auch am rechten Bildrand durch grüne, überlappende Striche gekennzeichnet werden.

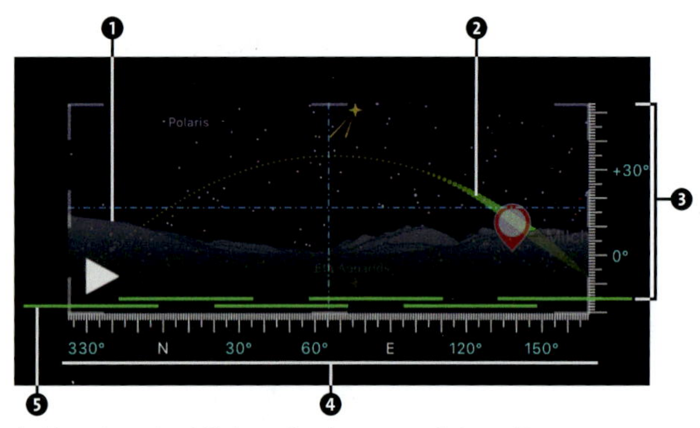

Vorschau des Milchstraßenbogens auf einem Panorama aus sechs Einzelbildern in der Planit-Pro-App

8 Planung speichern

Als ich mit allem zufrieden war, speicherte ich diesen Plan in der App, um ihn jederzeit wieder aufrufen zu können. Dazu tippte ich im Menü auf SPEICHERN hinter PLÄNE ❻, woraufhin ein Speichern-Dialog erschien, in dem ich einen sprechenden Namen für den Plan vergab. Über den Menüpunkt TEILEN ❼ hätte ich diesen Plan auch an andere Planit-Pro-Nutzer schicken können.

Damit wusste ich also, an welchen Tagen ich meine geplante Aufnahme machen könnte, und konnte diese Planung mit der Liste möglicher Termine jederzeit wieder aufrufen. Nun musste an einem der Termine nur noch das Wetter mitspielen, und der Aufnahme stand nichts mehr im Wege.

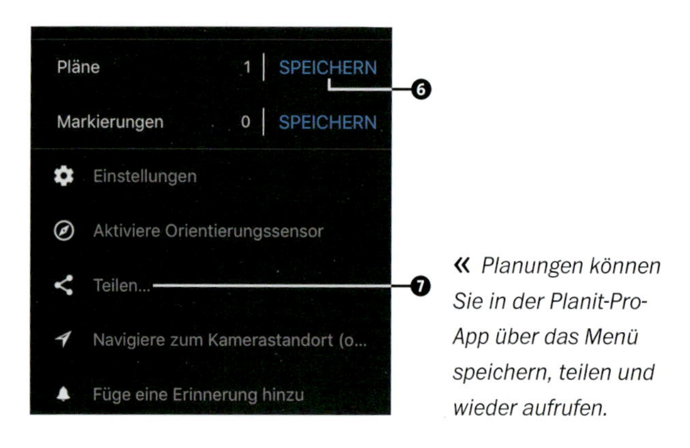

Planungen können Sie in der Planit-Pro-App über das Menü speichern, teilen und wieder aufrufen.

Die Aufnahme

In einer windstillen, klaren Nacht machte ich mich auf den Weg zum Westufer des Barmsees, das etwa 1,5 km vom Parkplatz im Ort entfernt liegt und somit in etwa 30 Minuten erreichbar ist. Am Seeufer angekommen, genoss ich erst einmal den Anblick der Sterne, die sich ganz faszinierend in der Wasseroberfläche spiegelten. Es entstand fast der Eindruck, als lägen sie auf dem Grund des Sees.

Als die Uhrzeit näher rückte, die ich mit Hilfe der App errechnet hatte, begann ich schließlich, die Ausrüstung aufzubauen. Zunächst wollte ich es mit einem einzeiligen Panorama auf einem normalen Kugelkopf versuchen. Ich richtete daher als Erstes das Stativ waagerecht aus, nahm die Einstellungen für eine Nachtaufnahme in einer mondlosen Nacht an der Kamera vor und stellte das 24-mm-Objektiv über den Live View der Kamera manuell scharf. Um möglichst viel Licht einzufangen, ohne die Sterne strichförmig werden zu lassen, stellte ich eine Belichtungszeit von 13 Sekunden bei ISO 3200 und Blende f2 ein. Auf diese Weise nahm ich sechs nebeneinanderliegende Bilder auf, wobei ich den Kugelkopf vor jeder Aufnahme etwa 35–40 Grad drehte, um die nötige Überlappung zu erreichen. Beim Betrachten der aufgenommenen Bilderserien stellte ich fest, dass die Spiegelung der Sterne in der Wasseroberfläche sich innerhalb weniger Minuten stark verändert hatte.

Ich wartete daher, bis die Spiegelung der Sterne im Wasser nahezu perfekt war, und machte dann möglichst rasch die sechs bzw. zwölf Aufnahmen für ein einzeiliges und ein alternatives zweizeiliges Panorama. Ich würde dann später am PC entscheiden, welche Variante sich besser eignete. Beim Aufnehmen der Einzelbilder nutzte ich schlussendlich einen Panoramakopf (siehe den Exkurs »Parallaxe und Nodalpunktadapter« im Abschnitt »Panoramafotografie« ab Seite 116), was mir das Schwenken wesentlich erleichterte und somit die gesamte Aufnahme stark beschleunigte – bei einer sich schnell verändernden Wasseroberfläche ein durchaus wichtiger Aspekt.

Wenn Sie genügend Ausdauer mitbringen, können Sie eine solche Milchstraßennacht am Barmsee übrigens auch wunderbar mit der morgendlichen Blauen Stunde und dem Sonnenaufgang einige Stunden später verbinden. Die Zeit bis dahin können Sie sich beispielsweise mit einer kleinen Wanderung von weiteren 2 km zum nahegelegenen Geroldsee (Wagenbruchsee) vertreiben, an

Diese beiden Einzelbilder des Panoramas entstanden im Abstand von 20 Minuten mit den exakt gleichen Einstellungen. Es ist ein deutlicher Unterschied in der Spiegelung der Sterne im Wasser erkennbar. Auch die »Wanderung« der Milchstraße in dieser Zeit ist zu sehen.

24 mm | f2 | 13 s | ISO 3 200 | 09. Mai, 01:09 Uhr (links) / 01:29 Uhr (rechts)

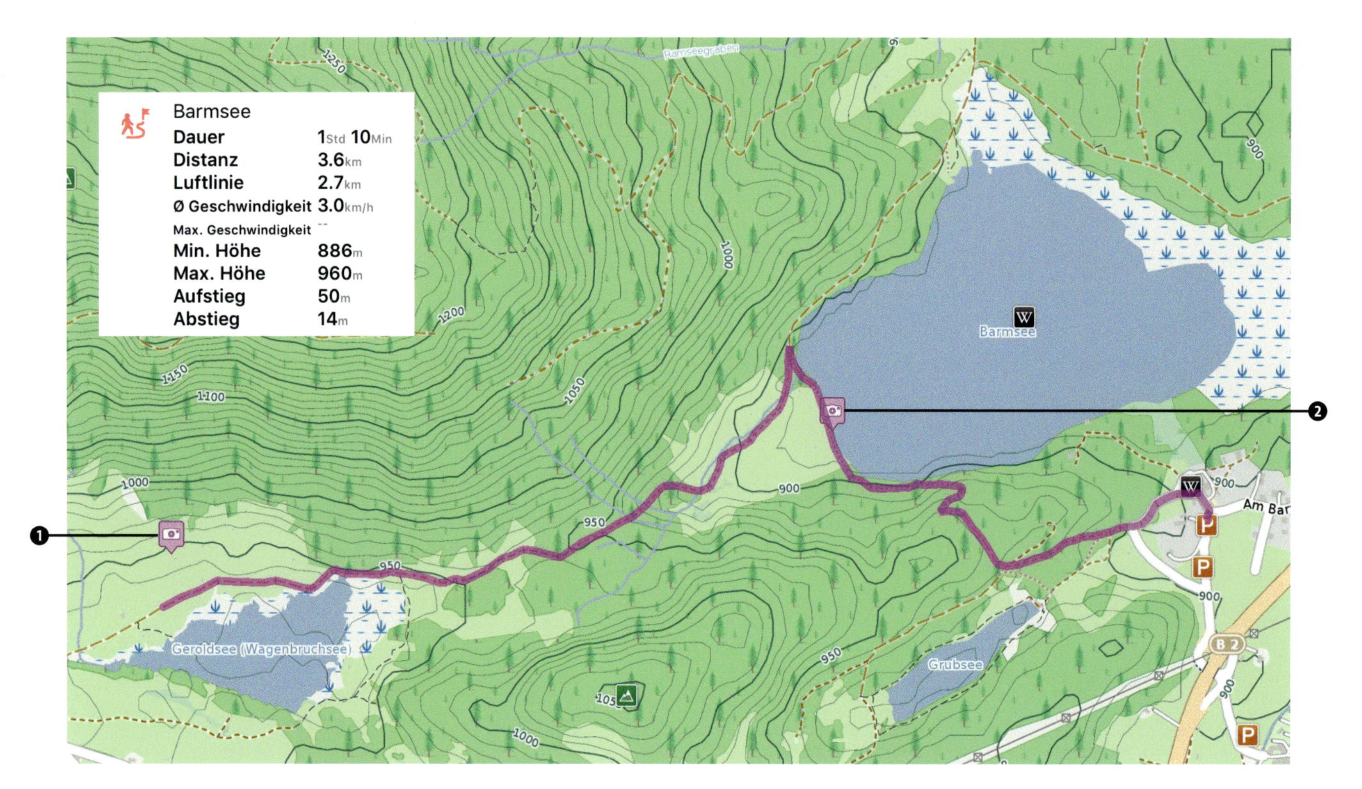

⮝ *Vorschlag einer Wandertour zum Barmsee und zum nahegelegenen Geroldsee (hier dargestellt in der App Pocket Earth). Im Frühjahr lässt sich hier wunderbar die Milchstraße fotografieren (Fotospot* ❶*) und anschließend der Sonnenaufgang genießen (Fotospot* ❷*). Am Fotospot* ❷ *entstand auch das Projektbild.*

dem Sie auch zu etwas späterer Stunde – kurz vor Beginn der astronomischen Morgendämmerung – noch herrliche Milchstraßenfotos machen können.

Die Bearbeitung

Am PC lud ich dann die Bilder der Aufnahmeserien in Lightroom und suchte mir die jeweils gelungenste einzeilige und zweizeilige Serie heraus. Dabei achtete ich besonders auf die Spiegelung der Sterne im Wasser. Meine favorisierten Bilder waren schließlich diejenigen, die zwischen 01:22 Uhr und 01:32 Uhr entstanden waren.

Anschließend machte ich mich an die Bearbeitung der Einzelbilder. Dabei nahm ich mir zunächst eines der Bilder vor, auf denen das Milchstraßenzentrum und ein Teil des Sees abgebildet waren. Dieses bearbeitete ich so, wie ich es im Abschnitt »Grundlegende Bildbearbeitung« ab Seite 120 beschrieben habe. Anschließend synchronisierte ich die Anpassungen auf die anderen Bilder der Serie, um eine gleiche Bearbeitung aller Bilder sicherzustellen. Nun musste ich die Einzelbilder natürlich noch zu einem Panorama zusammensetzen.

Panoramafunktion in Lightroom | Ich probierte zunächst, die sechs Fotos des einzeiligen Panoramas über die integrierte Panoramafunktion in Lightroom automatisch zusammenzufügen. Dazu markierte ich die sechs Einzelbilder und rief über das Menü Foto • Zusammenfügen von Fotos • Panorama... die entsprechende Lightroom-Funktion auf.

Das Zusammenfügen klappte ohne Probleme, sofern ich nicht die Funktion Profilkorrekturen aktivieren im Bereich Objektivkorrekturen anwendete – dann konnte Lightroom nicht alle Bilder zusammensetzen. Auf dem

⌃ *Das galaktische Zentrum der Milchstraße hinter den Bergketten bietet zusammen mit den Holzhütten am 2 km vom Barmsee entfernten Geroldsee ein ebenfalls fotogenes Motiv.*

24 mm | f2 | 12 s | ISO 6 400 | 03. Juni, 00:06 Uhr | astromodifizierte Kamera, Hintergrund aus 26 Einzelbildern gestackt, Vordergrund separat belichtet mit ISO 3 200 und 133 s

3 Vorschau bearbeiten

Hier sehen Sie, ähnlich wie in Lightroom, eine Vorschau des Panoramas und können noch diverse Änderungen vornehmen. Ich entschied mich auch hier für die zylindrische Projektionsmethode ❶. Da das Bild aufgrund der geraden Stativausrichtung bei der Aufnahme bereits in Waage war, musste ich nur noch den Beschnitt hinzufügen. Dazu zog ich aus den Kanten des schraffierten Bereiches ❷ jeweils die gelben Beschnittlinien ❸ bis zu den gewünschten Stellen im Bild.

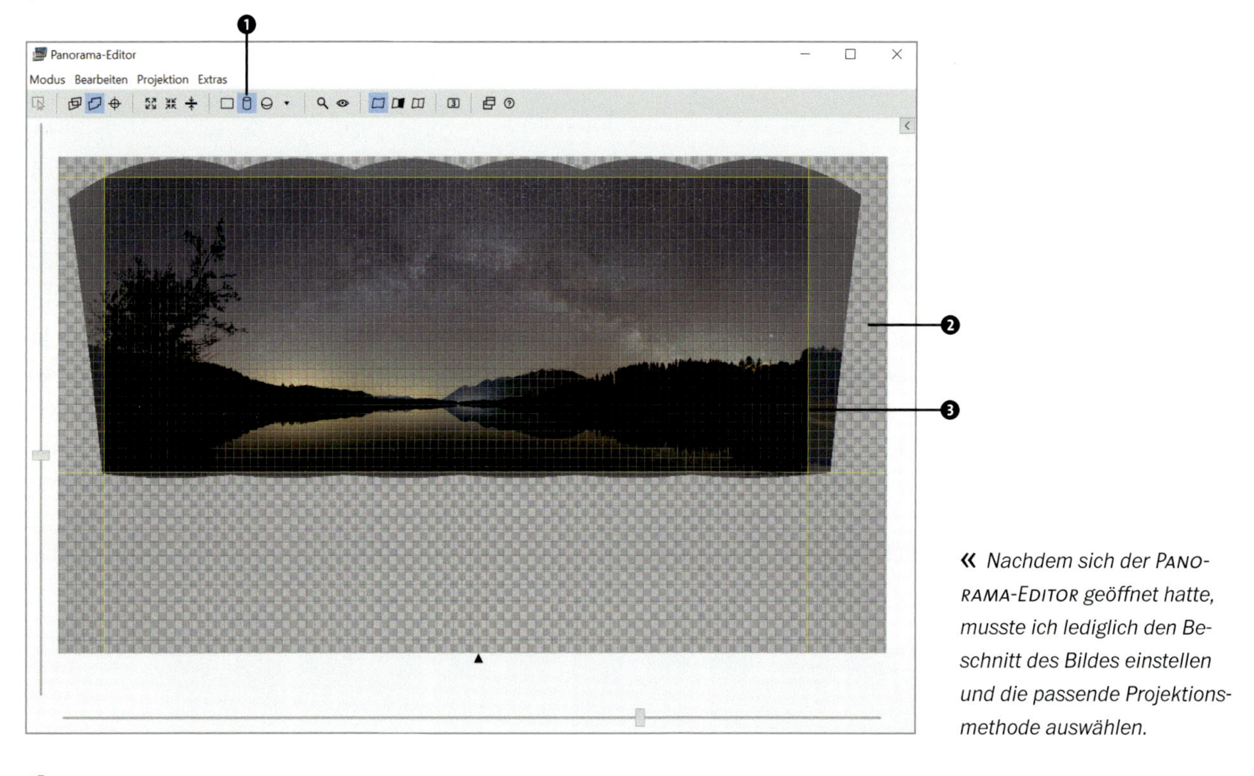

« *Nachdem sich der* Panorama-Editor *geöffnet hatte, musste ich lediglich den Beschnitt des Bildes einstellen und die passende Projektionsmethode auswählen.*

4 Panorama erstellen

Anschließend konnte ich den Panorama-Editor einfach schließen und über 3. Panorama erstellen... das Ausgabebild erzeugen lassen. Vorher wählte ich noch ein passendes Zielverzeichnis ❻ aus und definierte die maximale Bildgröße ❹ im 16-Bit-TIFF-Format ❺. Je nach Anzahl der Einzelbilder und Geschwindigkeit des Rechners kann dieser Prozess einige Zeit dauern.

Nach dem Import des fertigen Panoramas in Lightroom verglich ich die Ergebnisse. Ich nahm an beiden Varianten letzte Feineinstellungen der Belichtung, des Weißwertes und der Klarheit vor – am Panorama direkt aus Lightroom waren die Bildübergänge sehr viel stärker zu erkennen.

Schließlich fügte ich über PTGui auch das zweizeilige Panorama als Vergleich zusammen. Da die Software bei diesen 12 Bildern nicht ausreichend Übereinstimmungspunkte gefunden hatte, musste ich händisch zusätzliche Kontrollpunkte setzen. Das genaue Vorgehen dazu werden Sie in Kapitel 9, »Polarlichter«, im Rahmen des Projekts »Polarlichter über dem Darß« kennenlernen; ab Seite 222.

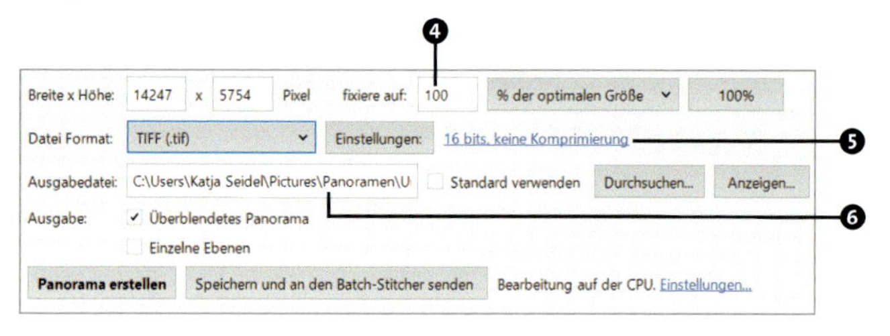

Das fertige Bild wird aus PTGui als 16-Bit-TIFF exportiert.

⮝ *Beim Panorama, das über die integrierte Lightroom-Funktion zusammengesetzt wurde, erkennen Sie deutlich die Übergänge zwischen den Einzelbildern.*

⮝ *PTGui erzeugte aus den gleichen Quellbildern ein besseres Ergebnis.*

24 mm (Einzelbilder) | f2 | 13 s | ISO 3 200 | 09. Mai, 01:32 Uhr | einzeiliges Panorama aus sechs Einzelaufnahmen

Im Vergleich zum einzeiligen Panorama kommt bei diesem zweizeiligen die Spiegelung der Sterne im Wasser noch besser zur Geltung, da der vertikale Bildwinkel etwas größer ist.

24 mm (Einzelbilder) | f2 | 13 s | ISO 3 200 | 09. Mai, 01:22 Uhr | zweizeiliges Panorama aus 12 Einzelaufnahmen

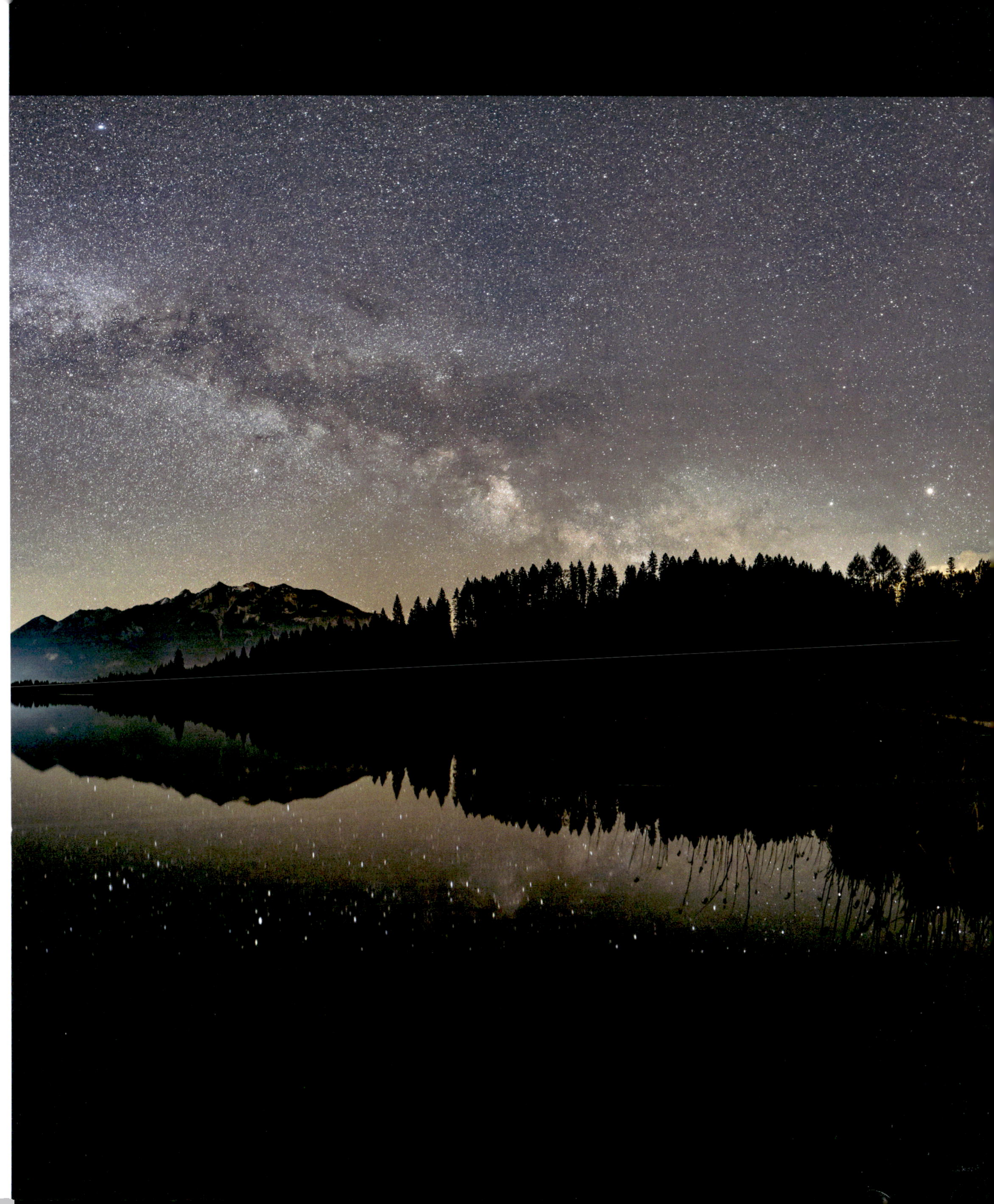

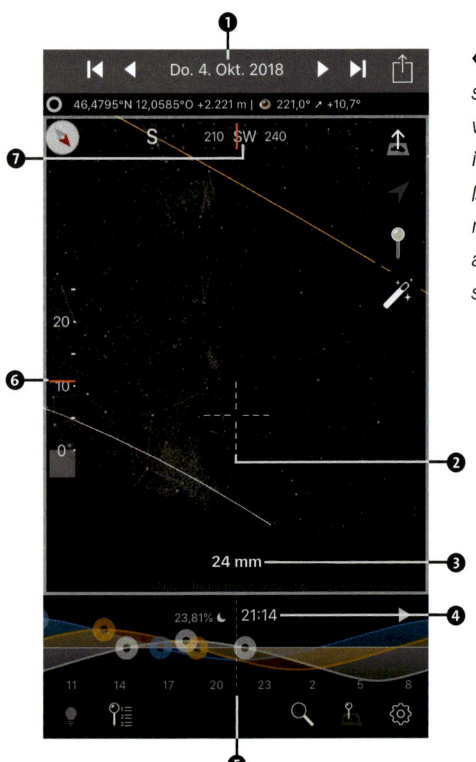

« In der 3D-Ansicht konnte ich verifizieren, dass ich das Milchstraßenzentrum von meinem Standort aus zu dieser Zeit sehen werde.

Wenn Sie übrigens über den Zeitregler eine Zeit bei Tag einstellen, können Sie auch in der 3D-Ansicht sehr schön die Licht- und Schattenverhältnisse an den Bergen beobachten, inklusive der fotogenen Färbung zur Goldenen Stunde, wie Sie es in der rechten Abbildung auf Seite 205 sehen – ein Traum für jeden Landschaftsfotografen, solch eine Planungsfunktion!

Die Aufnahme

Die Aufnahmen selbst waren dann vergleichsweise einfach zu realisieren. Nach einem kurzen Fußmarsch – entweder von der Passhöhe oder dem Parkplatz kurz unter dem Passo di Giau – war der zuvor abgespeicherte Spot erreicht, und das Wetter spielte glücklicherweise auch mit. Das Milchstraßenzentrum war deutlich mit bloßem Auge zu sehen, und so fiel auch die Ausrichtung der Kamera nicht sehr schwer. In diesem Fall nutzte ich eine astromodifizierte Vollformatkamera, worüber Sie in Kapitel 14, »Weiterführendes Equipment«, ab Seite 331 noch Näheres erfahren werden. Nach der üblichen Scharfstellprozedur machte ich zunächst eine Testaufnahme mit 10 Sekunden und ISO 6 400. Das Rauschen aufgrund der hohen ISO-Zahl sollte mich in diesem Fall weniger stören, da ich ja das spätere Stacken mehrerer Aufnahmen – und somit eine Rauschreduzierung – geplant hatte. Dem Histogramm nach zu urteilen passte die Helligkeit der Aufnahme, und das Milchstraßenzentrum gefiel mir in diesem Fall mittig ins Bild gesetzt ebenfalls gut. Auch die Schärfeprüfung war zufriedenstellend, also musste ich nur noch die geplanten Aufnahmen starten.

⌃ So sah eine unbearbeitete Einzelaufnahme direkt aus der Kamera aus – noch nicht besonders ansprechend, aber im Bereich der Milchstraße lassen sich bereits die wunderschönen Strukturen erahnen.

24 mm | f2 | 12 s | ISO 6 400 | 4. Oktober 21:13 Uhr | unbearbeitete Einzelaufnahme

Es muss nicht immer ein Bogen sein – auch die im Oktober steil in den Himmel ragende Milchstraße macht eine gute Figur. In dieser Nacht herrschte zudem ein recht starkes Airglow.

24 mm | f2 | 12 s | ISO 6 400 | 4. Oktober 20:48 Uhr | zweizeiliges Panorama aus 14 Einzelaufnahmen

Da mir die Lichtverschmutzung am Horizont etwas zu dominant und gelb war, habe ich über die Einstellung FARBE die SÄTTIGUNG des Gelbs reduziert ❷ sowie dessen FARBTON ❶ etwas angepasst.

Im letzten Schritt habe ich noch einen leichten Beschnitt des Bildes vorgenommen.

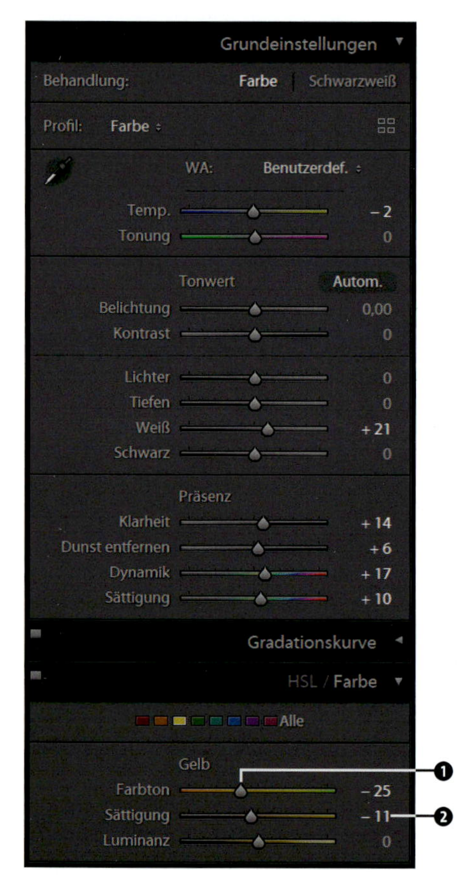

Diese Grundeinstellungen habe ich auf das gesamte Bild angewendet. Das Gelb der Lichtverschmutzung habe ich leicht angepasst und abgemildert.

Letzter Schliff in Photoshop | Wer mit wenigen Schritten noch mehr aus seinem Bild herausholen möchte, dem kann ich – etwas zweckentfremdet zwar – die kostenpflichtigen Astronomy Tools ans Herz legen. Diese enthalten eine Sammlung an Aktionen für Photoshop, die eigentlich eher für die Bearbeitung von Deep-Sky-Bildern entwickelt wurde. Daher finden Sie Näheres dazu im entsprechenden Kapitel dieses Buches auf Seite 367 und 368. Ich wendete jedoch die Aktion LIGHTEN ONLY DSO AND DIMMER STARS auch auf mein Milchstraßenbild an. Anschließend passte ich das dadurch sehr viel heller gewordene Bild über die unter BILD • KORREKTUREN zu findenden GRADATIONSKURVEN an (siehe Abbildung unten), um als letzte Aktion MAKE STARS SMALLER aus den Astronomy Tools anzuwenden. Differenzierter können Sie natürlich arbeiten, indem Sie mit Hilfe von Ebenenmasken Himmel und Vordergrund separat bearbeiten.

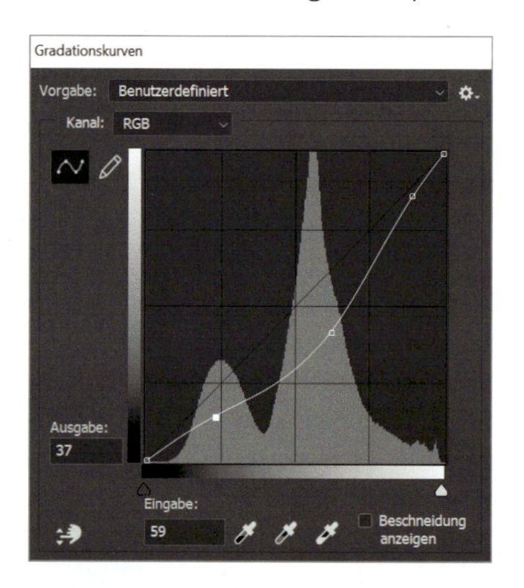

Nach dem Anwenden der Astronomy Tools habe ich das Bild über die Gradationskurven angepasst.

Links der lediglich in Lightroom bearbeitete Stack, rechts das Bild nach dem Feinschliff durch die Astronomy Tools in Photoshop. Der Unterschied im Bereich der Milchstraße ist deutlich zu erkennen.

TIPP: STACKING VON PANORAMAAUFNAHMEN

Auch Panoramaaufnahmen können nach diesem Prinzip aufgenommen und bearbeitet werden. Hierzu nehmen Sie einfach pro Einzelbild eines Panoramas nicht ein Bild, sondern gleich mehrere auf. Um nicht allzu viel Zeit für die Aufnahme aller Bilder zu benötigen, reduzieren Sie die Anzahl der Bilder pro Stack am besten auf fünf bis maximal zehn. Solange Sie keine Elemente im Bild haben, die sich schnell verändern (der Sternenhimmel ist hier in der Regel kein Problem), sollte es auch mit dem Zusammensetzen der Bilder klappen. Hierbei sollten Sie die Einzelbilder zuerst stacken und anschließend aus den gestackten Bildern das Panorama zusammensetzen (stitchen). Nehmen Sie ein gestacktes Panorama aber sicherheitshalber immer als Ergänzung zu einem »normalen« Panorama sowie Einzelbildern auf. Es kann immer mal vorkommen, dass irgendetwas im Panorama nicht zusammenpasst – und Sie möchten sicherlich mindestens ein brauchbares Bild erhalten.

» *Das Ergebnisbild zeigt, wie viel aus einem gestackten Bild mit einer vergleichsweise einfachen Bearbeitung herauszuholen ist. Deutlich zu erkennen ist auch das grüne Airglow, das in dieser Nacht am Himmel sichtbar war.*

24 mm | f2 | 12 s | ISO 6400 | 4. Oktober, 21:12 Uhr | Stack aus 15 Einzelaufnahmen, aufgenommen mit einer astromodifizierten Kamera

KAPITEL 9

POLARLICHTER

Die Sonne sorgt nicht nur für Wärme und Tageslicht auf unserer Erde, sondern ist auch Auslöser für ein weiteres, wunderschönes Phänomen: das Polarlicht. Wie der Name schon sagt, treten Polarlichter primär in den Polarregionen der Erde auf. Auf der Nordhalbkugel werden sie auch *Nordlichter* oder *Aurora Borealis* genannt, auf der Südhalbkugel entsprechend *Südlichter* oder *Aurora Australis*. Ein häufiger Irrglaube ist allerdings, dass Polarlichter ausschließlich in sehr hohen Breiten auftreten. Erstaunlicherweise kann man, sogar relativ häufig (10–20 Mal im Jahr), auch in Deutschland Polarlichter fotografieren oder sogar mit bloßem Auge sehen. Hierzulande braucht es allerdings ein bisschen mehr Glück und meist auch Geduld, bis man als Polarlichtjäger erfolgreich ist.

Entstehung | Wie entstehen Polarlichter, und woher weiß ich, wann ich mich auf die Jagd begeben sollte? Ausgelöst werden Polarlichter wie gesagt durch die Sonne, genauer durch elektrisch geladene Teilchen (Elektronen und Protonen), die die Sonne in großen Mengen in den Weltraum schleudert. Durch heftige Sonnenwinde werden dabei auch immer Teilchen in Richtung Erde getragen, wo sie zunächst vom Magnetfeld der Erde abgefangen und schließlich in die Polarregionen umgelenkt werden. Dort, wo das Magnetfeld Ovale um den magnetischen Nord- und Südpol bildet, treffen die geladenen Teilchen auf Sauerstoff- und Stickstoffatome in den oberen Schichten der Erdatmosphäre und regen diese zum Leuchten an. Angeregte Sauerstoffatome sorgen dabei in einer Höhe von etwa 100 km für die häufig in den Polarregionen anzutreffenden grünen Polarlichter. In größeren Höhen von etwa 200 km geben sie dagegen rotes Licht ab, was auch ab und zu in südlicheren Regionen wie zum Beispiel in Deutschland zu sehen ist. Besonders energiereiche Teilchen können darüber hinaus Stickstoffatome anregen, die violettes oder blaues Licht aussenden.

Neben der Farbe machen aber auch ihre Form und die Geschwindigkeit, mit der sie sich über den Himmel bewegen, alle Polarlichter einzigartig. Sieht man in einem Moment noch einen ruhig schimmernden Polarlichtbogen am Himmel, so kann sich daraus schon wenig später ein wild tanzender Vorhang entwickeln, der einem schlichtweg den Atem verschlägt.

Kp-Index | Um die Stärke der geomagnetischen Aktivität anzugeben, wird an mehreren Standorten auf der Welt der sogenannte *K-Wert* jeweils für ein Drei-Stunden-Intervall lokal ermittelt. Daraus lässt sich im Nachhinein der **p**lanetenweite K**p**-Index errechnen. Dieser Index mit Werten zwischen 0 und 9 gibt daher die Wahrscheinlichkeit an, Polarlichter zu sehen, wobei ein höherer Wert für einen stärkeren geomagnetischen Sturm steht und somit eine erhöhte Polarlichtwahrscheinlichkeit.

» *Dieses Polarlicht nahm ich in Deutschland, nördlich von Wolfsburg, auf. Ein heller sogenannter Beamer (rechts im Bild) war sogar kurz mit dem bloßen Auge als hellerer Lichtstrahl zu erkennen. Die Farben waren jedoch lediglich »fotografisch sichtbar«, also mit dem bloßen Auge nicht zu erkennen – was bei Polarlichtern in Deutschland leider meist der Fall ist.*

35 mm | f1,4 | 8 s | ISO 2 500 | 09. September, 23:57 Uhr

⌃ *Dieses Polarlicht habe ich im Süden Islands bei Vik aufgenommen. Da ich samt Stativ im Wasser einer flachen Lagune stand, konnte ich eine nahezu perfekte Spiegelung auf dem Bild erzeugen.*

20 mm (Einzelaufnahmen) | f2 | 4 s | ISO 6 400 | 25. Oktober, 21:20 Uhr | Panorama aus vier Querformataufnahmen

Solche Stürme werden auch entsprechend mit einer Kennzahl versehen, von G1 bis G5 (entspricht Kp 5 bis Kp 9).

Diese Werte sind wichtig, wenn Sie Polarlichtvorhersagen interpretieren möchten. Reicht in den Polarkreisregionen häufig bereits ein Kp-Index von 2 bis 3, um Polarlichter deutlich zu sehen, braucht es in Norddeutschland schon mindestens einen Kp-Index von 5 oder 6, um sie fotografisch festzuhalten (die Abbildung auf Seite 217 zeigt beispielsweise ein Polarlicht bei Kp-Index 5 bzw. einem G1-Sturm). Bei einem seltenen Kp-Index von 8 oder 9 kann man die Polarlichter dann aber meist in ganz Deutschland sehen oder zumindest fotografieren. Sogar bis nach Österreich oder Italien können solche starken Polarlichter sichtbar sein.

Vorhersage | Um das Auftreten von Polarlichtern, insbesondere in Deutschland, vorherzusagen, bedarf es einer ganzen Menge astronomischen und physikalischen Hintergrundwissens. Eine ausführliche Erklärung würde den Rahmen dieses Buches sicherlich sprengen. Wer sich jedoch tiefer mit der Thematik beschäftigen möchte, dem empfehle ich wärmstens die Website des Arbeitskreises Meteore e. V.: *www.meteoros.de.* Hier finden Sie neben sehr guten Erklärungen auch Links zu zwei weiteren Dingen, die für Polarlichtfotografen in Deutschland sehr spannend sind: die Polarlicht-Warnliste und das Polarlicht-Archiv.

Beides bezieht sich auf das Auftreten von Polarlichtern in Deutschland. Die E-Mail-Warnliste hilft dabei enorm, über aktuelle Sichtungen informiert zu werden, um sich selbst – bei entsprechend passendem Wetter – auf den Weg zu machen. Ich nutze mittlerweile aufgrund der Aktualität gern die entsprechende Facebook-Seite »Polarlicht-Vorhersage Deutschland« (*www.facebook.com/polarlicht.vorhersage*). Im Polarlicht-Archiv können Sie auch selbst Aufnahmen beisteuern – oder einfach nur in früheren Jahren stöbern und sich die teilweise beeindruckenden Aufnahmen anderer Fotografen anschauen.

Das Polarlicht-Archiv (*www.polarlicht-archiv.de*) wird von Andreas Möller betrieben und gepflegt. Er bietet mit seiner Seite zur Polarlicht-Vorhersage (*www.polarlicht-vorhersage.de*) außerdem die Möglichkeit, sich über die aktuelle Polarlichtwahrscheinlichkeit in Deutschland, den Tag der letzten Sichtung und viele weitere Messungen zu informieren. All dies kann Ihnen bei Ihren ersten Polarlichtbildern »vor der Haustür« sicherlich sehr gut helfen.

Ansonsten gibt es natürlich auch diverse Apps, die versuchen, eine voraussichtliche Polarlichtaktivität vorherzusagen. Dass diese nicht immer stimmt, habe ich selbst schon mehrfach in Island und Nordnorwegen erlebt. So wurde aus einer mittelmäßigen Vorhersage (Kp-Index 1 – 2) plötzlich ein enorm helles und spektakuläres Schauspiel (eher Kp-Index 6 – 7), oder umgekehrt wurde aus der Erwartung auf ein vorhergesagtes Polarlicht der Stärke 4 – 5 lediglich ein flauer grüner Schimmer am Himmel. Mein Tipp aus Erfahrung lautet daher (zumindest für die Polarlichtregionen): Wenn Sie Polarlichter sehen und fotografieren möchten, sollten Sie sich nicht auf die Vorhersage des Kp-Index verlassen. Gehen Sie bei klarem Himmel einfach immer nach draußen, beobachten Sie die Entwicklung am Himmel, und nehmen Sie regelmäßig Probefotos auf – Sie werden mit ziemlicher Sicherheit für Ihre Geduld belohnt!

Beispiel aus dem Polarlicht-Archiv. Dargestellt ist die Nacht, in der das Foto aus der Abbildung auf Seite 217 entstand. Zu sehen ist, dass es in dieser Nacht insgesamt 55 gemeldete Sichtungen in der ganzen nördlichen Hälfte von Deutschland gab. (Quelle: www.polarlicht-archiv.de)

SONNENFLECKENZYKLUS

Schauen Sie sich die Sonne durch ein geeignetes Sonnenteleskop an oder fotografieren Sie sie mit Hilfe eines speziellen Sonnenfilters, so werden Sie häufig dunkle Stellen auf der Oberfläche erkennen – die sogenannten *Sonnenflecken*. Je mehr davon gerade auf der Sonne existieren und je größer sie sind, desto höher ist auch die Sonnenaktivität und damit meist auch das Auftreten von Polarlichtern.

Die Häufigkeit von Sonnenflecken unterliegt dabei einem regelmäßigen Zyklus (der sogenannte *Schwabe-Zyklus*) von etwa 11 Jahren, womit folglich auch die Polarlichtaktivität mit diesem Zyklus einhergeht. Ab 1749 erhielten die Zyklen eine fortlaufende Nummerierung. Zyklus 24 hatte sein Maximum im April 2014, wobei dieses im Vergleich zu früheren Zyklen wesentlich schwächer ausfiel. Aufgrund dieser Entwicklung lässt sich leider auch vermuten, dass das nächste Maximum (um 2023 herum) ähnlich schwach ausfallen wird wie das letzte, was aber natürlich nicht bedeutet, dass es dann keine Polarlichter mehr zu bewundern gibt. Auch in der aktuellen »Talphase« gibt es sogar in Deutschland ab und an Polarlichter zu bewundern.

Bei dieser Aufnahme des Merkurtransits am 09. Mai 2016 ist eine kleine Gruppe von Sonnenflecken zu erkennen. Merkur ist übrigens der kleine schwarze Punkt links oben vor der Sonne.

420 mm (672 mm im Kleinbildformat) | f11 | 1/180 s | ISO 100 | 09. Mai, 15:00 Uhr | 1,4-fach-Extender, Sonnenfilter

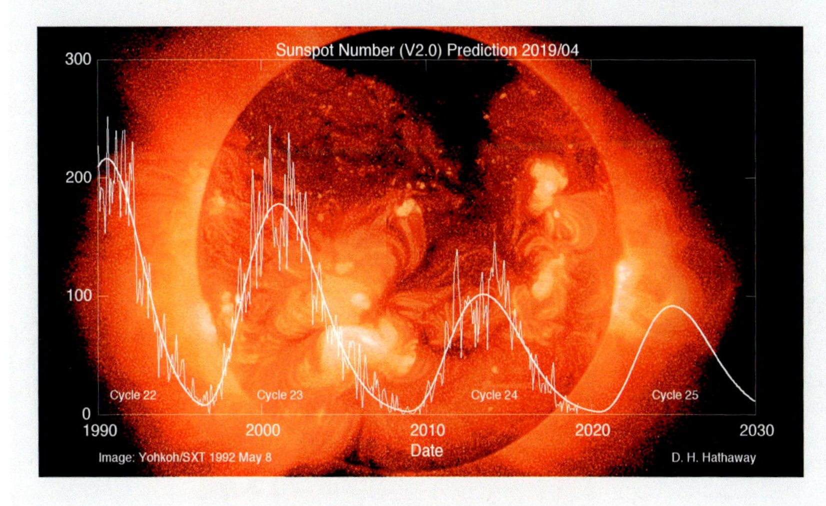

Diese Darstellung der letzten drei Sonnenfleckenzyklen zeigt deutlich, dass die Anzahl der Sonnenflecken (dargestellt auf der y-Achse) mit jedem Zyklus abgenommen hat. Zwei besondere Polarlichtereignisse in Europa sind eindeutig mit dem Verlauf des Maximums in Verbindung zu bringen: 13./14.03.1989 und 06./07.04.2000. Schauen Sie dazu gern einmal unter www.meteoros.de/themen/polarlicht/polarlicht-in-deutschland, hier finden Sie spannende Berichte über diese Ereignisse. (Bildquelle: http://solarcyclescience.com)

Projekt »Polarlichter über dem Darß«

Eine vielversprechende Wettervorhersage, eine mondlose Nacht und die nicht unwahrscheinliche Aussicht auf Polarlicht bewogen mich Anfang April zu einem Spontantrip an die Ostsee. Mit etwas Glück würde ich es in einer Nacht schaffen, gleich drei astronomische Motive auf einem einzigen Bild zu vereinen: die Milchstraße, das Zodiakallicht und das Polarlicht.

Projektsteckbrief

Schwierigkeit	■■■□□
Ausrüstung	Kamera, Stativ, Weitwinkelobjektiv, gegebenenfalls Fernauslöser, gegebenenfalls Panoramakopf
Zeitraum	um den Neumond herum im Frühjahr, idealerweise im März oder April
Erreichbarkeit	nur zu Fuß oder mit dem Fahrrad (Naturschutzgebiet)
Planung	ca. 30–60 Minuten
Durchführung	ca. 3–4 Stunden (mit Wanderung)
Nachbearbeitung	ca. 45 Minuten
Programme	TPE, Stellarium, Lightroom, PTGui
Fotospot	Darß, Ostsee
Höhe	0 m
GPS-Koordinaten	54.478966, 12.505847
⤓	GPS-Wegpunkt des Fotospots, GPS-Track der Nachtwanderung

Die Planung

Mein Vorhaben stellte durchaus eine gewisse planerische Herausforderung dar, weshalb ich mir vorab die folgenden Rahmenbedingungen und Voraussetzungen überlegte, die für eine erfolgreiche Umsetzung erfüllt sein mussten:

- Ein mögliches Polarlicht wäre in Richtung Norden zu sehen bzw. zu fotografieren.
- Das Zodiakallicht wäre zu dieser Jahreszeit nach Ende der astronomischen Dämmerung (in diesem Fall kurz nach 22 Uhr) in Richtung Nordwesten/Westen zu sehen bzw. zu fotografieren. Dazu ließ ich mir in der Stellarium-App den Verlauf der Ekliptik einblenden.
- Die Milchstraße ist zu dieser Zeit in einem relativ flachen Bogen von Norden bis Südwesten zu sehen bzw. zu fotografieren. Das galaktische Zentrum wäre jedoch erst in der zweiten Nachthälfte sichtbar.
- Der Horizont in Richtung Norden bis Westen sollte für mein Projekt also möglichst wenig lichtverschmutzt sein, um alle astronomischen Motive sichtbar ablichten zu können.

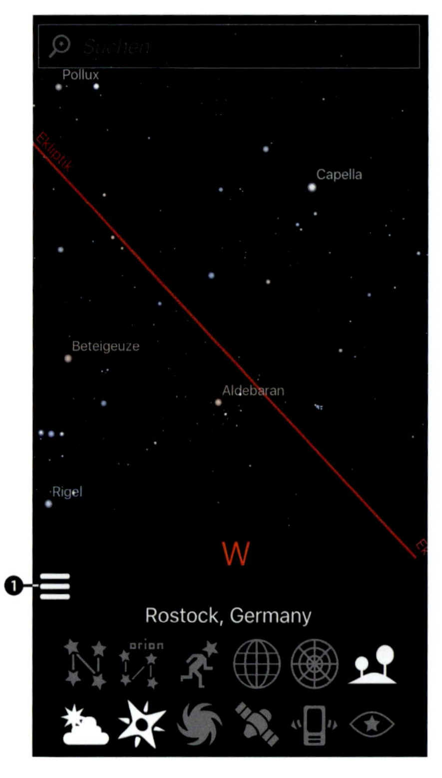

« Verlauf der Ekliptik in der Stellarium-App auf dem Smartphone am Standort Rostock zur geplanten Zeit. Aktivieren Sie dazu in den Einstellungen ❶ unter ERWEITERTEN die entsprechende Funktion EKLIPTIK ANZEIGEN.

ZODIAKALLICHT

Das Zodiakallicht stellt eine schwache, aber permanente Leuchterscheinung am Himmel dar, die jedoch in unseren Breiten nur selten zu sehen oder zu fotografieren ist. Wie Sie wissen, kreisen die Erde und andere Planeten um die Sonne. Von der Erde aus gesehen scheint sich die Sonne im Laufe eines Jahres auf einer ganz bestimmten Bahn zu bewegen, die natürlich aus dem Umlauf der Erde um die Sonne resultiert: die sogenannte *Ekliptik*. Das Zodiakallicht (auch Tierkreislicht) ist lediglich in der Nähe der Ekliptik zu sehen und auch nur unter bestimmten Bedingungen. Verursacht wird es durch viele kleine Staubpartikel, die wie die Erde und die anderen Planeten auf der Ekliptikebene um die Sonne kreisen. Werden diese Staubteilchen in einem bestimmten Winkel von der Sonne angestrahlt, so reflektieren und streuen sie das Sonnenlicht, und es wird ein heller Lichtkegel am Horizont sichtbar.

Ist das Zodiakallicht nahe dem Äquator jeden Abend und Morgen sichtbar, so ist es in unseren Breiten lediglich bei einem besonders steilen Winkel der Ekliptik zum Horizont zu sehen. Dies ist im Frühling am Abend und im Herbst am Morgen der Fall, jeweils kurz nach Ende und vor Anfang der astronomischen Dämmerung. Der Grund hierfür ist der Stand der Sonne unter dem Horizont. Dieser muss mindestens 18 Grad betragen, so dass die Sonne das Zodiakallicht nicht überstrahlt. Natürlich muss der Aufnahmeort auch entsprechend dunkel und möglichst frei von Lichtverschmutzung sein, um das Zodiakallicht fotografieren oder sogar sehen zu können.

Das Zodiakallicht ist als heller Lichtkegel in der Mitte des Bildes über der Bergkette zu erkennen. Ich konnte es in einer klaren Nacht im Dezember kurz vor der Morgendämmerung am Geroldsee in der Nähe von Garmisch-Partenkirchen aufnehmen.

24 mm (Einzelaufnahmen) | f2 | 10 s | ISO 3 200 | 4. Dezember, 05:46 Uhr | zweizeiliges Panorama aus acht Einzelaufnahmen

Da sich mein Zielgebiet bereits aufgrund der Wettervorhersage auf den Ostseeraum eingeschränkt hatte, hielt ich dort Ausschau nach einer Location, die sowohl die oben genannten Voraussetzungen erfüllte als auch mit vertretbarem Aufwand zu erreichen wäre. Meine Wahl fiel schnell auf den Darß in der Nähe von Rostock, wobei die geplante Aufnahme am Westufer an der nördlichen Spitze des Darß entstehen sollte.

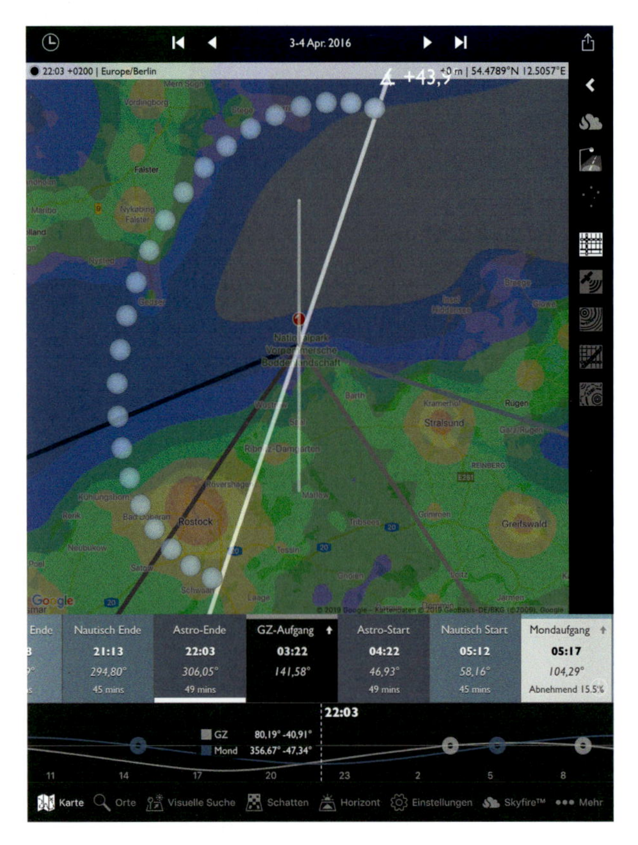

⌃ *In der TPE-App (iOS) überprüfte ich sowohl die Lichtverschmutzung als auch das Ende der astronomischen Dämmerung und die Position der Milchstraße zu dieser Zeit. Das gegenüberliegende Dänemark ist ca. 40 km entfernt und sollte den Horizont daher nicht allzu sehr aufhellen. Der Mond störte in dieser Nacht ebenfalls nicht.*

Die Aufnahme

Da der Darß durchaus auch tagsüber ein lohnenswertes Ziel ist, verband ich die geplante nächtliche Fotosession gleich mit einer Wanderung durch das wunderschöne Naturschutzgebiet. Nach knapp acht Kilometern erreichte ich dann pünktlich zur Dämmerung meinen Zielort. Lediglich eine dickere Wolke am westlichen Horizont trübte meine Stimmung ein wenig. Als es schließlich auf das Ende der astronomischen Dämmerung zuging, baute ich die Kamera auf und machte die ersten Aufnahmen. Wie ich später auf den Fotos sah, gab es in dieser Nacht tatsächlich nur ein sehr kurzes Fenster, an denen Polarlichter fotografisch »sichtbar« waren (also visuell für das bloße Auge nicht zu erkennen): etwa von 21:55 bis 22:10 Uhr. Alle Bilder davor und danach zeigten keine oder nur sehr schwache farbliche Veränderungen. Vor Ort fotografieren Sie demnach quasi »blind drauflos«, ohne das Polarlicht mit den Augen sehen zu können. Daher unterscheiden sich auch die Einstellungen nicht von denen einer normalen Nachtaufnahme.

Glücklicherweise fiel die Zeit des Polarlichts in dieser Nacht exakt mit dem Ende der astronomischen Dämmerung zusammen, so dass ich die gewünschten Fotos machen konnte, bevor das (fotografische) Schauspiel wieder zu Ende war. Für meine geplante Aufnahme mit Milchstraße, Zodiakallicht und Polarlicht erstellte ich daher zügig einige Panoramaaufnahmen, sowohl einzeilige als auch mehrzeilige. Ich arbeitete dabei mit einem 24-mm-Objektiv an einer Vollformatkamera und machte jeweils sieben Hochformataufnahmen nebeneinander. Ich ging dabei vor wie im Abschnitt »Checkliste für gelungene Panoramen« auf Seite 119 gezeigt. Auch der Panoramakopf, den ich im Exkurs »Parallaxe und Nodalpunktadapter« im Abschnitt »Equipment für Panoramen« auf Seite 117 beschrieben habe, kam dabei zum Einsatz.

Anschließend wanderte ich noch zum Ostufer des Darß, allerdings zogen nach Mitternacht immer mehr Wolken und Dunst am Horizont auf, so dass ich die Nacht unter Sternen am Strand auch mal ohne Kamera genießen konnte.

Die Bearbeitung

Nachdem ich die Bilder in Lightroom importiert hatte, versuchte ich, die am besten geeigneten Aufnahmen auszuwählen. Da die Helligkeit und der Weißabgleich noch

⌃ *Fotografisches Polarlicht am Westufer des Darß. Die hartnäckigen Wolken am Horizont störten glücklicherweise nicht so stark wie befürchtet – im Gegenteil, sie beleben das Bild, wie ich finde, sogar. In dieser Nacht gab es aufgrund des Wetters trotz eines G1-Sturms nur sehr wenige Polarlichtmeldungen in Deutschland.*

24 mm | f2 | 10 s | ISO 1 600 | 02. April, 22:06 Uhr

Der Vergleich in Lightroom zwischen der Originalaufnahme (links) und der fertigen Bearbeitung (rechts) zeigt eindrucksvoll, wie viel sich aus einer scheinbar zu dunklen Aufnahme durch das Raw-Format noch herausholen lässt. Das Polarlicht ist erst auf dem aufgehellten Bild mit korrektem Weißabgleich so richtig zu erkennen.

nicht korrekt eingestellt waren, konnte ich nicht sofort erkennen, auf welchen Bildern tatsächlich Polarlichter zu sehen waren.

Ein erstes Anheben der Belichtung und des WEISS-Wertes sowie die Anpassung der Farbtemperatur offenbarten jedoch schnell, welche der Panoramaserien ich für mein Wunschbild verwenden konnte. Da der Zeitraum, in dem das Polarlicht sichtbar war, wie gesagt sowieso nicht sehr groß war, standen mir nur wenige Alternativen zur Auswahl. Ich entschied mich schließlich, eines der zweizeiligen Panoramen zu verwenden, um am oberen und unteren Bildrand später mehr Spielraum für den Beschnitt zu haben. Es ging also darum, insgesamt 14 Bilder in gleicher Form zu bearbeiten, um sie später zu einem Panorama zusammenzufügen.

Für die Bearbeitung suchte ich mir zunächst eines der 14 Bilder aus, um seine Einstellungen später mit den anderen 13 Fotos zu synchronisieren. Ich wählte dafür ein Bild aus dem Bereich des Polarlichtes und führte folgende Schritte in Lightroom durch:

1. Anwenden der Profilkorrektur unter OBJEKTIVKORREKTUREN • PROFIL
2. Anheben der BELICHTUNG sowie des WEISS-Wertes, so dass die Polarlichtstrukturen im Bild sichtbar werden
3. Anpassung der FARBTEMPERATUR, so dass der Sternenhimmel eine möglichst neutralgraue Farbe erhielt. In meinem Fall setzte ich den Wert auf 3950K.
4. Erhöhung weiterer Werte in den GRUNDEINSTELLUNGEN (siehe die Abbildung rechts oben)
5. Entfernen der von Lightroom standardmäßig durchgeführten Schärfung bei BETRAG ❶, da dies lediglich das Rauschen erhöht, jedoch für die Schärfe der Sterne wenig bringt, auch wenn eine Maskierung eingestellt ist.
6. Erhöhung der LUMINANZ-Rauschreduzierung ❷ im Bereich DETAILS. Diese Einstellung ist natürlich sehr kameraindividuell und hängt vom Rauschverhalten und vom eingestellten ISO-Wert ab. In meinem Fall setzte ich den Wert auf 20.
7. Manuelles Entfernen der chromatischen Aberrationen über OBJEKTIVKORREKTUREN • MANUELL. In der Regel gelingt dies, indem Sie mit dem Pipettenwerkzeug auf den Farbsaum (meist violett) eines Sterns klicken. Allerdings sollten Sie dabei darauf achten, dass keine anderen Farbveränderungen im Bild entstehen.
8. Manuelles Nachjustieren der Objektiv-Vignettierung über OBJEKTIVKORREKTUREN • MANUELL • VIGNETTIERUNG.

Nach der Bearbeitung dieses einen Bildes markierte ich anschließend alle weiteren Bilder der Panoramaserie ebenfalls und übertrug die Einstellungen über den Button SYNCHRONISIEREN... auf alle Aufnahmen. Als letzten Schritt exportierte ich dann alle Einzelbilder als TIFF-Dateien, um sie im Panoramaprogramm zusammenzusetzen.

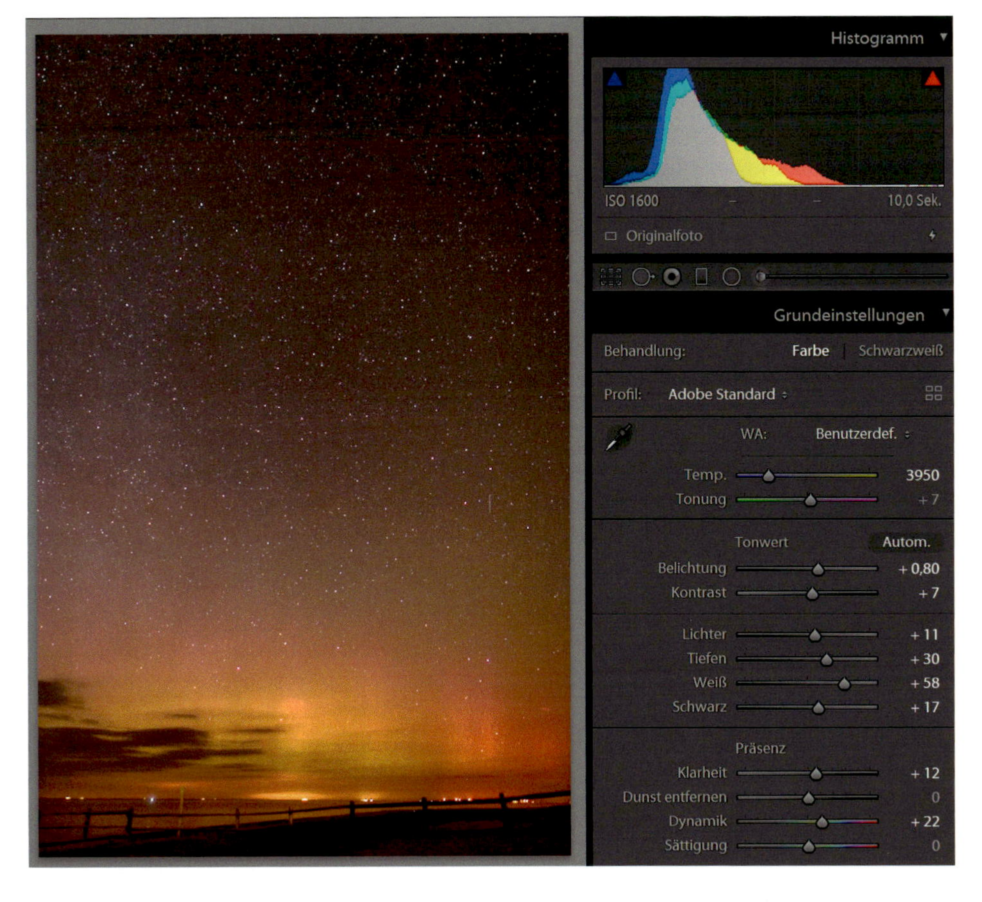

« Die Anpassung des Weißabgleichs sowie das Anheben der Regler in den GRUNDEINSTELLUNGEN *bringen das Polarlicht gut zur Geltung.*

» Die sehr gute Rauschreduzierung in Lightroom über den Regler LUMINANZ *bringt ein nahezu rauschfreies Bild hervor. Die erkennbaren Farbsäume um die Sterne (chromatische Aberrationen) werden anschließend über die Objektivkorrektur entfernt.*

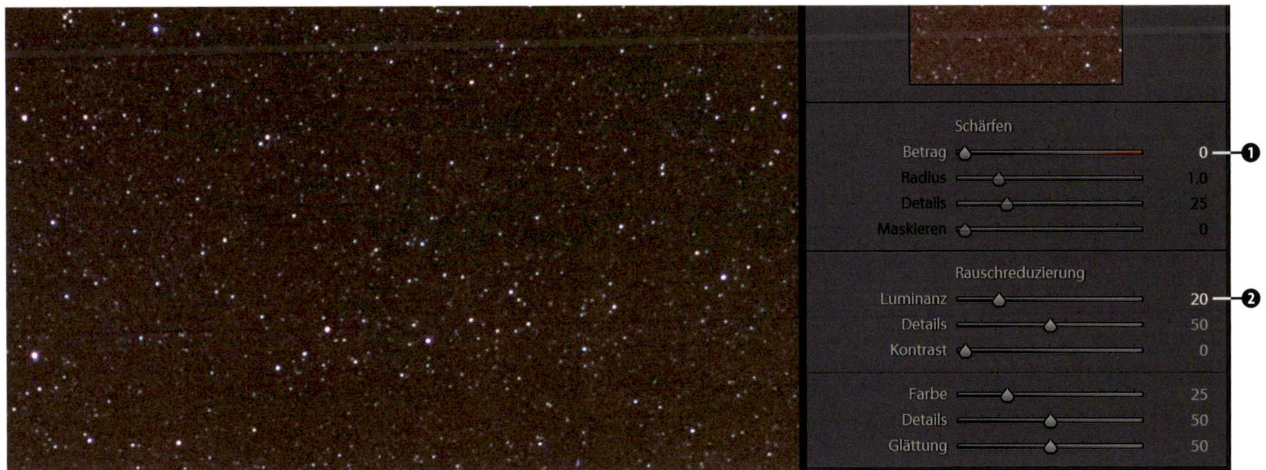

3 Panorama optimieren

Eine gewisse Sorgfalt beim Setzen der Kontrollpunkte für alle Bilder zahlt sich auf jeden Fall aus, was ich nach einem Wechsel zurück in den PROJEKTASSISTENT ❶ und einem Klick auf den Button OPTIMIERER AUSFÜHREN ❷ im nun geöffneten Ergebnisfenster ❸ sehen konnte. Ebenfalls unter Punkt 2 des Assistenten konnte ich nun den PANORAMA-EDITOR öffnen, der mir das fertige und vor allem korrekt zusammengesetzte Panoramabild anzeigte.

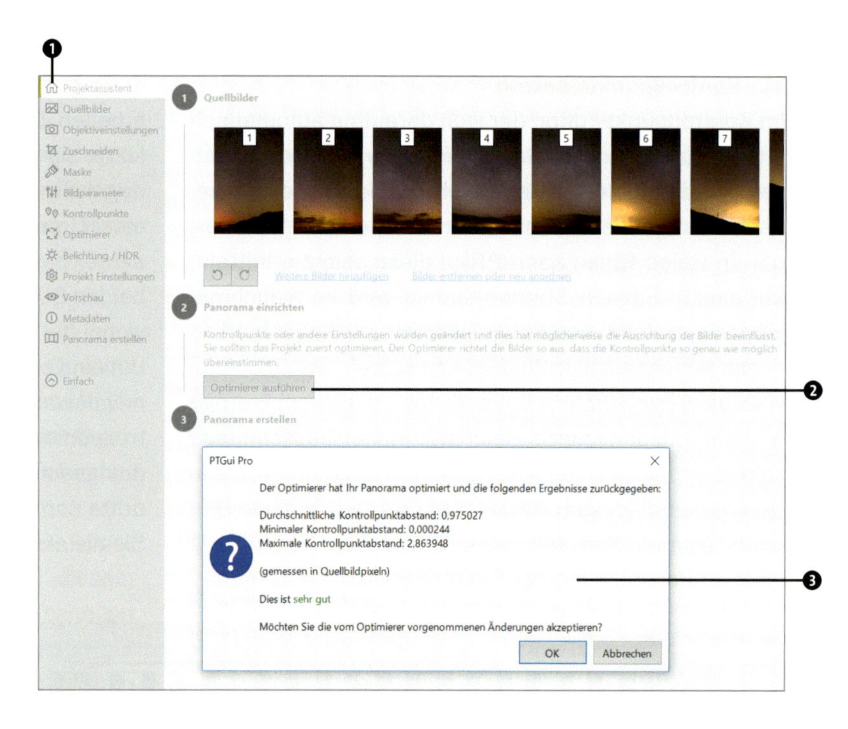

» Die Optimierung des Panoramas zeigte nach dem manuellen Setzen von Kontrollpunkten ein sehr gutes Ergebnis.

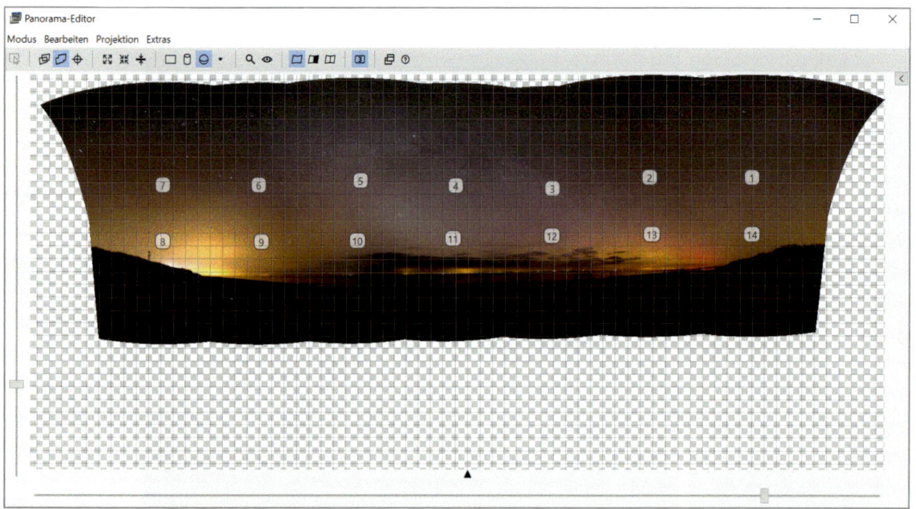

« Im PANORAMA-EDITOR wird das fertig zusammengesetzte Panorama angezeigt. In diesem Fall ist das Bild noch nicht ganz gerade ausgerichtet und entzerrt, was jedoch problemlos möglich ist. In der Vorschau sehen Sie auch sehr gut die Zusammensetzung der 14 Einzelbilder.

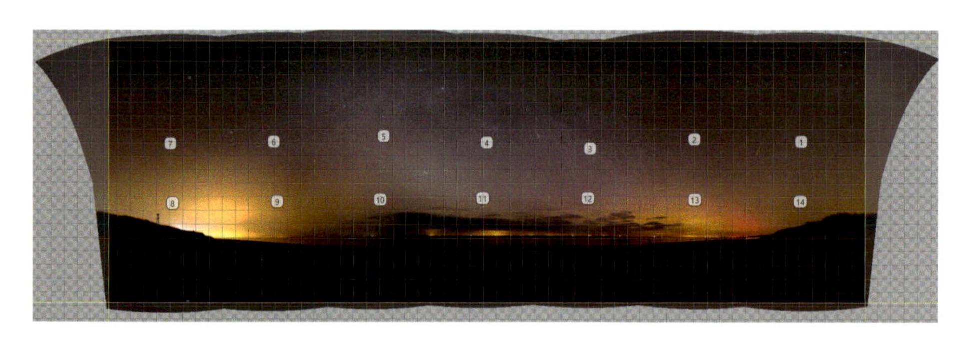

« Das entzerrte, begradigte und grob zugeschnittene Panorama kann im nächsten Schritt zusammengesetzt werden.

4 Panorama gerade ausrichten und beschneiden

Nun sieht das Panorama zunächst zwar noch minimal schief und verzerrt aus, jedoch lässt sich dies sehr einfach beheben. Dazu klickte ich mit der linken Maustaste ins Bild und zog es mit gedrückter Maustaste nach unten, bis der Horizont eine flache Ebene bildete. Anschließend bewegte ich das Bild bei gedrückter rechter Maustaste vorsichtig nach links oder rechts, um es waagerecht auszurichten. Schließlich fügte ich einen ersten Beschnitt zum Bild hinzu, indem ich jeweils vom Rand des transparenten Hintergrundbereichs die gelben Beschnittlinien ins Bild hineinzog. Dabei versuchte ich erst einmal, so viel wie möglich vom Bild zu behalten – der finale Beschnitt erfolgte später in Lightroom.

5 Projekt speichern

Nachdem ich diese Schritte durchgeführt hatte, schloss ich den PANORAMA-EDITOR und speicherte das Projekt, um es bei Bedarf später noch einmal öffnen zu können, ohne erneut alle fehlenden Kontrollpunkte setzen zu müssen.

6 Panorama erstellen

Danach wechselte ich im Projektassistenten über 3. PANORAMA ERSTELLEN... in das Menü zum Zusammenfügen des Bildes. Um einen sichtbaren Qualitätsverlust zu vermeiden, aber trotzdem die Bildgröße noch im Rahmen zu halten, wählte ich als Ausgabeformat TIFF ❺ in 8 Bit Farbtiefe ❻. Eine weitere Reduzierung der Dateigröße können Sie über die Eingabe einer Prozentzahl ❹ (% DER OPTIMALEN GRÖSSE) erreichen. Sollten Sie nicht gerade einen Posterdruck in mehreren Metern Breite anstreben, so ist dies sicherlich eine sinnvolle Option, wenn Sie viele Einzelbilder zu einem Panorama zusammensetzen. Nach der Wahl eines passenden Ausgabeverzeichnisses startete ich schließlich das Zusammenfügen über den Button PANORAMA ERSTELLEN ❼.

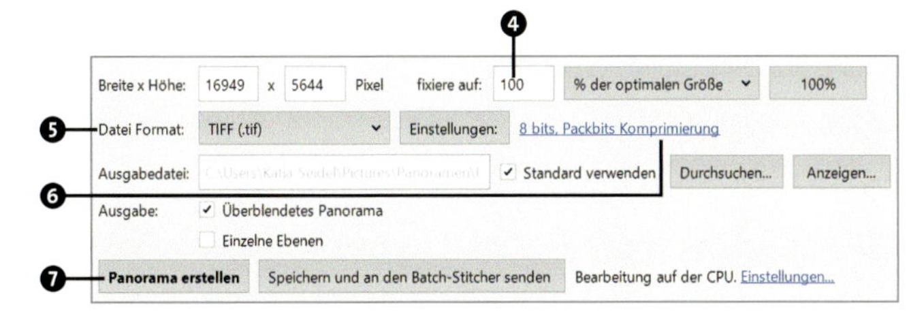

Finale Einstellungen für das Zusammensetzen des Panoramas in PTGui

Abschließende Bearbeitung | Das fertige Panoramabild importierte ich anschließend in Lightroom und führte dort noch ein paar finale Anpassungen durch:

- Entfernung von Flugzeugspuren mit Hilfe des Bereichsreparatur-Werkzeugs in der 100%-Ansicht
- Geringe Anpassung der Farbtemperatur, wobei ich ein wenig mehr in Richtung Blau ging. Dies ist Geschmackssache, sollte jedoch nicht zu sehr übertrieben werden.
- Erhöhung von KONTRAST und KLARHEIT, um die Milchstraße und das Zodiakallicht noch besser herauszuarbeiten. Auch der Regler DUNST ENTFERNEN kann hierzu gut verwendet werden. Bei diesen Anpassungen sollten Sie jedoch bedenken, dass damit auch immer das Bildrauschen erhöht wird.
- nochmalige Rauschreduzierung über den LUMINANZ-Regler
- finaler Beschnitt des Bildes

Nicht überrascht sein sollten Sie von der Dateigröße des fertigen Panoramas (siehe die nächste Doppelseite) und der daraus resultierenden etwas langsameren Verarbeitung in Lightroom. Obwohl ich die Einstellungen in PTGui auf 8 Bit und einer Kompression belassen habe, hat das fertige Bild immer noch eine Dateigröße von knapp 375 Megabyte.

Neben den geplanten Elementen Polarlicht, Milchstraße und Zodiakallicht sind natürlich auch zahlreiche Himmelsobjekte auf dem Panorama zu erkennen. Wenn Sie Lust haben, nehmen Sie doch einfach einmal eine Sternen-App zur Hand und versuchen, die folgenden Objekte, zuerst in der App und dann auf dem Bild, zu finden:

- M44 – offener Sternhaufen, auch Praesepe genannt, im Sternbild Krebs
- das Sternbild Orion mit seinen Gürtelsternen und dem Orionnebel (M42), der ansatzweise sogar auf dieser Weitwinkelaufnahme zu erkennen ist
- M45 – die Plejaden, in deren Nähe auch die Ekliptik und somit das Zodiakallicht verläuft
- M31 – die Andromedagalaxie

Auf dem fertigen Bild sind tatsächlich alle geplanten Elemente zu sehen: rechts im Norden die Polarlichter, in der Mitte des Bildes – am Westhorizont – das schräg nach links zeigende Zodiakallicht und über allem das Band der Milchstraße, das im Norden aus dem Polarlicht auftaucht und im Südwesten im hellen Lichtkegel von Rostock verschwindet.

24 mm (Einzelaufnahmen) | f2 | 10 s | ISO 1 600 | 02. April, 22:00 Uhr | zweizeiliges Panorama aus 14 Einzelaufnahmen

Projekt »Polarlichtreisen in den hohen Norden«

Dieser Abschnitt stellt kein Projekt im Sinne der anderen Projekte in diesem Buch dar, da es hier nicht um eine einzige Aufnahme geht, sondern um die generelle Jagd nach Polarlichtern auf einer Reise in den hohen Norden. Es gibt daher auch keinen Projektsteckbrief, sehr wohl jedoch die bekannten Abschnitte der Planung, Aufnahme und Bearbeitung mit Tipps rund um die Vorbereitung einer solchen Reise sowie die Aufnahme und Bearbeitung von Polarlichtfotos.

Nun haben Sie im vorherigen Projekt zwar gesehen, dass Polarlichter durchaus auch in Deutschland vorkommen; möchten Sie jedoch die Faszination Polarlicht auch einmal mit eigenen Augen bewundern, so kommen Sie um eine Reise in den Norden fast nicht herum.

Die Planung

Die erste Frage, die sich dabei stellt, ist: Möchten Sie allein und damit unabhängig unterwegs sein, oder möchten Sie sich einer geführten Reise anschließen? Ich habe beide Varianten ausprobiert und kann aus meiner Erfahrung sagen, beides hat seine Vor- und Nachteile.

Geführte Polarlichtreise | Wenn Sie, wie ich vor meiner ersten Reise, noch nie im hohen Norden unterwegs waren, um Polarlichter zu fotografieren, dann bietet sich eine geführte Gruppenreise mit Gleichgesinnten auf jeden Fall an. Dabei bekommen Sie wertvolle Tipps und werden vor allem zu spannenden Locations im jeweiligen Land geführt. Der Recherche- und Planungsaufwand im Vorfeld der Reise ist dadurch wesentlich geringer – Sie müssen »nur« noch den passenden Anbieter finden. Es gibt allerdings durchaus größere Unterschiede im Preis-Leistungs-Verhältnis – eine intensive Recherche lohnt sich daher auf jeden Fall! Es sollte Ihnen jedoch auch bewusst sein, dass es sich um eine Gruppenreise handelt, mit allen Kompromissen, die man auf solch einer Reise mit (meist) fremden Menschen eingehen muss. Letztendlich haben aber alle in der Gruppe das gleiche Ziel: die Faszination Polarlicht erleben und fotografieren!

Individualreise | Wenn Sie bereits erste Erfahrungen gesammelt haben, dann bietet sich alternativ eine komplette Individualreise, z. B. mit Freunden oder Familie, an. Hierbei gilt es, Flüge, Unterkunft und Mietwagen für die gewünschte Reisezeit zu organisieren und sich im Vorfeld zumindest grob mit der Suche nach passenden Fotospots auseinanderzusetzen. Natürlich können Sie sich bei der Reisebuchung auch von einem darauf spezialisierten Anbieter unterstützen lassen, vor Ort sind Sie dann jedoch »auf sich allein gestellt« – was aber durchaus positiv ist, wenn Sie Ihre Tage und Nächte individuell gestalten wollen.

Mietwagen | Wenn Sie im Herbst, Winter oder Frühling in den hohen Norden auf Polarlichtjagd gehen wollen, rechnen Sie auf jeden Fall mit widrigeren Straßenbedingungen als in der Heimat. Ab November sollten Sie nach meiner Erfahrung nicht mehr ohne Spikereifen fahren, da die Straßen schnell mal

Mit einem gemieteten Camper in Island auf Polarlichtjagd zu gehen ist eine wunderbare Art, das Land und die fantastischen Nordlichter zu entdecken – auch im Winter!

20 mm (Einzelbilder) | f2 | 5 s | ISO 6400 | 28. Dezember, 19:23 Uhr | Panorama aus neun Einzelaufnahmen

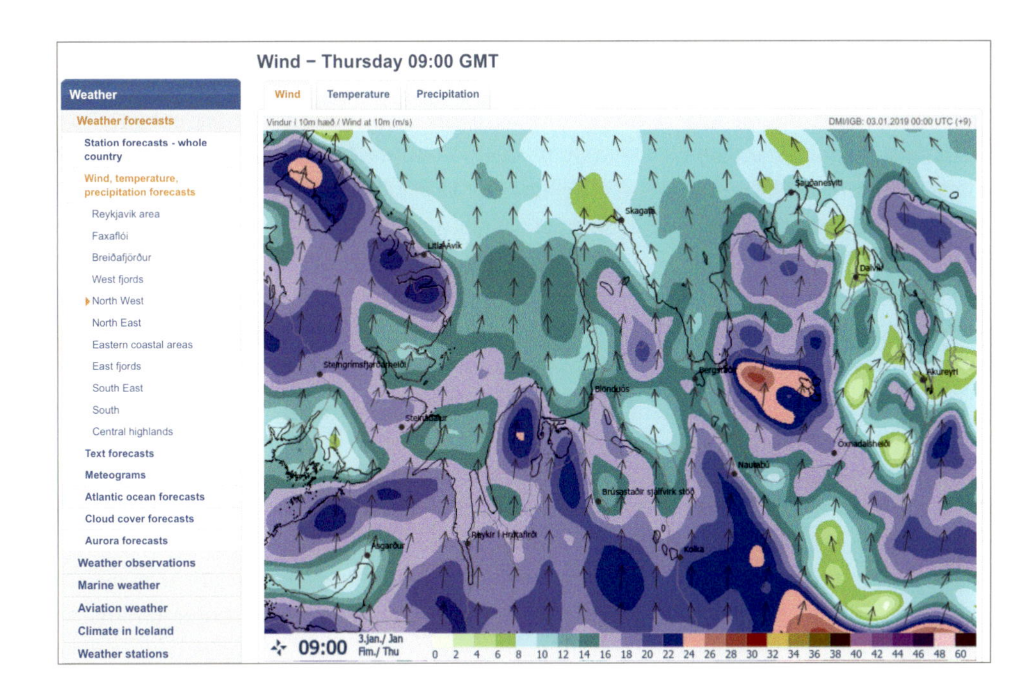

« Eine sehr gute und verlässliche Windvorhersage für Island gibt es unter https://en.vedur.is/weather/forecasts/elements#teg=wind. Hier sehen Sie einen der Tage meiner Winterreise im Norden Islands mit dem Camper, als ein heftiger Wind uns für mehrere Tage am Weiterfahren hinderte. Auch Autofahrer sollten sich die Windvorhersage regelmäßig anschauen!

komplett vereist sind. In der Regel bestücken die Vermietungen ihre Mietwagen jedoch mit entsprechender Bereifung, was Sie zur Sicherheit jedoch im Vorfeld klären sollten. Ansonsten stellt sich insbesondere in Island die Frage nach einem Allrad-Fahrzeug. Wollen Sie ins Hochland, ist ein solcher Antrieb Pflicht. Da solch ein Wagen jedoch normalerweise extrem kostspielig ist (rechnen Sie mit Preisen jenseits der 200 € pro Tag!) und die Hochlandstraßen meist sowieso im Winter geschlossen sind, genügt meist ein normaler PKW mit Spikereifen. Ich hatte lediglich bei meinen beiden Island-Reisen im Oktober ein Allrad-Fahrzeug zur Verfügung, was sich in dieser Jahreszeit auch durchaus noch gelohnt hat. Aufpassen müssen Sie bei Ihrer Reiseplanung auf die Windvorhersage. Plötzlich aufkommende Stürme können Sie im schlimmsten Fall für mehrere Tage aufhalten, so dass Sie die Rückfahrt immer mit etwas Puffer planen sollten!

Unterkunft | Bei der Frage nach dem Dach über dem Kopf habe ich auf meinen insgesamt vier Polarlichtreisen schon vieles ausprobiert: vom Hotel über Guesthouses, einem ganzen Haus bis hin zum gemieteten Camper war alles dabei. Bei der Buchung von Guesthouses in Island habe ich beispielsweise mit *www.booking.com* sehr gute Erfahrungen gemacht. Sie sollten jedoch schon frühzeitig buchen, um noch eine gute Auswahl zu vertretbaren Preisen zu haben – häufig können die Buchungen dabei noch bis kurz vor der Reise kostenfrei storniert werden. Eine besondere Art des Reisens – insbesondere im Winter – ist ein Wohnmobil. Über Silvester habe ich zehn Tage mit einem in Island gemieteten Kastenwagen verbracht, was Vor- und Nachteile hatte. Seltene Temperaturen bis −16 Grad waren zwar dank der Standheizung gut auszuhalten, ließen jedoch auch schnell die Wasserleitungen einfrieren, da der Camper nicht speziell wintertauglich war. Das größte Problem war auch hier der Wind, der einen ab 15 m/s (54 km/h) aus versicherungstechnischen Gründen am Weiterfahren hindert.

So sitzt man schon einmal schnell mehrere Tage irgendwo fest und sollte nicht empfindlich sein, was ein schaukelndes Bett angeht. Auf der anderen Seite kommt man natürlich mit seiner fahrenden Unterkunft auch zu den schönsten Spots, um Polarlichter zu fotografieren – wobei Sie beachten sollten, dass das Freistehen außerhalb von Campingplätzen in Island seit Ende 2018 offiziell verboten ist.

Reisezeit | Bevor Sie sich für ein Reiseland entscheiden, sollten Sie sich überlegen, wann Sie sich auf Polarlichtreise begeben wollen. Hierbei spielen das Wetter, die Jahreszeit und die Mondphase eine Rolle. Theoretisch gibt es das ganze Jahr über Polarlichter, nur sind sie im Sommer in den nördlichen Breiten nicht sichtbar, da es hier nachts nicht richtig dunkel wird. Für Polarlichtreisen eignet sich daher der Zeitraum zwischen September und März, wobei statistisch gesehen im September, Oktober und März die stabilsten Wetterlagen herrschen. Eine Garantie auf gutes Wetter und Polarlichter gibt es natürlich nie, daher sollten Sie nach Möglichkeit ein längeres Zeitfenster von mindestens sieben bis zehn Tagen für Ihre Reise einplanen. Bedenken Sie bei Ihrer Reiseplanung jedoch auch, dass es im Dezember und Januar in vielen Polarlichtregionen tagsüber nicht richtig hell wird – dies maximiert zwar das nächtliche Zeitfenster für die Polarlichtfotografie, allerdings schränkt es auch die Aktivitäten am Tag deutlich ein.

Eine weitere wichtige Entscheidung ist, ob Sie zur Vollmond- oder Neumondzeit verreisen möchten, da dies die Sichtbarkeit von Polarlichtern wesentlich beeinflusst. Zur Neumondzeit ist es maximal dunkel, so dass Sie die besten Chancen haben, Polarlicht zu sehen und zu fotografieren, auch wenn es nur schwach ausfällt. Allerdings fehlt in dieser Zeit auch häufig das nötige Licht, um den Vordergrund Ihrer Bilder eindrucksvoll sichtbar zu machen. Der Mond kann hier, wie Sie in der Mondlichtfotografie gesehen haben, sehr gut Abhilfe schaffen. Allerdings erhellt er natürlich auch den Himmel, so dass schwache Polarlichter in der Regel nicht mehr oder nur schwer zu sehen sind. Zudem wirken Polarlichter, egal welcher Intensität, vor einem dunkl(er)en Sternenhimmel wesentlich eindrucksvoller. Ich empfehle daher eher eine Reise rund um die Zeit des Neu- oder Halbmonds. Wenn Sie dann noch Schnee haben, wird der Vordergrund gleich wesentlich heller, auch ohne oder mit nur geringem Mondlicht. Ansonsten nehmen Sie am besten zu Ihrer Polarlichtaufnahme (mit dunklem Vordergrund) noch eine länger belichtete Aufnahme von mehreren Minuten für eine hellere Landschaft auf und fügen beide Bilder über Ebenenmasken in Photoshop zusammen.

Für eine möglichst erfolgreiche Polarlichtreise bleibt nur ein Zeitfenster von wenigen Wochen im Jahr, weshalb ich Ihnen empfehle, sich frühzeitig mit der Reiseplanung und -buchung zu beschäftigen.

« *Dieses Foto wurde zwar nicht zur Vollmondzeit aufgenommen, zeigt jedoch einen ganz ähnlichen Effekt. Durch die enorme Lichtverschmutzung der Stadt Tromsø in Nordnorwegen ist der Himmel so stark aufgehellt, dass kaum noch Sterne zu erkennen sind. Auch die (schwachen) Polarlichter waren nur noch auf dem Foto zu erkennen, nicht mehr jedoch mit bloßem Auge.*

24 mm | f2 | 10 s | ISO 1600 | 05. März, 23:10 Uhr

Polarlichtregionen | Neben der Reisezeit ist natürlich auch das Reiseziel ein ganz wesentlicher Planungspunkt. Fast in jeder Nacht gibt es Polarlichter innerhalb des sogenannten *Polarlichtovals*, das ein Band um die magnetischen Pole der Erde bildet. Dieses Oval befindet sich jedoch nicht immer an der gleichen Stelle, sondern verschiebt sich je nach Stärke der Sonnenwinde. Eine sehr gute Orientierung über das aktuelle Polarlichtoval bietet dabei das Space Weather Prediction Center (SWPC), also das Weltraumwetterprognosezentrum der National Oceanic and Atmospheric Administration (NOAA) in den USA. Es veröffentlicht regelmäßig eine Polarlicht-Vorhersage und stellt das Polarlichtoval im sogenannten *OVATION Aurora Forecast Model* dar. Es zeigt jeweils für die Nord- und Südhalbkugel die aktuelle Wahrscheinlichkeit für Polarlichtsichtungen. Dieses Model ist sowohl über die Website *www.swpc.noaa.gov* (dort sogar animiert) als auch in verschiedenen Apps, wie beispielsweise der App Polarlicht-Vorhersage (für Android und iOS verfügbar), zu finden. Möchten Sie nun in ein Land mit möglichst hoher Aurora-Wahrscheinlichkeit reisen, so bieten sich dafür beispielsweise die nördlichen Teile von Skandinavien (also Norwegen, Schweden und Finnland), Island, Grönland, Kanada, Alaska oder auch Russland an. Dabei müssen Sie bedenken, dass es durchaus immense Temperaturunterschiede geben kann – je nachdem, ob Sie ins Landesinnere oder an die Küste fahren.

Liegen die Nachttemperaturen in Tromsø (Nordnorwegen) im Januar noch durchschnittlich bei ca. −6 °C, so liegen sie in Ivalo (Nordfinnland) im Schnitt schon bei fast −20 °C, nicht selten auch weit darunter. Grund für diese Temperaturunterschiede ist der warme Golfstrom, der insbesondere an den Küsten Islands und Norwegens für ein vergleichsweise mildes Klima sorgt – und diese Länder daher auch für Polarlichtjäger besonders attraktiv macht. Selbst im Januar hatte ich auf meiner Island-Reise nur selten Minusgrade und Schnee.

Ein letztes Kriterium bei der Wahl des Reiseziels ist schließlich die Erreichbarkeit. Island ist sehr beliebt, da es per Direktflug in relativ kurzer Zeit aus Deutschland zu erreichen ist. Die Anreise in andere Länder kann sich da schon deutlich länger hinziehen, so dass häufig schon jeweils fast ein Tag für die An- und Abreise gebraucht wird. Die Lufthansa hat diesen »Missstand« allerdings erkannt und bietet mittlerweile während der Wintersaison auch regelmäßige Direktflüge, beispielsweise aus Frankfurt oder München, nach Tromsø an.

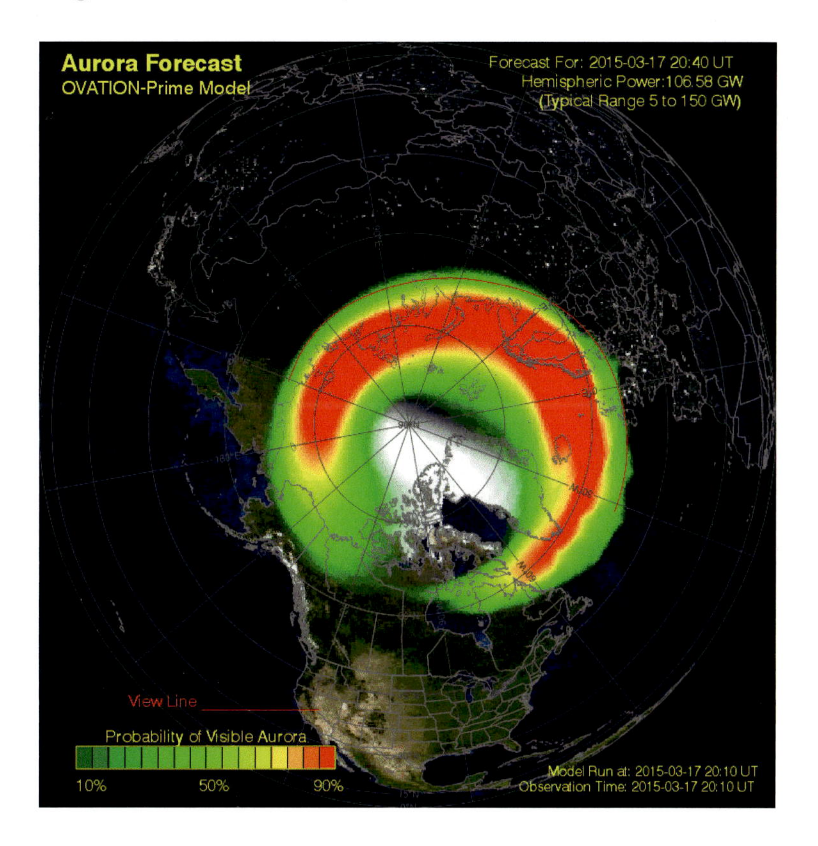

» Das »OVATION Aurora Forecast Model« des SWPC zeigt das aktuelle Polarlichtoval sowie die Wahrscheinlichkeit für Polarlichtsichtungen. Auf der dunkel dargestellten Erdseite ist dabei jeweils gerade Nacht, auf der hell dargestellten Tag. Dieses Bild zeigt die Vorhersage für den 17.03.2015. Aufgrund eines G4-Sturms (Kp-Index 8) gab es an diesem Tag Polarlicht bis in die österreichischen Alpen.

Am Ende einer langen und sehr intensiven Polarlichtnacht in Island entstand dieses Foto an einem einsamen See. Die spiegelglatte Wasseroberfläche zeigt ein exaktes Abbild der Landschaft, der Sterne und Wolken am Himmel und natürlich des fantastischen Polarlichts dieser unvergesslichen Nacht. Um zum Ufer dieses Sees zu gelangen, hieß es, bei Temperaturen um den Gefrierpunkt durch teils sumpfiges Gelände zu waten.

24 mm (Einzelbilder) | f2 | 10 s | ISO 800 | 14. Oktober, 00:27 Uhr | Panorama aus zwei Einzelaufnahmen

Fotoequipment | Da eine Polarlichtreise meist mit einer Anreise per Flugzeug verbunden ist, steht Ihnen nur ein begrenzter Gepäckumfang zur Verfügung, zumal Sie Ihr Fotoequipment unbedingt im Handgepäck transportieren sollten. Komfortabler ist es, wenn Sie mit Nicht-Fotografen reisen – dann können Sie Ihr Equipment zur Not auf die anderen Personen verteilen.

In jedem Fall sollten Sie sich jedoch sehr genau über die Richtlinien Ihrer Fluggesellschaft bezüglich Handgepäckgröße und -gewicht informieren. Reizen Sie dieses zu sehr aus, müssen Sie im schlimmsten Fall Teile Ihres Equipments am Flughafen lassen. Daher ist es sinnvoll, sich im Vorfeld genaue Gedanken darüber zu machen, was Sie wirklich auf der Polarlichtreise benötigen. Nach meiner Erfahrung sind folgende Dinge wichtig und sinnvoll:

- Fotorucksack, der weitestgehend den Handgepäckrichtlinien der Fluggesellschaft entspricht – hier sollten Sie besonders auf die Tiefe achten, da viele Fotorucksäcke die meist vorgegebene maximale Tiefe von 20 cm deutlich überschreiten
- stabiles Stativ, das aber dennoch leicht und transportabel ist
- Kamera, möglichst rauscharm
- Weitwinkelobjektiv(e) – idealerweise eine lichtstarke Festbrennweite (zwischen 14 und 35 mm) und für den Tag gegebenenfalls noch ein weitwinkliges Zoomobjektiv (z. B. 24–70 mm)
- gegebenenfalls Telezoomobjektiv (z. B. 70–200 mm) für Landschafts- und Tieraufnahmen bei Tag
- gegebenenfalls Graufilter für die Landschaftsfotografie bei Tag
- gegebenenfalls Panoramakopf für die Tag- und Nachtfotografie
- Ersatzakkus für die Kamera, die Sie beim Flug im Handgepäck transportieren und unterwegs immer am Körper tragen sollten, um sie warm zu halten
- ausreichend Speicherkarten
- Fernauslöser für die Kamera
- Stirnlampe mit Rotlicht
- Wärmepads (z. B. Handwärmer), um ein Zufrieren oder Beschlagen des Objektivs zu verhindern – befestigen können Sie sie beispielsweise mit Krepp- oder Gewebeband am Objektiv
- Spikes zum Überziehen über Ihre Schuhe, da es vielerorts spiegelglatt ist, was schnell zu kaputten Knochen und einer defekten Kamera führt

Sollten Sie auch Zeitraffer der Polarlichter machen wollen (siehe dazu Kapitel 13, »Zeitrafferfotografie«), sollten Sie für eine maximale »Ausbeute« wenn möglich eine zweite Kamera mit Objektiv und Stativ sowie eine Powerbank zur externen Stromversorgung und eine Heizmanschette mitnehmen.

Ansonsten versteht sich natürlich von selbst, dass Sie möglichst warme und vor allem winddichte Kleidung, wasserdichte Winterschuhe sowie Handschuhe, Mütze und Schal nicht vergessen sollten. Gehen Sie davon aus, dass Sie häufig mehrere Stunden nachts unterwegs sein werden, wenn Sie es mit der Polarlichtfotografie ernst nehmen wollen.

Die Aufnahme

Wenn es nun endlich so weit ist und Sie Ihren Polarlichturlaub angetreten haben, gibt es einige Dinge für die erfolgreiche Aurora-Jagd zu beachten:

Fotospots | Sollten Sie keinen ortskundigen Guide dabeihaben, suchen Sie idealerweise schon tagsüber nach geeigneten Fotospots für die Nacht und notieren sich diese Orte ganz genau – nachts ist es häufig schwierig, einen genauen Standort ohne weiteres wiederzufinden. Ideal geeignet sind hierfür Apps für das Smartphone oder Tablet, die Offlinekarten enthalten und die Möglichkeit bieten, sich Wegpunkte abzuspeichern. Optimal finde ich hierfür die App Pocket Earth (zum Zeitpunkt der Buchentstehung leider nur für iOS verfügbar), die ich unter anderem für die Speicherung von Fotospots in Norwegen genutzt habe.

In der Abbildung auf der rechten Seite sehen Sie beispielsweise diverse Fotospots, die ich mir während eines Tagesausflugs gespeichert habe. Dabei diente mir ein einfaches Farbschema zur schnellen Orientierung: Grün für sehr gute Locations, Orange für eher mittelmäßige Fotospots und Rot für Orte, die mir empfohlen wurden, die ich jedoch selbst noch nicht besucht hatte.

« *In der App Pocket Earth hatte ich diverse Fotospots, Wandertracks und weitere Ziele für meinen Urlaub in Norwegen gespeichert. Die Karten stehen offline zur Verfügung, so dass die App auf dem Tablet stets ein sehr zuverlässiger Begleiter war.*

Was Sie hier sehen, ist eine Straße im Gebiet westlich von Tromsø, die zu den Inseln Sommarøy ❺ und Hillesøy ❹ am offenen Meer führt. Dass dies ein sehr beliebtes Ziel für Polarlichttouren ist, merkten wir in einer Nacht, als uns auf den etwa 50 km von Tromsø nach Hillesøy mitten in der Nacht ganze fünf (!) große Reisebusse entgegenkamen. Entsprechend war auf dem Aussichtshügel ❶ am Ende von Hillesøy nachts auch mehr los als tagsüber. Ist dieser Fotospot noch relativ leicht wiederzufinden, so war dies mit der Location im Inland ❸ schon schwieriger. Probefotos bei Tag verhießen ein schönes Bergpanorama, und dank des in Pocket Earth gespeicherten Wegpunktes war genau dieser Spot mit Parkmöglichkeit auch nachts ohne Probleme wiederzufinden (siehe die Abbildung auf der rechten Seite).

Wenn Sie in Pocket Earth mehrere Reisen planen möchten, so können Sie entsprechende Gruppen ❷ anlegen, die Sie auch komplett mit allen Inhalten mit anderen teilen können.

Wetter | Da es in den Polarlichtregionen fast in jeder Nacht (mehr oder weniger helle) Polarlichter gibt, ist das Wetter der wesentlich wichtigere und leider auch wenig berechenbare Faktor bei Ihrer Polarlichtreise. Nach meiner Erfahrung von bisher vier solcher Reisen (im Oktober, Januar und März) kann ich nur sagen: Wenn das Wetter einigermaßen passt, sollten Sie unbedingt nach draußen gehen – das Polarlicht erscheint meist früher oder später von selbst. Notfalls sollten Sie auch einen etwas längeren Anfahrtsweg in Kauf nehmen, da sich das Wetter schon in wenigen Kilometern Entfernung stark vom Wetter des eigenen Standorts unterscheiden kann.

Wichtig bei der Wettervorhersage ist die Bewölkung, da Sie Polarlichter nur ohne Wolken sehen können. Das muss nicht heißen, dass es einen komplett sternenklaren Himmel braucht, aber Wolkenlücken sind schon notwendig, um die darüberliegenden Polarlichter sehen und fotografieren zu können.

Leider gibt es nicht *die* Wettervorhersage, die das Wetter für alle Polarlichtländer zuverlässig und sinnvoll darstellt, daher möchte ich Ihnen exemplarisch (und aus eigener Erfahrung) zwei Wetterseiten für Island und Norwegen empfehlen:

- Island: *https://en.vedur.is/weather/forecasts/aurora*
- Norwegen: *https://www.yr.no/*

Das Polarlicht an diesem Fotospot im Inland auf dem Weg zurück nach Tromsø war am Ende dieser Nacht zwar nur noch schwach, stellte aber zusammen mit den schneebedeckten Bergen und dem wunderschönen Sternenhimmel ein herrliches Motiv dar. Sogar eine Sternschnuppe huschte mir bei dieser Aufnahme noch links ins Bild. Was ich bei der Auswahl der Location bei Tag jedoch nicht erkennen konnte, war, dass das Scheinwerferlicht der (zahlreichen) vorbeifahrenden Autos bis auf die Berghänge leuchtete und die Idylle ein wenig trübte.

24 mm | f2 | 10 s | ISO 3200 | 06. März, 03:15 Uhr

Die isländische Wetterseite bietet eine sehr gute Vorhersage für die Bewölkung im ganzen Land ❶, die auch meist mit der Realität übereinstimmte. Entsprechend der Farbgebung erkennen Sie leicht, wo es Wolkenlücken gibt (weiße oder helle Bereiche) und wo es dicht bewölkt ist (dunkle Bereiche). Sie können sich im Sechs-Stunden-Takt »bewegen« ❷, wobei die Vorhersage für die kommenden Tage höchstens eine grobe Orientierung sein kann. Außerdem bietet die Website praktischerweise die Vorhersage des Kp-Index ❸ sowie der Auf- und Untergangszeiten von Sonne ❹ und Mond ❺ an. Vom Kp-Index sollten Sie sich jedoch nicht allzu sehr beeinflussen lassen – auch bei einer schlechten Vorhersage können Sie, wie bereits erwähnt, beeindruckende Polarlichter sehen!

Auf der Startseite der norwegischen Wetterseite suchen Sie zunächst Ihren Wunschort (im Beispiel ist dies die Insel Sommarøy) und wechseln dann in die stündliche Vorhersage ❻ und dort in den Detailbereich ❼. Hier sehen Sie dann die Vorhersage für die nächsten 48 Stunden, grafisch und tabellarisch. Interessant ist hierbei die Angabe zur Bewölkung ❾. Erfahrungsgemäß wird die Vorhersage immer gegen 17 Uhr am Nachmittag aktualisiert ❽ – dies ist also der spannende Moment für die aktuelle Wettervorhersage der kommenden Nacht!

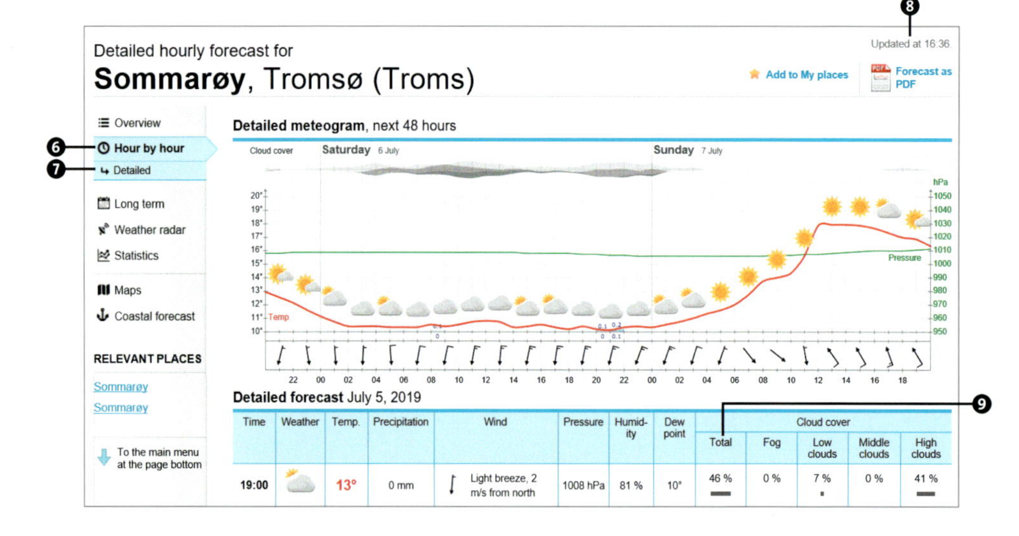

« *Die isländische Wetterseite vedur.is ist wirklich perfekt für Polarlichtjäger! In diesem Beispiel verheißt der stark bewölkte Himmel über fast ganz Island wenig Aussicht auf Erfolg.*

« *Die norwegische Wetterseite www.yr.no ist nicht ganz so übersichtlich wie das isländische Pendant.*

Polarlicht fotografieren | Stehen Sie nun bei passendem Wetter an einer schönen, möglichst wenig lichtverschmutzten Location, kann es theoretisch losgehen mit der Polarlichtfotografie. Jetzt werden Sie vielleicht zunächst enttäuscht sein, wenn der Himmel nicht sofort über Ihnen »brennt« und Sie noch keine Farben am Himmel sehen. Dies kommt meist sehr unvermittelt und ohne Vorwarnung. Etwas, was gerade noch wie eine etwas ungewöhnliche graue Wolke aussah, kann sich im nächsten Moment als nicht mehr zu übersehendes grünes Polarlicht entpuppen und möglicherweise vor Ihnen anfangen zu tanzen. Erlebt man dies zum ersten Mal, so ist dies ein unbeschreiblicher Moment, der eine Gänsehaut verursacht und sich für immer im Gedächtnis einbrennt.

Solange noch keine Farben am Himmel zu sehen sind, kann es sich trotzdem schon lohnen, die Kamera in den Himmel zu halten und immer wieder Aufnahmen zu machen. Dazu müssen Sie erst einmal noch gar nicht an die Bildkomposition und Schärfe denken, sondern diese Kontrollaufnahmen dienen lediglich dazu, den Himmel nach Polarlichtern »abzusuchen«. Sind bei ausreichender Belichtungszeit (10–30 Sekunden) schon erste farbliche Veränderungen auf dem Kameradisplay zu sehen, können Sie beim Warten auf stärkeres Polarlicht ruhig schon mit den ersten richtigen Aufnahmen beginnen. Die Einstellungen sowie die Scharfstell-Prozedur unterscheiden sich dabei nicht so sehr von der »typischen« Nachtfotografie. Angepasst an Ihre Kamera, Brennweite, Objektivlichtstärke und Lichtsituation vor Ort (Mond, Lichtverschmutzung und natürlich die Helligkeit des Polarlichts) wählen Sie daher am besten eine Belichtungszeit von zwei bis 25 Sekunden und einen ISO-Wert zwischen 800 und 8 000. Experimentieren Sie ruhig ein bisschen dabei, und achten Sie insbesondere auf das Histogramm.

» *Dieses Bild entstand am Grøtfjord nordwestlich von Tromsø in Norwegen. Trotz einer aktuellen Aurora-Vorhersage von Kp 1–2 tauchte plötzlich dieses völlig atemberaubende Polarlicht am Himmel auf. Aufgrund eines heftigen Winds war es etwas schwierig, verwacklungsfreie Aufnahmen zu machen.*

24 mm | f2 | 6 s | ISO 1 600 | 02. März, 00:00 Uhr

« Auch durch eine leichte Bewölkung können Polarlichter sehr eindrucksvoll aussehen. Diese Aufnahme entstand in einer Nacht in Norwegen, in der laut Wettervorhersage eigentlich keine Chance auf Wolkenlücken bestand. Doch plötzlich öffnete sich die Wolkendecke, und ein unerwartet starkes Polarlicht tanzte durch die Wolken hindurch. Einmal mehr hatte es sich also gelohnt, trotz wenig vielversprechender Wetter- und Polarlichtvorhersage immer wieder nach draußen zu gehen. Das Spektakel war nach 20 – 30 Minuten bereits wieder vorbei.

24 mm | f2 | 4 s | ISO 800 | 29. Februar, 23:28 Uhr

Ansonsten kann Ihnen ein Kameradisplay, das Sie vielleicht tagsüber bei Sonnenschein auf die volle Helligkeitsstufe gestellt haben, nachts ein wunderbar belichtetes Polarlichtbild suggerieren, das in Wahrheit unterbelichtet ist.

Ist es dann so weit und Sie können das Polarlicht deutlich mit bloßem Auge am Himmel erkennen, sollten Sie auch Ihre Kameraeinstellungen daran anpassen. Dazu und generell zum Fotografieren von Polarlichtern noch folgende Tipps:

- Sehr helles Polarlicht neigt leicht dazu, auf der Aufnahme auszubrennen. Achten Sie daher besonders auf das Histogramm!
- Sehr schnelles, tanzendes Polarlicht verliert auf Langzeitaufnahmen leicht seine Struktur. Versuchen Sie in diesem Fall, die Belichtungszeit so niedrig wie möglich zu wählen (möglichst zwischen zwei und fünf Sekunden), ohne die Aufnahme unterzubelichten.
- Um die volle Schönheit des Polarlichts einzufangen, ist die Panoramatechnik ein beliebtes Mittel. Hierbei

Dieses Flugzeugwrack an Islands Südküste erfordert mittlerweile einen etwa 45-minütigen Fußmarsch – vor ein paar Jahren konnte man noch mit dem Auto bis zum Wrack fahren. Es lohnt sich jedoch, wenn man wie in diesem Fall Glück mit dem Wetter hat und keine anderen Fotografen die eigenen Aufnahmen stören.

20 mm | f2 | 2,5 s | ISO 6 400 | 26. Oktober, 02:05 Uhr | Vordergrund kurz mit einer Stirnlampe während der Aufnahme beleuchtet

müssen Sie jedoch damit rechnen, dass sich aufgrund der Bewegung der Polarlichter nicht alle Aufnahmen später korrekt zusammensetzen lassen. Versuchen Sie daher, die Belichtungszeit so gering wie möglich zu halten, machen Sie aber auch zusätzliche Einzelaufnahmen, falls es mit dem Zusammensetzen des Panoramas später nicht klappen sollte.

- Schauen und fotografieren Sie ruhig öfter in alle Richtungen. Manchmal spielt sich hinter oder über Ihnen ein noch viel schöneres Schauspiel ab als vor Ihnen.
- Suchen Sie sich interessante Motive im Vordergrund. Dies muss nicht immer ein landschaftliches Motiv sein, auch eine Kirche, einen Leuchtturm oder einen Geysir können Sie sehr wirkungsvoll ins Bild setzen.
- Interessant kann jedoch auch ein Polarlicht ganz ohne Vordergrund sein, insbesondere wenn es außergewöhnliche Formationen annimmt. Fotografieren Sie also ruhig auch ab und zu das Polarlicht direkt über Ihnen.
- Vergessen Sie bei alldem nicht, die Kamera auch mal ruhen zu lassen und die Momente einfach nur zu genießen und in Ihr Gedächtnis »aufzusaugen«. Das passiert schnell mal bei all der Euphorie hinter der Kamera!

Die Bearbeitung

Wenn Sie bei der Aufnahme der Polarlichter schon alles richtig gemacht haben, ist in der Nachbearbeitung eigentlich nicht mehr allzu viel zu tun. Das Wichtigste ist dabei aber sicherlich der korrekte Weißabgleich. Ob Sie Ihr Polarlicht eher in einem satten Gelbgrün darstellen möchten oder lieber ein kühleres Blaugrün wählen, bleibt natürlich Ihnen überlassen – ich versuche immer, eine zu starke Blaufärbung zu vermeiden.

Ansonsten können Sie, ähnlich wie bei anderen Aufnahmen, natürlich durch das Spielen mit den üblichen Einstellungen wie Lichtern und Tiefen, aber auch der Klarheit, der Dunstentfernung oder dem Weiß-Wert mehr aus den Strukturen Ihrer Polarlichtaufnahmen herausholen. Seien Sie jedoch vorsichtig mit dem Dynamik- und Sättigungsregler – ein Polarlichtbild wirkt dadurch schnell zu »knallig«.

« *Diese sogenannte Polarlicht-Corona tanzte direkt über mir am Himmel.*

24 mm | f2 | 8 s | ISO 1 600 | 01. März, 23:40 Uhr

« Dieses Polarlicht erstreckte sich – zunächst von mir unbemerkt – direkt hinter mir in einem unglaublich hellen Streifen über meinen Kopf hinweg.

24 mm | f2 | 6 s | ISO 400 | 13. Oktober, 21:16 Uhr

⌃ *Der helle Streifen hinter mir setzte sich vor mir in jenem rechts im Bild fort und ging über in ein wahnsinniges Schauspiel, das sich eindrucksvoll in einer Lagune vor Selfoss in Island spiegelte. In dieser Nacht war lediglich mäßiges Polarlicht vorhergesagt. Mit einem solchen atemberaubenden Spektakel hatte in dieser Nacht wohl niemand gerechnet – die Kameras liefen von 21 Uhr abends bis 4 Uhr morgens fast ununterbrochen!*

24 mm | f2 | 6 s | ISO 400 | 13. Oktober, 21:20 Uhr | Panorama aus fünf Hochformataufnahmen

KAPITEL 10

STARTRAILS

Startrails – oder auch Sternstrichspuren – entstehen bei langer Belichtungszeit infolge der Erdrotation. In diesem Fall ist es jedoch gewollt, dass die Sterne nicht punktförmig dargestellt werden – im Gegenteil, es werden bewusst sehr lange Strichspuren erzeugt, um diesen Effekt künstlerisch zu nutzen.

Um diesen Effekt zu erreichen, könnte man die Kamera theoretisch eine oder sogar mehrere Stunden belichten lassen und damit gleich ein »fertiges« Strichspurenbild aus der Kamera bekommen. Zu analogen Zeiten arbeitete man tatsächlich häufig so, allerdings ist dies im heutigen digitalen Zeitalter aus verschiedenen Gründen

nicht mehr zu empfehlen. So können Sie nur schlecht abschätzen, ob die gewählte Kombination aus Blende, Belichtungszeit und ISO-Wert nach beispielsweise 60 Minuten zu einem zufriedenstellenden Ergebnis führt. Selbst bei geschlossener Blende und einer geringen ISO-Zahl führen Lichtquellen wie Städte oder schlichtweg der Mond schnell zu einem überbelichteten Bild. Die investierte Zeit wäre im schlimmsten Fall komplett umsonst. Ein noch gravierenderes Problem stellt das Bildrauschen dar, das bereits nach wenigen Minuten aufgrund der Erhitzung des Sensors aufträte. Auch Hotpixel wären nach kurzer Zeit wahrscheinlich sehr ausgeprägt. Zum Glück ermöglicht heute entsprechende Software die schnelle und einfache Kombination mehrerer Einzelbilder zu einer Strichspuraufnahme.

Belichtungszeit | Aber was ist die richtige Belichtungszeit für die Einzelbilder eines Startrails? Hier gibt es verschiedene Herangehensweisen, die alle ihre Vor- und Nachteile haben. Grundsätzlich müssen Sie sich vorab überlegen, ob Sie die Bilder ausschließlich für einen Startrail nutzen oder hinterher weitere Techniken wie Zeitraffer (siehe Kapitel 13) oder Stacking (siehe das Projekt »Stacking einer Astro-Landschaftsaufnahme« in Kapitel 8) anwenden möchten. Wenn Sie ausschließlich einen Startrail fotografieren möchten, dann können Sie mit einer langen Belichtungszeit von bis zu mehreren Minuten arbeiten – die Strichspuren durch die Erdrotation sind in diesem Fall ja gewollt. Dies hat den Vorteil der wesentlich geringeren Datenmenge und schnelleren Verarbeitung. Zum Vergleich: Für einen Startrail über eine Stunde benötigen Sie bei zwei Minuten Belichtungszeit insgesamt 30 Bilder, bei zehn Sekunden Belichtungszeit schon ganze 360 Bilder. Außerdem müssen Sie sich bei einer solch langen Belichtungszeit von mehreren Minuten keine großen Gedanken um die Lichtstärke Ihres Objektivs oder das Rauschverhalten Ihrer Kamera machen.

Natürlich hat es auch Vorteile, wenn Sie »normal« belichtete Bilder ohne Strichspuren für Ihren Startrail aufnehmen. Hierbei liegen die Belichtungszeiten je nach Brennweite eher im Bereich von 5 bis 25 Sekunden. Neben der bereits genannten anderweitigen Verarbeitung können Sie einzelne Bilder einer solchen Aufnahmeserie als Einzelbilder verwenden – zum Beispiel wenn Sie einen schönen Meteor (siehe Kapitel 11) erwischt haben – oder im Notfall aus der Serie entfernen, weil beispielsweise eine störende Lichtquelle das Bild kaputt gemacht hat. Eine solche »Lücke« im Startrail von wenigen Sekunden fällt weniger auf als eine von mehreren Minuten. Probieren Sie daher am besten beide Herangehensweisen einmal aus. Wie Sie die weiteren zwei Aufnahmeparameter (ISO und Blende) wählen, hängt im Wesentlichen von der jeweiligen Lichtsituation ab, die primär durch Lichtverschmutzung, Dämmerung oder Mondlicht beeinflusst wird. Die Angaben unter den jeweiligen Bildern in diesem Kapitel können dabei eine erste Orientierung darstellen.

Störfaktoren | Dennoch ist die Aufnahme eines Startrails manchmal schwieriger als gedacht, denn einige Faktoren können Ihnen – im wahrsten Sinne des Wortes – einen Strich durch die Rechnung machen:

- **Flugzeuge**: Flugzeug- oder Satellitenspuren zerstören meist die harmonischen Kreise eines Startrails, lassen sich aber in der Regel selten ganz vermeiden. Achten Sie daher idealerweise bei Ihrer Standortwahl auf Einflugschneisen und Zeiten mit geringerem Luftverkehr. Ein nachträgliches Entfernen solcher Spuren kann sehr zeitaufwendig sein!
- **Wolken**: Aufziehende Wolken verdecken in der Regel die Sterne, so dass Ihr Startrail unterbrochen werden kann. Meist ist dies nicht gewollt, manchmal verleihen leichte Schleierwolken dem Bild aber auch eine besondere Note (siehe die Abbildung auf der nächsten Seite). Idealerweise sollten Sie aber bei wolkenfreiem Himmel Ihren Startrail aufnehmen.

« Dieser Startrail entstand im Sternenpark Westhavelland in knapp zwei Stunden. Dank der absolut ruhigen Wasseroberfläche während dieser Zeit ergab sich eine perfekte Spiegelung der Sternspuren im Wasser – was leider nur sehr selten gelingt.

14 mm | f4 | 210 s (Einzelbild) | ISO 1 600 | 01. September, 00:11–01:50 Uhr | Startrail aus 29 Einzelbildern

Dieser Startrail ist auf La Palma entstanden. Die leichten Wolken haben die Sterne zum Glück nicht verdeckt, sondern geben dem Bild eher noch das gewisse Etwas. Links im Bild ist der untergehende Mond zu sehen. Auffällig ist zudem der aufgrund der südlichen Lage der Kanareninsel vergleichsweise tief stehende Polarstern.

20 mm | f2 | 30 s (Einzelbild) | ISO 800 | 14. März, 01:40–02:37 Uhr | Startrail aus 106 Einzelbildern bei untergehendem Mond

- **Bewegungen**: Planen Sie Bäume oder Wasseroberflächen im Vordergrund Ihres Startrails, dann sollten Sie sich ihrer sehr wahrscheinlich auftretender Bewegung bewusst sein, die beim Zusammenfügen des Startrails zu unschönen Effekten führen kann. Nur selten findet sich eine so windstille Nacht wie in der Abbildung auf Seite 250 zu sehen, bei der die Wasseroberfläche über zwei Stunden hinweg keine Bewegung zeigte.
- **Lichter**: Achten Sie bei der Standortwahl auch darauf, ob eventuelle Lichtquellen wie Autolichter von der Straße, Wanderer oder Radfahrer Ihre Bilder stören könnten.

Projekt »Startrails über der Sella bei Vollmond«

Startrails sind eine sehr eindrucksvolle Möglichkeit, die Rotation der Erde – und somit die scheinbare Bewegung der Sterne von unserem Standpunkt aus – auf einem Foto darzustellen. Noch beeindruckender wirkt dies, wenn Sie dazu einen passenden Vordergrund finden und ihn in die Bildkomposition aufnehmen. So wählte ich bei diesem Projekt die beeindruckende Formation des Sellastocks in den Dolomiten als Vordergrund. Da zur Aufnahmezeit nahezu Vollmond herrschte, war das Gebirgsmassiv wunderbar vom Mondlicht beleuchtet.

Projektsteckbrief

Schwierigkeit	■■□□□
Ausrüstung	Kamera, Stativ, Weitwinkelobjektiv, Fernauslöser mit Timerfunktion, gegebenenfalls Heizmanschette
Zeitraum	um den Vollmond herum, zu jeder Jahreszeit möglich
Erreichbarkeit	Auto (Passstraße, im Winter auf Witterungsbedingungen achten – gegebenenfalls sind Schneeketten notwendig)
Planung	ca. 15–30 Minuten
Durchführung	1,5–2 Stunden
Nachbearbeitung	ca. 30 Minuten
Programme	Planit Pro, gegebenenfalls SkyGuide, Lightroom, StarStaX
Fotospot	nahe Sellajoch, Dolomiten
Höhe	2 182 m
GPS-Koordinaten	46.504673, 11.772991
⤓	Ausgangsbilder im Raw-Format, GPS-Wegpunkt des Fotospots

Die Planung

Die folgende Beschreibung stellt einen sehr detaillierten Planungsprozess dar und soll u. a. die zahlreichen Möglichkeiten von Google Street View und der hier genutzten App Planit Pro aufzeigen. Dies ist jedoch nur *eine* mögliche Herangehensweise und kann selbstverständlich auch mit sehr viel weniger Vorbereitungsaufwand realisiert werden. Generell müssen Sie bei der Planung dieser Aufnahme jedoch zwei wesentliche Faktoren berücksichtigen:

- **Himmelsrichtung**: Möchten Sie sichtbare Sternkreise einschließlich eines Mittelpunktes und nicht nur Strichspuren auf dem fertigen Bild haben, müssen Sie die Blickrichtung so wählen, dass der Polarstern im Norden Teil des Bildes ist. Hierbei brauchen Sie zunächst – anders als bei anderen Sternen – nicht auf die Uhrzeit zu achten, da der Polarstern für uns in der nördlichen Hemisphäre der Erde während der gesamten Nacht nahezu am gleichen Ort steht. Ich wählte daher für diese Aufnahme eine nord- bis nordöstliche Bildausrichtung.
- **Stand des Mondes**: Ganz bewusst suchte ich mir eine (nahezu) Vollmondnacht für diese Aufnahme aus, um das Licht des Mondes als natürliche Lichtquelle zur Ausleuchtung des Bergmassivs zu nutzen. Dabei ist es natürlich wichtig, den Mond nicht mit auf dem Bild zu haben, sondern idealerweise im Rücken oder zumindest von der Seite von ihm angestrahlt zu werden. Sie sollten allerdings darauf achten, dass im Mondlicht häufig ungewollte Schatten entstehen – beispielsweise durch die Kamera. Daher versuche ich meist zu vermeiden, den Mond direkt im Rücken zu haben.

Nachdem ich nun die beiden wichtigsten Faktoren kannte, machte ich mich zunächst auf die Suche nach einem passenden Standort. Da es im Januar – meiner geplanten Reisezeit – wahrscheinlich recht kalt sein würde, musste ein Fotospot her, den ich mit dem Auto erreichen konnte. Das hat gleichzeitig den Vorteil, dass ich während der Aufnahmen nicht draußen in der Kälte stehen muss, sondern mich zwischendurch im Auto aufwärmen kann.

SCHRITT FÜR SCHRITT

Startrail-Planung mit Google Street View und Planit Pro

1 Fotospot per Google Street View finden

Nun ist die folgende Funktion zwar leider noch nicht für alle Orte der Welt verfügbar, aber in diesem Fall ließ sie sich wunderbar nutzen: Google Street View. Hiermit konnte ich die komplette Passstraße virtuell »abfahren« und mir schon vom Sofa aus die beste Stelle für meinen Startrail aussuchen.

Da ich aufgrund der Lage meines Hotels und der Jahreszeit bereits das Gebiet zum Fotografieren für diese Nacht eingegrenzt hatte, »fuhr« ich zur Suche eines geeigneten Fotospots virtuell den Sellapass hinauf. Dazu nutzte ich zunächst die Website *www.google.com/maps*. Wichtig ist dabei, nicht die mobile Version der Seite (für Smartphones oder Tablets) oder die entsprechende App zu nutzen, da die beschriebene Funktionalität hier nicht zur Verfügung steht.

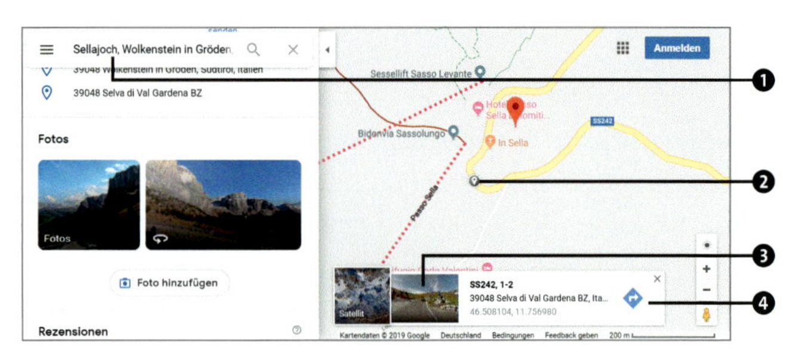

⮝ *Über die Google-Maps-Website suchen Sie zunächst nach einem Ort, um für diesen dann in die Street-View-Ansicht zu wechseln.*

NUTZUNG VON GOOGLE KARTENDIENSTEN

Wie auch andere Karten des US-Unternehmens stellt Google Street View – die 360-Grad-Ansicht aus der Straßenperspektive – einen Onlinedienst von Google dar. Lange Zeit durften diese Karten und Dienste für Webseiten oder Apps in vielen Fällen frei genutzt und eingebunden werden. Seit dem 16. Juli 2018 hat Google das Lizenzmodell jedoch angepasst, so dass für die gewerbliche Nutzung schon bei einer vergleichsweise geringen Zugriffszahl unverhältnismäßig hohe Kosten anfallen würden. Dies ist auch der Grund, weshalb Apps wie Planit Pro die Integration von Google Street View mittlerweile standardmäßig deaktiviert haben. Möchten Sie die Funktion weiterhin nutzen, müssen Sie einen eigenen sogenannten »API Key« bei Google beantragen und in der App hinterlegen. Bei normaler Nutzung fallen für Sie dabei in der Regel keine Kosten an, jedoch müssen Sie Ihre Kreditkartendaten hinterlegen und werden bei Überschreitung der maximalen Zugriffe zur Kasse gebeten. Wer dieses Risiko vermeiden möchte und auf eine direkte Integration verzichten kann, nutzt am besten die komfortable Website von Google, wie es in diesem Projekt beschrieben ist.

Zunächst habe ich in der Sucheingabe von Google Maps ❶ nach dem Sellajoch gesucht. Anschließend markierte ich durch einen Klick einen Punkt ❷ in der Nähe der Passhöhe, wodurch sich unter anderem ein zusätzliches Fenster ❹ öffnete. Durch einen Klick auf das Bild im Fenster ❸ gelangte ich in die Street-View-Ansicht dieses Ortes (Anmerkung: Ist Street View für diesen Punkt nicht verfügbar, erscheint im Fenster lediglich ein graues Standardbild).

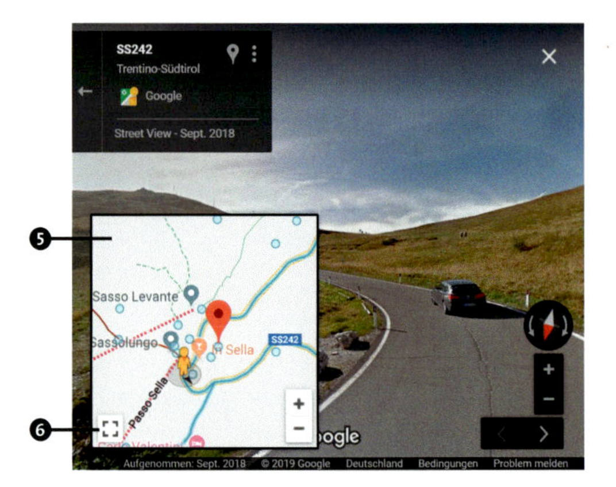

⮝ *Während Sie sich virtuell auf der Straße entlangbewegen, sehen Sie im Kartenfenster stets, wo Sie sich genau befinden.*

Während ich mich mittels einfacher Klicks auf die Straße vor- und zurückbewegt habe, konnte ich mich bei gedrückter Maustaste in einer 360-Grad-Ansicht durch die Bewegung der Maus in alle Richtungen »umschauen«. Dies ist extrem hilfreich, um Fotospots in der Nähe der Straße von zu Hause aus zu erkunden! Die genaue Position und Blickrichtung meiner virtuellen Fahrt konnte ich dabei auf dem kleinen Kartenausschnitt links unten ❺ verfolgen. Hier besteht auch die Möglichkeit, diesen Ausschnitt zu maximieren ❻, was weitere Funktionalitäten ermöglicht: So können Sie in der Großansicht der Karte über die kleinen blauen Punkte ❼ weitere 360-Grad-Fotos anderer Nutzer aufrufen, was meist sehr aufschlussreich für die eigene Fotospot-Suche ist. Außerdem sehen Sie anhand der blauen Linie ❾, wo die Street-View-Ansicht überall verfügbar ist.

Nachdem ich eine gewisse Zeit die Passstraße virtuell entlanggefahren war, fand ich schließlich einen geeigneten Ort mit einem schönen Rundumblick, der neben dem eigentlichen Startrail weitere Fotos in andere Richtungen erlauben würde. Den auf der Karte angezeigten Standpunkt ❽ unterhalb des Sellajochs merkte ich mir für die weitere Planung in der Planit-Pro-App.

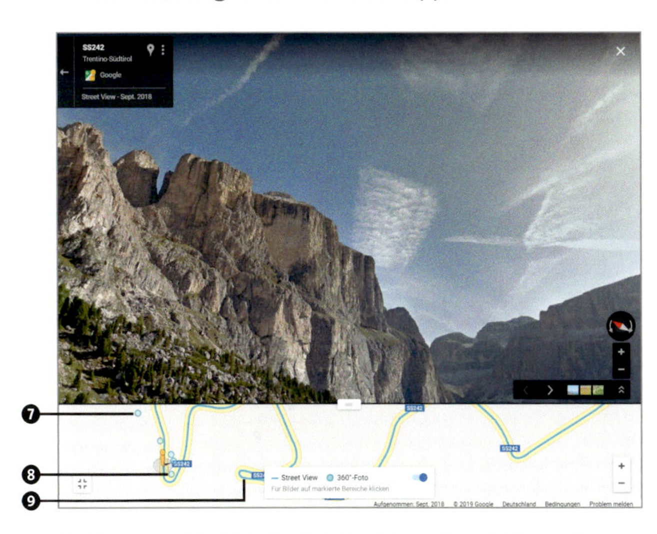

⮝ *Dies war schließlich der Ort, den ich per Google Street View für meinen Startrail auswählte. Unten auf der Karte konnte ich den genauen Standort und die ungefähre Blickrichtung ablesen.*

2 Kamerastandort setzen

In der Planit-Pro-App wählte ich in einer neuen Planung zunächst über das Kartenmenü ⓯ den Kartenmodus GOOGLE NORMAL MAP aus und fand über die Suchfunktion ㉕ das Sellajoch in den Dolomiten. Aus meiner Vorplanung mit Google Street View kannte ich ja bereits den genauen Fotospot, so dass ich den Kamerastandort ⓲ über den Plusbutton ㉑ gezielt unterhalb der Passhöhe setzen konnte.

3 Startrail-Funktion konfigurieren

Um den geplanten Startrail zu planen, wechselte ich über das Menü ⓫ in den EPHEMERIDEN FUNKTIONEN ZU STERNE UND STERNSPUREN. Dabei stellte ich zunächst sicher, dass der Polarstern (POLARIS ⓭) ausgewählt und der Modus für Sternstrichspuren ㉔ aktiviert war. Durch langes Tippen auf die Datumsanzeige ⓳ selektierte ich anschließend die geplante Nacht, um den möglichen Zeitraum für die Startrail-Aufnahme angezeigt zu bekommen. Ebenfalls über das Menü ⓫ stellte ich zudem unter FOTOGRAFIE-WERKZEUGE die Ansicht BRENNWEITE ❿ ein.

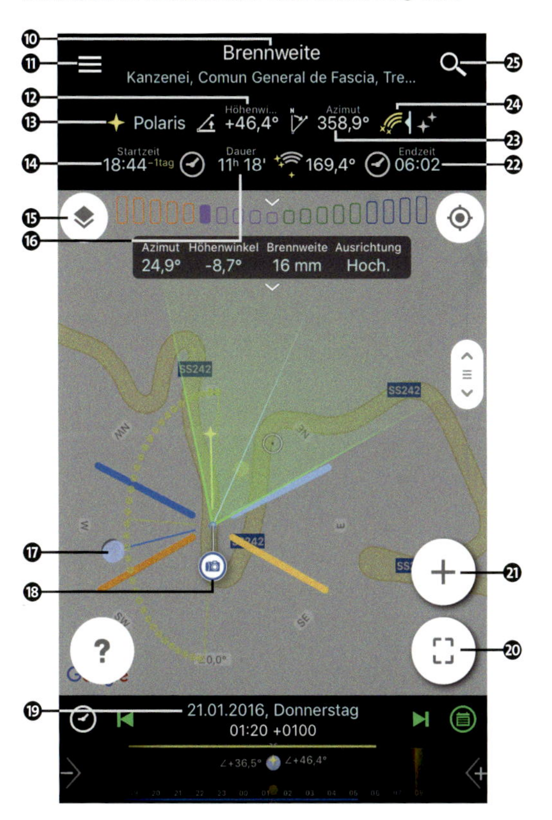

⮝ *Den zuvor in Google Street View ermittelten Fotospot konnte ich in Planit Pro gezielt als Kamerastandort setzen.*

4 Zeitfenster bestimmen

Was Sie dann oben in der Infoleiste sehen, sind die Höhe des Polarsterns (46,4°) ⓬ (siehe Vorseite), die Richtung in der er zu sehen ist (358,9°) ㉓ sowie die mögliche Start- ⓮ und Endzeit ㉒ für die Aufnahme. Ich hätte also theoretisch 11 Stunden und 18 Minuten ⓰ Zeit gehabt, meine Aufnahmen zu machen – zwischen dem Ende der astronomischen Dämmerung am Abend und dem Anfang der astronomischen Dämmerung am nächsten Morgen. Da man glücklicherweise für einen hübschen Startrail nicht so viel Zeit benötigt, schaute ich nun nach dem zweiten Faktor, dem Mond.

5 Stand des Mondes ermitteln

Hierzu setzte ich die aktuelle Zeit zunächst auf den Beginn der Nacht, indem ich länger auf die angegebene Startzeit ⓮ tippte (siehe Vorseite). Hier stand der Mond noch fast im Osten. Im Süden stand er gegen 21:30 Uhr und nahezu im Westen ⓱ um 01:20 Uhr nachts. Er würde also zu keiner Zeit wirklich stören, so dass theoretisch die ganze Nacht als möglicher Zeitraum zur Verfügung stünde. Dies ist grundsätzlich sehr gut, da Sie so nicht strikt an einen Zeitplan gebunden sind und auch beim Wetter ein wenig flexibler bleiben. Ein Start nach Mitternacht ist jedoch insofern von Vorteil, als mit weniger Flugverkehr zu rechnen ist. Flugzeugspuren können nämlich die Ästhetik eines Startrails durchaus negativ beeinflussen, zumal sie später nur mit hohem Aufwand entfernt werden können.

6 Startrail simulieren

Im nächsten und letzten Schritt versuchte ich dann noch, den Startrail mit Hilfe der App zu »simulieren«, also eine virtuelle Vorschau der Szene inklusive Sternstrichspuren zu bekommen. Aufgrund der Kälte, die vermutlich zu dieser Zeit in über 2 000 Metern herrschen würde, wollte ich es zunächst mit einer Aufnahmedauer von einer Stunde probieren – dies sollte in der Regel ausreichen, um schöne Strichspuren zu erzeugen. In der App wechselte ich daher über den Aktionsbutton ⓴ in den Suchermodus SUCHER (VR) und stellte durch kurzes Tippen auf die Start- und Endzeit manuell eine zeitliche Begrenzung von 01:20 bis 02:20 Uhr nachts ein.

Daraufhin konnte ich einen Radius von knapp 15° ❶ für diese Zeit ablesen. Die Sterne würden in dieser Zeit von einer Stunde also auf einem gedachten Kreis von 360° (in 24 Stunden) einen Teil von 15° »wandern«, was für eine Startrail-Aufnahme bereits gute Ergebnisse liefert. Danach stellte ich eine Brennweite von 16 mm ❸ und die Ausrichtung QUER ❷ ein. Hierbei wählte ich einfach das weitwinkligste Objektiv, das ich zur Verfügung hatte, um möglichst großflächige Strichspuren aufs Bild zu bekommen – auf die Lichtstärke kam es in diesem Fall nicht so sehr an. Nun konnte ich mit dem Play-Button ❺ die Simulation des Startrails starten. Am Ende der Simulation wurde mir dann das schematische Bild samt Bergrücken und den simulierten Sternspuren angezeigt. Dabei konnte ich sehen, dass der ungefähre Mittelpunkt meines Kreises – also der Polarstern ❹ – links oben im Bild sitzen würde, was aus meiner Sicht sehr gut passte.

So weit zur Planung, die Sie mit den heutigen Hilfsmitteln schon beeindruckend genau machen können. Aber wie gesagt, natürlich können Sie Startrails auch mit

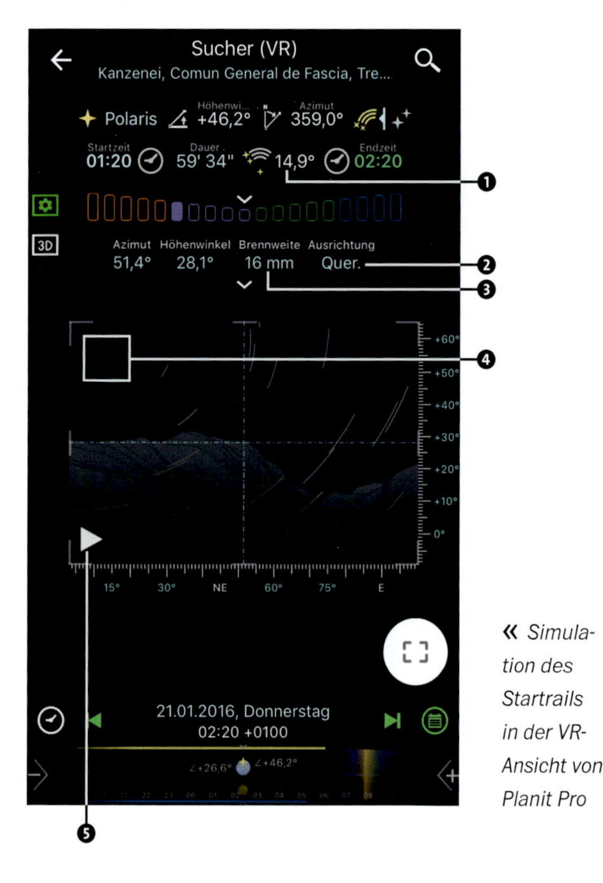

« *Simulation des Startrails in der VR-Ansicht von Planit Pro*

weit weniger Planungsaufwand aufnehmen – daher mein Tipp: Experimentieren Sie einfach ein bisschen, und finden Sie den für sich richtigen Weg! Von Vorteil ist es neben einer theoretischen Planung auch immer, wenn Sie sich die Location vor der Aufnahmenacht einmal »live« anschauen, idealerweise sogar bei Dunkelheit, um eventuell störende Lichtquellen frühzeitig auszumachen.

Die Aufnahme

Nun war es also so weit, der Tag der Aufnahme war gekommen. Das Wichtigste dabei war, – und dies kann man leider nur bedingt planen – dass das Wetter passte! Eine sternenklare, wenn auch kalte Nacht versprach, herrliche Aufnahmen zu bringen. Bei −12 °C fiel es mir durchaus nicht leicht, aus dem warmen Hotelzimmer ins kalte Auto zu steigen und mich auf den Weg zu den geplanten Fotospots zu machen. Aber glauben Sie mir, hinterher war ich froh, es gemacht zu haben, spätestens als ich die Ergebnisse der Nacht am Bildschirm sah.

Die Fahrt hinauf in Richtung Sellajoch ging dank des wenigen Schnees in diesem Jahr problemlos. Allerdings wurde ich ab und zu hinter den Kurven von Rehen überrascht, die dort einfach so auf der Straße standen oder diese gerade überquerten – hier ist also Vorsicht geboten, fahren Sie aufmerksam!

Mein erster Blick – zunächst noch ohne Kamera – ging hinauf zum Himmel, um den Polarstern zu orten. Wie dies am einfachsten geht, haben Sie ja bereits im Abschnitt »Orientierung am Sternenhimmel« ab Seite 90 erfahren.

Nach der Scharfstell-Prozedur und ein paar Probeaufnahmen, um den besten Platz zu finden, begann ich, alles für die Aufnahme der Startrail-Fotos vorzubereiten. Nach der Ausrichtung der Kamera auf dem Stativ stellte ich zunächst alle Parameter an der Kamera ein. Im manuellen Belichtungsmodus wählte ich eine relativ offene Blende (in meinem Fall f4,5) und eine mittlere ISO-Zahl von 400. Mehr Lichtstärke war in diesem Fall nicht erforderlich, da zum einen das Mondlicht sehr hell war und zum anderen ja für den Startrail sowieso eine vergleichsweise lange Belichtungszeit gebraucht wurde. Bei der Belichtungszeit müssen Sie immer etwas experimentieren, da sie stark von der Umgebungshelligkeit abhängt. In meinem Fall landete ich mit den oben ge-

« Die Kamera samt Timer auf dem Stativ während der Aufnahme des Startrails

nannten Parametern bei zwei Minuten pro Bild. Ich nahm also 30 Einzelbilder à zwei Minuten auf. Hierzu schloss ich einen programmierbaren Timer an die Kamera an und stellte ihn auf die entsprechende Belichtungszeit ein. Zwischen den Aufnahmen stellte ich zwei Sekunden Pause ein. An der Kamera wählte ich für diese Langzeitbelichtungen den Bulb-Modus. Alternativ hätte ich hier auch mit sehr viel kürzeren Belichtungszeiten arbeiten können, allerdings wären in den 60 Minuten dann weit mehr Bilder entstanden.

Da der Taupunkt in dieser Nacht nicht unterschritten und auch mein Auto nach längerem Parken nicht zugefroren war, riskierte ich es, ohne Heizmanschette zu arbeiten, was schließlich auch gut funktionierte. In vielen anderen Situationen wäre die Manschette dringend notwendig gewesen, da sich ansonsten schon nach wenigen Minuten Tau auf der Linse bilden kann und damit alle Bilder unbrauchbar würden.

Das war es dann auch schon mit den Einstellungen. Nachdem der Timer gestartet war und die Kamera ihren Dienst verrichtete, nahm ich mit einer zweiten Kamera weitere Fotos im Umkreis von ein paar Metern um das Auto herum auf, zum Beispiel das des Col Rodella.

Die Nachbearbeitung

Zurück am PC hieß es dann, den Startrail zusammenzufügen und sich somit für die Arbeit der Nacht zu belohnen. Eine Bearbeitung ist zwar wie bei allen Nachtaufnahmen notwendig, allerdings hält sich der Aufwand in Grenzen.

Der Col Rodella im Mondlicht mit dem Sternbild Orion darüber

24 mm | f2 | 6 s | ISO 800 | 21. Januar, 01:40 Uhr

SCHRITT FÜR SCHRITT

Entwickeln der Raw-Dateien in Lightroom

Zunächst lud ich alle Einzelaufnahmen in Lightroom und schaute sie mir dort an. Dabei konnte ich schon auf den Einzelbildern leichte Sternspuren erkennen, die sich natürlich aufgrund der langen Belichtungszeit von zwei Minuten automatisch ergeben hatten.

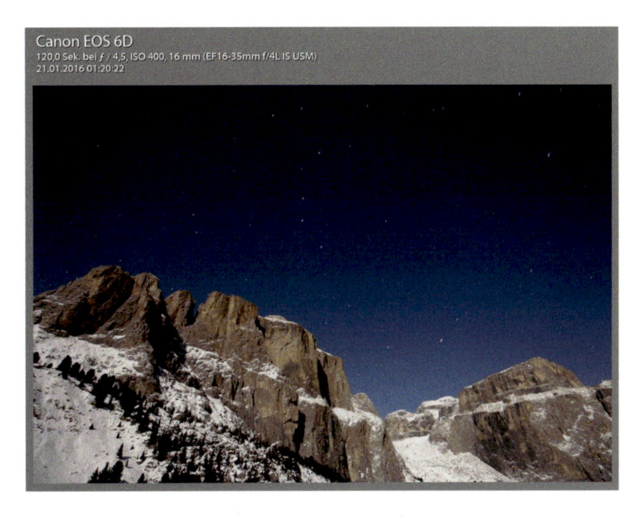

⌃ *Unbearbeitetes Bild in Lightroom*

1 Prüfen der 100 %-Ansicht

Beim Prüfen der 100 %-Ansicht fiel mir auf, dass auf den Einzelbildern am oberen mittleren Bildrand Staubpartikel zu erkennen waren, die wahrscheinlich auf Sensordreck oder einen Fussel auf dem Objektiv zurückzuführen waren. Dies ist ärgerlich, insbesondere bei Startrail-Aufnahmen, bei denen ein »Wegstempeln« höchstwahrscheinlich zu kaputten Sternstrichspuren auf dem fertigen Bild führt. Dieses Problem ließ sich also erst einmal nicht lösen. Hinsichtlich der Belichtung war das Bild dem Histogramm nach zu beurteilen aber sehr gut getroffen, so dass ich lediglich kleinere Anpassungen vornehmen musste.

2 Vignettierung entfernen

Im ersten Schritt entfernte ich im Bereich OBJEKTIVKORREKTUREN • MANUELL • VIGNETTIERUNG erst einmal die Vignettierung im Bild. Dabei setzte ich bewusst nicht die automatische Profilkorrektur ein, obwohl sie für das eingesetzte Objektiv verfügbar gewesen wäre. Meine Erfahrung ist allerdings, dass dies manchmal zu ungewollten Mustern beim Zusammenfügen des Startrails führt, weshalb hier die manuelle Vignettierungskorrektur zum Einsatz kam.

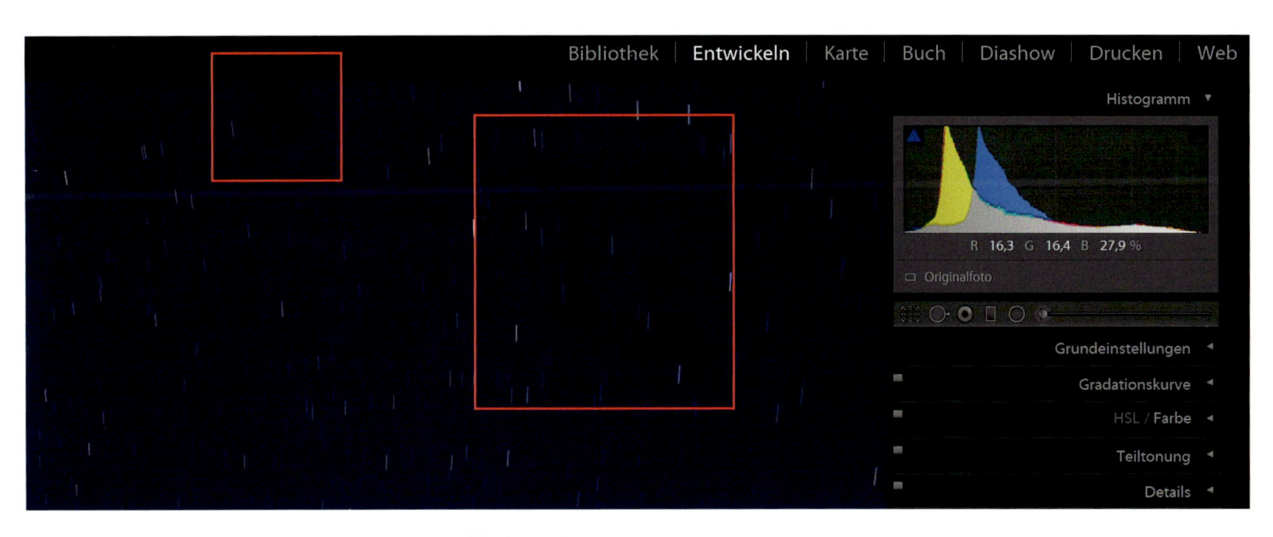

⌃ *Staub ist am oberen mittleren Bildrand in der 100 %-Ansicht zu erkennen. Das Histogramm zeigt eine passende Belichtung der Aufnahme.*

3 Grundeinstellungen anpassen

Danach korrigierte ich in den Grundeinstellungen noch ein wenig die Tiefen und Lichter sowie die Weiss- und Schwarz-Werte. Abschließend erhöhte ich die Klarheit und die Schärfe und reduzierte das Rauschen über den Regler Luminanz in den Details etwas. Ziel meiner Bearbeitung war es, dem Bild etwas mehr Strahlkraft zu verleihen, ohne es übertrieben wirken zu lassen. Ein Anheben des Weiss-Wertes hat dabei insbesondere am Sternenhimmel häufig große Wirkung.

4 Einstellungen synchronisieren und Bilder exportieren

Als ich mit der Bearbeitung zufrieden war, synchronisierte ich die Einstellungen auf die anderen 29 Bilder. Vorausgesetzt, die Kameraeinstellungen sowie die Lichtverhältnisse bei der Aufnahme sind gleich geblieben, sehen nun also alle Bilder scheinbar gleich aus. Scheinbar deshalb, weil sich natürlich die Sterne auf den einzelnen Bildern »bewegt« haben – was ja im nächsten Schritt auch die Strichspuren hervorbringen soll.

Die fertig bearbeiteten Bilder exportierte ich dann schließlich als TIFF-Dateien in einen entsprechenden Ordner auf der Festplatte.

Da das Bild hinsichtlich Farbtemperatur und Belichtung bereits recht passend aufgenommen wurde, waren in der Bearbeitung nur noch wenige Schritte notwendig.

SCHRITT FÜR SCHRITT

Die Einzelaufnahmen des Startrails zusammenfügen

Anschließend musste ich die Bilder nur noch zusammenfügen. Dazu nutzte ich das kostenlose Programm StarStaX, das für Windows und Mac unter *www.markus-enzweiler.de/StarStaX/StarStaX.html#download* zum Download zur Verfügung steht.

1 Bilder stacken

Die Verarbeitung ist denkbar einfach: Zunächst werden alle Einzelbilder (die exportierten TIFF-Dateien) über den Button BILDER ÖFFNEN... ❶ geladen. In den EINSTELLUNGEN im Reiter BLENDING wählte ich als BLENDING MODUS »Aufhellen« ❹ und stieß das Zusammenfügen über den Button BERECHNUNG STARTEN ❷ an. In der Vorschau ❸ sehen Sie dann, wie sich der Startrail mit jedem Bild Schritt für Schritt aufbaut, allerdings ist dieser Prozess meist schon nach wenigen Sekunden abgeschlossen.

Das fertige Bild können Sie dann über die 1:1-Ansicht ❻ in voller Auflösung betrachten. Dabei zeigten sich in meinem Bild nahezu lückenlose Strichspuren und ein scharf abgebildeter Vordergrund. Vor dem Speichern des Bildes empfehle ich, die Kompression ❼ in den Bildeinstellungen zu deaktivieren, um auch im finalen Bild die bestmögliche Qualität zu erreichen.

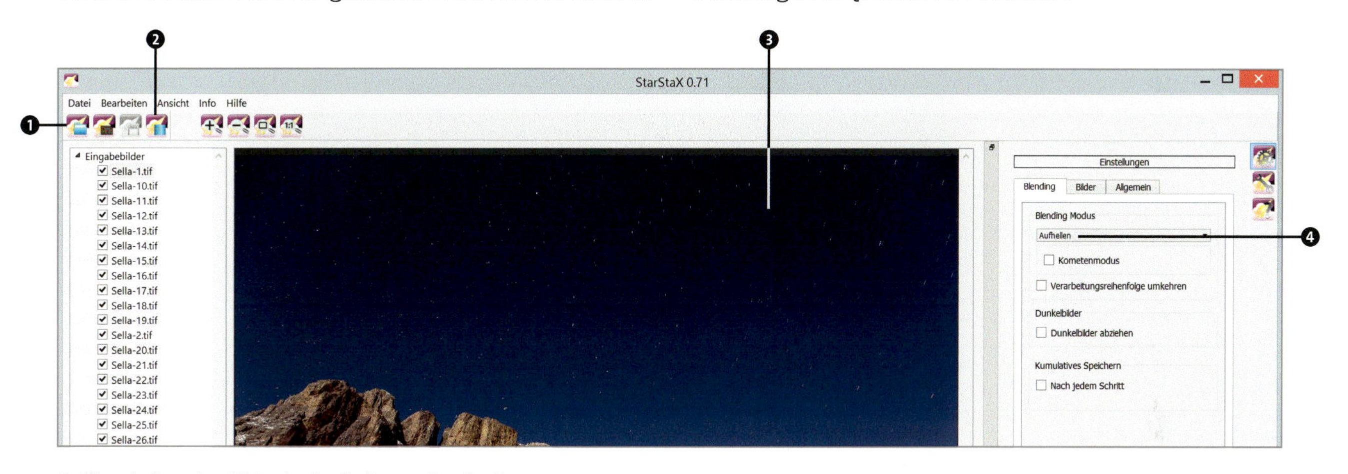

Verarbeiten der Bilder in der Software StarStaX

Die 1:1-Ansicht zeigt nahezu lückenlose Strichspuren.

2 Ergebnisbild speichern

Sie müssen das generierte Bild dann noch explizit speichern ❺. Etwas ungewöhnlich ist dabei, dass man in StarStaX das Format durch händisches Ändern der Dateiendung ❽ bestimmt. Standardmäßig wird JPG vorgeschlagen, ich empfehle jedoch dringend, auf das TIFF-Format zu setzen.

Das finale Bild muss zum Schluss noch in Lightroom importiert und dort gegebenenfalls etwas nachbearbeitet werden.

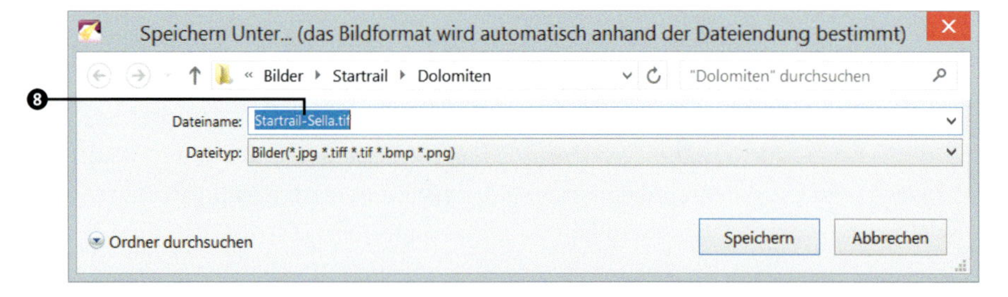

« Speichern des fertig generierten Startrails als TIFF-Datei

« Mit StarStaX generiertes Startrail-Bild

3 Letzte Korrekturen in Lightroom

Nach dem Import fällt als Erstes auf, dass die Sternenkreise nicht rund, sondern oval sind. Dies liegt u. a. an der Verzerrung durch das Weitwinkelobjektiv, lässt sich aber wenn gewünscht recht einfach beheben. Ich habe lieber ein entzerrtes Bild mit ein wenig Beschnitt, aber dies ist natürlich Geschmackssache und somit jedem selbst überlassen. Im finalen Bild nahm ich in Lightroom dann noch ein paar letzte Anpassungen der Klarheit und Dynamik vor und entzerrte und beschnitt es schließlich in der Vertikalen.

Der Staub auf den Einzelbildern ist auf dem endgültigen Bild zum Glück nicht mehr zu erkennen.

⌃ *Startrail nach der finalen Bearbeitung in Lightroom*

16 mm | f4,5 | 120 s (Einzelbild) | ISO 400 | 21. Januar, 01:20–02:20 Uhr | Startrail aus 30 Einzelaufnahmen

KAPITEL 11

METEORE

Sicher haben Sie in Ihrem Leben schon einmal eine Sternschnuppe über den dunklen Nachthimmel huschen sehen. Aber haben Sie sich auch schon gefragt, wie genau Sternschnuppen entstehen und ob Sie solch ein Ereignis nicht auch fotografisch festhalten können? Dies können Sie definitiv – mit ein wenig Glück und dem nötigen Hintergrundwissen gelingen Ihnen beeindruckende Aufnahmen!

Wollen Sie einen solchen Meteor fotografieren, so gibt es dafür zwei Wege: Entweder vertrauen Sie auf Ihr Glück und erwischen durch Zufall auf irgendeiner Ihrer Nachtaufnahmen ein Exemplar, oder aber Sie gehen bewusst in einer vorhersagbaren Nacht mit erhöhtem Meteoraufkommen »auf die Jagd«.

Ich hatte das große Glück, einmal völlig zufällig einen Boliden im Rahmen eines Zeitraffers fotografisch festzuhalten. Sein beeindruckendes Nachleuchten war noch etwa zehn Minuten lang auf den nachfolgenden Bildern zu sehen. Leider verpasste ich dieses Ereignis visuell und akustisch (bei einem detonierenden Meteor ist auch ein Knall oder Donner zu hören), aber eine solche Aufnahme kommt fast schon einem Sechser im Lotto gleich, da sie hinsichtlich Ort und Zeit nicht planbar ist.

Ein Bolide und sein anschließendes Nachleuchten, das noch für etwa zehn Minuten auf den Bildern zu sehen war. Die Aufnahme entstand völlig zufällig in der Schweiz im Rahmen eines Zeitraffers. Unten rechts ist übrigens die Andromedagalaxie zu sehen.

24 mm | f2 | 12 s | ISO 6 400 | 22. Juli, 02:13 Uhr | drei Aufnahmen im Zeitraum von etwa zwei Minuten

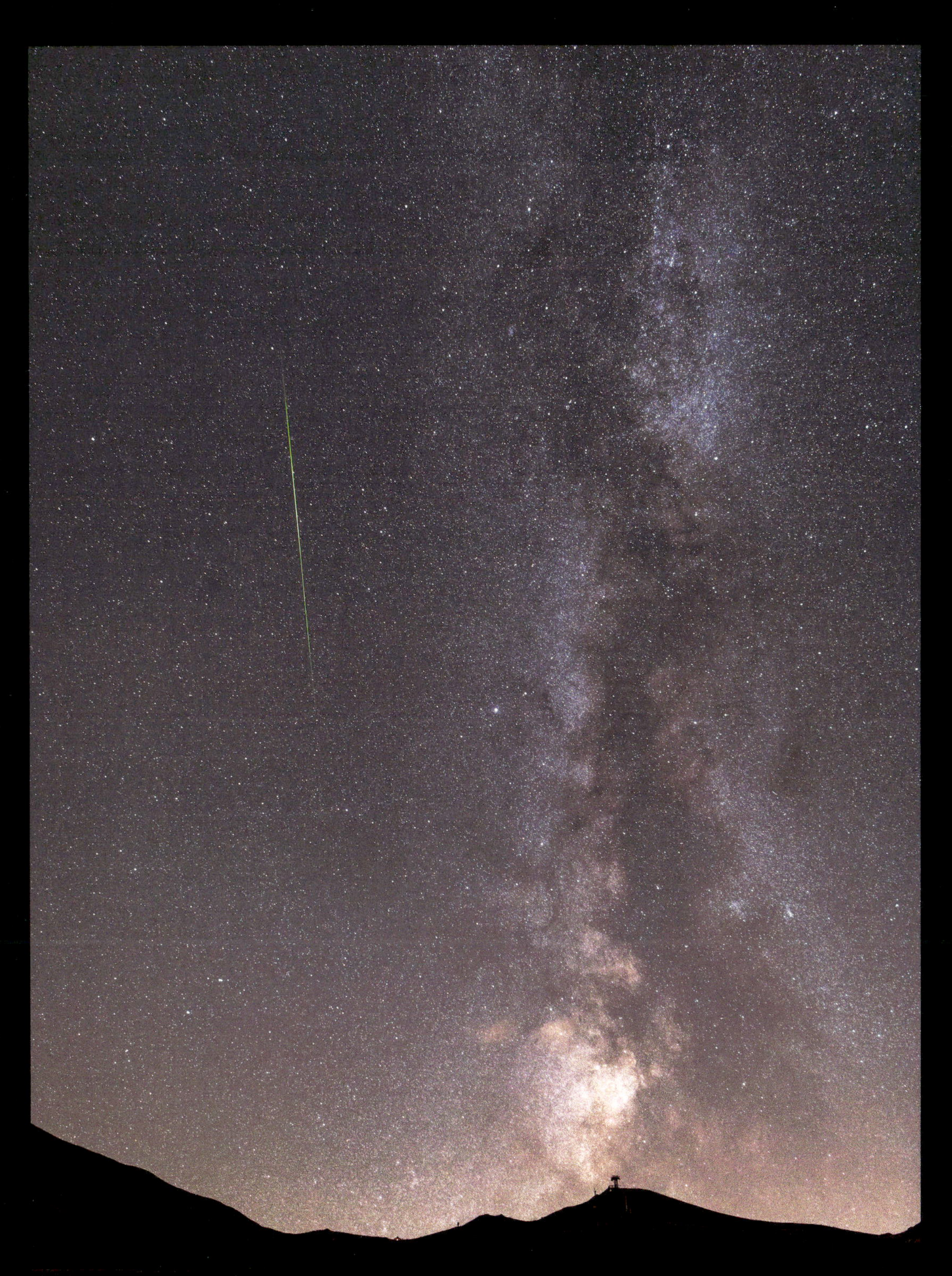

« *Ein heller grüner Meteor huscht neben der Sommermilchstraße über den Himmel.*

24 mm | f2 | 10 s | ISO 3 200 | 13. August, 01:47 Uhr

Meteorströme | Etwas besser planbar sind Aufnahmen während sogenannter *Meteorschauer* oder *Meteorströme*, die häufig fälschlicherweise als Meteoritenschauer bezeichnet werden. Diese Ereignisse mit erhöhtem Sternschnuppenaufkommen kehren regelmäßig zur etwa gleichen Zeit im Jahr wieder, so dass eine Beobachtung und Aufnahme von Meteoren zu diesen Zeiten wesentlich höhere Chancen auf Erfolg hat. Wie immer ist natürlich das Wetter ebenfalls ausschlaggebend, da bei einem bedeckten Himmel auch keine Sternschnuppen gesehen oder fotografiert werden können. Auch die Mondphase spielt eine Rolle, da unter Vollmondeinfluss nur noch die sehr hellen Exemplare sichtbar sind. Eine klare, möglichst mondlose Nacht ist daher ideal.

METEOR, METEORIT, METEOROID – WO IST DER UNTERSCHIED?

Auf den ersten Blick klingen all diese Begriffe ähnlich, weshalb sie auch häufig verwechselt oder falsch gebraucht werden. Daher möchte ich Ihnen gleich zu Beginn dieses Kapitels die korrekte Bedeutung und Verwendung dieser drei Begriffe erläutern: **Meteoroide** sind kleine Staubteilchen (bis zu mehreren Metern Durchmesser) in unserem Sonnensystem, die meist Bruchstücke von Asteroiden oder Kometen, in seltenen Fällen auch von Planeten darstellen. Sie kreisen ebenso wie die Planeten in einer Umlaufbahn um die Sonne, werden aber leicht durch Gravitationskräfte größerer Körper abgelenkt. Steuert ein Meteoroid dann auf einen Planeten mit eigener Atmosphäre zu, so verglüht er darin meist vollständig. Diese Leuchterscheinung, die wir am Himmel sehen können, wird **Meteor** genannt. Konkret gesagt sehen wir die erhitzten und ionisierten Luftmoleküle, was auch *Rekombinationsleuchten* genannt wird. Optisch zu sehen ist meist nur ein weißer Lichtschweif, während Meteore auf Fotos manchmal wunderschön farbig erscheinen.

Verglüht der Meteoroid jedoch nicht vollständig, so schlägt er als **Meteorit** auf die Planeten- oder Mondoberfläche ein und hinterlässt ab einem Durchmesser von 20 bis 30 Metern einen Einschlagkrater. Ein solcher Meteoritenfall kann dabei für einen Planeten wie unsere Erde durchaus sehr gefährlich werden – je nachdem, wie groß das Exemplar ist. So war unter anderem ein Meteorit von 10–15 Kilometern Durchmesser nach wissenschaftlichen Erkenntnissen mitverantwortlich für das Aussterben der Dinosaurier vor 65 Millionen Jahren. In Nördlingen (Bayern) schlug außerdem vor 15 Millionen Jahren ein »kleineres« Exemplar von 800–1 500 Metern Durchmesser ein, das das Leben im Umkreis von 100 Kilometern komplett auslöschte. Aber keine Angst, die meisten Meteoriten sind kleinere Körper, die beim Eintritt in die Erdatmosphäre und in der Luft so weit abgebremst werden, dass sie einfach zu Boden fallen.

Was Sie also am Himmel sehen und fotografieren können, sind Meteore. Für lichtschwache Exemplare wird dabei häufig auch der Begriff »Sternschnuppe« verwendet, für helle Meteore die Begriffe »Bolide«, »Feuerball« oder »Feuerkugel«.

Farbiger Meteor, der für das Auge zwar sehr hell, jedoch lediglich weiß erschien

24 mm | f2 | 10 s | ISO 3 200 | 14. August, 00:45 Uhr

Meteorströme entstehen in der Regel, wenn die Erde auf ihrer Umlaufbahn um die Sonne die Bahn eines ehemaligen Kometenschweifs (siehe dazu auch Kapitel 17, »Kometen«) kreuzt und Teile daraus in Form von Gas, Staub oder Gesteinsstücken in die Erdatmosphäre eindringen. Dies führt zu einem erhöhten Aufkommen von Meteoren in diesem Zeitraum, wobei es meist ein vorhersagbares Maximum in einer bestimmten Nacht gibt. Diese sollten Sie dann auch – sofern das Wetter mitspielt – für Ihre Aufnahmen nutzen.

Im Laufe des Jahres gibt es verschiedene Meteorströme, die unterschiedlich stark sind. Angegeben wird die Stärke des jeweiligen Stroms durch die Anzahl der Meteore, die theoretisch pro Stunde sichtbar sind. Diese Zahl wird auch *ZHR* (Zenithal Hourly Rate) genannt, allerdings sollten Sie diese Zahlen von teilweise mehr als hundert pro Stunde nicht unbedingt als Maßstab für Ihre eigenen Beobachtungen ansetzen – Sie werden nur einen Teil davon sehen!

Ein weiteres Merkmal eines Meteorstroms ist sein sogenannter *Radiant* – der Punkt, dem die Meteore scheinbar »entspringen« und der daher auch namensgebend für den Meteorstrom ist. Der Name leitet sich dabei aus dem Sternbild ab, in dem der Radiant liegt, so dass dieser mittels einer Sternen-App leicht am Himmel ausgemacht werden kann.

Collage der Geminiden im Dezember über einen Zeitraum von etwa 1,5 Stunden. Im aufgenommenen Bildausschnitt waren in dieser Zeit zehn Meteore zu sehen. Der Ursprung der Sternschnuppen im Sternbild Zwillinge ist deutlich zu erkennen.

24 mm | f2 | 10 s | ISO 1 600 | 13. Dezember | zehn Aufnahmen, die Meteore enthielten und zu einer Collage zusammengefügt wurden

Name	Aktivitätszeitraum	Maximum (ca.)	ZHR	Sternbild
Quadrantiden	28.12.-12.01.	04.01.	120	Bärenhüter
Lyriden	16.04.-25.04.	22.04.	18	Leier
Perseiden	17.07.-24.08.	12.08.	150	Perseus
Orioniden	02.10.-07.11.	21.10.	15	Orion
Leoniden	06.11.-30.11.	17.11.	variabel	Löwe
Geminiden	04.12.-17.12.	17.12.	120	Zwillinge

Auswahl der stärksten für uns in Mitteleuropa sichtbaren Meteorströme im Jahr. Das exakte Maximum für das jeweilige Jahr entnehmen Sie am besten aktuellen Informationen aus dem Internet – die Daten in dieser Tabelle dienen lediglich als Anhaltspunkt.

Projekt »Collage der Perseiden«

Jedes Jahr im August kreuzt die Erde die Staubspur des Kometen 109P/Swift-Tuttle, und der bekannteste und stärkste Meteorstrom sorgt für zahlreiche Sternschnuppen: die Perseiden. Und da es im August in Mitteleuropa nachts bereits wieder richtig dunkel wird und die Nächte meist angenehm warm sind, gehören die Perseiden zu den beliebtesten Meteorströmen des Jahres. Mein Ziel war es daher, die schönsten und hellsten Perseiden in der Nacht des Maximums in einer Collage zusammenzubringen.

Projektsteckbrief

Schwierigkeit	■■■■□
Ausrüstung	Kamera, Stativ, Weitwinkelobjektiv, Fernauslöser mit Timerfunktion, gegebenenfalls Powerbank und externe Stromversorgung der Kamera, gegebenenfalls Heizmanschette, wenn möglich Liegestuhl und warme Decke
Zeitraum	in der Nacht des Maximums eines Meteorstroms (hier: Perseiden am 11./12.08.)
Erreichbarkeit	mit dem Auto zu erreichen
Planung	20 Minuten
Durchführung	ca. 3,5 Stunden
Nachbearbeitung	ca. 2 Stunden
Programme	TPE, Lightroom, Photoshop
Fotospot	nahe Pordoijoch, Dolomiten
Höhe	2 140 m
GPS-Koordinaten	46.483915, 11.822717
	GPS-Wegpunkt des Fotospots

Die Planung

Da ich mich zum vorhergesagten Maximum um den 12.08. im Urlaub in den Dolomiten befinden würde, plante ich die Aufnahme dort vor Ort. Hierbei waren neben dem Wetter zunächst zwei Faktoren zu berücksichtigen: der Radiant der Perseiden und die Mondphase. Namensgebend ist dabei das Sternbild Perseus, das zu dieser Zeit etwa im Nordosten zu finden ist und im Laufe der Nacht zunehmend höher am Himmel steht.

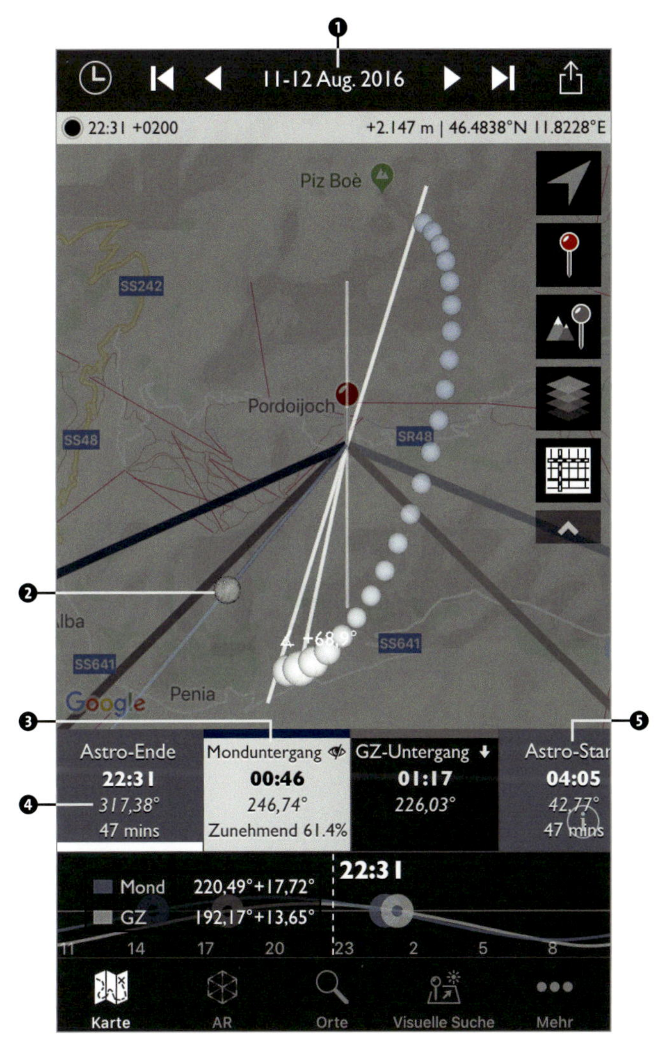

⌃ *Dämmerungszeiten sowie den Monduntergang für den Tag des vorhergesagten Maximums können Sie für einen konkreten Standort in der TPE-App auf dem Smartphone ermitteln.*

In der Nacht des Maximums vom 11.08. auf den 12.08. ❶ würde der zunehmende Mond noch bis zu seinem Untergang um ca. 00:45 Uhr ❸ aus südwestlicher Richtung ❷ die Helligkeit des Nachthimmels und des Vordergrunds beeinflussen, was ich aus der Smartphone-App TPE ablesen konnte. Zudem sah ich dort, dass die astronomische Dämmerung am Abend um etwa 22:30 Uhr enden ❹ und morgens ab etwa 4 Uhr wieder beginnen ❺ würde. Theoretisch stünde also eine Zeit von fünfeinhalb Stunden in dieser Nacht für die Fotografie und Beobachtung der Perseiden zur Verfügung, wobei die letzten dreieinhalb Stunden nach dem Monduntergang vermutlich die ergiebigeren sein würden.

Bei der Auswahl des Standorts spielten für mein Vorhaben verschiedene Faktoren eine Rolle:

- Der Blick in Richtung des Radianten (Norden bzw. Nordosten) sollte möglichst frei sein und somit einen großen Teil des Himmels abdecken.
- Der Vordergrund sollte möglichst attraktiv sein, damit ich nicht ausschließlich Himmel im Bild haben würde.
- Es sollten möglichst keine allzu störenden Lichtquellen das Bild beeinflussen.
- Auch der Blick in andere Himmelsrichtungen sollte für die visuelle Beobachtung und eventuelle Aufnahmen durch weitere Kameras weitestgehend frei sein.
- Der Standort sollte mit dem Auto erreichbar sein und eine Parkmöglichkeit bieten.

Wie ich feststellen musste, ist ein Standort, der all diese Kriterien erfüllt, in den Bergen gar nicht so einfach zu finden. Es lag allerdings nahe, möglichst in der Nähe einer Passhöhe zu fotografieren, um ausreichend Höhe und Abstand von den Talorten zu bekommen. Eine Tagestour über die umliegenden Pässe führte mich schließlich zum Pordoijoch in der Nähe von Arabba, genauer gesagt zu einem Parkplatz kurz unterhalb der Passhöhe. Hier hätte ich nach Nordosten den freien Blick ins Tal in Richtung Arabba und nach Norden den Blick auf das Bergmassiv des Sellastocks. Ein weiterer Besuch dieser Location bei Nacht im Vorfeld des Perseidenmaximums zeigte außerdem, dass sich die Lichtverschmutzung dort noch im vertretbaren Rahmen bewegte.

Die Aufnahme

Nachdem der Standort gefunden und die Zeiten ermittelt waren, musste nur noch das Wetter mitspielen. Während in der Nacht des Maximums in ganz Deutschland dichte Bewölkung oder sogar Regen vorhergesagt waren, hatte ich an meinem Standort mehr Glück: Der Wetterbericht sagte für einen Großteil der Nacht wolkenlosen Himmel voraus. Allerdings waren die Temperaturen mit null Grad für eine Augustnacht – selbst im Gebirge – extrem niedrig. Für die Beobachtung hieß es also, auf jeden Fall warm anziehen! Und auch für die Kameras packte ich vorsichtshalber Heizmanschetten und eine externe Powerbank sowie Batterieadapter ein.

Zum Ende der astronomischen Dämmerung begann ich dann mit dem Aufbau der Kameras, wobei ich mich entschied, sowohl genau in Richtung des Radianten (Nordosten) zu fotografieren als auch etwas daneben in Richtung Norden, denn in Richtung des Radianten ist zwar mit der größten Anzahl der Meteore zu rechnen, die Chance auf längere und hellere Exemplare ist jedoch etwas entfernt vom Radianten erfahrungsgemäß größer. Für die Collage wollte ich außerdem den Polarstern mit im Bild haben – weshalb, erfahren Sie im Abschnitt über die Bearbeitung.

Strategie für die Aufnahme | Bei der Aufnahme von Meteoren verhält es sich ähnlich wie beispielsweise beim Fotografieren von Gewitterblitzen: Sie müssen in der Regel sehr viele Aufnahmen machen, um am Schluss einige wenige davon verwenden zu können. Der Grund hierfür ist, dass Meteore (ähnlich wie Blitze) extrem kurzlebige Lichterscheinungen sind, die in Ort und Zeit nicht vorhersagbar sind. Somit würde es nicht reichen, den Auslöser der Kamera zu betätigen, wenn Sie die Sternschnuppe mit dem Auge sehen. Ein geeignetes Vorgehen ist daher die kontinuierliche Aufnahme von Bildern in einem festgelegten Intervall. Hierzu nutzen Sie am besten einen Fernauslöser mit Timerfunktion oder falls vorhanden einen integrierten Intervallauslöser in der Kamera. Diese Art der Aufnahme hat den großen Vorteil, dass Sie Ihre Kamera nur einmal initial einrichten müssen und sich anschließend voll und ganz der visuellen Beobachtung widmen können – was Sie in solchen Nächten auch unbedingt tun sollten! Allerdings empfehle ich Ihnen, vorher unbedingt zu prüfen, ob der Platz auf Ihrer Speicherkarte ausreicht, da bei solchen Serienaufnahmen in einer Nacht schnell mehr als 1 000 Bilder zusammenkommen. Außerdem sollten Sie auf jeden Fall Ersatzakkus für Ihre Kamera(s) dabeihaben, wenn Sie nicht sowieso bereits eine externe Stromversorgung durch eine Powerbank oder Ähnliches verwenden.

Kameraeinstellungen | Die weiteren Kameraeinstellungen unterscheiden sich ansonsten nicht wirklich von denen anderer Nachtaufnahmen. Nach dem Scharfstellen experimentieren Sie am besten je nach Mondlicht mit der Belichtungszeit und den ISO-Einstellungen, wobei Sie auch hier die längste mögliche Belichtungszeit, bevor die Sterne strichförmig werden, wählen und dann den ISO-Wert entsprechend anpassen sollten. Die Blende sollten Sie wie immer so weit wie möglich öffnen. Ich wählte bei meinem genutzten 24-mm-Objektiv bei Blende f2 eine Belichtungszeit von zehn Sekunden sowie zwei Sekunden Pause zwischen den Aufnahmen.

Da der Mond in meinem konkreten Fall zu Beginn der Nacht noch am Himmel stand, begann ich die Aufnahmen mit einem ISO-Wert von 1 600, den ich nach Monduntergang auf 3 200 erhöhte. Die Heizmanschetten nutzte ich zunächst nicht, da es scheinbar eine zwar kalte, aber trockene Nacht werden würde.

Während die Aufnahmen liefen, konnte ich bis zum Monduntergang erst einmal visuell das Schauspiel am Himmel bewundern, wobei die anfängliche Aktivität erwartungsgemäß noch recht verhalten ausfiel. Nachdem der Mond verschwunden war, stellte ich den ISO-Wert auf 3 200, um den nun dunklen Himmel ausreichend belichten zu können. Alle anderen Parameter ließ ich gleich. Ab etwa 1 Uhr gab es dann auch zahlreiche sehr helle Meteore zu bewundern, von denen einige auch im Blickfeld meiner Kameras erschienen. Bei einem Boliden zuckte ich regelrecht zusammen, als ein heller Lichtblitz kurzzeitig die gesamte Umgebung erhellte. Leider war er in dem Moment weder in meinem Blickfeld noch in dem der laufenden Kameras, so dass ich nur noch sein Nachleuchten sah. Hier wäre ein Fischaugen-Objektiv, das den gesamten Himmel abdeckt, sicherlich von Nutzen gewesen.

⌃ Der erste nennenswerte Perseid in dieser Nacht war um 23:11 Uhr im Bild. Um 22:45 Uhr hatte ich mit der Aufnahmeserie begonnen. Das Sternbild Perseus als scheinbarer Ursprung des Meteors ist unten rechts gut zu erkennen. Auch der Einfluss des Mondlichts auf den Himmel und den Vordergrund ist noch deutlich zu sehen.

24 mm | f2 | 10 s | ISO 1 600 | 11. August, 23:11 Uhr | Einzelbild aus Aufnahmeserie

⮝ Aufgrund aufziehender Wolken aus Richtung Nordwesten beendete ich die Aufnahmeserie in dieser Richtung kurz nach 2 Uhr. Dieser letzte Perseid kreuzte kurz vor Ende noch das Blickfeld der Kamera.

24 mm | f2 | 10 s | ISO 3 200 | 12. August, 02:02 Uhr | Ausschnittsvergrößerung aus Einzelbild der Aufnahmeserie

Als gegen 2 Uhr von Nordwesten her langsam Wolken aufzogen, beendete ich die Aufnahmeserie. Für die geplante Collage hatte ich nun etwa 850 Fotos aus über drei Stunden. Die Heizmanschetten brauchte ich in dieser Nacht tatsächlich nicht, dafür aber auf jeden Fall die Wintersachen und den warmen Tee aus der Thermoskanne!

Die Bearbeitung

Am PC hieß es dann zunächst, alle Bilder der Aufnahmeserie zu sichten und diejenigen herauszusuchen, die einen Meteor enthielten und somit für die Collage in Frage kamen. Dazu laden Sie sich die Fotos zunächst in Lightroom, wobei Sie bei mehreren Aufnahmeserien jeweils einen eigenen Unterordner anlegen sollten. Um das Durchschauen großen Datenmenge einigermaßen zu beschleunigen, sollten Sie zu Beginn entsprechende Vorschaubilder von allen Fotos der Serie erstellen lassen, indem Sie im Bibliotheksmodul alle Bilder markieren und über den Menüpunkt BIBLIOTHEK • VORSCHAUEN • VORSCHAUEN IN STANDARDGRÖSSE ERSTELLEN die Erzeugung von Vorschaubildern anstoßen. Dies kostet zwar am Anfang etwas Zeit und Speicherplatz, beschleunigt die Sichtung jedoch ungemein, da Lightroom nicht jedes Bild neu laden muss.

Beim Durchschauen der Bilder müssen Sie aufpassen, ob es sich bei einem »Strich« im Bild auch wirklich um eine Sternschnuppe handelt, da auch viele andere Objekte am Himmel ähnliche Strichspuren erzeugen (siehe dazu auch die Abbildung oben links im Abschnitt »Grundlegende Bildbearbeitung« auf Seite 126). Ein erster Indikator bei zeitlich eng aufeinanderfolgenden Aufnahmen ist immer, ob ein Objekt nur auf einem einzigen Bild zu sehen ist oder sich über mehrere Bilder erstreckt. Meteore sind üblicherweise nur jeweils auf einem Bild zu sehen, Flugzeuge oder Satelliten dagegen meist auf mehreren aufeinanderfolgenden Bildern.

Um die relevanten Bilder später leicht wiederfinden zu können, sollten Sie sie in irgendeiner Form markieren. Dies kann in Lightroom auf verschiedene Weisen geschehen:

- **Markierung**: für ein ausgewähltes Bild über den Menüpunkt FOTO • MARKIERUNG FESTLEGEN • MARKIERT
- **Bewertung**: für ein ausgewähltes Bild über den Menüpunkt FOTO • BEWERTUNG FESTLEGEN 1 bis 5 Sterne vergeben
- **Farbmarkierung**: für ein ausgewähltes Bild über den Menüpunkt FOTO • FARBMARKIERUNG FESTLEGEN eine Farbe vergeben

Welche Art der Markierung Sie wählen, hängt von Ihrer Präferenz und Ihrem sonstigen Workflow in Lightroom ab. Ich arbeite hier in der Regel mit Farbmarkierungen.

Nachdem Sie alle Meteorbilder markiert haben, können Sie sie über den entsprechenden Filter ❷ einblenden. Dazu wählen Sie je nach Art der Markierung entweder den Filter für die Farbe ❺, die Sternebewertung ❹ oder die Markierung ❸. In meinem Fall blieben nach Aktivieren des Filters für rote Farbmarkierungen 30 von 851 Fotos ❶ übrig, die ich potentiell für meine Collage

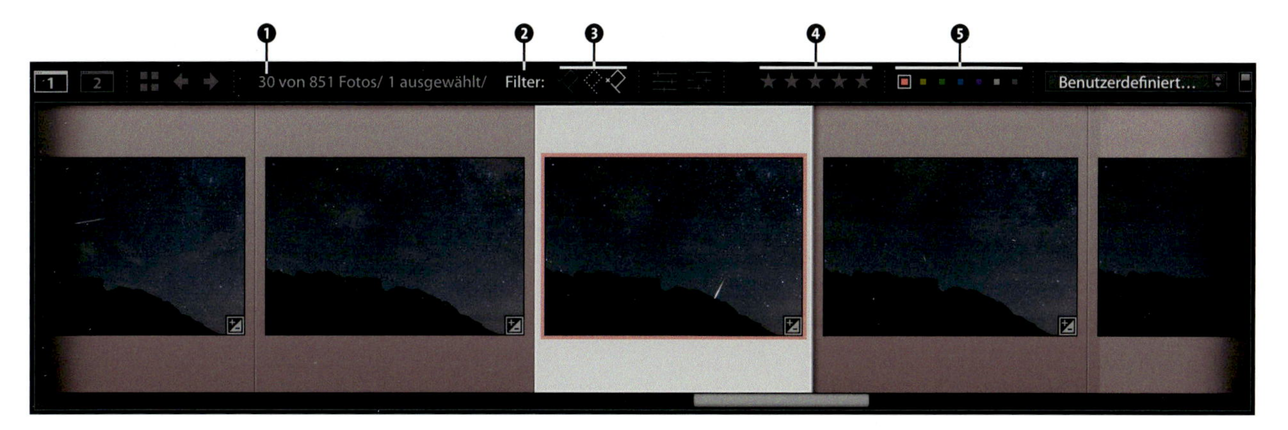

Aufnahmen der Serie, die einen Meteor enthalten, habe ich rot markiert, so dass ich sie anschließend leicht über einen Filter wiederfinde.

verwenden könnte. Die Ausschussrate ist also mit über 96 Prozent durchaus sehr hoch, aber nicht ungewöhnlich bei Meteoren und einer Brennweite von 24 mm.

Was mir allerdings auffiel, war, dass alle sechs hellen Exemplare, die ich in diesem Blickwinkel aufnahm, im Zeitraum zwischen 01:09 und 01:45 Uhr auftraten – also einer Spanne von 35 Minuten innerhalb der gesamten Aufnahmezeit von über drei Stunden. Ob es kurz vor der Morgendämmerung noch einmal einen solchen »Peak« gab, kann ich leider aufgrund der aufgezogenen Wolken nicht beurteilen. Meist findet das Maximum der Perseiden aber tatsächlich in den Morgenstunden statt. Dann bewegen wir uns mit der Erde in das beste Fenster mit Sicht auf das Sternbild Perseus.

Bildbearbeitung | Bevor ich mit dem Zusammenfügen der Collage begann, bearbeitete ich zunächst die Einzelbilder in Lightroom. Dabei unterschied ich zwischen den Bildern, die unter Einfluss des Mondlichtes entstanden waren, und jenen, die ich nach Monduntergang aufgenommen hatte. Die jeweiligen Bearbeitungen synchronisierte ich anschließend auf die anderen Bilder. Da die Bearbeitung der Einzelbilder sich nicht von denen anderer Nachtaufnahmen unterscheidet und der Fokus in diesem Projekt auf der Erstellung der Collage liegt, führe ich diesen Schritt hier aus Gründen der Übersichtlichkeit nicht weiter aus.

SCHRITT FÜR SCHRITT

Die Perseiden-Collage vorbereiten

Nachdem ich alle markierten Bilder in Lightroom bearbeitet hatte, öffnete ich alle gemeinsam in Photoshop über den Menüpunkt Foto • Bearbeiten In • In Photoshop als Ebenen öffnen... Je nach Anzahl der Bilder und Geschwindigkeit des Rechners kann dieser Vorgang ein paar Minuten dauern. Auch das Speichern dieser Datei kann ab einer gewissen Anzahl Bilder aufgrund der Dateigrößenbeschränkung (2 GB für PSD-Dateien, 4 GB für TIFF-Dateien) problematisch werden, weshalb Sie die Originaldatei mit allen Ebenen im Format PSB (»großes Dokumentformat«) während der Bearbeitung regelmäßig zwischenspeichern sollten.

In Photoshop wurden nun alle 30 Bilder als Ebenen angezeigt. Bevor ich mit dem Zusammensetzen der Collage begann, führte ich noch einige Vorbereitungsschritte durch:

1 Basisebene bestimmen

Ich wählte zunächst eines der Bilder als Basis für den Sternenhimmel auf der Collage aus. Von allen anderen Bildern würde ich später nur noch die Meteore (ohne Himmel und Vordergrund) verwenden. Dazu positioniere ich sie an der jeweils korrekten Stelle – also dort, wo sie am Sternenhimmel wirklich auftraten – auf dem Basisbild. Dazu aber gleich mehr.

Da auf einem Foto ein heller Meteor die Bergkette im Vordergrund schneidet ❶ und somit nicht beliebig positioniert werden könnte, fiel meine Wahl auf dieses Bild.

Ich benannte diese Ebene durch einen Doppelklick in »Basisebene« um und verschob sie im Ebenenstapel ganz nach unten ❹.

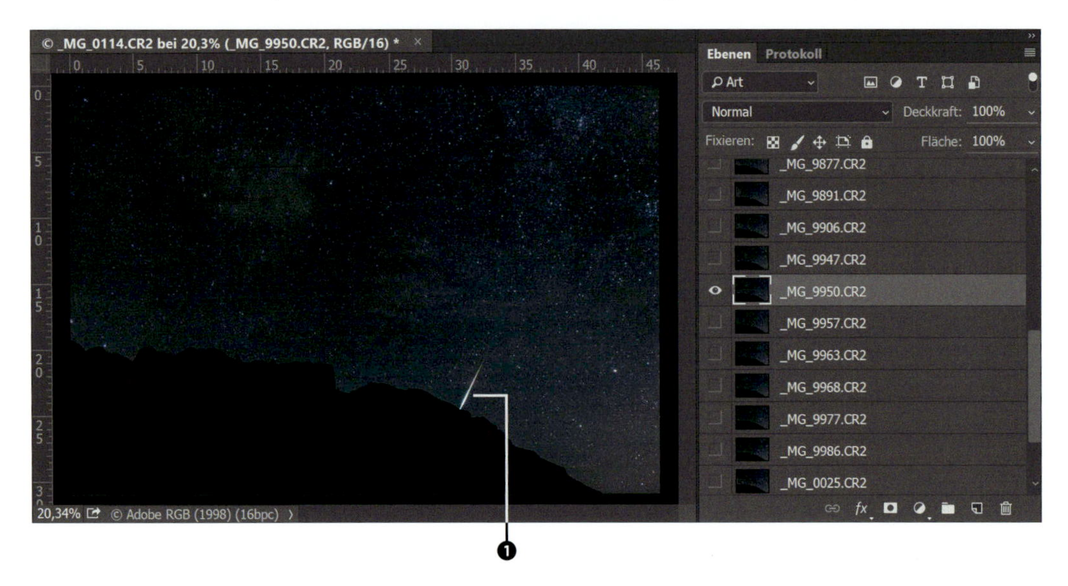

« Ich öffnete alle Bilder als Ebenen in Photoshop. Zunächst wählte ich eines der Bilder als Basis für die Collage aus.

2 Ebenen überblenden

Dann markierte ich alle Ebenen, indem ich die oberste Ebene selektierte und mit gedrückter ⇧-Taste die letzte Ebene anklickte. Anschließend änderte ich den Mischmodus aller Ebenen in AUFHELLEN ❸, was aufgrund der Erdrotation zwischen den Aufnahmen eine Art Startrail mit Lücken hervorbrachte. Danach sahen die Meteore noch ein wenig »chaotisch« aus, was sich jedoch durch die weitere Bearbeitung ändern würde. Ebenfalls sehr gut zu sehen war hierbei der Polarstern ❷, der nahe der Mitte der Sternkreise zu finden ist. Dieser Punkt würde bald für die Gestaltung der Collage relevant werden.

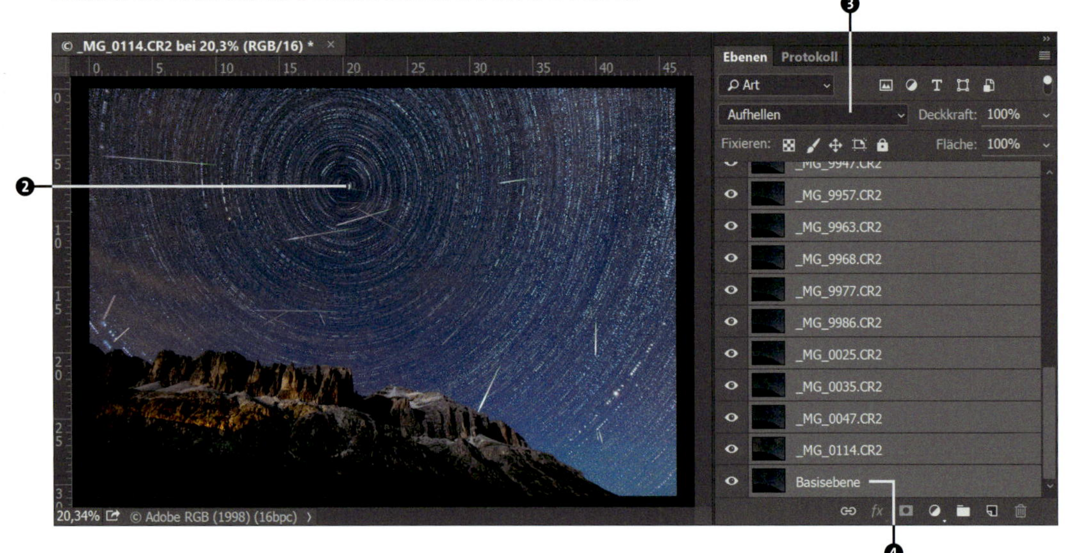

« Beim Überblenden aller Ebenen über den Mischmodus AUFHELLEN *werden (unterbrochene) Startrails sichtbar. Die Meteore wirken noch ziemlich »chaotisch« im Bild.*

3 Ebenen farbig markieren

Um bei der Erstellung der Collage eine gewisse Priorität zu vergeben, markierte ich jede Ebene mit einer Farbe. Dazu blendete ich zunächst alle Ebenen außer der Basisebene aus, indem ich bei gedrückter `Alt`-Taste das Augensymbol vor dieser Ebene ❺ anklickte. Dann ging ich die Ebenen nach und nach durch, indem ich jeweils nur eine Ebene über das Augensymbol einblendete. Für Ebenen mit sehr hellen Meteoren, die ich auf jeden Fall in der Collage unterbringen wollte, vergab ich eine rote Farbmarkierung, eine gelbe Markierung für etwas kleinere Meteore und eine graue Markierung für sehr schwache Meteore, die ich zum Schluss hinzufügen und nicht zwingend verwenden würde. Dieser Schritt ist optional, hilft aber aus meiner Sicht bei der späteren Bearbeitung durchaus.

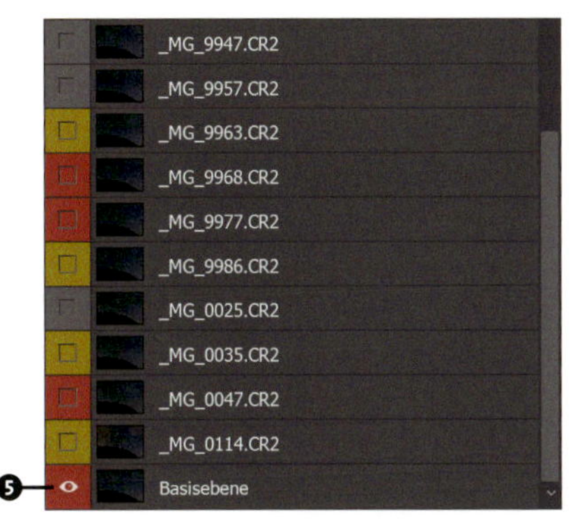

» *Durch farbliche Markierungen priorisierte ich die Meteorbilder (Ebenen) für die spätere Bearbeitung. Besonders helle Exemplare bekamen eine rote Markierung.*

4 Alternativen Vordergrund definieren

Beim Durchgehen der einzelnen Ebenen suchte ich mir gleichzeitig ein Bild, auf dem das Bergmassiv besonders gut vom Mondlicht »beleuchtet« wurde. Auf der Aufnahme der Basisebene war es nämlich bereits sehr dunkel, so dass die Berge nur noch schwach zu erkennen waren und damit nicht gut als Vordergrund taugten. Um das Bergmassiv in dieser Ebene als neuen Vordergrund zu nutzen, markierte ich die Ebene mit einem Rechtsklick und kopierte sie über den Menüpunkt EBENE DUPLIZIEREN... Diese Kopie benannte ich in »Vordergrund« um und schob sie nach unten über die Basisebene.

5 Ebenenmaske erstellen

Anschließend erstellte ich über das entsprechende Symbol ❽ eine Ebenenmaske ❼ für diese Vordergrundebene. Diese Maske ist zunächst komplett weiß und hat somit noch keine Auswirkungen. Nachdem ich sie durch einen Klick auf das Masken-Symbol ❼ im Ebenenbedienfeld aktiviert hatte, konnte ich durch Zeichnen mit einem schwarzen Pinsel ❻ den Himmel aus diesem Bild maskieren, also quasi »virtuell entfernen«, so dass wie-

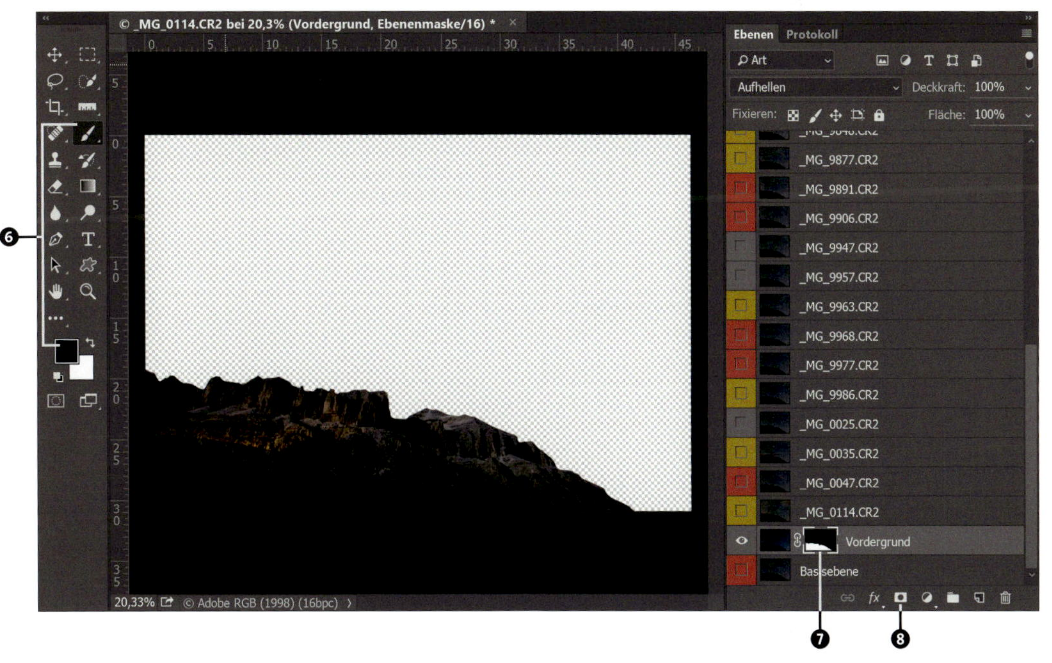

» *Die Bergkette eines zweiten Bildes dient als Vordergrund für die Collage. Der Himmel ist in diesem Bild über eine Ebenenmaske ausgeblendet.*

der der Himmel samt Meteor aus der Basisebene zu sehen war.

Das Vorgehen entspricht dabei dem beim manuellen Focus Stacking, wie ich es im Projekt »Nachtwanderung im Mondschein« in Kapitel 7, »Mond«, beschrieben habe. Ob Sie den Vordergrund durch den eines anderen Bildes der Serie ersetzen möchten, ist Geschmackssache – dieser Schritt lässt sich ja leicht rückgängig machen, indem Sie diese Ebene einfach wieder ausblenden. Auch können Sie diesen alternativen Vordergrund mit dieser Vorgehensweise leicht austauschen, indem Sie eine weitere Ebene duplizieren und die erstellte Ebenenmaske auf diese Ebene ziehen – die Position der Bergkette hat sich ja nicht verändert während der Aufnahmeserie.

Nach diesen Vorarbeiten konnte es nun also an die konkrete Erstellung der Collage gehen. Bevor ich Ihnen die einzelnen Schritte in Photoshop erläutere, die Sie für jede Ebene durchführen müssen, möchte ich Ihnen zunächst das zugrundeliegende Prinzip anhand einer schematischen Darstellung erklären.

Auf jedem der Fotos sehen Sie den Polarstern sowie zahlreiche weitere Sterne und Sternbilder. Blenden Sie alle Bilder übereinander, wie Sie es in der Abbildung unten auf Seite 274 sehen, so entstehen Startrails um einen Punkt in der Nähe des Polarsterns. Der Grund hierfür ist natürlich die Erdrotation, durch die sich die scheinbare Position der Sterne auf jedem Bild verändert. Ziel bei dieser Meteor-Collage ist es jedoch, die Meteore im Gesamtbild genau dort abzubilden, wo sie – relativ zu den Sternen betrachtet – auch wirklich auftraten. Daher ist es notwendig, jedes Meteorbild so zu drehen, dass es hinsichtlich der Sterne mit dem Basisbild übereinstimmt. Je nachdem, ob das jeweilige Bild zeitlich vor oder nach dem Basisbild aufgenommen wurde, müssen Sie es dabei nach rechts oder links drehen. Und da der Vordergrund bei einer solchen Drehung natürlich mitbewegt wird, muss er, ebenso wie der restliche Himmel, gegenüber dem Basisbild ausgeblendet werden, so dass am Schluss nur noch die Meteore jedes einzelnen Bildes an der richtigen Position im Basisbild zu sehen sind. Meteore, die durch eine korrekte Drehung »aus dem Bild fallen« oder plötzlich vor den Bergen positioniert wären, können Sie dabei natürlich in der fertigen Collage nicht verwenden.

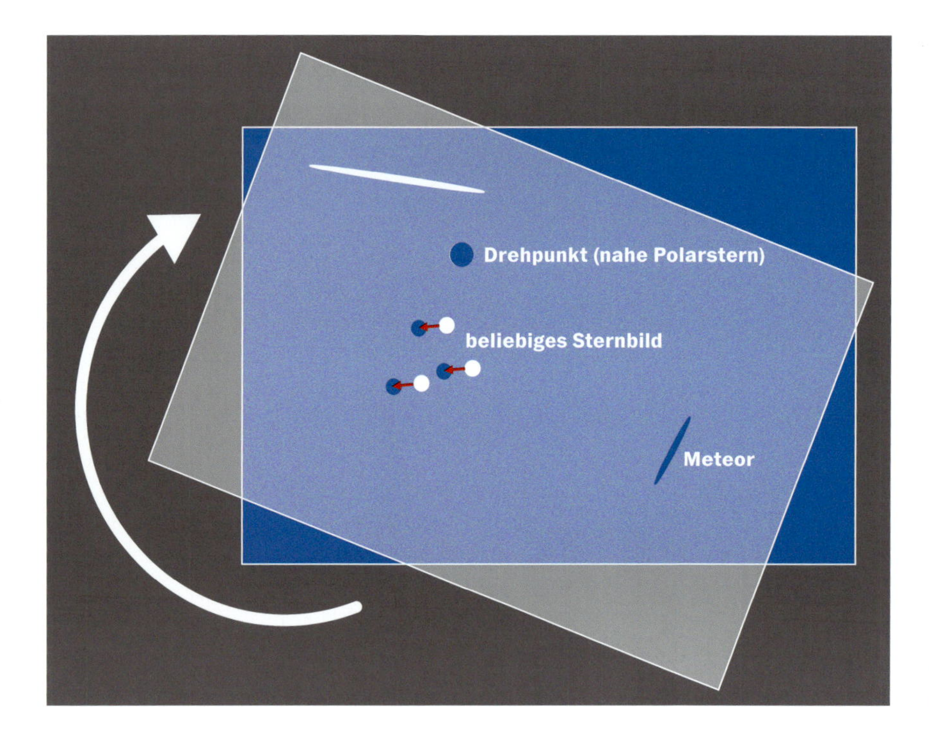

« Ich drehte alle Meteorbilder um einen Punkt in der Nähe des Polarsterns, um die Meteore in der Collage an die »richtige« Stelle (in Bezug auf die Sterne) zu positionieren.

SCHRITT FÜR SCHRITT

Die Perseiden-Collage erstellen

In Photoshop lässt sich dieses Verfahren vergleichsweise einfach mit den folgenden Schritten umsetzen, was ich Ihnen hier exemplarisch für ein Meteorbild, also eine Ebene, zeigen möchte.

Um mit den hellsten und größten Meteoren zu beginnen, nutzte ich zunächst die zuvor vergebenen Farbmarkierungen. Dazu filterte ich über die Auswahlbox ❹ nach FARBE und wählte zunächst ROT ❺ aus. Dann arbeitete ich mich in den Ebenen von unten nach oben vor. Für jede Ebene führte ich dann schließlich folgende Schritte aus:

1 Ebene einblenden

Über das Augensymbol blendete ich die jeweilige Ebene ein, wobei der Mischmodus nach wie vor auf AUFHELLEN stand. Dies bewirkte, dass alle helleren Stellen des Bildes die dunkleren des Basisbildes überlagerten.

2 Ebene drehen

Nachdem ich die zu bearbeitende Ebene durch einen Klick markiert hatte, rief ich über den Menüpunkt BEARBEITEN • FREI TRANSFORMIEREN oder die Tastenkombination [Strg]/[Cmd] + [T] das entsprechende Werkzeug auf, um die Ebene zu drehen. Zum Einblenden des Referenzpunktes für die Drehung aktivierte ich die Referenzpunktanzeige ❶. Dieses »Drehkreuz« ❷ verschob ich dann mit der Maus auf den Punkt in der Nähe des Polarsterns. Dazu erhöhte ich kurzzeitig den Zoomfaktor des Bildes durch Scrollen der Maus bei gedrückter [Alt]-Taste. Dann verschob ich den sichtbaren Bildausschnitt bei gedrückter Leertaste mit der Maus. Sobald sich die Maus nach dem Herauszoomen außerhalb einer Ecke des Transformationsrahmens ❸ befand, drehte ich diese Ebene nach rechts (im Uhrzeigersinn), bis die Sterne etwa deckungsgleich übereinanderlagen (siehe die Abbildung unten). Durch Objektivverzerrungen gelang dies nicht zu 100 %, weshalb ich insbesondere die Region um den Meteor herum betrachtete.

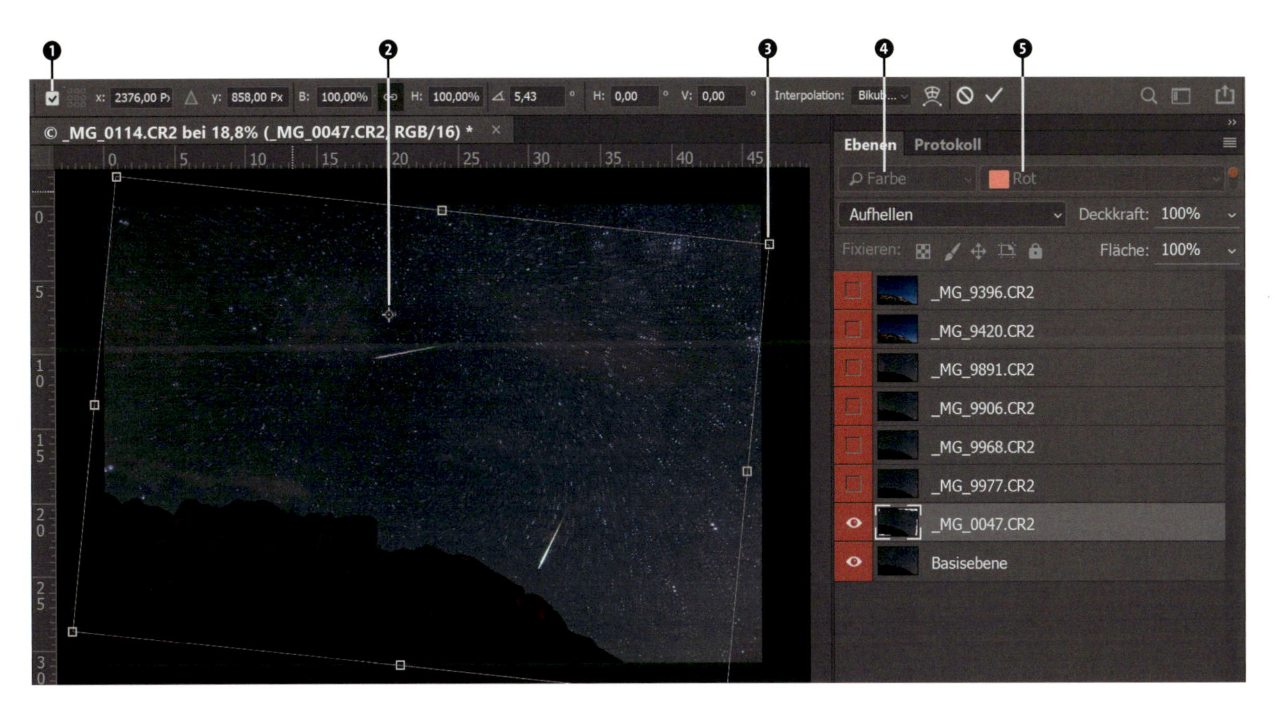

Drehung der Ebene in Photoshop über das Frei-Transformieren-Werkzeug. Der Drehpunkt liegt in der Nähe des Polarsterns.

3 Ebene genau ausrichten

Nach dieser ersten groben Drehung und Ausrichtung zoomte ich erneut in das Bild hinein, und zwar dieses Mal auf den Meteor. Über die Pfeiltasten versuchte ich, die meteornahen Sterne des Basisbildes so gut wie möglich mit denen des aktuellen Bildes übereinanderzulegen. In der Abbildung sehen Sie, dass diese Deckungsgleichheit lediglich in einem kleinen Bereich des Bildes möglich ist, was jedoch kein Problem ist. Als ich mit der Ausrichtung zufrieden war, bestätigte ich die Transformation mit [↵].

« *Genaue Ausrichtung der Meteorebene über der Basisebene anhand der Sterne in der Nähe des Meteors. An den Rändern sind bereits Verschiebungen aufgrund der Objektivverzerrung erkennbar, was jedoch nicht problematisch ist.*

4 Ebenenmaske erstellen

Um im Gesamtbild lediglich den Meteor des jeweiligen Bildes einzublenden, musste ich alle anderen Elemente wie den Vordergrund und den restlichen Himmel ausblenden. Dazu erstellte ich eine Ebenenmaske ❷ für die jeweilige Ebene. Mit einem schwarzen Pinsel malte ich über den Meteor ❶ und maskierte diesen damit, was zunächst genau das Gegenteil bewirkte: Der Meteor war nicht mehr zu sehen, während alle anderen Elemente noch sichtbar waren.

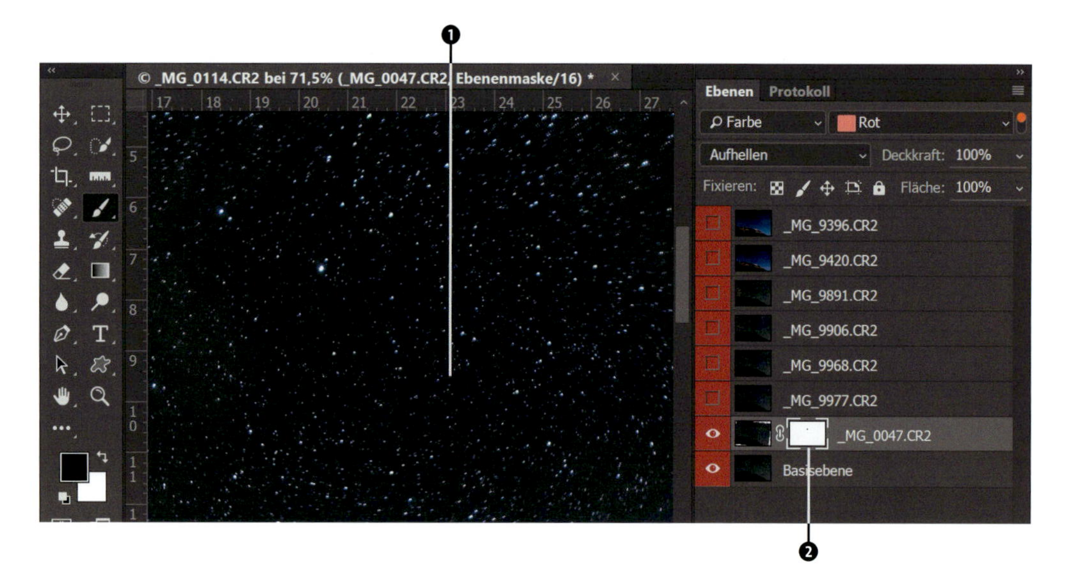

« *Maskieren des Meteors mit einem schwarzen Pinsel innerhalb der Ebenenmaske*

Um den gewünschten Effekt zu erhalten, invertierte ich die Ebenenmaske einfach, indem ich sie markierte ❸ und die Tastenkombination Strg/Cmd + I anwendete.

Nach dem Invertieren der Ebenenmaske wird der Meteor sichtbar, während alle anderen Elemente der Ebene in der Collage nicht mehr sichtbar sind.

Bei Meteoren während der Mondphase der Nacht ist Feinarbeit mit dem Pinsel in der Ebenenmaske notwendig, da hier der Himmel wesentlich heller ist als auf dem Basisbild.

5 Eventuelle Feinarbeit am Meteor

Je nach Helligkeit des Himmelshintergrundes war es bei einigen Bildern nun noch notwendig, den Meteor etwas feiner freizustellen. Dies nahm ich nach dem Invertieren der Ebenenmaske ebenfalls sehr einfach über einen schwarzen Pinsel vor, indem ich einfach entlang des Meteors ❹ zeichnete, ohne diesen jedoch »verschwinden zu lassen«.

Sollte dies doch einmal passieren, können Sie ihn über einen weißen Pinsel auch wieder »erscheinen lassen«.

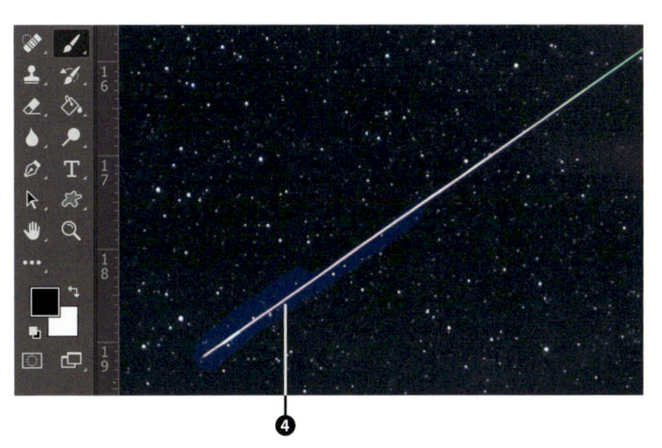

6 Schritte wiederholen

Dieses Verfahren führte ich für alle Ebenen durch, wobei ich einige der Meteore nicht verwenden konnte oder wollte, da sie entweder durch die Drehung sowieso aus dem Bild »herausfielen« oder aber optisch einfach nicht ins Bild passten. Schlussendlich konnte ich 22 Meteore aus dieser Aufnahmeserie im Zeitraum zwischen 22:45 und 02:00 Uhr in der Collage verwerten. Zum Abschluss fügte ich in Photoshop noch einen Rahmen sowie eine Beschriftung hinzu.

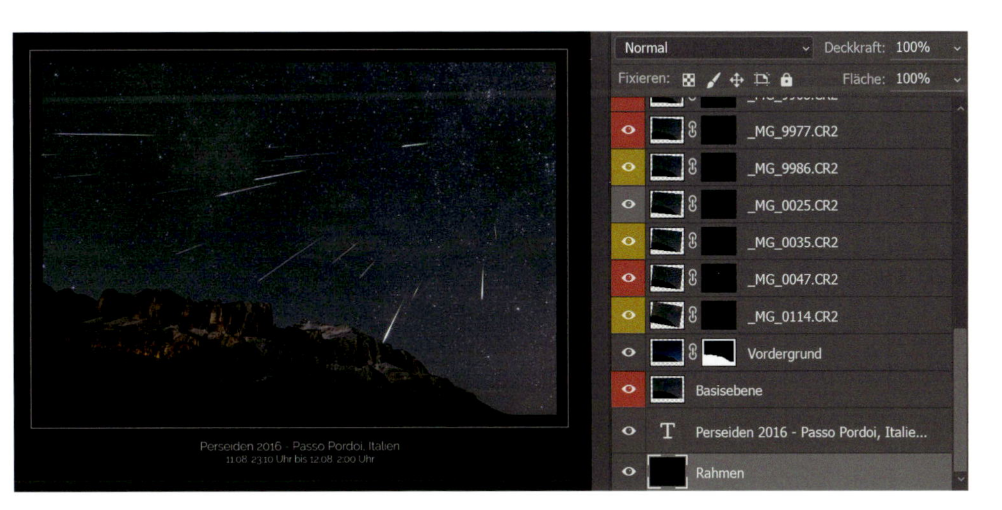

Finale Collage in Photoshop inklusive zusätzlicher Ebenen für den Rahmen und die Beschriftung. Alle Meteorebenen wurden entsprechend gedreht und die Meteore mittels einer Ebenenmaske in der Collage sichtbar gemacht.

Finales Ergebnis der Collage, die 22 Perseiden aus der Nacht des 11.08./12.08.2016 zeigt

24 mm | f2 | 10 s | ISO 1 600 und 3 200 | 11. August, 23:11 Uhr bis 12. August, 02:02 Uhr | Collage aus 22 Einzelbildern

In der darauffolgenden Nacht gab es noch einmal gutes Wetter und eine ähnlich starke Aktivität der Perseiden. Hierbei »huschten« mir weitere Meteore zufällig in andere Aufnahmen, wie beispielsweise bei einer Aufnahme des Nordamerikanebels in der Milchstraße. Wie solche Fotos entstehen, erfahren Sie übrigens in Kapitel 16, »Deep-Sky-Fotografie«.

Ein Perseid huscht durch eine Langzeitbelichtung des Nordamerikanebels (NGC 7000) in der Milchstraße.

100 mm (160 mm im Kleinbildformat) | f2,8 | 180 s | ISO 800 | 13. August, 03:23 Uhr | nachgeführte Einzelaufnahme mit einer astromodifizierten Kamera (siehe dazu Kapitel 14, »Weiterführendes Equipment«)

KAPITEL 12

MONDFINSTERNIS

Über den Mond, die verschiedenen Mondphasen und besondere Ereignisse haben Sie bereits einiges im Abschnitt »Mondphasen« ab Seite 77 erfahren. In diesem Projektkapitel möchte ich mich insbesondere einem regelmäßig auftretenden astronomischen Ereignis widmen: der Mondfinsternis.

Eine Mondfinsternis tritt immer dann auf, wenn Sonne, Erde und Mond in einer Linie stehen und sich der Mond im Schatten der Erde befindet.

Dieses Ereignis kann ausschließlich bei Vollmond stattfinden und von der Erde aus nur gesehen werden, wenn es gerade Nacht ist und der Mond über dem Horizont steht. Für einen beliebigen Standort auf der Erde können dabei rechnerisch etwa vier bis sechs totale Mondfinsternisse in einem Zeitraum von zehn Jahren beobachtet werden, was im Vergleich zu totalen Sonnenfinsternissen sehr viel ist. Dass nicht bei jedem Vollmond eine Mondfinsternis stattfindet, liegt an den unterschiedlich geneigten Ebenen der Erdumlaufbahn um die Sonne und der Mondumlaufbahn um die Erde.

Wenn Astronomen von einer Mondfinsternis sprechen, unterscheiden sie zwischen einer *Halbschattenfinsternis* und einer *Kernschattenfinsternis* und dabei jeweils zwischen einer partiellen oder totalen Finsternis – je nachdem, ob der Mond komplett oder nur teilweise in den Halb- oder Kernschatten der Erde eintritt. Eine Halbschattenfinsternis ist für Beobachter allerdings fast nicht wahrzunehmen, da sich der Mond dabei nur geringfügig verdunkelt. Interessant für die Beobachtung und Fotografie sind daher totale oder partielle Kernschattenfinsternisse.

Eine Rotfärbung des Mondes sehen Sie bei einer totalen Mondfinsternis, wenn das Sonnenlicht durch die Erdatmosphäre in den Kernschatten der Erde hineingebrochen wird. Der häufig in diesem Zusammenhang verwendete Begriff »Blutmond« ist jedoch primär von den Medien geprägt und hat keinen astronomischen Bezug.

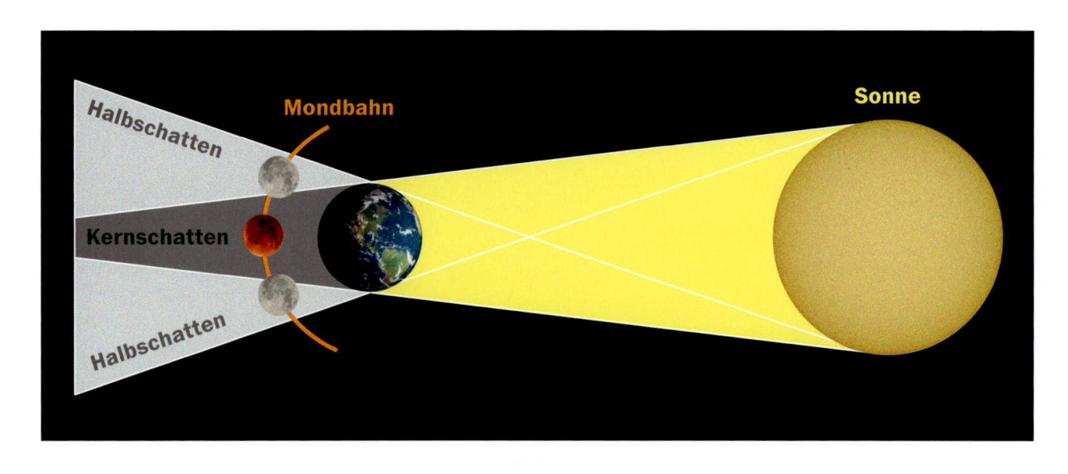

« Schematische Darstellung der Mondfinsternis (Anmerkung: Größenverhältnisse und Abstände von Sonne, Erde und Mond nicht maßstabsgetreu)

⌃ Im Verlauf einer totalen Kernschattenfinsternis können Sie alle Arten einer Mondfinsternis beobachten: Halbschattenfinsternis (links oben), partielle Kernschattenfinsternis (rechts oben und rechts unten) und totale Kernschattenfinsternis (links unten).

Zeitplan | Im ersten Schritt suchte ich mir daher den Zeitplan für die einzelnen Phasen der Mondfinsternis im Internet heraus. Eine Mondfinsternis folgt dabei immer einem bestimmten »Fahrplan«, in dem der Mond den Halb- und in diesem Fall auch Kernschatten der Erde durchquert. Jede »Berührung« des Halb- oder Kernschattens wird dabei als »Kontakt« bezeichnet.

Position des Mondes | Anschließend ermittelte ich mit Hilfe der TPE-App die Position des Mondes zu diesen Zeiten sowie die Dämmerungszeiten in meiner geplanten Aufnahmegegend. Auf die Suche nach einem konkreten Standort wollte ich mich begeben, sobald ich die genauen Positionen und Himmelsrichtungen des Mondes während der Mondfinsternis kannte. Ich setzte dazu den Positionsmarker ❸ in die Nähe meines Wohnortes ❶ und stellte das Datum der Mondfinsternis ❷ im Nachtmodus der App ein. Den Zeitregler ❻ stellte ich dabei zunächst auf die Zeit des ersten Kontaktes (02:10 Uhr), um zu sehen, wo der Mond zu Beginn der Mondfinsternis stehen würde. Aus den Angaben ❼ las ich ab, dass er zu dieser Zeit knapp 36° über dem Horizont bei 198,5° stehen würde, also etwa in südlicher Richtung. Das galaktische Zentrum der Milchstraße wäre zu dieser Zeit leider nicht mehr zu sehen, da es schon am Abend untergeht.

Dieselben Angaben ermittelte ich mit Hilfe des Zeitreglers ❻ noch für die Zeit der maximalen Verfinsterung ❽ (04:47 Uhr) und den fünften Kontakt ❹ (06:27 Uhr), die praktischerweise auch als Ereignisse in der App zu finden waren. Alles darüber hinaus war fast nicht mehr sinnvoll aufzunehmen, da einerseits die Dämmerung ❺ bereits um 05:18 Uhr beginnen und der Mond zum fünften Kontakt bereits bis auf 7,5° über den Horizont gesunken sein würde.

Standort | Nach dieser kurzen Recherche wusste ich, dass sich der Mond während der Finsternis grob von Süden bis Westen bewegen würde – und ich daher einen Standort finden musste, der eine freie Sicht in diese Himmelsrichtungen ermöglichte. Außerdem sollte der Fotospot für diese Nacht eine Parkmöglichkeit bieten und idealerweise eine geringe Lichtverschmutzung am südlichen bis westlichen Horizont aufweisen. Der Einfluss von Fremdlicht war bei der Nahaufnahme des Mondes zwar nicht so sehr relevant – weil ich jedoch auch Weitwinkelaufnahmen der Mondfinsternis zusammen mit der

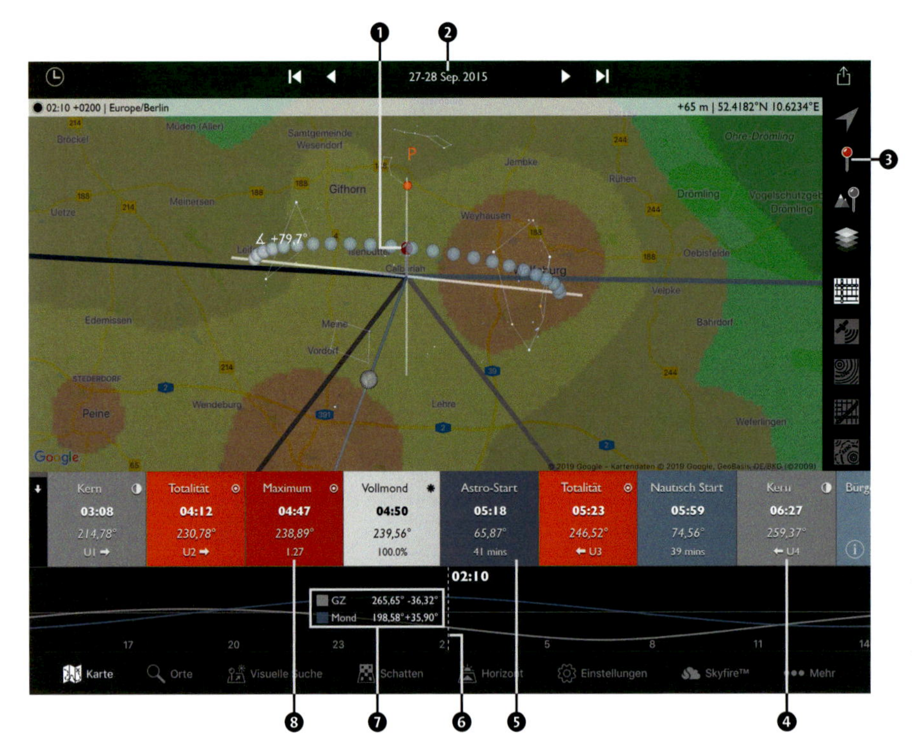

« Ermittlung der Dämmerungszeiten und Position des Mondes während der Mondfinsternis am 28.09.2015 in der TPE-App

Milchstraße geplant hatte, schaute ich auch auf diesen Faktor. Außerdem war mir wichtig, dass der Standort in der Nähe meines Wohnorts lag. Ich fuhr dabei schon tagsüber verschiedene Optionen mit dem Auto an, um einen optimalen Eindruck zu bekommen. Im Idealfall schauen Sie sich Ihre präferierte Location vorher auch ein einmal bei Nacht an, um zu vermeiden, dass plötzlich helle künstliche Lichtquellen auftauchen, die am Tage nicht absehbar sind. Aus Zeitgründen musste ich mich allerdings auf mein »Location-Scouting« bei Tag verlassen. Dazu hielt ich an geeigneten Standorten an und prüfte per Kompass (am einfachsten im Smartphone) die Sicht in die benötigten Himmelsrichtungen. Ich entschied mich letztendlich für einen relativ unspektakulären Standort, der aber alle meine Anforderungen erfüllte und schnell zu erreichen war.

Aufnahmesequenz | Jetzt galt es noch, die Aufnahmesequenz zu planen. Mein Ziel war es, möglichst wenig Aufwand in der Nachbearbeitung zu haben – also zum Beispiel nicht jeden Mond einzeln bearbeiten zu müssen. Um eine Sequenz wie diese zu planen, eignet sich die Smartphone- und Tablet-App Planit Pro hervorragend.

In der eigens dafür gedachten Ephemeriden-Funktion Sequenz wählte ich dazu die Mond Sequenz ❶ aus (alternativ können Sie damit auch Sonnensequenzen, beispielsweise im Rahmen einer Sonnenfinsternis, planen). Nachdem ich das entsprechende Datum ❼ eingestellt hatte, wählte ich Beginn ❾ und Ende ❹ der Sequenz. Da man die Helligkeitsveränderung beim Eintritt des Mondes in den Halbschatten noch nicht wirklich sehen kann, setzte ich den Sequenzbeginn auf den ungefähren Sichtbarkeitsbeginn um 02:40 Uhr, den ich mir zuvor herausgesucht hatte (siehe die Tabelle auf Seite 285). Das Sequenzende stellte ich entsprechend auf das Sichtbarkeitsende um 06:55 Uhr ein, wenngleich es unwahrscheinlich war, dass ich bis dahin noch verwertbare Aufnahmen erhalten würde. Aus den Beginn- und Endezeiten ergab sich eine potentielle Dauer ❷ von 4 Stunden und 15 Minuten für die gesamte Aufnahmeserie.

Um eine Vorschau der Sequenz zu erhalten, wechselte ich über den Aktionsbutton ❻ in den Suchermodus Sucher (VR). Nun waren noch zwei Faktoren wichtig: das Aufnahmeintervall und die Brennweite. Das Intervall ist unabhängig von der gewählten Brennweite, so dass ich es als Erstes einstellte. Sinnvoll ist hier ein Intervall von drei Minuten ❸, um Sonne oder Mond zu trennen. Dass dies eine passende Einstellung ist, sah ich, sobald ich eine entsprechend große Brennweite eingestellt hatte. Um den Mond ausreichend detailreich abzubilden, ohne die (feststehende) Kamera allzu oft neu ausrichten zu müssen, wählte ich eine Brennweite von 200 mm an einer APS-C Kamera. Dies entspricht umgerechnet auf das Kleinbildformat einer Brennweite von 320 mm, die ich in der App entsprechend einstellte ❽. Nachdem ich das Suchervorschaubild in der App durch das Verschieben der horizontalen und vertikalen Gradskala ❺ auf den Beginn der Mondsequenz ausgerichtet hatte, konnte ich nun auch sehr gut sehen, in welcher Größe, welchem Winkel (bei waagerechter Kameraausrichtung) und welchem Abstand die fertigen Monde später abgebildet würden.

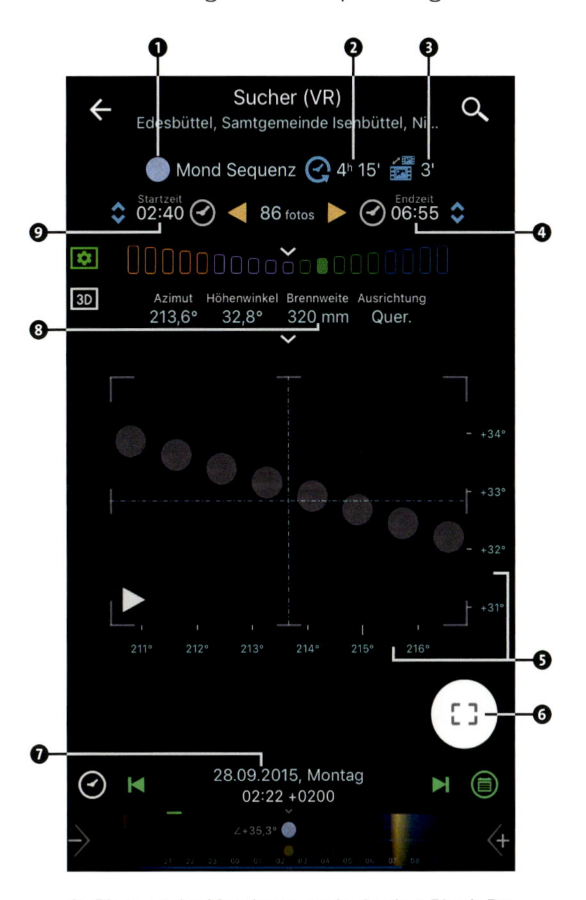

Planung der Mondsequenz in der App Planit Pro

Aufnahmeintervall und Kameraausrichtung | Diese virtuelle Vorschau ist extrem hilfreich, da sie mir zeigte, dass knapp acht Monde bei einem Aufnahmeintervall von drei Minuten auf die Fläche eines Bildes passen würden – eine halbwegs waagerechte Kameraausrichtung vorausgesetzt. Zur Sicherheit würde ich jedoch nach jeweils sieben Monden – also etwa alle 20 Minuten (sieben mal drei Minuten) – die Kamera neu ausrichten, also den Mond im Sucher oder Live View der Kamera wieder nach links oben rücken. Ein Wecker, der mich regelmäßig daran erinnerte, wäre sicher eine hilfreiche Idee!

Hintergrund dieser Art der Aufnahme war es, dass ich später in der Nachbearbeitung idealerweise jeweils sieben Bilder im Aufnahmeabstand von drei Minuten markieren und diese als Ebenen überblenden konnte, um somit ohne allzu viel Aufwand eine gerade ausgerichtete Mondsequenz zu erhalten, die in sich außerdem den exakt gleichen Abstand aufweist. Dieses Vorgehen hatte sich für mich bereits bei einer Sonnenfinsternis bewährt, so dass ich es hier ebenfalls anwenden wollte.

Belichtungszeit | Eine weitere Herausforderung kam jedoch hinzu: Neben dem Neuausrichten der Kamera würde ich auch regelmäßig die Belichtungszeit anpassen müssen, da der Mond durch die Verfinsterung im Kernschatten der Erde natürlich dunkler würde und somit länger belichtet werden müsste. Nun lässt sich dies leider nur schwer planen, da die Helligkeitsverhältnisse bei jeder Mondfinsternis etwas anders sind. Was ich jedoch wusste, war, dass ich den Mond ohne eine Nachführung nur maximal eine oder anderthalb Sekunden lang belichten könnte, bevor er durch die Erdrotation und seine eigene Bewegung unscharf würde. Demnach plante ich, für diese Aufnahmen ein möglichst lichtstarkes Objektiv zu nutzen – in diesem Fall hatte ich ein 200 mm f2,8 zur Verfügung.

Die Planung war damit abgeschlossen. Jetzt musste nur noch das Wetter mitspielen und der Wecker zuverlässig funktionieren!

Die Aufnahme

Als die Mondfinsternis näher rückte, schaute ich natürlich immer gespannter auf die Wettervorhersage. Glücklicherweise sah es an jenem Tag, oder besser gesagt in jener Nacht, wirklich gut aus. Lediglich der prognostizierte Nebel würde problematisch werden können. Aber immerhin waren die Erfolgsaussichten für meine Mondfinsternis-Collage recht gut, so dass ich mich gegen 1 Uhr nachts auf den Weg zur geplanten Location machte. Das Wetter spielte auch tatsächlich mit, und so baute ich die Kamera mit dem Teleobjektiv auf einem Stativ auf. Um zwischendurch nicht auch noch den Akku wechseln zu müssen, schloss ich die Kamera an eine Powerbank an

⮝ *Bei der partiellen Sonnenfinsternis am 20. März 2015 hatte ich ebenfalls alle drei Minuten ein Bild der sich verfinsternden Sonne aufgenommen, um diese Bilder hinterher zu einer Sequenz zusammenzufügen. Die Gesamtsequenz war dank dieser Aufnahmetechnik in wenigen Minuten zusammengesetzt.*

40 mm (64 mm im Kleinbildformat) | f9 | 1/2000 s | ISO 100 | 20. März, 09:33–12:00 Uhr | Aufnahme mit einer Kombination aus Graufiltern (nicht zu empfehlen, verwenden Sie besser eine Sonnenfilterfolie!)

und legte vorsichtshalber eine Heizmanschette um die Sonnenblende des Objektivs, um Tau-Beschlag zu vermeiden. Wie sich später zeigte, war dies auch zwingend notwendig gewesen.

Nach meiner Planung wären zwar Aufnahmen alle drei Minuten ausreichend für die Sequenz und somit die spätere Collage, sicherheitshalber stellte ich jedoch am angeschlossenen Timer ein Intervall von 30 Sekunden ein. Dies gab mir einerseits genügend Zeit zur Helligkeitsprüfung und regelmäßigen Neuausrichtung zwischen den Aufnahmen, erzeugte andererseits aber auch ausreichend viele Aufnahmen, falls zwischendurch Wolken den Mond verdecken sollten oder Ähnliches. Somit würde ich später im Idealfall einfach jedes siebte Bild für meine Collage nutzen können.

Um 02:15 Uhr, kurz nach dem Eintritt des Mondes in den Halbschatten, begann ich schließlich mit der Aufnahme der Sequenz, nachdem ich vorher ein wenig das Neuausrichten und Verstellen der Belichtungszeit »geübt« hatte. Während der Aufnahmen verließ ich mich auf den aktivierten Live View der Kamera sowie die Bildvorschau und das Histogramm, um die Position und Belichtung des Mondes zu beurteilen. Ich startete die Sequenz mit einer Belichtungszeit von 1/2000 s bei Blende f2,8 und ISO 100. Nach etwa einer halben Stunde, ungefähr zum Sichtbarkeitsbeginn der Mondfinsternis, begann ich, die Belichtungszeit sukzessive zu reduzieren.

Eine kleine Herausforderung war der Übergang in die totale Phase. Wollte ich den Mond so belichten, dass der Erdschein – also der dunkle und während der Finsternis rote Teil des Mondes – zu erkennen war, dann wäre die helle Mondsichel anfangs in der Aufnahme stark überbelichtet gewesen. Da ich dies in einer Collage als wenig harmonisch empfinde, entschied ich mich dazu, die Sichel korrekt zu belichten und ungefähr zum Eintritt in die totale Phase durch einen größeren Belichtungssprung von 1/320 s auf 1/6 s einen deutlichen Unterschied abzubilden. Dies ist aber sicherlich Geschmackssache, schauen Sie, was Ihnen gefällt.

Ähnlich handhabte ich es zum Ende der totalen Phase. Insgesamt arbeitete ich während der gesamten Sequenz der Mondfinsternis mit 24 verschiedenen Belichtungszeiten von 1/2000 s bis 1 s sowie mit verschiedenen ISO-Werten von 100 bis 400. Die ISO-Zahl erhöhte ich dabei erst, als die längste mögliche Belichtungszeit von 1 s erreicht war. Im Nachhinein betrachtet hätte ich mit der ISO-Zahl durchaus noch höher gehen können.

Morgens stellte sich dann leider tatsächlich ab ca. 6 Uhr recht starker Nebel ein, was dazu führte, dass die Mondaufnahmen immer weniger kontrastreich wurden, bis der Mond schließlich kurz nach 06:45 Uhr auf den Bildern fast gar nicht mehr zu erkennen war. Auch die fortgeschrittene Dämmerung (06:39 Uhr begann die bürgerliche Dämmerung) hatte natürlich einen Einfluss.

Belichtungssprung kurz vor Beginn der Totalität

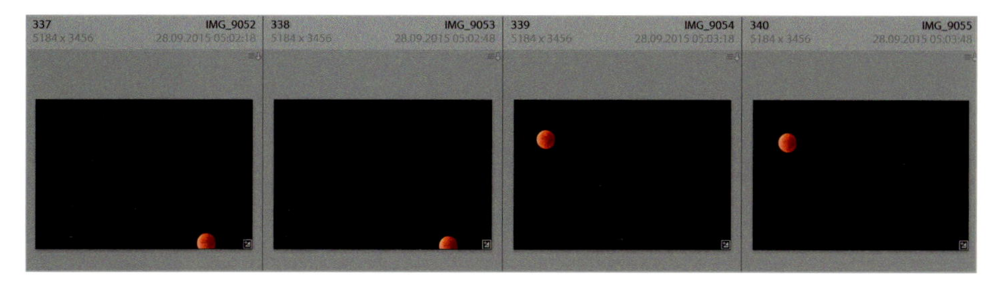

Ausschnitt der Aufnahmesequenz während der Phase der Totalität – er zeigt die Neuausrichtung der Kamera zwischen dem zweiten und dritten Bild, aber auch ein Missgeschick, bei dem mir der Mond »aus dem Bild lief«, weil ich zu sehr mit anderen Aufnahmen beschäftigt war. Zum Glück brauchte ich später nur jedes siebte Bild für die Collage.

Der Mond ist durch den Nebel und die fortgeschrittene Dämmerung um 06:43 Uhr fast nicht mehr zu erkennen.

Für meine Sequenz bedeutete dies, dass ich theoretisch 86 Bilder der insgesamt etwa 530 Aufnahmen dieser Nacht verarbeiten konnte, wobei ich vermutlich nicht alle Fotos während der Halbschattenphase verwenden würde, um zu viele gleich aussehende Mondaufnahmen am Anfang zu vermeiden. Aber das konnte ich später in der Bearbeitung noch entscheiden – wichtig war zunächst einmal, dass alle Aufnahmen »im Kasten« waren und das Wetter tatsächlich bis zum Nebeleinbruch am Morgen konstant stabil geblieben war. Ein bisschen Glück ist eben bei solchen Aufnahmen immer im Spiel!

Aufnahmen mit der Zweitkamera | Während die Aufnahme der Sequenz timer-gesteuert lief, machte ich parallel mit einer anderen Kamera noch weitere Aufnahmen der Mondfinsternis. Besonders gereizt hatte mich dabei ein Panorama der Milchstraße und des verfinsterten Mondes – eine seltene Konstellation, da die Milchstraßenfotografie ja, wie Sie wissen, normalerweise nicht bei Vollmond möglich ist (siehe die Abbildung unten rechts).

Fazit | Ein Fazit dieser Nacht war für mich definitiv, dass die Aufnahme einer solchen Sequenz und weiterer paralleler Aufnahmen durchaus ein hohes Maß an Konzentration erfordert. Wie so oft bei der Nachtfotografie verliert man sehr schnell das Zeitgefühl, so dass ein Wecker zur Erinnerung an die Kameraausrichtung wirklich notwendig war. Auch die Heizmanschette hatte sich als zwingend notwendig herausgestellt, da das Objektiv ansonsten aufgrund der hohen Luftfeuchtigkeit und niedrigen Temperaturen von lediglich 2 Grad in dieser Nacht in kürzester Zeit beschlagen gewesen wäre, was eine Sequenz – sei es für einen Zeitraffer oder eine Collage – sehr schnell kaputtmachen kann.

Lohnenswert ist solch ein Ereignis aber allemal – Sie sollten nur bei aller Fotografie nicht vergessen, dieses Naturschauspiel auch visuell intensiv zu bestaunen!

Der Vollmond zusammen mit der gut sichtbaren Milchstraße ist ein seltenes Motiv, das so nur während einer Mondfinsternis möglich ist. Normalerweise ist der Himmel durch den Vollmond zu stark erhellt, um die Milchstraße strukturiert erkennen und fotografieren zu können. Leider war das galaktische Zentrum zu dieser Zeit nicht mehr zu sehen.

24 mm | f2 | 8 s | ISO 1600 | 28. September, 04:40 Uhr | Panorama aus vier Hochformataufnahmen

Die Bearbeitung

Bevor ich mit dem Zusammenbau der Collage begann, machte ich mir zunächst Gedanken, wie sie ungefähr aussehen sollte. Im Kopf hatte ich eine quadratische Collage, die mittig einen Schriftzug enthält. Ich skizzierte diese Vorstellung zur Orientierung und Ermittlung der benötigten Anzahl Bilder grob und wusste damit schnell, dass ich entweder 42 oder 72 Monde benötigen würde.

Ich hatte ja bereits in der Vorbereitung geplant, den Mond im zeitlichen Abstand von drei Minuten darzustellen. Um also herauszufinden, ob ich 72 »brauchbare« Monde in meiner Sequenz zusammenbekäme, versuchte ich zunächst, einen sinnvollen Anfang zu ermitteln. Sinnvoll deshalb, weil ich die Halbschattenfinsternis ohne sichtbare Änderung zu Beginn nicht allzu lang gestalten wollte. Da die Sichtbarkeit offiziell etwa 02:40 Uhr begann, schaute ich mir zunächst die Aufnahmen um diese Zeit herum an. Deutlich sichtbar wurde die Veränderung erst mit dem Eintritt in den Kernschatten um ca. 03:07 Uhr, so dass ich etwa bei einer Zeit von 02:45 Uhr starten wollte, um den Helligkeitsverlauf bis zum Eintritt in den Kernschatten in der ersten Zeile abzudecken.

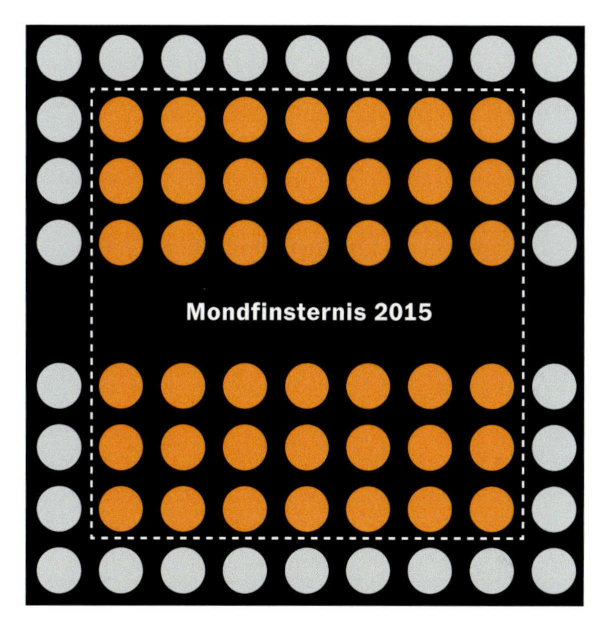

Schematische Skizze der quadratischen Mondfinsternis-Collage. Der Schriftzug sollte symmetrisch in der Mitte des Bildes stehen, so dass insgesamt entweder 42 Monde (orange) oder 72 Monde (blau und orange zusammen) benötigt würden.

SCHRITT FÜR SCHRITT

Die Mondcollage erstellen

Die erste Sichtung der Gesamtsequenz zeigte, dass – auch dank des stabilen Wetters und der Heizmanschette – meine Aufnahmen während der ganzen Nacht erfolgreich gewesen waren. Für 72 Einzelbilder im Abstand von drei Minuten müsste ich demnach Aufnahmen im Zeitraum von dreieinhalb Stunden verwenden.

1 Ansicht in Lightroom optimieren

Um die entsprechenden Fotos aus der Sequenz auszuwählen, wechselte ich in Lightroom im BIBLIOTHEK-Modul ❶ in die Rasteransicht ❸. Ich stellte die Größe der MINIATUREN ❹ so ein, dass genau sechs Bilder in einer Zeile dargestellt wurden. Somit hatten alle Bilder in einer Spalte einen zeitlichen Abstand von drei Minuten. Nun musste ich mir nur noch die am besten geeignete Spalte aussuchen, wobei ich auf mein Missgeschick während der Totalität achten musste, da hier ja einige Monde aus dem Bild gelaufen waren (z. B. ❷).

2 Sequenz auswählen

Glücklicherweise fand ich trotzdem eine passende Sequenz, die 72 verwendbare Monde im gleichen zeitlichen Abstand enthielt. Die Bilder dieser Spalte selektierte ich für den ermittelten Zeitraum (Mehrfachauswahl bei gedrückter Strg/Cmd-Taste) und hob sie durch eine grüne Farbmarkierung hervor.

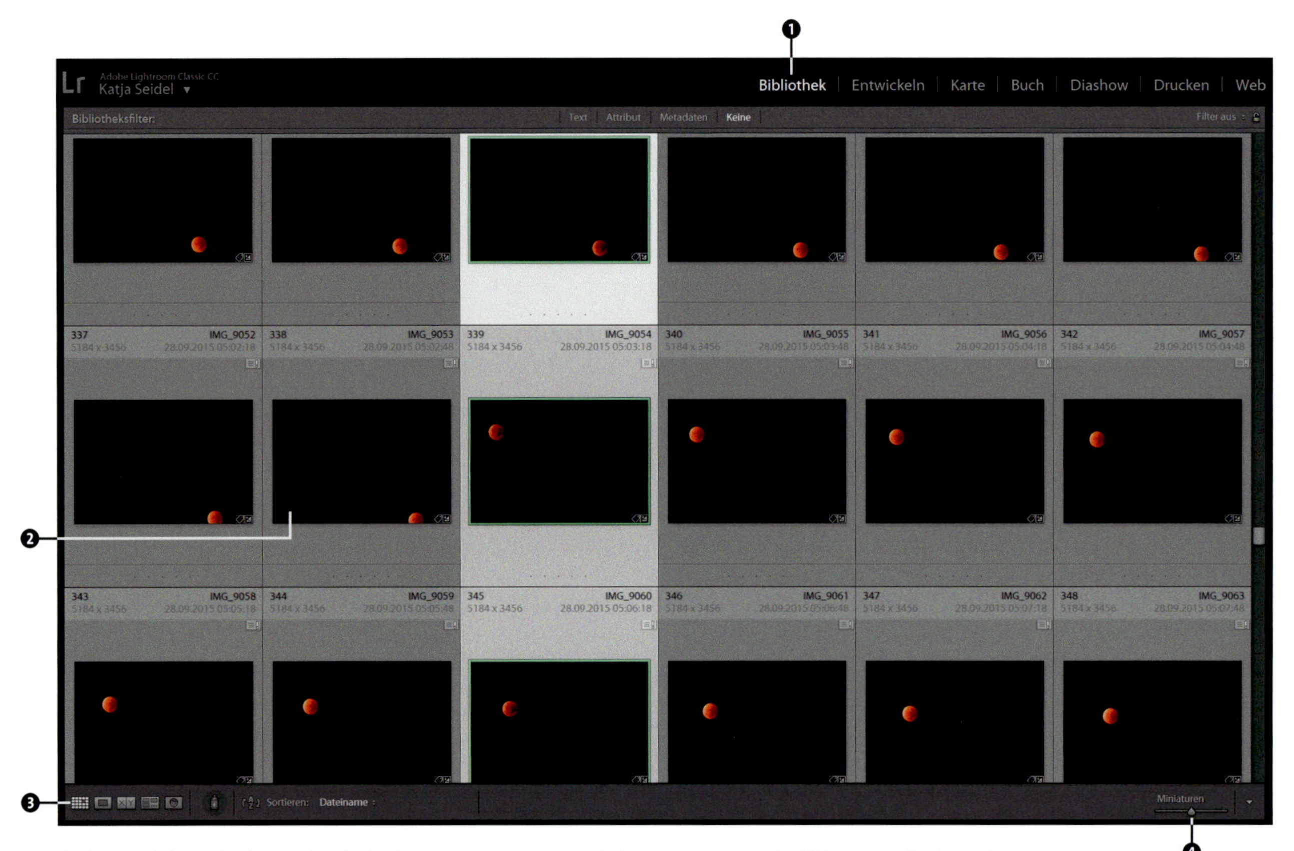

Auswahl der Aufnahmen für die Collage im BIBLIOTHEK-Modul von Lightroom. Die Bilder einer Spalte haben exakt den Aufnahmeabstand von drei Minuten, da ich alle 30 Sekunden eine Aufnahme gemacht habe.

3 Einstellungen anpassen und synchronisieren

Anschließend wechselte ich in das ENTWICKELN-Modul ❺ und filterte die Darstellung auf grün markierte Bilder ❾. Vor dem Zusammenstellen der Collage bearbeitete ich die Mondbilder noch, beginnend mit dem ersten Bild der Gesamtsequenz ⓬. Da die Aufnahme hinsichtlich Schärfe und Belichtung schon recht gut getroffen war, musste ich nur wenige Parameter anpassen:

- geringfügiges Absenken der LICHTER und TIEFEN ❻
- Erhöhung der KLARHEIT ❼
- Erhöhung der Schärfe ❽

Die Einstellungen synchronisierte ❿ ich nach der Markierung aller weiteren 71 Mondbilder erst einmal auf die gesamte Sequenz, um einen gleichmäßigen Helligkeitsverlauf und eine konstante Schärfe zu erhalten.

4 Individuelle Einstellungen

Danach sprang ich jeweils zu den Stellen, an denen ich die Belichtungszeit oder den ISO-Wert während der Aufnahme manuell angepasst hatte, und bearbeitete (wenn nötig) das jeweils erste Bild mit geänderter Belichtungszeit.

Für alle restlichen Bilder ging ich analog vor, das heißt, ich synchronisierte alle Einstellungen auf alle jeweils folgenden Bilder und sprang zur nächsten Belichtungsänderung, bearbeitete dieses Bild, synchronisierte die Einstellungen auf alle folgenden Bilder usw. Danach hatte ich alle 72 Bilder der Sequenz korrekt bearbeitet und musste sie nun »nur« noch als Collage zusammenfügen.

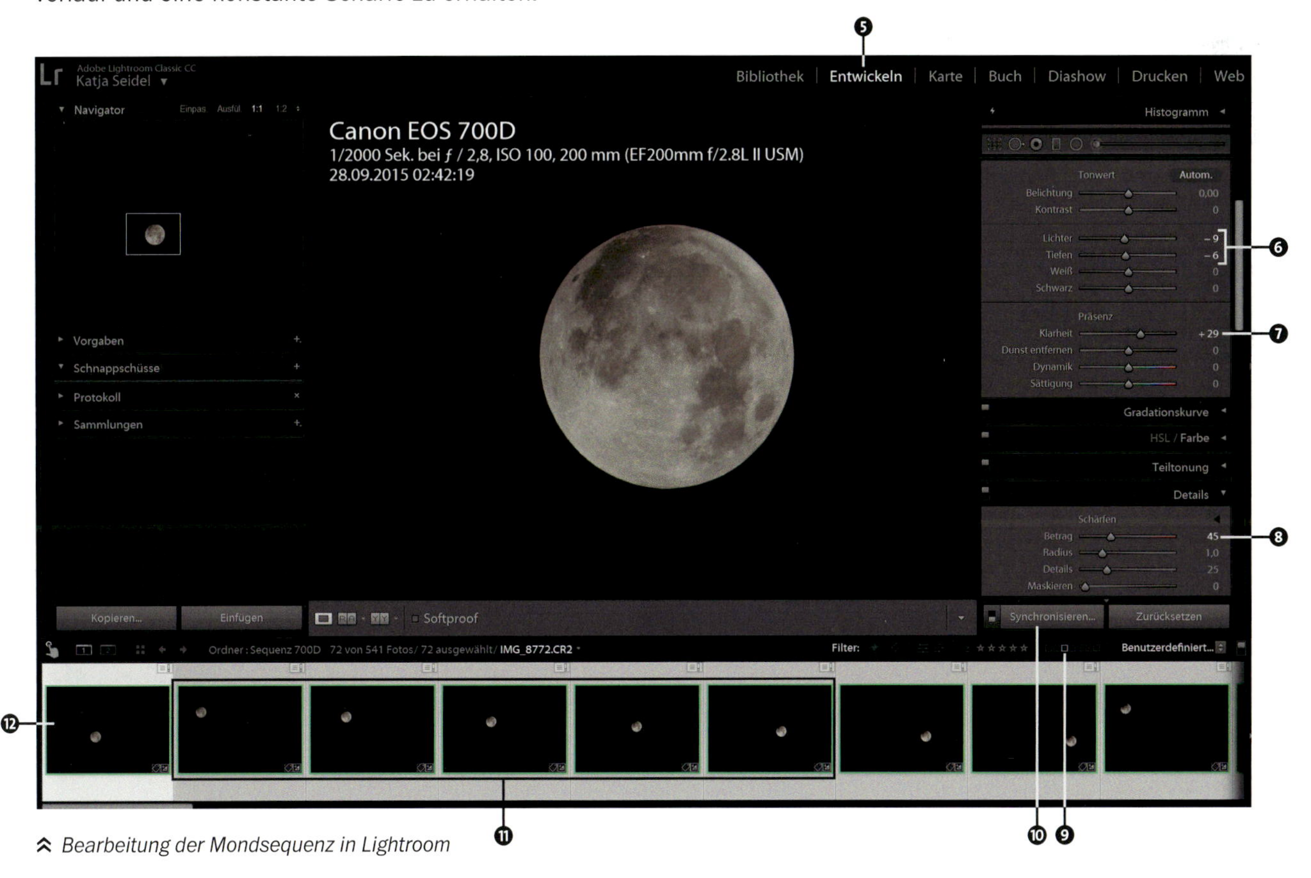

Bearbeitung der Mondsequenz in Lightroom

5 Übergabe an Photoshop

Als Grundlage für die Collage wählte ich die erste zusammenhängende Sequenz zwischen zwei Kameraschwenks ⓫ aus (siehe Vorseite), indem ich zunächst das erste Bild der Reihe markierte und anschließend mit gedrückter ⇧-Taste das letzte Bild der Reihe anklickte. Danach öffnete ich diese sieben Bilder als Ebenen in Photoshop, was sich über das Menü Foto • Bearbeiten in • In Photoshop als Ebenen öffnen... einfach realisieren lässt.

6 Ebenen überblenden

In Photoshop waren nun alle sieben Bilder aus Lightroom als einzelne Ebenen ❸ abgebildet, von denen standardmäßig jedoch nur die oberste Ebene sichtbar war. Um ein gemeinsames Bild mit allen Monden zu erhalten, veränderte ich den Mischmodus der Ebenen. Ich markierte dazu alle Ebenen und wählte den Modus Hellere Farbe ❷. Dies bewirkt, dass alle Bildteile einer Ebene angezeigt werden, die eine hellere Farbe als der gleiche Bildteil der jeweils darüberliegenden Ebene aufweisen. Diese Art der Ebenenüberblendung machte es möglich, alle Monde einer Sequenz vor einem (quasi) schwarzen Hintergrund darzustellen.

7 Monde gerade ausrichten

Da die Kamera auf einem Stativ fixiert gewesen war und der Mond sich gleichförmig bewegt hatte, entstand dabei eine exakt ausgerichtete Sequenz mit nahezu gleichen Abständen zwischen den einzelnen Monden. Dies konnte ich mir für meine Collage natürlich zunutze machen – lediglich für eine waagerechte Ausrichtung musste ich noch sorgen. Dazu bediente ich mich im Freistellungswerkzeug ❹ der Funktion Gerade ausrichten ❶, wobei ich lediglich eine Linie von der unteren Kante des ersten Mondes ❺ zur unteren Kante des letzten Mondes ❻ aufziehen musste. Zum Schluss stellte ich die waagerecht ausgerichtete Mondsequenz frei.

⌃ *Waagerecht ausgerichtete, freigestellte Mondsequenz*

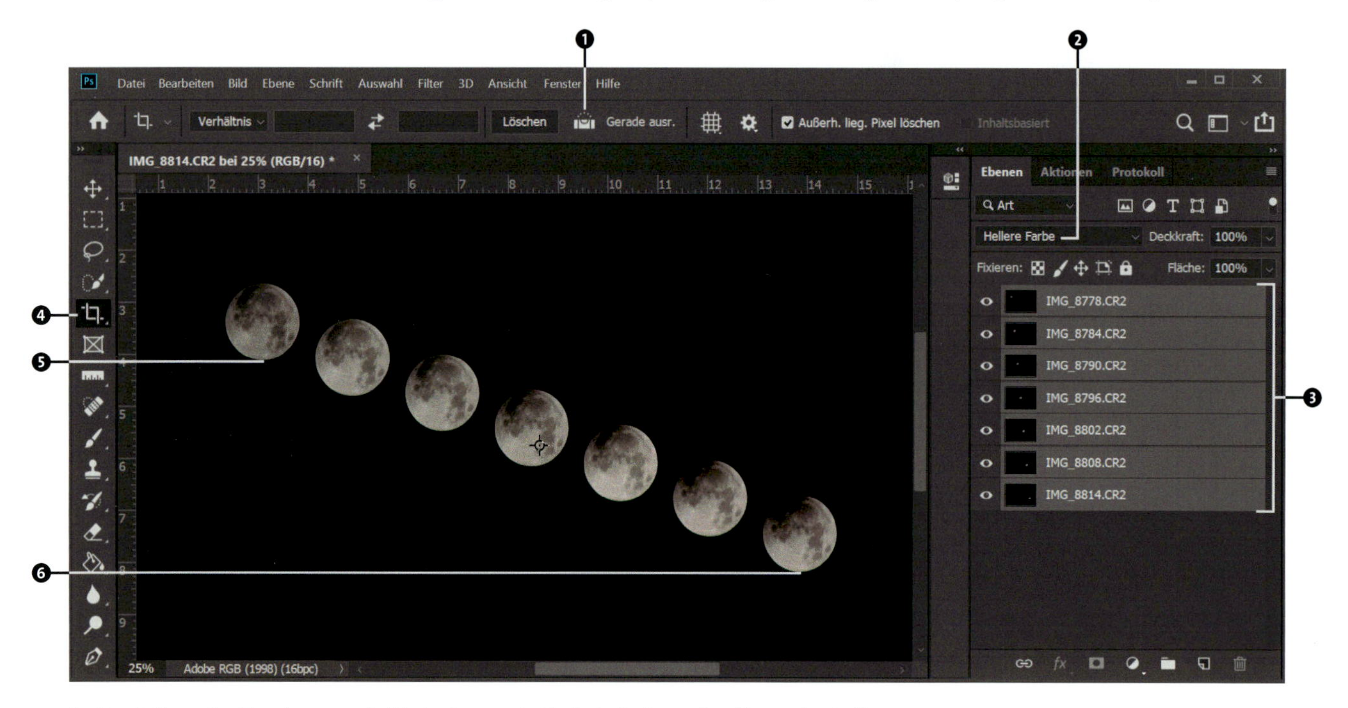

⌃ *Darstellung der Mondsequenz in Photoshop, wobei jede Aufnahme eine Ebene darstellt und diese Ebenen im Mischmodus Hellere Farbe übereinandergeblendet werden.*

8 Monde und Abstände messen

Aus dieser ersten Sequenz mit sieben Monden konnte ich nun die Größe der Collage sowie die Abstände des Hilfslinienrasters ableiten. Mein Ziel war es dabei, die Monde in ihrer Originalauflösung zu belassen und die Größe der Collage entsprechend zu gestalten.

Ich ermittelte den Durchmesser sowie die Abstände der Monde mit Hilfe des Linealwerkzeuges ❽ in Photoshop in der 100%-Ansicht. Hierbei zog ich – ähnlich wie beim Ausrichten der Monde – eine Linie vom linken zum rechten Rand eines Mondes. Die dabei gedrückte ⇧-Taste sorgte für eine gerade Ausrichtung des Lineals. In der oberen Zeile konnte ich schließlich die Breite des Mondes ❼ mit 3,77 cm ablesen. Analog verfuhr ich mit dem Abstand zwischen zwei Monden, der 1,12 cm betrug. In Anlehnung an meine schematische Skizze (siehe Seite 291) konnte ich nun die Breite und Höhe der Collage ermitteln:

2 × 4 cm (Rand) + 9 × 3,77 cm (Monddurchmesser) + 8 × 1,12 cm (Abstand der Monde)

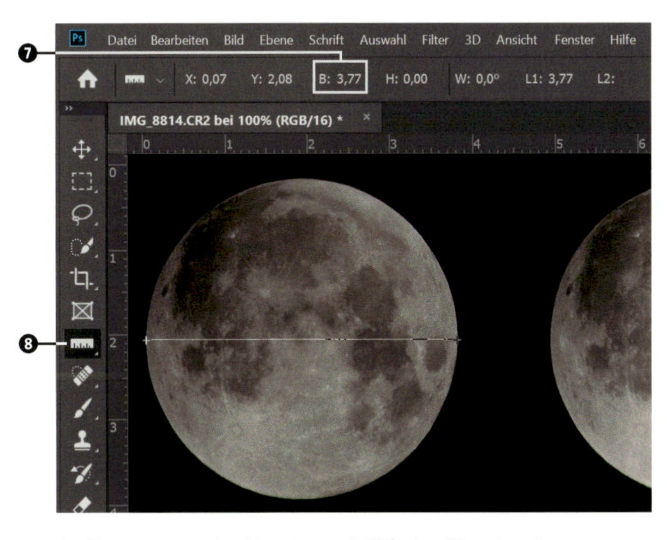

⌃ »Vermessung des Mondes« mit Hilfe des Linealwerkzeuges in Photoshop zur Ermittlung der Collagengröße

9 Neue Datei für die Collage

Ich legte daher in Photoshop eine neue Datei mit schwarzem Hintergrund und einer Höhe und Breite von 50,89 cm an. Als Auflösung wählte ich 300 dpi, analog zur Auflösung der Mondsequenz.

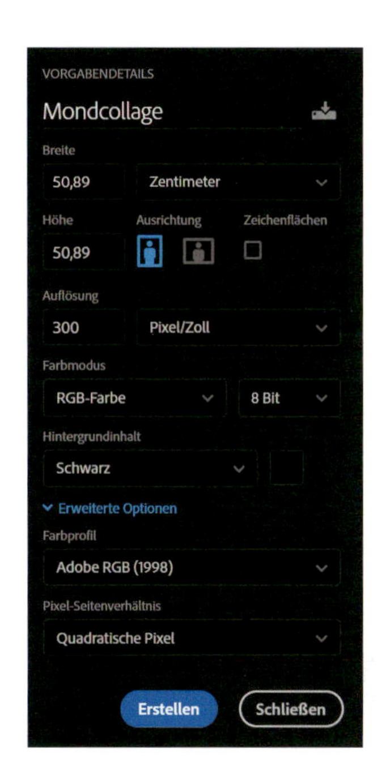

« Anlegen einer neuen Datei mit den errechneten Dimensionen

10 Hilfslinienraster erstellen

Im finalen Schritt der Vorbereitung erstellte ich ein Hilfslinienraster zur Ausrichtung der einzelnen Monde oder Mondsequenzen innerhalb der Collage. Ein solches

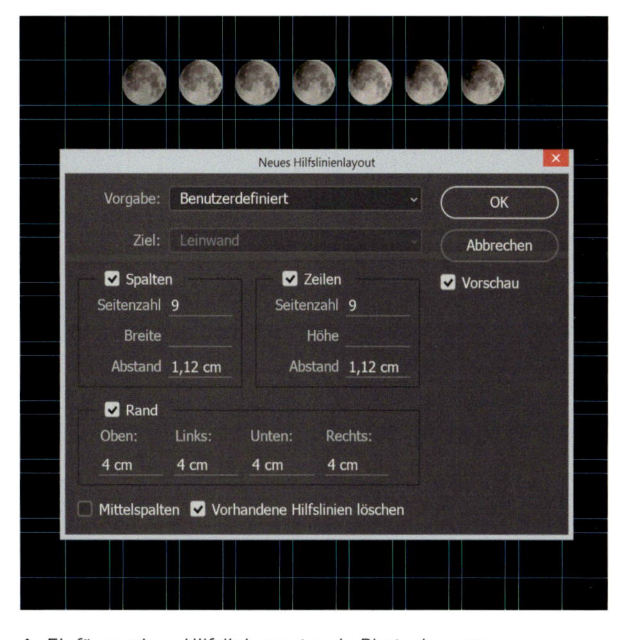

⌃ Einfügen eines Hilfslinienrasters in Photoshop zur Ausrichtung der Monde bzw. Mondsequenzen

Raster lässt sich sehr einfach über das Menü ANSICHT • NEUES HILFSLINIENLAYOUT... anlegen. Dazu gab ich lediglich die Anzahl der SPALTEN und ZEILEN mit neun an, trug den gemessenen ABSTAND von 1,12 cm ein und stelle einen RAND von jeweils 4 cm ein. Photoshop berechnet die Breite und Höhe der Spalten und Zeilen daraufhin automatisch.

11 Erste Sequenz einsetzen

Die zuvor gerade ausgerichtete und zugeschnittene Sequenz mit den sieben Monden wählte ich dann über Strg/Cmd+A aus, kopierte sie mit ⇧+Strg/Cmd+C auf eine Ebene reduziert in die Zwischenablage und fügte sie schließlich über Strg/Cmd+V in die Collage ein.

12 Weitere Sequenzen und Schriftzug einfügen

Die restlichen Schritte liefen prinzipiell analog ab, wobei ich eine Sequenz je nach Position innerhalb der Collage wenn nötig zerschneiden musste. Nachdem ich alle Monde aus Lightroom nach der Ausrichtung in Photoshop in die Collage kopiert hatte, zeichnete ich im letzten Schritt in Photoshop mit dem Rechteck-Werkzeug einen Rahmen und setzte mit dem Text-Werkzeug einen Schriftzug in die Mitte des Bildes.

Die erstellten Aufnahmen lassen sich auch für andere Collagen oder auch Zeitraffer nutzen, die den Verlauf der totalen Mondfinsternis abbilden.

Fertige Collage der Mondfinsternis am 28.09.2015

Beim Import werden gleichzeitig schon gewisse Initialisierungen vorgenommen sowie die später benötigten Vorschauen erzeugt. Diese Zeit sparen Sie später beim Laden der Sequenz.

Laden, Splitten und Bereinigen der Zeitraffersequenz

Nach dem Import schließen Sie den Importdialog und laden die Sequenz, indem Sie links im Baum auf den entsprechenden Ordner klicken. Falls Sie LRTimelapse nicht zum Importieren verwendet haben, so wäre dies auch der Einstieg, um eine bestehende Sequenz zu laden.

Nach dem Laden und dem Übernehmen der Exif-Daten sehen Sie links oben eine Vorschau des ersten Bildes und in der Tabelle die Metadaten der Bilder der Sequenz. Angezeigt werden z. B. Belichtungszeit, Blende und ISO. Außerdem sehen Sie eine INTERVALL-Spalte in der Tabelle und eine blaue Luminanzkurve, die der Vorschau überlagert ist und den Helligkeitsverlauf der Vorschaubilder wiedergibt. Beides können Sie nun nutzen, um Ihre Sequenz von Probeaufnahmen zu bereinigen oder unterschiedliche Sequenzen voneinander zu trennen.

Probeaufnahmen erkennen Sie recht leicht an abweichenden Intervallen in der INTERVALL-Spalte oder an einem Sprung in der blauen Kurve. Markieren Sie die Probeaufnahmen, und löschen Sie sie. Das geht entweder mit Hilfe der Taste `Entf` oder durch einen Klick mit der rechten Maustaste in die Tabelle und BILDER LÖSCHEN.

EINZELFOTOS ARCHIVIEREN

Sollten Sie Einzelfotos auf der Speicherkarte haben, die Sie behalten möchten, markieren Sie sie, klicken mit der rechten Maustaste und wählen dann BILDER VERSCHIEBEN. Verschieben Sie sie in einen Ordner, in dem Sie Einzelbilder aufbewahren. Denken Sie daran, später in Lightroom den Ordner zu synchronisieren, um diese Bilder auch in den Katalog aufzunehmen.

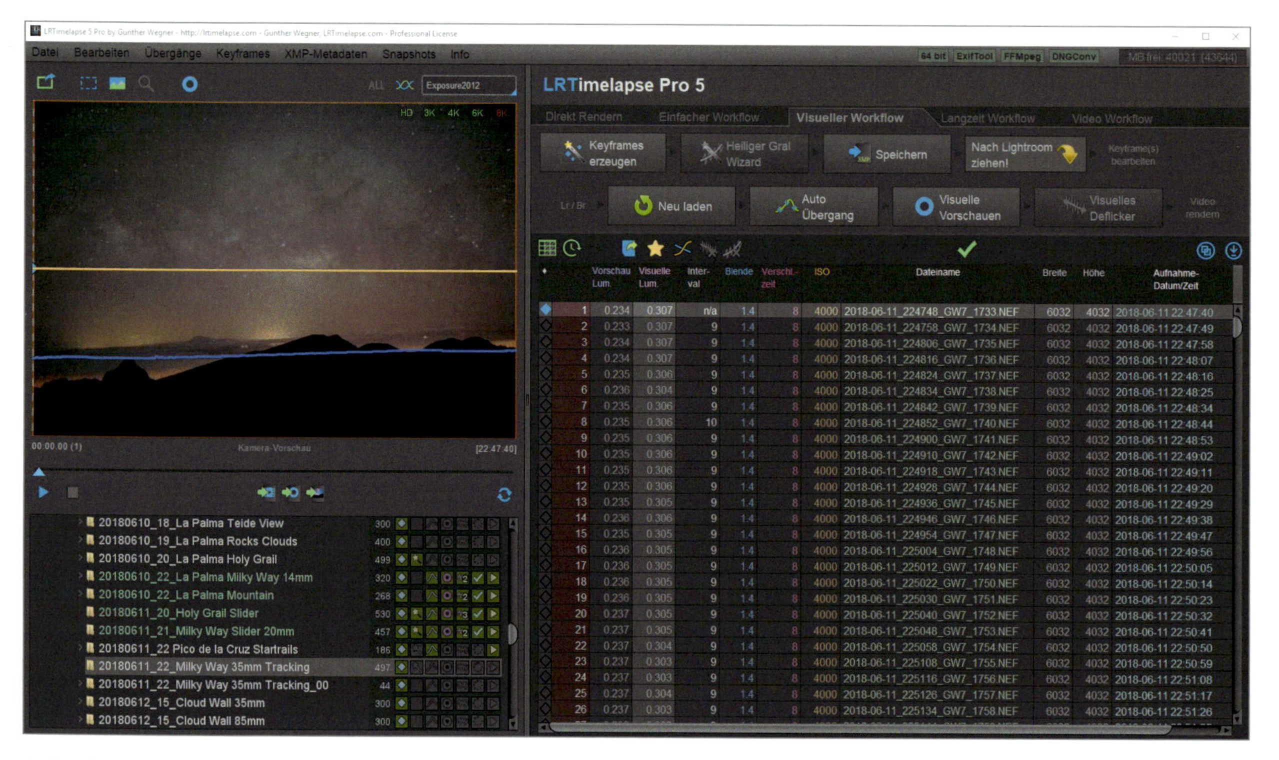

Das Hauptfenster von LRTimelapse

Nach dem Löschen überflüssiger Testaufnahmen markieren Sie die zweite Sequenz, klicken wieder mit der rechten Maustaste auf die Selektion und wählen dann NEUER ORDNER AUS AUSWAHL. LRTimelapse unterbreitet Ihnen nun einen Vorschlag für einen neuen Namen; ändern Sie diesen bei Bedarf, und setzen Sie noch einen Haken bei DATUM/ZEIT ALS YYYYMMDD_HH VORANSTELLEN. Dadurch wird auch die herausgelöste Sequenz mit einem richtigen Zeitstempel benannt.

Wenn Sie diese Arbeiten abgeschlossen haben, sollten Sie jede Zeitraffersequenz in einem eigenen Ordner auf der Festplatte haben.

Bearbeiten einer Zeitraffersequenz

Laden Sie nun die erste Sequenz durch Klick auf den entsprechenden Ordner im linken Baum. Rechts sehen Sie wieder die Metadaten in der Tabelle, und die Vorschau zeigt die blaue Luminanzkurve. Falls Sie die Sequenz nach der »Heiliger Gral«-Methode aufgenommen haben, sollten Sie die Stellen, an denen Sie die Kamera nachgeregelt haben, als »Treppenstufen« in der blauen Kurve erkennen.

Sie können nun mit Hilfe der Play-Taste unter der Vorschau den Zeitraffer schon einmal basierend auf den unbearbeiteten Vorschaudateien ablaufen lassen.

SCHRITT FÜR SCHRITT

Visueller Workflow mit LRTimelapse

Oberhalb der Tabelle finden Sie in LRTimelapse die Workflowleiste. Hier sind die Schaltflächen untergebracht, die Sie nun durchgehen, um die Sequenz zu bearbeiten. Wenn Sie die Sequenz wie empfohlen im Raw-Modus der Kamera aufgenommen haben, ist VISUELLER WORKFLOW aktiviert – diesen sollten Sie auch benutzen. Betätigen Sie nun die Schaltflächen von links nach rechts.

1 Keyframes erzeugen

Die Schaltfläche KEYFRAMES ERZEUGEN kennzeichnet bestimmte Bilder als Keyframes. Die Keyframes werden gleichmäßig über die Sequenz verteilt, ihre Anzahl bestimmen Sie mit Hilfe des Reglers, der nach dem Klick unter der Schaltfläche erscheint.

Setzen Sie nicht zu viele, aber auch nicht zu wenige Keyframes. Wichtig ist es, dort Keyframes zu haben, wo sich die Bearbeitung ändern soll – z. B. der Weißabgleich, die Helligkeit, die Rauschreduzierung. Bei zu vielen Keyframes haben Sie unnötig viel Arbeit beim Bearbeiten, bei zu wenigen Keyframes fehlt Ihnen später u. U. die Kontrolle bei Änderungen. Wenn Sie die Sequenz nach der »Heiliger Gral«-Methode aufgenommen haben, dann setzt KEYFRAMES ERZEUGEN auch noch kleine Dreiecke dort, wo Sie die Kamera nachgeregelt haben. Diese sind nur Indikatoren und spielen bei der Bearbeitung keine Rolle.

2 Heiliger Gral Wizard

Die Schaltfläche HEILIGER GRAL WIZARD ist nur aktivierbar, wenn Sie die Sequenz wirklich nach der »Heiliger Gral«-Methode aufgenommen haben, also im M-Modus, und die Kameraparameter während der Aufnahme verändert haben. Ansonsten ist sie nicht aktivierbar.

Wenn die Schaltfläche aktivierbar ist, müssen Sie sie auch klicken. Danach erscheint eine orangefarbene Kurve, die spiegelbildlich zur blauen Luminanzkurve verläuft. Falls die orangefarbene Kurve sich von der horizontalen Mittellinie entfernt, nutzen Sie die Regler VERSCHIEBEN und DREHEN, um sie dichter an die Horizontale zu bekommen. Eine ungefähre Annäherung reicht aus.

3 Speichern

Speichern Sie nun die Sequenz ❶ (nächste Seite). Damit erzeugen Sie sogenannte *XMP-Dateien*, in denen alle Vorbereitungen gespeichert sind und die Lightroom lesen kann.

» *Die Schaltflächen sind so angeordnet, dass sie Sie von links nach rechts durch den Bearbeitungsprozess leiten.*

4 Ziehen der Sequenz nach Lightroom

Per Drag & Drop ziehen Sie nun die Schaltfläche ❷ am Ende der ersten Zeile auf Lightroom. Stellen Sie vorher sicher, dass Lightroom bereits gestartet ist, das Bibliotheksmodul aktiviert ist und sich die Sequenz noch nicht im Lightroom-Katalog befindet. Sollten Sie die Sequenz schon in Lightroom haben (z. B. weil Sie sie mit Lightroom von der Speicherkarte importiert haben), dann entfernen Sie sie bitte zunächst aus dem Lightroom-Katalog.

Nun können Sie die Schaltfläche in LRTimelapse mit der Maus klicken, halten und damit über das LIGHTROOM-Symbol in der Taskleiste oder dem Dock fahren – warten Sie einen Moment, bis Lightroom maximiert wird, und lassen Sie die Maus dann über dem Lightroom-Fenster los. Nun öffnet sich der Importdialog von Lightroom. Stellen Sie sicher, dass der Modus oben auf HINZUFÜGEN steht, und klicken Sie dann auf IMPORTIEREN. Dies nimmt die Sequenz mitsamt der bereits in LRTimelapse getätigten Vorbereitungen in den Lightroom-Katalog auf.

5 Bearbeiten der Keyframes in Lightroom

Wählen Sie nun aus der Filterauswahl in Lightroom LRT5 KEYFRAMES ❸ aus (die Filterleiste finden Sie in der Werkzeugleiste, die Sie gegebenenfalls mit [T] einblenden; klicken Sie dann gegebenenfalls einmal auf FILTER, um die Leiste auszuklappen). Lightroom zeigt Ihnen nun nur noch die Keyframes an. Das sind die Bilder, die Sie nun bearbeiten werden. Die Keyframes sind übrigens mit vier Sternen ❹ gekennzeichnet. Die Filter werden normalerweise mit LRTimelapse installiert; sollten sie in Ihrem Lightroom nicht auftauchen, so lesen Sie bitte hier nach: *https://forum.lrtimelapse.com/Thread-lrt4-lightroom-plugin-sync-script-and-filters-not-installed*.

Nun können Sie das erste Keyframe-Bild ganz links bearbeiten. Sie können dazu so gut wie alle Lightroom-Werkzeuge verwenden, einige beachtenswerte Einschränkungen finden Sie im folgenden Kasten.

EINSCHRÄNKUNGEN FÜR LIGHTROOM-WERKZEUGE

Im Großen und Ganzen können Sie alle Lightroom-Werkzeuge verwenden. Einige Einschränkungen sollten Sie aber zumindest im Hinterkopf behalten. Seien Sie etwas vorsichtig mit komplexen, inhaltsabhängigen Werkzeugen wie DUNST ENTFERNEN oder KLARHEIT – sie können unschönes Kontrastflickern einführen, wenn Sie sie zu stark einsetzen. Wenn Sie Verlaufsfilter oder Radialfilter einsetzen wollen, dann nutzen Sie bitte nur die bereits vordefinierten Filter und verändern nur deren Einstellungen bzw. Positionen. Bitte erzeugen Sie keine zusätzlichen Verlaufsfilter, und löschen Sie auch keinen dieser Filter. Weitere Details finden Sie hier: *https://forum.lrtimelapse.com/Thread-what-development-tools-can-i-safely-use-in-lightroom-acr*.

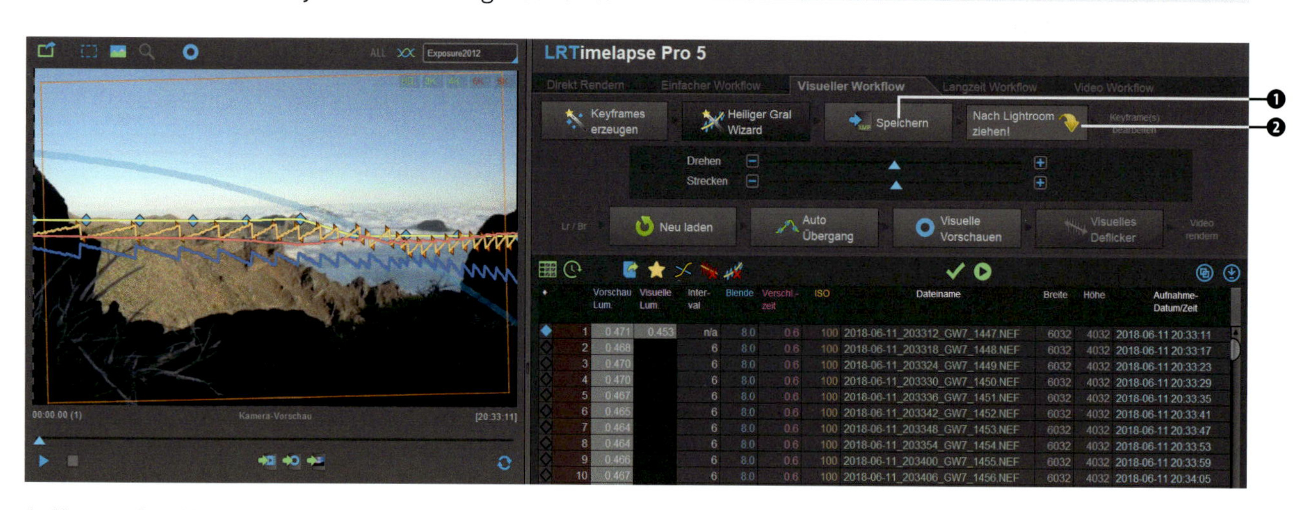

⌃ *HEILIGER GRAL WIZARD in LRTimelapse*

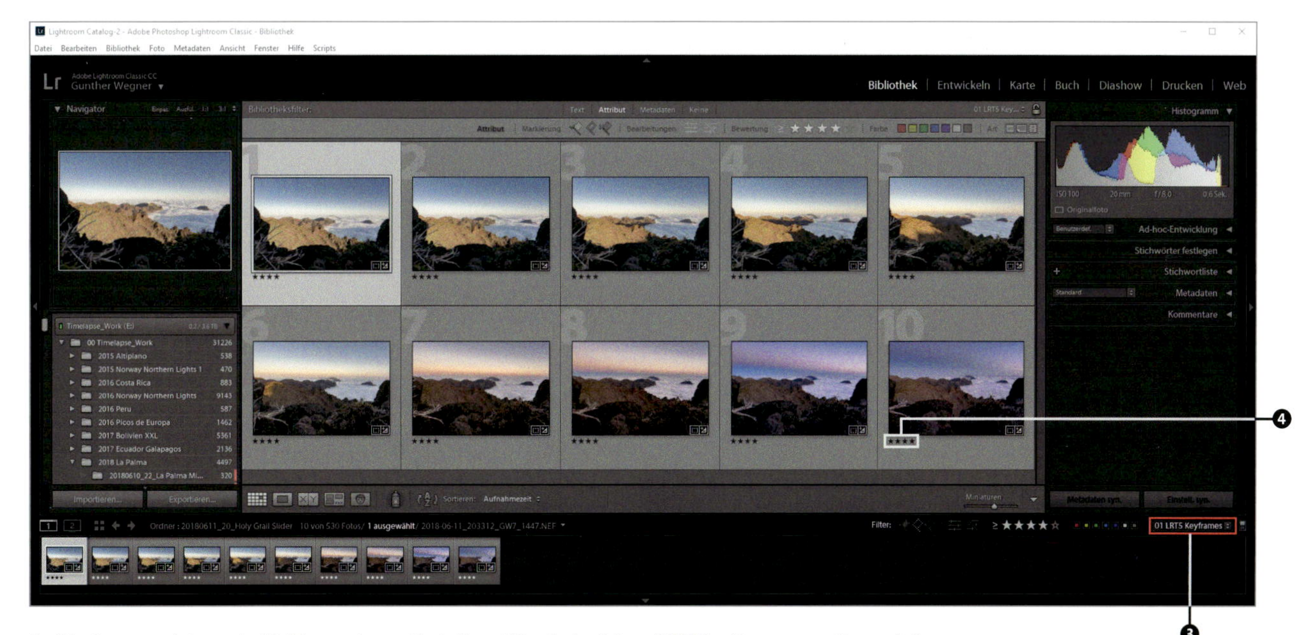

Die Sequenz ist nun in Lightroom importiert. Den Filter habe ich auf LRT5 – KEYFRAMES ❸ *gesetzt, damit nur noch die in LRTimelapse als Keyframes definierten Bilder angezeigt werden.*

Nachdem Sie den ersten Keyframe bearbeitet haben, markieren Sie ihn unten im Filmstreifen. Nun klicken Sie mit gedrückter ⇧-Taste auf den zweiten Keyframe, so dass er ebenfalls selektiert ist. Der erste Keyframe sollte etwas heller selektiert erscheinen als der zweite. Gehen Sie nun oben im Menü auf SCRIPTS (auf dem Mac ist das eine kleine Schriftrolle oben rechts im Menü) und wählen dann LRTIMELAPSE SYNC KEYFRAMES. Dadurch übernehmen Sie die Einstellungen des ersten Keyframes auf den folgenden, so dass Sie nun auf diesem nur noch die Unterschiede bearbeiten müssen, zum Beispiel den Weißabgleich nachführen, die Rauschreduzierung erhöhen oder einen Verlaufs- oder Radialfilter nachführen, beispielsweise um die Milchstraße zu verfolgen.

Nachdem Sie den zweiten Keyframe bearbeitet haben, markieren Sie ihn wiederum, halten dann ⇧ gedrückt, während Sie auf den dritten klicken, und führen Sie dort wieder Ihre Anpassungen durch. Auf diese Art bearbeiten Sie alle Keyframes.

Wechseln Sie, wenn Sie fertig sind, wieder in die Bibliothek (Taste G), und wählen Sie dann im Menü METADATEN • METADATEN IN DATEIEN SCHREIBEN. Hiermit aktualisieren Sie die XMP-Dateien für die Keyframes. Wechseln Sie nun zurück nach LRTimelapse.

HINWEIS

Bitte nutzen Sie **nicht** Lightrooms KOPIEREN-/EINFÜGEN-Kommandos oder SYNCHRONISIEREN, wenn sie alle Einstellungen übertragen wollen. Dies würde unsere Anpassungen im Hintergrund, z. B. den Ausgleich der »Heiliger Gral«-Sprünge, überschreiben. Wenn Sie selektiv Einstellungen von einem Keyframe auf den anderen übertragen müssen, können Sie das über die entsprechenden Lightroom Funktionen (KOPIEREN-/EINFÜGEN oder SYNCHRONISIEREN) tun, Sie müssen aber darauf achten, dass sie die linearen Verlaufsfilter abwählen. Wenn Sie diese Filter einzeln synchronisieren wollen, nutzen Sie bitte das Script »LRTimelapse Sync Keyframes – Gradients Only«.

6 Neu laden in LRTimelapse

Nachdem Sie in LRTimelapse auf Neu Laden geklickt haben, erscheinen bei den Keyframes in der Tabelle geänderte Werte, gegebenenfalls ändert sich auch die gelbe Kurve in der Vorschau. (Sie spiegelt den Belichtungsregler in Lightroom wider.)

7 Auto-Übergang

Ein Klick auf Auto Übergang verbindet nun alle Keyframes, das heißt, LRTimelapse berechnet alle Zwischenwerte für die Bilder zwischen den Keyframes.

8 Speichern

Mit einem Klick auf Speichern ❶ haben Sie eigentlich Ihre komplett bearbeitete Sequenz schon auf der Festplatte. Es empfiehlt sich aber, vor dem Ausgeben der Sequenz LRTimelapse noch die sogenannten *visuellen Vorschauen* erzeugen zu lassen. Dabei werden die Bilder mit allen vorgenommenen Bearbeitungen als Vorschauen entwickelt.

9 Visuelle Vorschauen erzeugen

Klicken Sie zum Erstellen der visuellen Vorschauen einmal auf den gleichnamigen Button. Sie werden feststellen, dass die Vorschauen nun sukzessive umspringen und die entwickelten Bilder anzeigen. Darüber hinaus zeichnet LRTimelapse eine pinkfarbene Kurve. Diese stellt das Pendant zur schon bekannten blauen Kurve über den Kameravorschauen dar: Sie zeichnet die Luminanz der entwickelten Vorschaubilder auf.

Anhand dieser visuellen Luminanzkurve kann LRTimelapse nun im nächsten Schritt Ihrer Sequenz den letzten Feinschliff geben, nämlich indem die Software sie »deflickert« – also Helligkeitsschwankungen glättet.

10 Visuelles Deflicker

Klicken Sie auf Visuelles Deflicker ❷, und ziehen Sie den nun erscheinenden Regler Glättung ❸ so, dass die nun erscheinende grüne Referenzkurve einen idealen Helligkeitsverlauf vorgibt. Sie sollten dabei nur kurzfristige Schwankungen glätten und langfristige erhalten.

11 Speichern

Sobald Sie auf den letzten Speichern-Button in der Reihe klicken, werden die Deflicker-Korrekturen in die Metadaten der Sequenz übernommen. Dies macht die visuellen Vorschauen obsolet, und LRTimelapse beginnt, sie neu zu erzeugen. Darauf können Sie warten, um dann gegebenenfalls noch einen Verfeinern-Schritt beim Deflicker einzulegen.

LRTimelapse 5 bietet auch die Möglichkeit, über das Multi Pass Deflicker von vornherein eine bestimmte

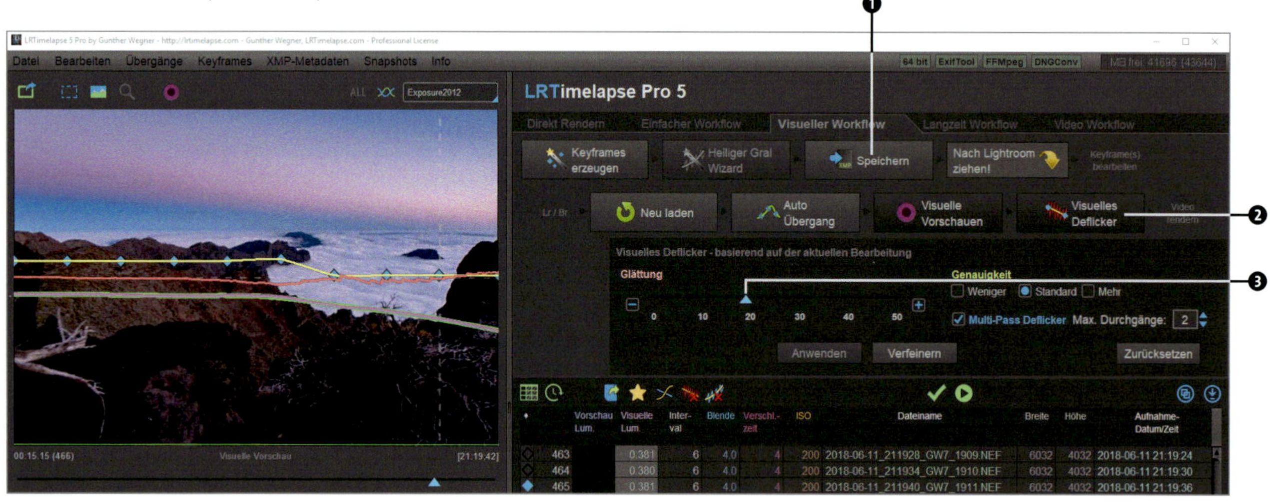

⌃ *Beim Deflickern ziehen Sie den Regler Glättung, bis die grüne Kurve dem von Ihnen gewünschten idealen Helligkeitsverlauf entspricht.*

Anzahl an Durchgängen zu definieren, die automatisch deflickert werden.

Falls Sie nach dem ersten Deflicker den Eindruck haben, dass die Sequenz nun glatt genug ist, können Sie aber auch das Generieren der visuellen Vorschauen abbrechen, indem Sie noch einmal auf Visuelle Vorschauen klicken. Das verhindert, dass LRTimelapse wertvolle Rechenzeit im Hintergrund beansprucht, während Sie gleich in Lightroom die Sequenz ausgeben.

12 Ausgeben der Sequenz in Lightroom

Zunächst müssen Sie nun die Metadaten mit allen Bearbeitungsschritten, den »Heiliger Gral«-Korrekturen und dem Deflicker nach Lightroom laden.

Wechseln Sie dafür in Lightroom über die Taste G in die Rasteransicht, rufen Sie den Filter LRT5 Full Sequence auf, und markieren Sie anschließend mit Strg/Cmd + A alle Bilder. Wählen Sie aus dem Metadaten-Menü Metadaten aus Datei lesen. Lightroom übernimmt nun die gesamten Bearbeitungen in seine Bibliothek.

Als letzten Schritt öffnen Sie nun den Exportdialog über Exportieren in der Lightroom-Bibliothek. Wählen Sie dort links LRTimelapse JPG (4K). Rechts müssen Sie nur einmalig einen übergeordneten Ausgabeordner für Ihre fertige Zeitraffersequenzen auswählen. LRTimelapse erzeugt für jede ausgegebene Sequenz dann einen eigenen Unterordner. Klicken Sie nun auf Exportieren. Der Export nimmt eine gewisse Zeit in Anspruch. Lightroom erzeugt zunächst eine Bildersequenz, die im Anschluss automatisch an LRTimelapse übergeben wird. Hier wird dann das endgültige Video erstellt.

13 Rendern des Videos in LRTimelapse

Der letzte Schritt ist das Rendern des Videos in LRTimelapse. Dazu öffnet sich automatisch der Render-Dialog mit der soeben aus Lightroom exportierten Sequenz. Hinsichtlich der Einstellungen für die Videoausgabe können Sie sich zunächst an den Einstellungen aus dem Screenshot auf Seite 312 orientieren.

Das fertige Video können Sie mit einem Media-Player Ihrer Wahl wiedergeben, ich empfehle unter Windows den

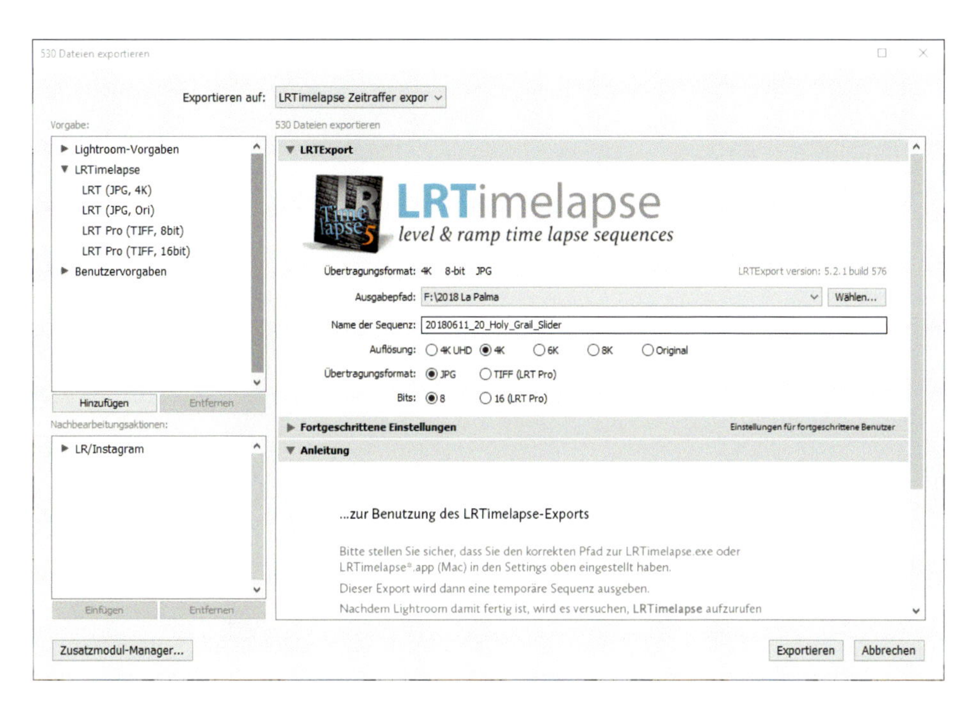

Der Export aus Lightroom erfolgt mit dem speziellen LRTExport-Plugin. Nachdem alle Bilder exportiert wurden, wird automatisch LRTimelapse für den finalen Schritt der Video-Erstellung aufgerufen.

MPC-Player und auf dem Mac den VLC-Player, da sie auch mit hohen Auflösungen und Qualitäten keine Probleme haben. Übrigens: Sollten Sie Ihr Video im Anschluss mit anderen Einstellungen, z. B. Auflösung oder Wiederholrate, ausgeben möchten, müssen Sie nicht den gesamten Prozess wiederholen, sondern können einfach in LRTimelapse auf Datei • Video rendern gehen und dann rechts auf Auswählen, um Ihre Zwischensequenz erneut zu rendern. Experimentieren Sie doch auch einmal mit den LRT-Motion-Blur-Einstellungen; diese überblenden benachbarte Bilder und liefern so weichere Bewegungen, weniger Rauschen und höhere Qualität.

Sie werden feststellen, wenn Sie den Prozess einige Mal durchlaufen haben, wird er Ihnen ganz einfach von der Hand gehen, und Sie werden überrascht sein, wie flexibel Sie nun bei der Bearbeitung Ihrer Zeitraffersequenzen sind und welch außerordentliche Qualität die erzeugten Videos aufweisen.

QUELLEN ZUM TIEFEREN EINSTIEG IN DIE ZEITRAFFERFOTOGRAFIE

Viele weitere Tipps und Tricks zur Aufnahme und Bearbeitung von Zeitraffern sowie Anleitungen und Videos zur Arbeit mit LRTimelapse finden Sie unter *https://gwegner.de/zeitraffer* und *https://lrtimelapse.com*.

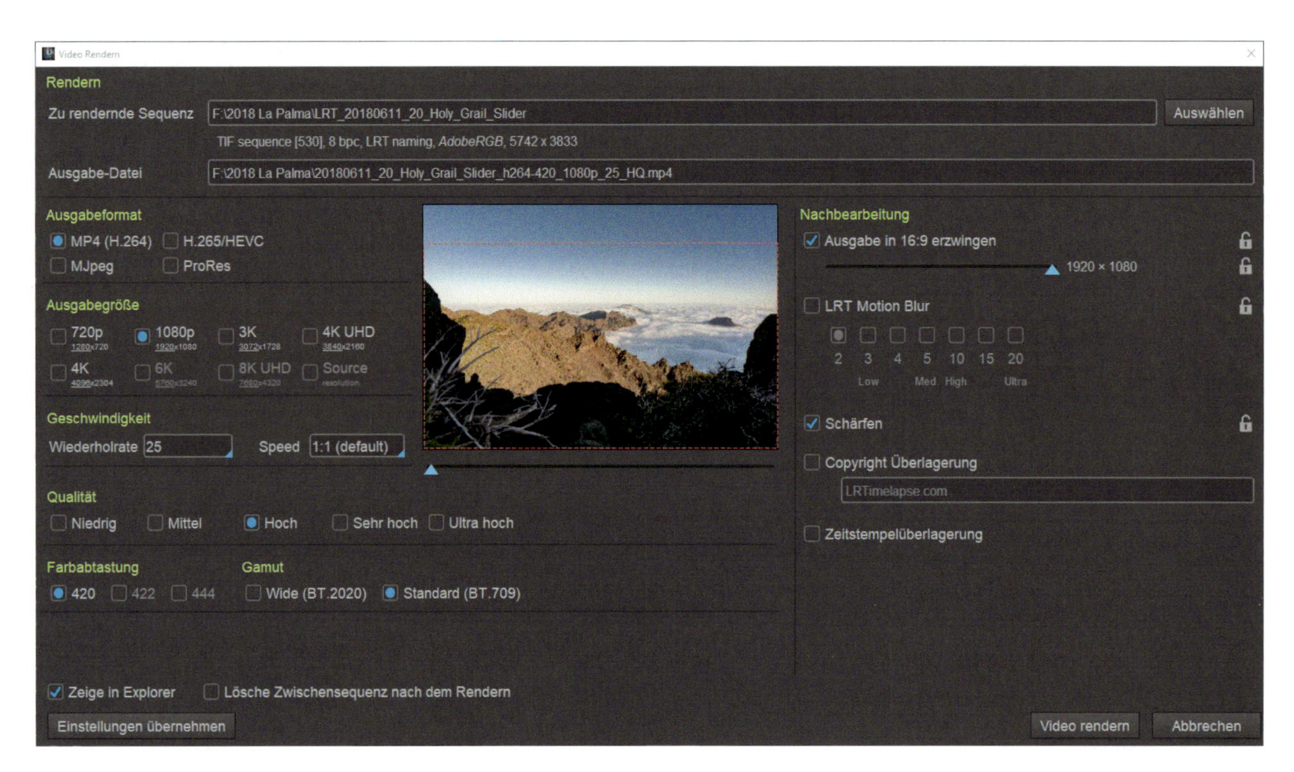

Render-Dialog in LRTimelapse

Timelapse-Aufnahme mit LRT Pro Timer 2.5 und Vixen Polarie zur Astro-Nachführung auf La Palma

TEIL III

PROJEKTE FÜR FORTGESCHRITTENE

KAPITEL 14

WEITERFÜHRENDES EQUIPMENT

In den bisherigen Projekten des Buches habe ich ausschließlich mit einer feststehenden Kamera und (meist) lichtstarken Objektiven gearbeitet. Hierbei setzen sowohl die Kameratechnik als auch die Erdrotation natürliche Grenzen für die mögliche Belichtung des Bildes. Wollen Sie sich irgendwann neue Motive erschließen oder bekannte Motive noch eindrucksvoller abbilden, müssen Sie diese Grenzen durch zusätzliches Equipment verschieben. Konkret geht es in diesem Kapitel um die Verlängerung der möglichen Belichtungszeit und die Erhöhung der Rotempfindlichkeit Ihrer Kamera. Mit vergleichsweise einfacher Zusatzausrüstung können Sie schon ohne Teleskop und Spezialkameras faszinierende Langzeitbelichtungen verschiedener Himmelsobjekte aufnehmen.

Und da insbesondere bei dieser Art Aufnahmen nicht nur das richtige Equipment, sondern auch die Aufnahme- und Bearbeitungstechnik eine entscheidende Rolle spielt, werden Sie in den folgenden Kapiteln weitere Projektbeispiele kennenlernen.

Nachführung

Wie Sie bereits wissen und sicherlich auch schon in dem einen oder anderen Ihrer Fotos gesehen haben, begrenzt die Erdrotation die mögliche Belichtungszeit einer Aufnahme, wenn Sie eine runde Abbildung der Sterne erreichen möchten. Dies kann in einer mondlosen Nacht schon zur Herausforderung werden, insbesondere wenn Sie vielleicht nur eine wenig rauscharme Kamera und ein lichtschwaches Objektiv zur Verfügung haben. Die aus Belichtungszeit, ISO und Blende resultierende Belichtung ist ganz einfach in vielen Fällen zu gering, um Objekte wie die Milchstraße eindrucksvoll abzulichten. Hinzu kommt, dass die mögliche Belichtungszeit bei feststehender Kamera mit steigender Brennweite massiv abnimmt, was das nächtliche Fotografieren im Telebereich so gut wie unmöglich macht. Abhilfe schafft eine sogenannte *Nachführung*, die kontinuierlich die Erdrotation simuliert und Ihre Kamera samt Objektiv somit während der gesamten Aufnahme mit dem scheinbar wandernden Sternenhimmel »mitführt«.

Montierungen für den Einstieg

Eine solche motorisierte Nachführung ist Teil einer sogenannten *Montierung*, die das Bindeglied zwischen dem Stativ und der Optik (in unserem Fall der Kamera mit Objektiv) darstellt. Es gibt verschiedene Typen:

Parallaktische Montierung | Um nicht zu tief in die astronomische Theorie abzutauchen, gehe ich an dieser Stelle lediglich auf die sogenannte *parallaktische Montierung* (auch: *äquatoriale Montierung*) ein, da alle hier vorgestellten Nachführungen diesem Typ entsprechen.

Das Prinzip hinter einer parallaktischen Montierung ist an sich recht simpel: Eine Achse – die sogenannte *Stundenachse* oder *Rektaszensionsachse* – wird exakt auf den Himmelspol ausgerichtet, der sich auf der Nordhalbkugel ganz in der Nähe des Polarsterns befindet.

Die Orionregion ist eines der beliebtesten Einsteigermotive. In dieser eher weitläufigen Aufnahme sind gleich mehrere vergleichsweise helle Deep-Sky-Objekte zu sehen: der berühmte Orionnebel (M 42), der Pferdekopf- und Flammennebel neben den drei markanten Gürtelsternen des Orion sowie die eher unbekannten Reflexionsnebel M 78 und NGC 2071 links oben im Bild.

100 mm (160 mm im Kleinbildformat) | f3,5 | 120 s (Einzelbild) | ISO 800 | 31. Dezember, ca. 00:00–01:00 Uhr | astromodifizierte Kamera, nachgeführt mit iOptron SkyTracker, Stacking aus 30 Einzelbildern (Gesamtbelichtungszeit: ca. 60 Minuten)

Senkrecht zu dieser Achse gibt es eine weitere – die sogenannte *Deklinationsachse* –, auf der schließlich die Kamera samt Objektiv montiert wird. Durch eine motorische Drehung um die Stundenachse wird der Erdrotation entgegengewirkt und somit die auf der Deklinationsachse montierte Kamera einem Himmelsobjekt nachgeführt. Die maximale Belichtungszeit, die Sie durch eine solche Nachführung erreichen können, hängt dabei von vielen Faktoren ab. Ich arbeite häufig mit einer Vollformatkamera mit Brennweiten im Telebereich zwischen 70 und 200 mm und kann bei entsprechend genauer Ausrichtung meiner (einfachen) Montierung zwischen einer und vier Minuten pro Bild belichten. Dabei gilt: Je größer die Brennweite, desto kürzer werden die maximalen Belichtungszeiten. Im Weitwinkelbereich sind also entsprechend noch längere Belichtungen möglich. Machen Sie nun mehrere dieser Aufnahmen, so können Sie sie später durch ein spezielles Stacking zu einem beeindruckenden Gesamtbild zusammenfügen – eine Technik, die Sie in Kapitel 16, »Deep-Sky-Fotografie«, kennenlernen werden.

Im Idealfall können Sie mit einer solchen Nachführung also stundenlang Aufnahmen machen, bei denen stets der gleiche Himmelsbereich abgebildet wird. In der Realität werden Sie zwar immer eine leichte Verschiebung zwischen den einzelnen Bildern feststellen, das stellt jedoch kein großes Problem dar.

Das Prinzip einer parallaktischen Montierung ist hier anhand der beispielhaften Reisemontierung iOptron SkyTracker samt montierter Kamera mit einem 200-mm-Teleobjektiv demonstriert. Diese Reisemontierung nutze ich noch heute am liebsten – leider ist offiziell nur noch der Nachfolger am Markt erhältlich.

Reisemontierungen | Wie groß, stabil und schwer (und damit meist auch teuer) eine Montierung sein muss, hängt im Wesentlichen vom Equipment ab, das damit nachgeführt werden soll. Um ein Teleskop nachzuführen, benötigen Sie auch eine entsprechend große Montierung, so dass hier schnell hohe Kosten zusammenkommen. Für Ihre ersten Schritte empfehle ich Ihnen daher dringend, erst einmal »klein« anzufangen und die Möglichkeiten auszuschöpfen, die Sie mit Ihrer normalen Kamera und einem Teleobjektiv haben. Für ein solches Equipment genügt nämlich auch eine etwas kleinere und leichtere Montierung, die Sie durchaus auch auf Reisen mitnehmen können. Aus diesem Grund finden Sie solche Nachführungen auch häufig unter dem Begriff »Reisemontierung«. Diese haben aus meiner Sicht und Erfahrung viele Vorteile und decken eine Reihe von Anwendungsfällen ab:

- Sie wiegen häufig nur etwa ein bis zwei Kilogramm und lassen sich somit leicht transportieren. Ich nehme meine Nachführung sogar häufiger auf Wanderungen mit.
- Sie sind meist nicht viel größer als eine Kamera und finden somit gut Platz in der Fototasche.
- Sie lassen sich mit Batterien oder einer mobilen Stromversorgung betreiben und sind somit vom Stromnetz unabhängig.
- Sie liegen mit ca. 350 bis 500 € (je nach Zubehör) in einem vertretbaren finanziellen Rahmen.

Diese Aufnahme habe ich mit einer vergleichsweise alten Crop-Kamera aus dem Jahre 2013 und einem unter 200 Euro günstigen Pancake-Objektiv mit Hilfe einer Reisemontierung machen können. Es handelt sich um eine Einzelaufnahme, die bei sehr guten Bedingungen auf La Palma entstanden ist. Hätte ich mehrere Aufnahmen gestackt, hätte sich die Bildqualität noch weiter erhöht.

40 mm (64 mm im Kleinbildformat) | f2.8 | 60 s | ISO 1600 | 07. März, 06:17 Uhr | astromodifizierte Kamera, nachgeführt mit iOptron SkyTracker

weiterhin nutzbar ist. Die Reisetauglichkeit ist dann jedoch aufgrund des Gewichts schon sehr eingeschränkt. Aufgesetzt wird der Star Adventurer schließlich auf eine Polhöhenwiege ❸, die eine exakte Ausrichtung ermöglicht und die Montierung samt Kamera sehr stabil trägt. Betrieben wird er über vier AA-Batterien oder über einen Mini-USB-Anschluss (5 V). Neben der Nachführung des Sternenhimmels bietet der Star Adventurer einige weitere Modi, die über ein Wahlrad ❶ eingestellt werden können – beispielsweise für die Nachführung von Sonne und Mond oder auch für Zeitraffer. Über eine sogenannte *Advanced Firmware* hat SkyWatcher zudem weitere Funktionen hinzugefügt, wie den sogenannten *Astro-Zeitraffer*, bei dem die Montierung nach jeder nachgeführten Aufnahme wieder in die Ausgangsposition zurückfährt.

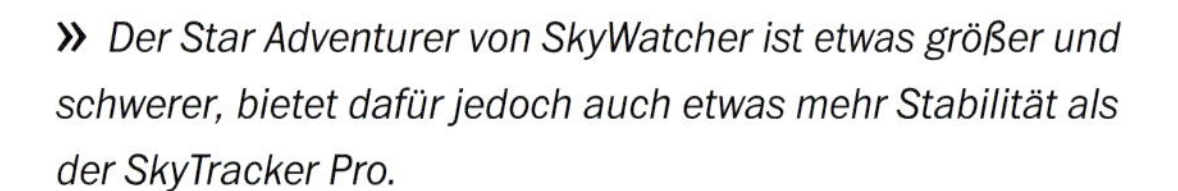
» Der Star Adventurer von SkyWatcher ist etwas größer und schwerer, bietet dafür jedoch auch etwas mehr Stabilität als der SkyTracker Pro.

OMEGON MINI TRACK LX2 – EINE GÜNSTIGE ALTERNATIVE

Wer es noch leichter und günstiger haben möchte, sollte sich den Mini Track LX2 von Omegon anschauen. Diese rein mechanische Nachführung funktioniert nach dem Prinzip einer Eieruhr – sie wird aufgezogen und klingelt am Ende sogar – und benötigt daher keinerlei Strom. Einmal ausgerichtet und aufgezogen läuft sie für 60 Minuten und führt Ihre Astrofotos analog zu den anderen beschriebenen Reisemontierungen nach. Die Ausrichtung wird dabei über ein kleines Plastikröhrchen ❹ vorgenommen und ist daher nicht ganz so präzise wie bei den »großen Brüdern«. Ich nutze sie daher eher im Weitwinkelbereich, obwohl sie laut Hersteller auch für Brennweitenbereiche bis 300 mm einsetzbar sein soll. Unschlagbar ist jedoch das Gewicht von lediglich 430 Gramm, womit sie laut Omegon Equipment bis zu zwei Kilogramm tragen kann. Ein cleveres Federsystem fungiert dabei als eine Art Gegengewicht und erlaubt es dieser Montierung, ein Vielfaches ihres Gewichtes nachzuführen.

Wenn Sie damit nicht nur auf der Nord-, sondern auch auf der Südhalbkugel fotografieren möchten, müssen Sie beim Kauf auf den Zusatz »NS« im Namen achten (LX2NS).

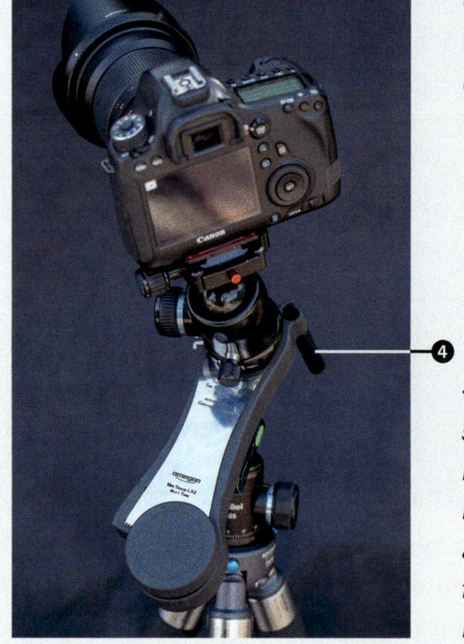

« Ich nutze diese sehr leichte, rein mechanische Reisemontierung ab und an beim Wandern für den Weitwinkelbereich.

Da die »Advanced Firmware« allerdings etwas Einarbeitung erfordert, werde ich im Rahmen dieses Buches darauf nicht eingehen.

Einen ausführlicheren Vergleichstest verschiedener Reisemontierungen finden Sie in meinem Blog unter *www.nacht-lichter.de/reisemontierungen.*

Im direkten Vergleich zeigt sich der Größenunterschied zwischen dem SkyTracker Pro (links) und dem Star Adventurer (rechts) recht deutlich.

Ausrichten der Montierung

Wenn Sie den Nachthimmel im Telebereich für mehrere Minuten belichten möchten, muss Ihre Montierung möglichst exakt ausgerichtet sein, um Sternstrichspuren zu vermeiden. Dazu muss die Stundenachse der Montierung genau parallel zur Erdachse verlaufen, was Sie mit Hilfe des Polsuchers einstellen können. Wie der Name schon sagt, suchen Sie damit den Himmelspol – wobei Sie sich auf der Nordhalbkugel am Polarstern orientieren. Da dieser jedoch nicht genau am Himmelspol liegt, müssen Sie seine Position entsprechend dem aktuellen Datum und der Uhrzeit ermitteln.

Smartphone-Apps | Glücklicherweise gibt es bereits einige Apps, die dieses sogenannte *Einnorden* erleichtern. Die zugehörige App namens iOptron Polar Scope für den SkyTracker gab es zum Zeitpunkt der Buchentstehung zwar nur für iOS (2,29 €), für Android gibt es jedoch Pendants wie z. B. den Polar Finder (1,09 €). Ich habe bislang immer erfolgreich mit der iOptron-App gearbeitet, die ein exaktes Abbild des Fadenkreuzes ❺ im Polsucher zeigt.

Der Polarstern wird in der App über ein grünes Kreuz ❻ dargestellt, das sich je nach Datum und Uhrzeit irgendwo auf dem inneren Ring befindet. Zur besseren Orientierung sind sowohl der innere als auch der äußere Ring wie eine Uhr gestaltet, wobei die aktuelle Uhrzeit nichts mit der Position des Polarsterns zu tun hat, wie Sie in der Abbildung unten sehen. Zum exakten Einnorden der Nachführung müssen Sie die Montierung horizontal und vertikal so ausrichten, dass der (echte) Polarstern im Polsucher genau die Position des grünen Kreuzes einnimmt.

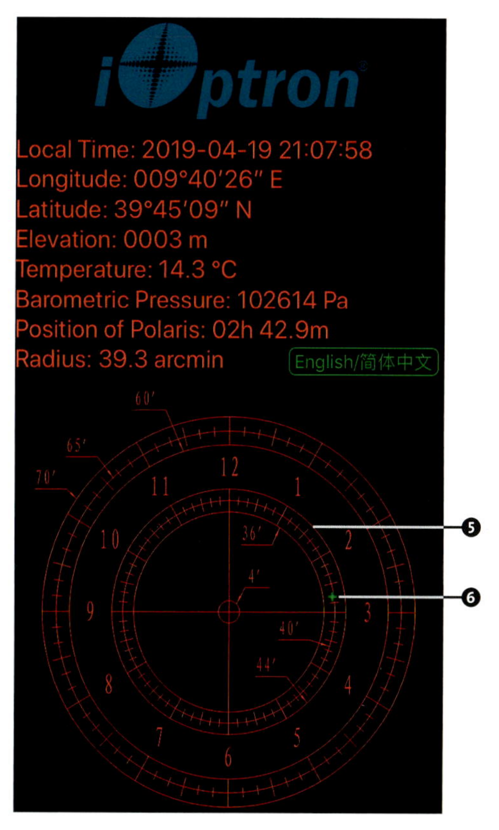

Die App iOptron Polar Scope zeigt ein genaues Abbild des Fadenkreuzes, das auch im Polsucher zu sehen ist. Der Polarstern muss zum Einnorden der Nachführung genau auf der Position des grünen Kreuzes platziert werden.

muss entweder auf dem äußeren Ring (iOptron, siehe die rechte Abbildung auf Seite 323) korrekt platziert oder als Teil eines bestimmten Sternenmusters (Star Adventurer, siehe Abbildung rechts oben) eingestellt werden. Die erste Herausforderung dabei ist jedoch bereits, Sigma Octantis überhaupt am Himmel zu finden. Anders als der Polarstern sticht er optisch überhaupt nicht heraus und ist auch nur mit Adleraugen ohne Hilfsmittel überhaupt sichtbar. Bei meinem Besuch in Chile musste ich mich daher zweier Hilfsmittel bedienen, ohne die ein genaues »Einsüden« nicht möglich gewesen wäre: ein lichtstarkes Weitfeld-Fernglas mit geringer Vergrößerung und ein grüner Laser, um den richtigen Stern für die Ausrichtung anzuzeigen. Für die mit diesen Hilfsmitteln angewandte Methode, die ich im Folgenden beschreibe, braucht es mindestens zwei Personen: eine zum Einstellen der Montierung und eine, die Sigma Octantis mit dem Laser anzeigt. Fehlen Ihnen die Hilfsmittel oder die zweite Person, dann können Sie natürlich auch so versuchen, das beschriebene Sternenmuster im Polsucher zu finden oder Ihre Montierung notfalls grob per Kompass (in Richtung Süden) ausrichten. Die Polhöhenwiege stellen Sie dabei entsprechend dem Breitengrad Ihres aktuellen Standorts ein.

Mit Hilfe eines solchen Weitfeld-Fernglases kann man ein großes Gesichtsfeld des Himmels auf einmal sehen – was beim Aufsuchen von Sternbildern und bestimmten Sternen wie dem Sigma Octantis enorm hilfreich ist. Durch seine extreme Lichtstärke sieht man wesentlich mehr Sterne als mit dem bloßen Auge. Ich nutze gern das SG 2.1×42 von Vixen. (Bild: Vixen)

Hilfsmittel | Ein *Weitfeld-Fernglas* gibt es beispielsweise von Omegon oder Vixen als 2,1 × 42 – also mit einer nur 2,1-fachen Vergrößerung und einer lichtstarken 42-mm-Öffnung. Leider sind diese Ferngläser nicht ganz günstig (zwischen 179,– € und 269,– € zum Zeitpunkt der Entstehung des Buches), allerdings lässt sich Sigma Octantis mit einem solch weiten Gesichtsfeld wesentlich einfacher auffinden als mit einer 8- oder 10-fachen Vergrößerung.

Beim Gebrauch eines *grünen Lasers* zum Anzeigen von Sternen ist mit größter Vorsicht vorzugehen! Solche Laser der Klasse 3R mit einer Leistung von 5 mW sind nicht mit den roten Laserpointern (für Präsentationen o. Ä.) zu vergleichen und dürfen aufgrund von Gesundheitsgefährdungen bei falscher Nutzung in Deutschland nicht verkauft werden! Allerdings ist ihr Besitz hierzulande (noch) nicht grundsätzlich verboten. Abstand sollten Sie allerdings von Lasern mit einer Montiervorrichtung auf Teleskopen o. Ä. nehmen, da diese potenziell auch auf Waffen montiert werden können und somit laut Waffengesetz in Deutschland verboten sind. Informieren Sie sich in jedem Fall gut, bevor Sie einen Laser am Nachthimmel nutzen, denn immer mehr Länder (wie beispielsweise die Schweiz seit Juni 2019) verbieten schon den Besitz und die Einfuhr. So oder so sollte aber jedem bewusst sein, dass ein solcher Laser absolut kein Spielzeug ist und nicht leichtfertig für »Spielereien« am Nachthimmel genutzt werden darf – zu Ihrem eigenen Schutz, dem anderer Anwesender und natürlich zum Schutz von Piloten! Im Falle eines Unfalls, z. B. im Zusammenhang mit Flugzeugen oder anderen Astronomen/Astrofotografen, kann man dafür haftbar gemacht werden! Davon abgesehen stört ein solcher Laser natürlich auch andere bei ihren Beobachtungen oder Aufnahmen. Nicht umsonst sind diese Hilfsmittel üblicherweise bei sogenannten *Astrotreffs* strengstens verboten und mit einem Platzverweis belegt.

Auffinden von Sigma Octantis | Um anderen Astrofotografen vor Ort in Chile den korrekten Stern zum Einsüden zu zeigen, suchte ich also zunächst mit Hilfe des Fernglasses nach Sigma Octantis. Hierzu nutzte ich zunächst die App Sky Guide, um eine ungefähre Richtung und Höhe dieses unscheinbaren Sterns zu bekommen – und vor allem, um den aktuellen Stand des Musters zu sehen, nach dem ich suchen musste (dieses »dreht« sich im Laufe der Nacht aufgrund der Erdrotation). Sigma Octantis bildet nämlich zusammen mit drei anderen Sternen ein recht markantes Muster, ähnlich einem Trapez (siehe Abbildung unten). Mit ein wenig anfänglicher Übung habe ich dieses Muster jeden Abend mit dieser Vorgehensweise sehr schnell wiedergefunden.

Montierung einstellen | Besagtes Muster findet sich auch im Polsucher des SkyWatcher Star Adventurers wieder (siehe Abbildung rechts), so dass man »nur« noch diese vier Sterne durch den Polsucher finden und deckungsgleich ausrichten muss.

Beim iOptron SkyTracker schauen Sie wie gewohnt in der App nach der aktuellen Position von Sigma Octantis – in diesem Fall auf dem äußeren Ring – und richten Ihre Montierung entsprechend exakt aus. Denken Sie bei allen Reisemontierungen daran, die Drehrichtung auf die Südhalbkugel zu ändern (siehe ❽ auf Seite 325).

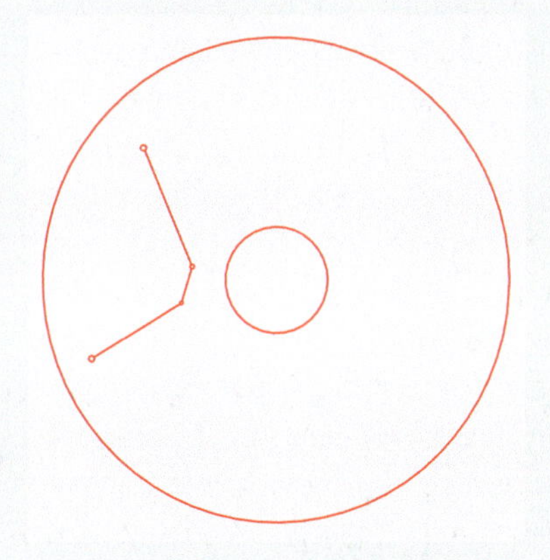

Im Polsucher des SkyWatcher Star Adventurers finden Sie das Muster wieder, das Sigma Octantis zusammen mit den drei anderen Sternen bildet. Damit können Sie eine sehr genaue Ausrichtung vornehmen.

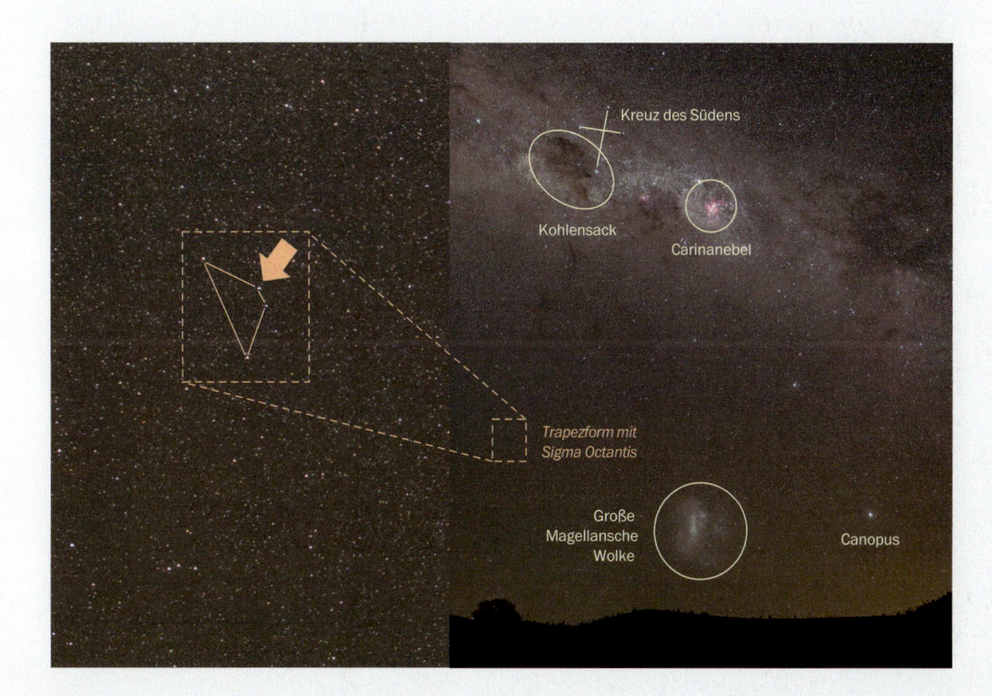

Die eingezeichneten markanten Himmelsobjekte können Ihnen beim Auffinden des Trapezes helfen, in dem sich auch Sigma Octantis befindet. Haben Sie es durch das Fernglas (oder mit bloßem Auge) gefunden, können Sie einem anderen Astrofotografen mit Hilfe eines grünen Lasers kurz den richtigen Stern zum Einsüden zeigen. Um Ihre eigene Montierung einzustellen, sollten Sie jemand anderes bitten, Sigma Octantis für Sie anzuzeigen.

Kamera ausrichten | Nach dem Einsüden können Sie Ihre Kamera wie gewohnt auf das gewünschte Objekt am Himmel ausrichten. Eine Sache sollten Sie dabei jedoch berücksichtigen: Sowohl der Himmelspol – und somit Sigma Octantis – als auch viele interessante Deep-Sky-Objekte wie die Große Magellansche Wolke oder der Carinanebel liegen in Richtung Süden. Verwenden Sie dann wie üblich einen normalen Kugelkopf ❶ auf Ihrer Reisemontierung (ohne Gegengewichtsset), so werden Sie wie ich in einigen Fällen das Problem haben, dass der maximal mögliche Winkel ❷ aufgrund der flachen Ausrichtung ❸ der Nachführung nicht ausreicht, um das gewünschte Objekt ins Bild zu setzen – oder anders ausgedrückt: Sie können die Kamera nicht steil genug in den Himmel ausrichten.

Ich habe mir damals beim Fotografieren der Großen Magellanschen Wolke (siehe die Abbildung auf Seite 327) lediglich durch eine Überkopf-Aufnahme ❹ zu helfen gewusst (siehe die Abbildung unten), was zwar funktioniert hat, beim Suchen und Fokussieren des Objektes (ohne Schwenkdisplay) jedoch einiges an Nerven gekostet hat. Ein alternativer Kugelkopf wie der Novoflex Magicball ❺ hätte hier einiges gebracht.

TIPP: EINSÜDEN IN WENIGEN SEKUNDEN

Wenn Sie, wie ich in Chile damals, jede Nacht vom gleichen Standort und etwa zur gleichen Zeit mit dem Fotografieren beginnen, dann können Sie sich das Einsüden stark vereinfachen. Achten Sie einfach darauf, die Einstellung der Polwiegenhöhe an Ihrer Reisemontierung beim Abbau nicht zu verstellen, und fotografieren Sie immer von einem waagerecht ausgerichteten Stativ – idealerweise von einer Betonplattform o. Ä. Dann müssen Sie nur noch in horizontaler Richtung nach dem Muster suchen, das im Gesichtsfeld des hellen Polsuchers sehr gut zu erkennen ist. Für die ungefähre Richtung können Sie einen Kompass oder eine Sternen-App zur Hilfe nehmen. Durch dieses Verfahren konnte ich nach dem erstmaligen Einsüden komplett auf weitere Hilfsmittel wie das Fernglas und den Laser verzichten und hatte meine Reisemontierung jeden Abend in wenigen Sekunden exakt eingesüdet.

Da sowohl Sigma Octantis als auch interessante Deep-Sky-Objekte in der gleichen Richtung am Himmel stehen, kann es Probleme beim Anvisieren der Objekte geben. Abhilfe schafft ein alternativer Kugelkopf oder zur Not eine Überkopf-Aufnahme, wie ich es beispielsweise bei der Großen Magellanschen Wolke machen musste.

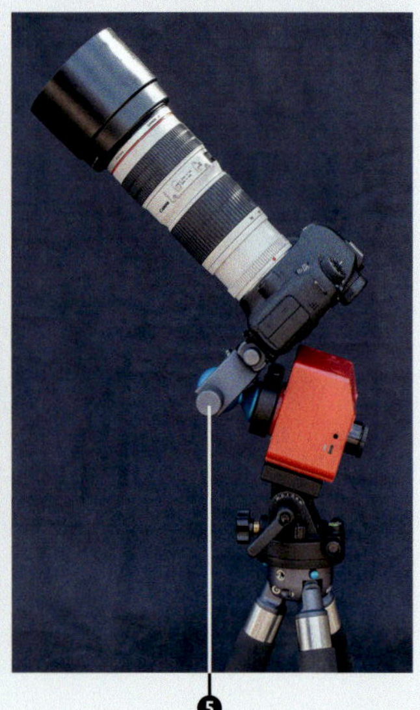

Astromodifikation der Kamera

Mit einer Nachführung können Sie sich bereits viele neue Motive in der Astrofotografie erschließen, insbesondere im Telebereich! Wollen Sie irgendwann noch einen Schritt weiter gehen – noch immer, ohne in ein Teleskop und alles, was dazugehört, zu investieren –, so sollten Sie über eine Astromodifikation Ihrer Kamera nachdenken. Damit erhöhen Sie die Rotempfindlichkeit der Kamera um ein Vielfaches und können dadurch insbesondere bestimmte sogenannte *Emissionsnebel* aufnehmen, die rotes Licht (die sogenannte *H-Alpha-Linie*) aussenden. Standardmäßig ist Ihre Kamera nämlich dank eines eingebauten Filters vor dem Sensor weitestgehend »rotblind«, um bei Tageslichtaufnahmen für ausgewogene Farben zu sorgen. In der Astrofotografie ist dies jedoch für manche Motive kontraproduktiv, da deren rotes Licht durch den Filter in der Kamera zum Großteil abgeschnitten wird. Bei einer Astromodifikation kann bei den meisten Kameras daher einfach der Teil des Filters entfernt werden, der für die Rotblindheit verantwortlich ist. Der andere Teil schützt den Sensor weiterhin, so dass kein Ersatzfilter benötigt wird. Eine solche Modifikation stellt die einfachste und günstigste Art des Umbaus dar. Alternativ können Sie die Rotempfindlichkeit auch verstärken, indem Sie die komplette Filtereinheit ausbauen und ersetzen lassen. Bei einigen Kameras (z. B. Nikon) ist diese Art des Umbaus technisch bedingt auch notwendig.

Aber nicht nur viele Deep-Sky-Objekte lassen sich mit einer astromodifizierten Kamera besser aufnehmen, auch Milchstraßenaufnahmen erhalten durch eine solche Modifikation wesentlich »mehr Farbe«. Bei Aufnahmen des gesamten Milchstraßenbogens macht sich dies insbesondere im Bereich des Nordamerikanebels (oberer linker Teil des Bogens) deutlich bemerkbar.

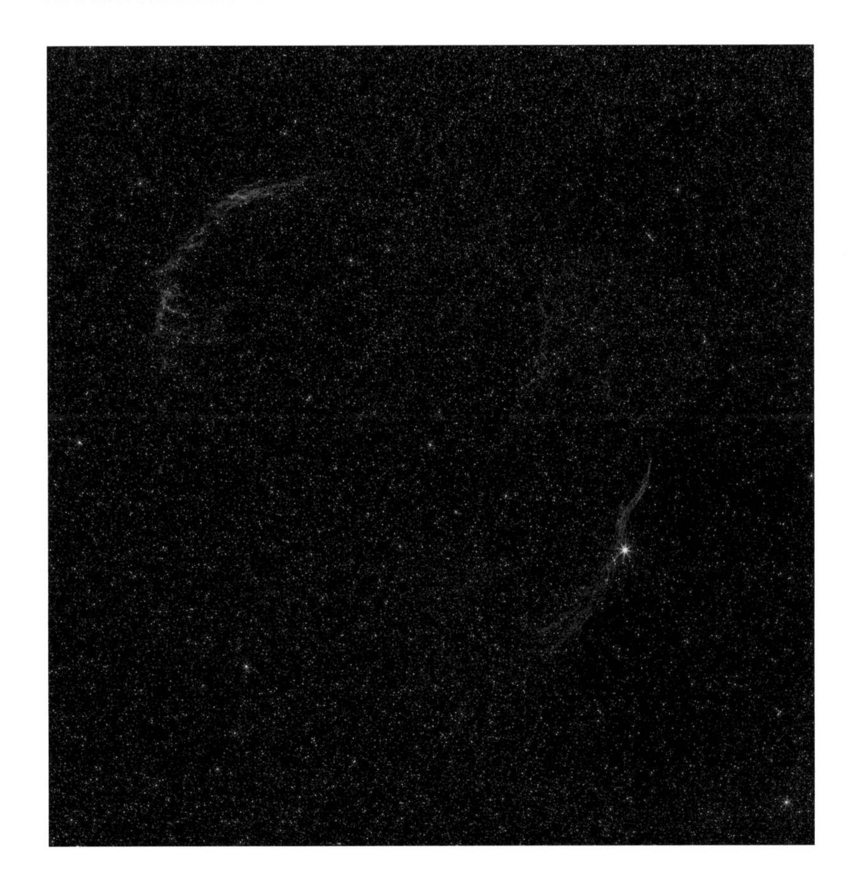

« *Durch den Ausbau eines Teils der Filtereinheit wird die Rotempfindlichkeit der Kamera deutlich gesteigert. Motive wie der hier gezeigte Cirrusnebel (ein Teil eines Supernovaüberrestes) im Sternbild Schwan können damit sehr gut aufgenommen werden. Weitere Beispiele finden Sie in Kapitel 16, »Deep-Sky-Fotografie«.*

200 mm (320 mm im Kleinbildformat) | f3,5 | 120 s (Einzelbild) | ISO 1600 | 31. August, ca. 02:30–04:45 Uhr | astromodifizierte Kamera, nachgeführt mit iOptron SkyTracker, Stacking aus 67 Einzelbildern (Gesamtbelichtungszeit: ca. 134 Minuten)

⌃ *Diese Aufnahme entstand am Ufer des Sylvensteinstausees in den Bayerischen Alpen. Hier herrschen ideale Bedingungen für die Milchstraßenfotografie im Frühjahr, da es sehr wenig Lichtverschmutzung in Richtung des galaktischen Zentrums gibt. Durch die Astromodifikation konnte ich die Rotbereiche im Bereich des Schwans sehr gut einfangen.*

24 mm (Einzelbilder) | f2 | 12 s | ISO 3 200 | 27. Mai, 01:45 Uhr | zweizeiliges Panorama aus 14 Einzelaufnahmen

KAPITEL 15

INTERNATIONALE RAUMSTATION ISS

Die Internationale Raumstation ISS (**I**nternational **S**pace **S**tation) ist das derzeit größte künstliche Objekt im Erdorbit. Bereits seit dem Jahr 2000 wird die über 100 Meter lange Raumstation dauerhaft von Astronauten aus verschiedensten Ländern bewohnt, die dort viele spannende Forschungsarbeiten durchführen. Geplant ist der Weiterbetrieb der ISS laut der NASA noch bis mindestens 2024.

Inwiefern ist die ISS aber nun für Sie als Astrofotograf interessant? Da sie in einer mittleren Höhe von etwa 400 km um die Erde kreist, wäre das in etwa so, als würden Sie versuchen, den Hamburger Michel von Frankfurt am Main aus zu fotografieren. Mit einem normalen Teleobjektiv ist dies natürlich nicht wirklich sinnvoll – da bräuchten Sie schon ein Teleskop mit mindestens zwei Metern Brennweite (von der Erdkrümmung mal abgesehen)! Die Aufnahme der ISS selbst ist also mit einfachen Mitteln nicht möglich, allerdings gibt es noch eine andere fotografisch reizvolle Art, die ISS aufzunehmen: als Strichspur am Sternenhimmel.

Dazu müssen Sie wissen, dass die ISS als sehr helles Objekt am Nachthimmel erscheinen kann – häufig sogar heller als Planeten wie der Mars, der Jupiter oder die Venus. Außerdem ist sie mit knapp 28 000 km/h sehr schnell unterwegs und kann die Erde somit in gut 90 Minuten einmal umrunden. Aufgrund ihrer Helligkeit und Geschwindigkeit ist die ISS daher sowohl visuell als auch fotografisch sehr attraktiv. Wenn Sie noch nie die Gelegenheit hatten, einen Überflug der Internationalen Raumstation mit eigenen Augen zu verfolgen, sollten Sie dies unbedingt einmal tun! Allein die Vorstellung, dass in diesem kleinen leuchtenden Punkt am Himmel gerade bis zu sechs Menschen leben und arbeiten, ist doch äußerst faszinierend!

Projekt »Überflug der ISS«

Aufgrund ihrer Helligkeit liegt es nahe, die ISS zusammen mit einem attraktiven Vordergrund bei ihrem Überflug zu fotografieren. Da ein solcher Überflug von der Erde aus meist für etwa drei bis fünf Minuten sichtbar ist, müssen Sie die Aufnahme natürlich auch entsprechend lange belichten. Von einem feststehenden Stativ haben Sie dabei aber das Problem, dass nicht nur die ISS als Strichspur dargestellt wird, sondern auch die Sterne um sie herum sichtbare Striche ziehen. Wenn Sie hingegen mit der maximalen Belichtungszeit arbeiten, bei der die Sterne noch rund abgebildet werden, wird die ISS nur als kurzer Strich auf Ihrem Bild zu sehen sein. Die Lösung für runde Sterne mit der gleichzeitigen Abbildung eines kompletten ISS-Überflugs ist daher eine Nachführung des Sternenhimmels.

Die ISS als Strichspur am Himmel. Dieser Überflug erstreckte sich über knapp 145 Grad am Himmel und dauerte insgesamt etwas mehr als fünf Minuten. Obwohl die astronomische Dämmerung gerade erst begonnen hatte und der Mond noch am Himmel stand, ist die Leuchtspur der ISS deutlich zu erkennen. Leider konnte ich die Nachführung aus Zeitgründen bei diesem Bild nicht ganz exakt ausrichten, was zu einer ganz leichten Strichbildung der Sterne führte.

14 mm | f5,6 | 178 s | ISO 800 | 07. August, ca. 22 Uhr | nachgeführt mit iOptron SkyTracker, zusammengesetzt aus zwei Belichtungen für Vordergrund und Himmel

Projektsteckbrief

Schwierigkeit	■■■■□
Ausrüstung	Nachführung/Reisemontierung, Kamera, Stativ, Weitwinkelobjektiv, Fernauslöser mit Timerfunktion, Taschenlampe o. Ä.
Zeitraum	nicht relevant
Erreichbarkeit	nicht relevant
Planung	15 bis 30 Minuten
Durchführung	ca. 1 Stunde
Nachbearbeitung	ca. 30 Minuten
Programme	ISS Spotter, Lightroom, Photoshop
Fotospot	überall möglich
⤓	Ausgangsbilder im Raw-Format

Die Planung

Die ISS umrundet die Erde zwar gut alle 90 Minuten einmal, jedoch ist nicht jeder Überflug von einem Standort aus sichtbar. Da sich diese Sichtbarkeit jedoch für jeden Ort auf der Welt berechnen lässt, ist auch ein solches Foto exakt planbar. Sehr hilfreich sind dabei Apps, die die kommenden Überflüge für den eigenen oder einen beliebigen Standort anzeigen können. Ich nutze unter iOS die kostenlose App ISS Spotter, wobei es unter Android Pendants wie beispielsweise die ebenfalls kostenlose App ISS Detektor gibt.

In der App können Sie sich über den FORECAST ❸ die nächsten sichtbaren Überflüge, entweder für Ihren aktuellen Standort oder einen frei wählbaren Ort, anzeigen lassen. Diesen Ort stellen Sie über die SETTINGS ❹ im Bereich LOCATION ein. In der Liste sehen Sie dann für die nächsten Überflüge das Datum und die Uhrzeit sowie die Höhe der ISS über dem Horizont. Die Anzahl der Sterne gibt die Helligkeit und somit die Sichtbarkeit des Überflugs an. Über SMART ALARMS ❶ können Sie sich an die 2- und 3-Sterne-Überflüge erinnern lassen. Manchmal tauchen auch keine Einträge in der Liste auf – dann ist ein Überflug in den nächsten Tagen nicht von Ihrem Standort aus sichtbar. Sehr weit in die Zukunft schauen können Sie zwar mit dieser App nicht, aber für eine kurzfristige Planung bei einer guten Wetterprognose lässt sie sich sehr gut verwenden.

Ich wollte es mir in diesem Fall einfach machen und suchte mir ein Motiv in der Nähe meines Wohnorts aus, um bei passendem Wetter schnell am Fotospot sein zu können. Dabei kommt es nicht unbedingt auf einen möglichst dunklen Himmel an – im Gegenteil, ein wenig Lichtverschmutzung und der Mond können wie im Fall

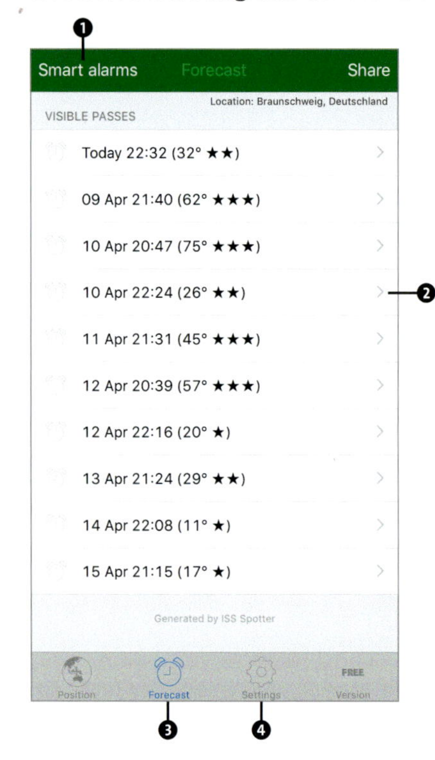

« Die App ISS Spotter unter iOS zeigt die nächsten Überflüge der ISS für einen gewählten Standort an.

dieses Projektbeispiels, wie ich finde, auch ganz passend wirken. Ich suchte mir für mein Foto eine alte Holzhütte zum Lagern von Heu aus, die ich mit einer zusätzlichen Lichtquelle beleuchten wollte. Bei der Himmelsrichtung musste ich ein wenig flexibel sein, da die ISS-Überflüge nicht immer in der gleichen Richtung zu sehen sind.

Für diesen Standort ließ ich mir nun alle sichtbaren Überflüge der nächsten Tage anzeigen (Abbildung links unten), als eine längere Schönwetterphase vorausgesagt war. Da ich die ISS zusammen mit einem Landschaftsmotiv aufnehmen wollte, suchte ich mir einen Überflug aus, der möglichst horizontnah stattfand. Die Wahl fiel daher auf den 10. April, obwohl dieses Ereignis lediglich mit zwei Sternen bewertet war. Durch Klicken auf die Zeile ❷ in der Liste gelangte ich in die Detailansicht dieses Überflugs. Dort sah ich weitere Informationen dazu:

- Die maximale Höhe des Überflugs ❻
- die Helligkeit der ISS am Himmel ❼
- den Beginn der Sichtbarkeit mit Uhrzeit, Himmelsrichtung und Höhe über dem aktuellen Standort ❽
- die beste Sichtbarkeit, ebenfalls mit diesen Angaben ❺
- das Ende der Sichtbarkeit, ebenfalls mit diesen Angaben ❾

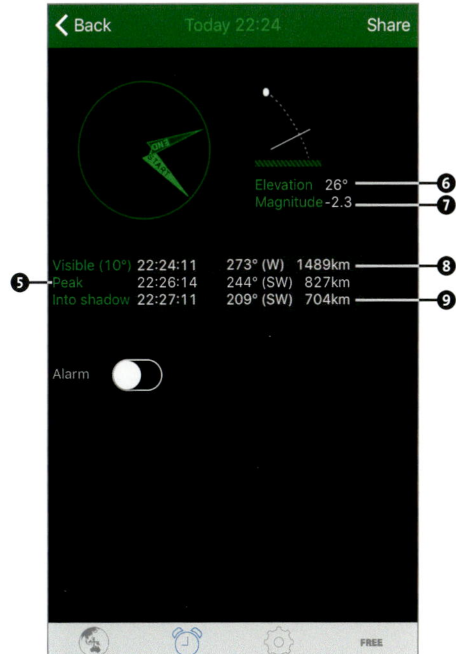

« In den Details eines Überflugs bekommen Sie alle notwendigen Informationen für Ihre Fotoplanung.

Brennweite und Bildwinkel | Dieser Überflug der ISS würde also genau drei Minuten dauern und sich über einen Winkel von 64 Grad am Himmel erstrecken. Um das komplette Ereignis als Strichspur auf ein Bild zu bekommen, brauchte ich also auch einen entsprechend großen Bildwinkel. In der folgenden Tabelle können Sie diesen Bildwinkel für verschiedene Brennweiten an einer Vollformat- oder Crop-Kamera ablesen. Für diesen Überflug würde bei der Nutzung einer Vollformatkamera demnach ein 24-mm-Objektiv genügen, jedoch müsste ich die Kamera relativ genau ausrichten, da lediglich 10 Grad »Luft« blieben. Um weniger genau arbeiten zu müssen und gleichzeitig später noch etwas Spielraum für einen Beschnitt des Bildes zu haben, entschied ich mich für ein 14-mm-Objektiv an einer Vollformatkamera, das einen Bildwinkel von etwa 104 Grad abdeckt.

Am Beispiel der Abbildung auf Seite 337 (dieser Überflug erstreckte sich über 145 Grad am Himmel) sehen Sie, dass es nicht immer möglich ist, den kompletten Überflug als Strichspur auf einem einzigen Bild aufzunehmen – es sei denn, Sie verwenden ein Fischaugen-Objektiv mit 180°-Bildwinkel. Achten Sie also bei Ihrer Planung sowohl auf die Höhe als auch auf die Ausdehnung des ISS-Überflugs am Himmel.

Brennweite	Bildwinkel Vollformat	Bildwinkel Crop-Kamera
10 mm	121,9°	96,7°
11 mm	117,1°	91,3°
12 mm	112,6°	86,3°
14 mm	104,3°	77,6°
15 mm	100,4°	73,7°
18 mm	90°	64°
20 mm	84°	58,7°
24 mm	73,7°	50,2°

⌃ Bildwinkel, die sich im Querformat mit verschiedenen Brennweiten an einer Vollformat- oder Crop-Kamera (hier am Beispiel Canon mit einem Crop-Faktor von 1,6) abbilden lassen

Position des Mondes | Als Letztes schaute ich mir die Planung noch hinsichtlich der Position des Mondes an. Hierzu nutzte ich die App Planit Pro auf dem Smartphone. Den Kamerastandort ❻ setzte ich in der Satellitenansicht dabei in die Nähe einer Holzhütte ❸, die ich als Szenenstandort markierte. Als Brennweite stellte ich 14 mm ❶ ein, wobei ich den daraus resultierenden Bildwinkel von 104,3° bei der Auswahl der Brennweite ablesen konnte. Danach wechselte ich in die Ephemeriden-Funktion Sonne, Mond Position. Indem ich den Bildwinkel über den grünen Fächer ❺ etwa in Richtung der ISS ausrichtete und Datum und Uhrzeit ❹ auf die Zeit des Überflugs stellte, sah ich, dass der Mond ❷ als Sichel etwa im Westen bei 279 Grad und 13,3 Grad über dem Horizont stehen würde. Dies passte sehr gut in die Bildkomposition, da der Beginn der Sichtbarkeit der ISS nur etwas weiter links, bei 273 Grad, beginnen würde.

« Der Mond wäre bei meiner geplanten Komposition Teil des Bildes, wie ich in der Planit-Pro-App sah.

Die Aufnahme

In einer Nacht mit klarem Himmel baute ich das Stativ mit der Montierung am geplanten Fotospot auf und nordete diese wie im Abschnitt »Ausrichten der Montierung« ab Seite 323 beschrieben korrekt ein. Die Kamera richtete ich dann mit Hilfe des Smartphone-Kompasses grob in Richtung Westen/Südwesten aus und stellte das Objektiv auf den Sternenhimmel scharf. Anschließend baute ich die Beleuchtung für die Holzhütte links von dieser außerhalb des Bildes auf. In meinem Fall nutzte ich ein kleines LED-Panel – eine Taschenlampe sollte aber auch funktionieren. Hätte ich den (etwas volleren) Mond im Rücken gehabt, hätte ich auch auf die künstliche Beleuchtung verzichten und den Mond als Lichtquelle nutzen können.

⌃ Die beiden (noch unbearbeiteten) Aufnahmen für das spätere Gesamtbild zeigen zunächst den nachgeführten Sternenhimmel mit der ISS-Strichspur und unscharfem Vordergrund (links) sowie anschließend den scharfen Vordergrund mit Sternstrichspuren am Himmel (rechts).

14 mm | f5,6 | 200 s | ISO 400 | 10. April, ab 22:24 Uhr | Bild links nachgeführt mit iOptron SkyTracker

Als alles eingerichtet war, machte ich ein erstes Probefoto mit einer geplanten Belichtungszeit von 200 Sekunden – also etwas mehr als die Dauer des Überflugs von drei Minuten. Den ISO-Wert stellte ich zur Rauschreduzierung dabei auf ISO 400. Als Stellgröße für die richtige Belichtung blieb daher die Blende, die ich bei dieser relativ langen Belichtungszeit natürlich etwas schließen musste. Nach zwei Probeaufnahmen hatte ich die richtige Einstellung gefunden (Blende f5,6), und die ISS konnte kommen. Viel mehr Zeit hätte ich auch gar nicht mehr gehabt, da der Aufbau und alle Einstellungen doch immer länger dauern, als man denken mag. Ich rate Ihnen daher, (gerade am Anfang) mindestens eine Dreiviertelstunde vorher am Fotospot zu sein, um nicht in Hektik zu verfallen.

Für die eigentliche Aufnahme startete ich den Timer des Fernauslösers kurz vor dem vorausgesagten Sichtbarkeitsbeginn und erfreute mich am Anblick der ISS am Himmel, während die Aufnahme lief. Zeitlich passte alles, so dass ich anschließend die Nachführung ausschaltete und ein weiteres Bild mit den gleichen Einstellungen aufnahm. Dabei stellte ich allerdings auf die Holzhütte im Vordergrund scharf, um dieses Bild später mit dem ersten Bild mit nachgeführtem Himmel zu einem Gesamtbild zusammensetzen zu können.

Die Bearbeitung

Um beide Aufnahmen zu einem Gesamtbild zusammenzufügen, musste ich sie nach der Methode des Focus Stackings übereinanderlegen und von jedem Bild die scharfen Anteile verwenden. Bevor ich dies tat, bearbeitete ich beide Bilder allerdings zunächst in Lightroom.

SCHRITT FÜR SCHRITT

Focus Stacking des ISS-Überflugs

Als Erstes nahm ich im Bereich GRUNDEINSTELLUNGEN einige Anpassungen am Bild mit dem scharfen Himmelsanteil und der ISS vor. Den größten Einfluss auf die Bildwirkung hatte dabei sicherlich die Farbtemperatur, wobei ich mich in diesem Fall bewusst dafür entschied, die Lichtverschmutzung im Hintergrund als »Farbklecks« im Bild zu belassen.

1 Helligkeit anpassen

Um die Wirkung des Mondes zu unterstreichen und den Vordergrund besser sichtbar zu machen, hellte ich die TIEFEN ❽ im Foto entsprechend auf und erhöhte zudem die Gesamthelligkeit ❼. Die weiteren Parameter in den GRUNDEINSTELLUNGEN können Sie der Abbildung unten entnehmen.

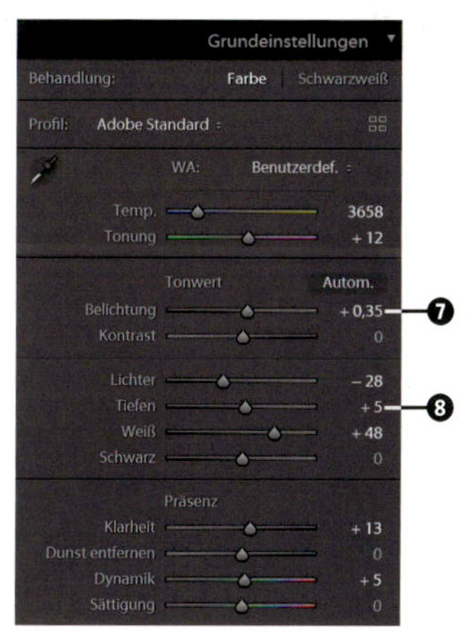

In den GRUNDEINSTELLUNGEN nahm ich leichte Anpassungen an beiden Bildern vor, u. a. hinsichtlich der Farbtemperatur und Helligkeit.

2 Einstellungen synchronisieren

Diese ersten Anpassungen synchronisierte ich anschließend auf das zweite Bild, also jenes, das ich für den Vordergrund aufgenommen hatte.

3 Aufnahme entzerren und beschneiden

Das zweite Bild nutzte ich dann auch für eine (manuelle) vertikale Entzerrung ❻ des Bildes und einen passenden Beschnitt. Bei der Entzerrung orientierte ich mich an der Holzhütte. Außerdem entschied ich mich, die Randbereiche mit dem Strommast links ❾ und der angeschnittenen Baumgruppe rechts ❸ aus dem Bild zu entfernen.

Bei aktivem Freistellenwerkzeug ❹ werden in Lightroom die Linien der sogenannten *Drittelregel* eingeblendet – einer Gestaltungsregel, die an den Goldenen Schnitt angelehnt ist. Mit dieser Hilfestellung konnte ich den Horizont entlang der unteren waagerechten Linie ❼ verlaufen lassen und die Holzhütte auf den unteren linken Schnittpunkt ❽ legen. Zum Schluss entfernte ich noch manuell die Vignettierung im Bild ❺.

4 Als Ebenen in Photoshop laden

All diese Änderungen synchronisierte ich dann erneut auf das andere Bild und öffnete schließlich beide Bilder in Photoshop als Ebenen (Menüpunkt Foto • Bearbeiten in • In Photoshop als Ebenen öffnen...).

5 Ebenen automatisch ausrichten

Ähnlich wie im Projekt »Nachtwanderung im Mondschein« ab Seite 168 markierte ich zunächst beide Ebenen und legte sie über den Menüpunkt Bearbeiten • Ebenen automatisch ausrichten... deckungsgleich übereinander. Um die dadurch entstandenen transparenten Randbereiche würde ich mich später kümmern.

Anschließend nutzte ich als Ausgangsbasis für die Bearbeitung die automatische Zusammenführung der beiden Bilder, die ich über den Menüpunkt Bearbeiten • Ebenen automatisch überblenden... mit der Überblendungsmethode Bilder stapeln ❶ aufrief. Wichtig war

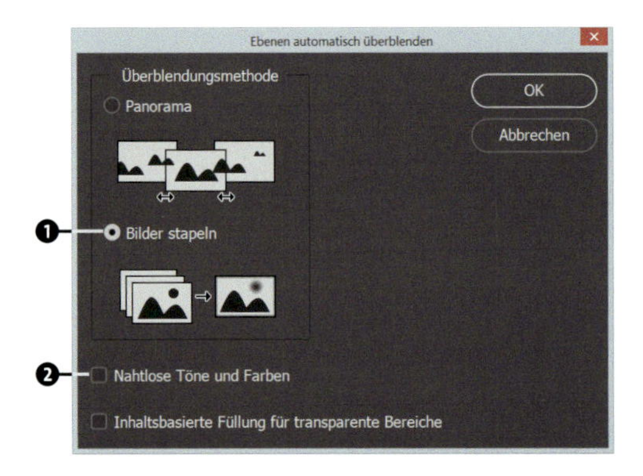

Die Funktion in Photoshop, die die beiden Ebenen automatisch überblendet, leistet beim Zusammenfügen der zwei Bilder relativ gute Arbeit.

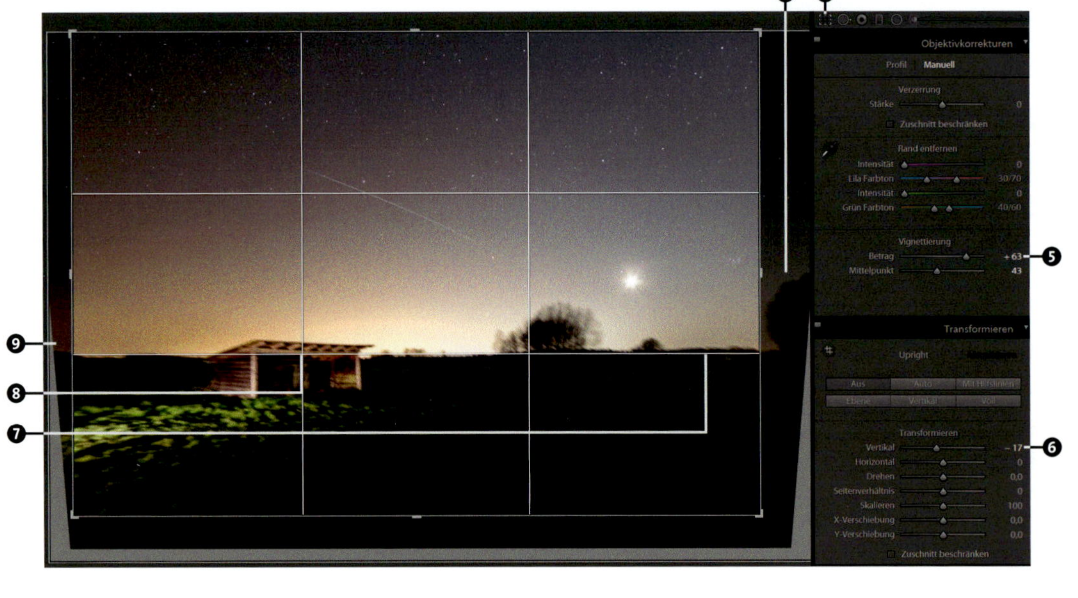

Im Bereich Transformieren korrigierte ich manuell die vertikale Verzerrung. Die Vignettierung entfernte ich händisch in den Objektivkorrekturen. Der Beschnitt setzte das Bild und seine Elemente in den Goldenen Schnitt.

hierbei, die Option NAHTLOSE TÖNE UND FARBEN ❷ nicht zu aktivieren, um ungewollte Artefakte im Bereich des Himmels zu vermeiden.

6 Ebenenmaske des Himmels bearbeiten

Durch das Überblenden fügte Photoshop für beide Ebenen eine Ebenenmaske hinzu, um die jeweils scharfen Teile der zwei Bilder sichtbar zu machen. Im Bereich des Himmels funktioniert dieser Automatismus leider nicht wirklich, was jedoch einfach zu beheben war: Ich klickte dazu auf die Ebenenmaske ❿ der oberen Ebene (das Bild mit dem scharfen Himmel) und malte mit einem großen weißen Pinsel über den Bereich des Sternenhimmels. Den Bereich des Horizontes zeichnete ich zunächst nur grob nach, ohne dabei den scharfen Vordergrund aus der unteren Ebene zu berühren.

7 Den Übergang verbessern

Als der Himmel passte, widmete ich mich noch der genaueren Bearbeitung des Horizontes – dem Bereich, an dem beide Bilder sozusagen zusammengefügt werden mussten. Bei genauerem Hinschauen in der Zoomansicht fiel mir ein sichtbarer Übergang im Bereich über der Horizontlinie auf. Durch die starke Lichtverschmutzung waren hier jedoch nur noch sehr vereinzelt Sterne zu sehen, so dass ich es mir an dieser Stelle sehr einfach machen konnte und diese Linie in der Ebenenmaske mit einem weißen Pinsel mit weicher Kante ⓫ nachzeichnete. Dadurch entstand ein weicher Übergang ohne sichtbare Kante. Nach einem finalen Beschnitt der transparenten Bereiche an den Rändern waren die Arbeiten in Photoshop dann auch schon beendet.

« Im Bereich des Himmels arbeitete die Automatik nicht korrekt. Dies ließ sich jedoch durch die manuelle Bearbeitung der Ebenenmaske leicht beheben

« Im Bereich des Horizonts werden die beiden Bilder zusammengesetzt. Nach der ersten groben Bearbeitung des Himmels ist der Übergang noch sichtbar. Ein Pinsel mit weicher Kante schaffte Abhilfe.

Im Ergebnisbild ist die Strichspur der ISS zwar sichtbar, sticht jedoch ähnlich wie die Sterne nicht übermäßig hervor. Wie Sie sehen, können Sie einen Überflug der ISS also durchaus während der Dämmerung, im Mondschein oder bei relativ starker Lichtverschmutzung aufnehmen. Wollen Sie hingegen eine hellere und deutlichere Spur der ISS in Ihrem Bild erhalten, suchen Sie sich am besten eine mondlose Nacht, einen Fotospot mit wenig Lichtverschmutzung und einen besonders hellen Überflug (drei Sterne) aus.

Wenn Sie eine ganz besondere Aufnahme haben möchten, versuchen Sie doch mal die ISS zusammen mit einem anderen Nacht- oder Astromotiv aufzunehmen – beispielsweise Polarlichtern, leuchtenden Nachtwolken, einer Mondfinsternis oder Meteoren während eines Meteorschauers. Auch ein urbanes Motiv zur blauen Stunde bildet einen sehr schönen Vordergrund für einen ISS-Überflug.

« *Das Ergebnisbild zeigt den dreiminütigen Überflug der ISS zusammen mit dem Mond und der blickfangenden Holzhütte im Vordergrund.*

14 mm | f5,6 | 200 s | ISO 400 | 10. April, ab 22:24 Uhr | Himmel nachgeführt mit iOptron SkyTracker, Focus Stacking aus zwei Aufnahmen

KAPITEL 16

DEEP-SKY-FOTOGRAFIE

Bisher haben Sie mit dem Mond bereits ein lohnenswertes Motiv für die Fotografie mit einem Teleobjektiv kennengelernt. Wollen Sie nun jedoch noch weiter in die Tiefen des Weltalls vordringen, so müssen Sie unser Sonnensystem verlassen – zumindest fotografisch. In der sogenannten *Deep-Sky-Fotografie* (englisch für »tiefer Himmel«) dreht sich nämlich alles um Objekte außerhalb unseres Sonnensystems, wozu unter anderem Nebel, Galaxien und Sternhaufen gehören. Kometen, Planeten, Asteroide und der Mond zählen hingegen nicht zu den Deep-Sky-Objekten, da sie genau wie die Erde Teil des Sonnensystems sind.

Die Entfernung von Deep-Sky-Objekten von der Erde kann dabei ganz unterschiedlich groß sein: Dank der heutigen Technik sind sowohl Objekte in wenigen Hundert Lichtjahren Entfernung als auch solche in einer Entfernung von mehreren Millionen Lichtjahren bekannt. Dies heißt wiederum, dass deren Licht, das wir aktuell von der Erde aus durch ein Fernglas, Teleskop oder die Kamera sehen, bereits vor vielen Hundert, Tausend oder gar Millionen Jahren ausgesandt wurde. Genau genommen blicken wir also sehr weit in die Vergangenheit, wenn wir Deep-Sky-Objekte beobachten oder fotografieren!

Aber was genau ist nun am dunklen Nachthimmel alles zu sehen, und vor allem, welche Objekte sind fotografisch interessant?

Nebel | Am attraktivsten sind sicherlich kosmische Nebel, die aus interstellarem Staub und Gas bestehen. Unterschieden werden verschiedene Arten von Nebeln, je nachdem, ob und wie diese leuchten:

- **Emissionsnebel** senden selbst Licht in verschiedensten Farben aus und werden durch heiße Sterne in ihrer Umgebung angeregt. Die bekanntesten Vertreter sind der Orionnebel M42 (siehe die Abbildung auf Seite 351) und der Lagunennebel M8 (siehe die Abbildung auf Seite 358).
- **Reflexionsnebel** reflektieren das Licht der Sterne in ihrer Nähe. Die wohl bekanntesten Vertreter sind die blauen Reflexionsnebel um die Sterne der Plejaden M45 (siehe die Abbildung auf Seite 356).
- **Planetarische Nebel** stellen abgestoßene Gashüllen eines heißen Sterns dar, die von diesem zum Leuchten angeregt werden. Sie leuchten meist zu schwach und sind zu klein, um sie mit einfacher Ausrüstung sinnvoll aufnehmen zu können. Ein bekannter Vertreter ist aber beispielsweise der bunte Ringnebel M57 oder der Hantelnebel M27.
- **Supernovaüberreste** sind Gashüllenpartikel aus einer Sternenexplosion, die mit hoher Geschwindigkeit auf interstellare Materie treffen und dadurch zum Leuchten angeregt werden. Ein bekannter Vertreter ist der Krebsnebel M1 oder der Cirrusnebel als Teil eines Supernovaüberrestes (siehe die Abbildung auf Seite 331). Sollten Sie einmal auf der Südhalbkugel sein, können Sie den wohl bekanntesten Überrest der Supernova SN 1987A in der Großen Magellanschen Wolke sehen.
- **Dunkelwolken** bestehen aus Gas und Staub und leuchten nicht selbst, sondern absorbieren das Licht der dahinterliegenden Objekte. Ein bekanntes Beispiel ist der Pferdekopfnebel (siehe die Abbildung auf Seite 317) im Sternbild Orion.

≈ *Die Region um Rho Ophiuchi bzw. Antares im Sternbild Skorpion zählt für mich aufgrund ihrer Farbenpracht zu den schönsten Deep-Sky-Motiven. Je weiter südlich (geografisch) man diese Region ins Visier nimmt, desto besser lässt sie sich dank ihrer Höhe über dem Horizont aufnehmen. Dieses Bild entstand auf der Kanareninsel La Palma, zu der Sie ab Seite 357 noch Näheres erfahren werden.*

200 mm | f3,5 | 60 s (Einzelbild) | ISO 3 200 | 13. März, ca. 04:00 –06:00 Uhr | astromodifizierte Kamera, nachgeführt mit iOptron SkyTracker, Stacking aus 106 Einzelbildern (Gesamtbelichtungszeit: ca. 106 Minuten)

⌃ *Den weitläufigen Nordamerikanebel können Sie bereits mit einer Brennweite von 100 mm ideal aufnehmen. Am eindrucksvollsten lässt sich dieser rote Gasnebel dabei mit einer astromodifizierten Kamera ablichten.*

100 mm (160 mm im Kleinbildformat) | f3,5 | 165 s (Einzelbild) | ISO 1 600 | 26./27. August, ca. 23:00–01:00 Uhr | nachgeführt mit iOptron SkyTracker, Stacking aus 36 Einzelbildern (Gesamtbelichtungszeit: ca. 100 Minuten)

Deep-Sky-Aufnahmen planen

Die folgende Tabelle unten soll Ihnen als Anregung dienen, welche Objekte Sie sich für Ihre ersten eigenen Deep-Sky-Projekte mit Reisemontierung, Kamera (gegebenenfalls astromodifiziert) und Teleobjektiv erfolgversprechend vornehmen können. Da diese Objekte nicht ganzjährig am Himmel zu sehen sind, finden Sie außerdem den idealen Aufnahmezeitraum in der Tabelle vermerkt. Sehen Sie diese Liste jedoch lediglich als Orientierung – die Sichtbarkeit einiger Objekte, wie z. B. der Lagunennebel oder die Region um Antares, hängt nämlich aufgrund ihrer Horizontnähe stark von Ihrem Standort ab (Breitengrad, Lichtverschmutzung).

Eine gute Hilfe für die Planung Ihrer Deep-Sky-Aufnahmen kann auch die Seite *www.deepsky-datenbank.de/* sein (siehe die Abbildung links auf der nächsten Seite). Hier können Sie unter FILTER entsprechende Motive nach verschiedenen Kriterien suchen und in eigenen Planern speichern.

Eine weitere gute Unterstützung stellt die App Planit Pro dar, da Sie damit geeignete Objekte sowohl finden als auch in der Suchervorschau für eine gewünschte Brennweite sehen können.

Setzen Sie dazu den Kamerastandort auf Ihren gewünschten Aufnahmestandort ❶ und die Zeit ❺ auf Ihr

	Frühling			Sommer			Herbst			Winter			Objektiv/ Brennweite	Astromodifikation
	Mrz	Apr	Mai	Jun	Jul	Aug	Sep	Okt	Nov	Dez	Jan	Feb		
Orionnebel (M42)													100 – 300 mm	Von Vorteil
Plejaden (M45)													200 – 300 mm	Nein
Andromedagalaxie (M31)													200 – 300 mm	Nein
Nordamerikanebel													100 – 200 mm	Von Vorteil
Pferdekopf- und Flammennebel													300 mm	Von Vorteil
Antares-Region													70 – 200 mm	Von Vorteil
Herz- und Seelennebel													100 – 200 mm	Von Vorteil
Kaliforniennebel (NGC 1499)													200 mm	Von Vorteil
Triangulumgalaxie (M33)													300 mm	Nein
Cirrusnebel													200 mm	Von Vorteil
Lagunennebel (M8) und Trifidnebel (M20)													200 – 300 mm	Von Vorteil
Omeganebel (M17) und Adlernebel (IC 4703)													200 – 300 mm	Von Vorteil
Hexenkopfnebel													200 mm	Nein
Rosettennebel													200 – 300 mm	Von Vorteil

Lohnenswerte Einsteiger- und Fortgeschrittenenobjekte auf der Nordhalbkugel, die sich mit einer stabilen Reisemontierung, einer Kamera (idealerweise astromodifizierte Crop-Kamera) und einem Teleobjektiv (max. 300 mm) aufnehmen lassen

vergleichsweise einfach
mittelschwer
schwierig, da sehr dunkel oder schwer am Himmel zu finden

geplantes Aufnahmedatum – in meinem Fall war dies die Kanareninsel La Palma Anfang März. Beachten Sie dabei, dass Sie für die Deep-Sky-Fotografie eine mondlose Nacht und maximale Dunkelheit benötigen. Die entsprechenden Auf- und Untergangszeiten des Mondes, die Dämmerungsphasen sowie die Lichtverschmutzung können Sie ebenfalls in der App ermitteln, wie Sie ja bereits in früheren Kapiteln des Buches gelernt haben.

Für die Deep-Sky-Planung wechseln Sie zunächst über den Sucher-Aktionsbutton ❻ in den Suchermodus SUCHER (VR) und in die Ephemeriden-Funktion STERNE UND STERNSPUREN. Stellen Sie dann Ihre gewünschte Brenn-

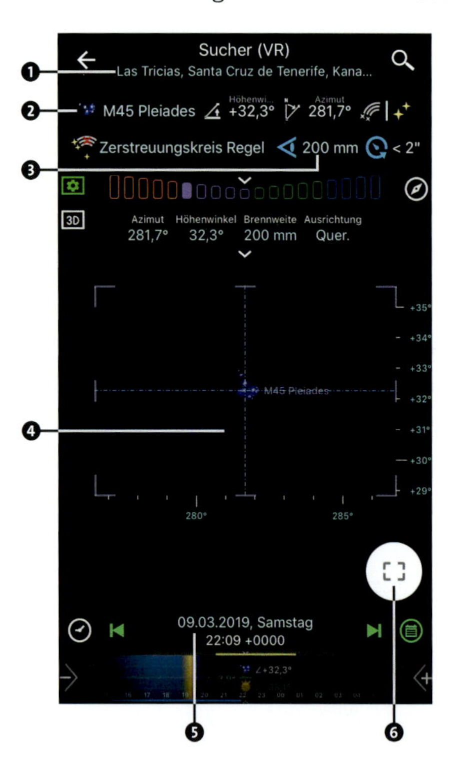

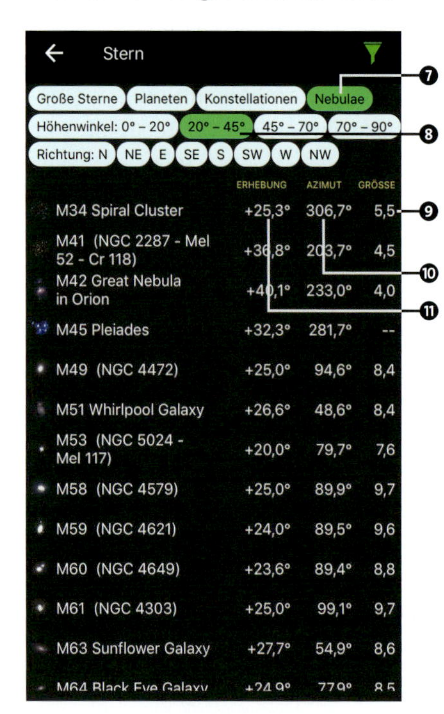

⌃ Unter www.deepsky-datenbank.de können Sie recht gut nach passenden Deep-Sky-Objekten suchen und sich diese in eigenen Planern ablegen.

» In der Planit-Pro-App lassen sich Deep-Sky-Aufnahmen gut planen. Eine Vorschau auf das Objekt mit der geplanten Brennweite bekommen Sie in der Sucher-Ansicht. Dies passt sehr gut mit der tatsächlichen Aufnahme überein.

weite ❸ ein. Meine Kombination in diesem Beispiel war ein 200-mm-Objektiv an einer nicht astromodifizierten Vollformatkamera. Über die Bezeichnung des aktuell aktiven Objekts ❷ gelangen Sie in eine Liste von Himmelsobjekten. Filtern Sie hier nach NEBULAE ❼ und gegebenenfalls (je nachdem, wie frei Ihre Sicht ist) auch nach einem HÖHENWINKEL über 20° oder 45° ❽. Sie erhalten daraufhin eine Liste von Messier-Objekten (Nebel, Galaxien, Sternhaufen), die zur eingestellten Zeit am gewünschten Ort entsprechend hoch über dem Horizont stehen. Neben der Höhe über dem Horizont ⓫ und der Richtung ❿ sehen Sie die scheinbare Helligkeit ❾ für jedes Objekt in dieser Liste. Wählen Sie eines der Objekte aus, dann erhalten Sie eine Vorschau in der Sucheransicht für die eingestellte Brennweite ❹. Das Beispiel zeigt dabei den offenen Sternhaufen der Plejaden (M45), der ein sehr beliebtes Einsteigerobjekt darstellt, da er leicht am Himmel zu finden ist und keine Astromodifikation der Kamera erfordert. Wie Sie sehen, passte die Vorschau in Planit Pro sehr gut mit dem tatsächlichen Bild überein. Das finale Bild (auf der nächsten Seite) habe ich dann zur besseren Wirkung etwas beschnitten.

ASTROFOTOKURS IM »ALPINE ASTROVILLAGE«

Wenn Sie sich näher mit der Deep-Sky-Fotografie beschäftigen wollen oder irgendwann die Möglichkeiten Ihrer Ausrüstung ausgereizt haben und mit der Anschaffung eines Teleskops liebäugeln, dann kann ich Ihnen auf jeden Fall einen Besuch und Astrofotokurs im »Alpine Astrovillage« (*www.alpineastrovillage.net*) in der Schweiz empfehlen. Im Pättigau in den Bündner Alpen (ca. 1,5 Stunden vom Bodensee entfernt) hat ein äußerst sympathisches Astronomen- und Forscherehepaar ein Zentrum für Astrofotografie aufgebaut, in dem sie regelmäßig Kurse anbieten. Ich selbst besuchte die beiden – damals noch im Bergdörfchen Lü – im Januar 2015 für eine »Einführung in die Astrofotografie mit digitaler Spiegelreflexkamera« (4 Nächte) und konnte dank eines gnädigen Wettergottes wunderbare Aufnahmen machen. Dabei hatte ich unter anderem Gelegenheit, mit meiner astromodifizierten Kamera an einem kleinen Teleskop (Refraktor) zu arbeiten, und nahm beispielsweise den bekannten Orionnebel (M42) als HDR-Bild auf.

Mehr über meinen Besuch im Astrovillage finden Sie in meinem Blog unter *www.nacht-lichter.de/astrofotokurs-schweiz*.

« *Der Orionnebel stellt ebenfalls ein beliebtes Einsteigerobjekt dar. Diese etwas aufwendigere Aufnahme entstand an einem kleinen Refraktor durch das spätere Zusammenfügen unterschiedlicher Belichtungen als HDR/DRI. Somit ist das helle Zentrum nicht ausgebrannt.*

418 mm (670 mm im Kleinbildformat) | f4,7 | 5, 10 und 120 s (Einzelbilder) | ISO 1 600 | 20./21. Januar, ca. 23:30–01:30 Uhr | astromodifizierte Kamera an Borg 89 mm ED, nachgeführt auf Losmandy-Montierung, HDR-Stacking aus 67 Einzelbildern (Gesamtbelichtungszeit: ca. 120 Minuten)

Die Plejaden, die u. a. auch »Sieben Schwestern« genannt werden, sind sehr gut mit bloßem Auge zu sehen. Auf gestackten Langzeitbelichtungen wie dieser werden die umgebenden Reflexionsnebel eindrucksvoll sichtbar. Aufgenommen habe ich dieses Bild auf La Palma.

200 mm | f3,2 | 120 s (Einzelbild) | ISO 1 600 | 09. März, ca. 22:10–23:30 Uhr | nachgeführt mit iOptron SkyTracker, Stacking aus 40 Einzelbildern (Gesamtbelichtungszeit: ca. 80 Minuten)

EXKURS

LA PALMA – DER EUROPÄISCHE TRAUM FÜR ASTROFOTOGRAFEN

In Kapitel 14, »Weiterführendes Equipment«, haben Sie bereits etwas über die Astrofotografie auf der Südhalbkugel erfahren. Sollten Sie die Kosten und die lange Anreise für einen solchen Astrourlaub noch etwas scheuen, so kann ich Ihnen die Kanareninsel La Palma wärmstens ans Herz legen. In etwas mehr als vier Stunden Flugzeit ist dieser vergleichsweise dunkle Fleck (bezogen auf die Lichtverschmutzung) im Westen Europas von Deutschland aus zu erreichen. Aufgrund der sehr südlichen Lage stehen viele interessante Objekte hier wesentlich höher am Nachthimmel als in unseren Breiten – so dass man sogar schon von einem kleinen Einblick in den Südhimmel sprechen kann. So ist beispielsweise der beeindruckende Kugelsternhaufen Omega Centauri (siehe die Abbildung rechts auf Seite 348) in manchen Nächten zu sehen, und auch das galaktische Zentrum der Milchstraße präsentiert sich sehr viel fotogener als in Deutschland.

« Der Sternenhimmel über La Palma hat einiges zu bieten. Hier in ca. 2 300 m in der Nähe des Roque de los Muchachos ist man sogar meist über den Wolken und hat einen fantastischen Blick auf die Milchstraße. Auch das Zodiakallicht (siehe Kasten auf Seite 223) ist auf dieser leicht beschnittenen All-Sky-Aufnahme deutlich zu sehen.

8 mm (Fisheye) | f4 | 30 s (Einzelbild) | ISO 6 400 | 12. März, 06:00 Uhr | astromodifizierte Kamera, Stack aus 12 Einzelaufnahmen

Roque de los Muchachos | Aber warum ist La Palma so dunkel? Schon 1988 wurde zum Schutz der Insel vor Lichtverschmutzung das weltweit erste dahingehende Gesetz erlassen und die Insel 2012 als weltweit erstes UNESCO-Starlight-Reserve zertifiziert. Nicht zuletzt deshalb gibt es von zahlreichen bedeutenden astrophysikalischen Instituten Observatorien auf dem höchsten Berg der Insel – dem Roque de los Muchachos (2 426 m). Die Zufahrt ist für die Öffentlichkeit lediglich tagsüber gestattet, um die Forschungen und Beobachtungen in der Nacht nicht zu stören. Aber auch entlang der Straße unterhalb des Roque gibt es einige Parkplätze und Fotospots, von denen aus man wunderbar fotografieren und am Morgen danach auch gleich noch einen traumhaften Sonnenaufgang über den Wolken genießen kann.

Aber nicht nur Astro-Landschaftsfotografen, auch die Deep-Sky-»Jäger« kommen auf La Palma voll auf ihre Kosten. Da viele begehrte Objekte sehr viel höher am Himmel stehen, stört die Lichtverschmutzung die Aufnahmen entsprechend weniger bis gar nicht. So können Objekte wie der Lagunen- oder Trifidnebel (siehe die Abbildung unten) oder die Region um Antares (siehe die Abbildung auf Seite 347) in Deutschland nur schwer oder sehr eingeschränkt aufgenommen werden – auf La Palma hingegen stehen die Sterne dafür wesentlich günstiger.

Athos Star Campus | Natürlich werden Sie nicht jede Nacht den langen Weg bis hoch zum Roque des los Muchachos auf sich nehmen wollen. Das müssen Sie auch gar nicht, denn es gibt eine ideale Unterkunft auf La Palma, die Ihnen auch gleichzeitig das nächtliche Fotografieren »direkt vor der Haustür« ermöglicht. In 900 m Höhe liegt der Athos Star Campus (*www.athos.org*), der von dem Deutschen Kai von Schauroth und seiner Lebensgefährtin Liane 2016 aufgebaut wurde. Inmitten einer 45 000 m^2 großen Mandelfinca gibt es mehrere Unterkünfte mit eigenen Beobachtungsplätzen samt Stromanschluss. Hier können sich die Gäste nach Herzenslust mit ihrem eigenen oder auch dort geliehenen Equipment austoben. Die Bedingungen auf Athos sind durchaus ideal: Mehr als 250 klare Nächte im Jahr und nahezu durchweg gemäßigte bis warme Temperaturen lassen das Herz jedes Astrofotografen höherschlagen.

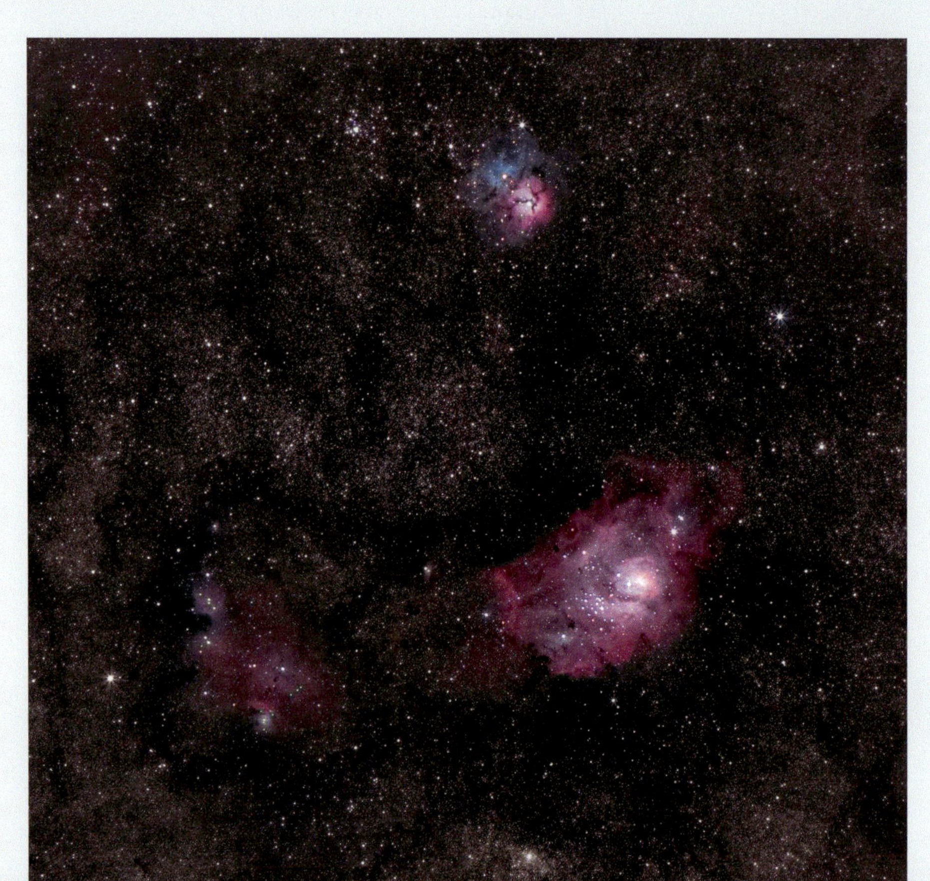

« *Lagunennebel (M8), hier unten rechts, und Trifidnebel (M20), oben, standen bei dieser Aufnahme im März ca. 28° über dem Horizont. In Süddeutschland sind es zur gleichen Zeit nur 18°, was das Fotografieren in Anbetracht der Lichtverschmutzung sehr viel schwieriger macht.*

200 mm (320 mm im Kleinbildformat) | f3,5 | 60 s (Einzelbild) | ISO 1 600 | 17. März, ca. 05:30–06:10 Uhr | astromodifizierte Kamera, nachgeführt mit iOptron SkyTracker, Stacking aus 40 Einzelbildern (Gesamtbelichtungszeit: ca. 40 Minuten)

Dieses Milchstraßenpanorama entstand am Mirador de los Andenes in 2 270 m Höhe auf der Straße unterhalb des Roque de los Muchachos. In dieser Nacht war der Horizont vergleichsweise dunstig, und ein leichtes Airglow war am Himmel zu sehen – was dem Bild jedoch eine gewisse »Farbenpracht« verleiht. Das Milchstraßenzentrum stand zu dieser Zeit ganze 28° über dem Horizont.

20 mm | f2 | 13 s (Einzelbild) | ISO 6 400 | 15. März, 04:42 Uhr | gestacktes einzeiliges Panorama aus 25 Einzelaufnahmen

EQUIPMENT MIETEN

Sie besitzen noch kein passendes Equipment für die Astrofotografie oder können nicht alles im Flieger mitnehmen? Kein Problem, denn auf Athos können Sie vom Objektiv bis zum Profi-Teleskop alles ausleihen – am besten gleich bei der Buchung mitbestellen! Für die einfache Astrofotografie, wie sie in diesem Buch beschrieben ist, bieten sich zum Beispiel eine astromodifizierte Kamera, eine Reisemontierung und ein entsprechend lichtstarkes Objektiv an. Auch stabile Stative, die meist nicht ins Reisegepäck passen, lassen sich hier mieten. Eine komplette Liste des verfügbaren Equipments finden Sie unter *www.athos.org*.

Selbst die kürzeste Nacht des Jahres (21. Juni) bietet auf La Palma noch ganze sieben Stunden dunkle Nacht (zum Vergleich: In Süddeutschland sind es nicht einmal zwei Stunden)! Nicht ausgeschlossen ist es jedoch auch, dass man eine der wenigen Schlechtwetterphasen oder den gefürchteten Calima erwischt – eine Wetterlage, die Saharasand auf die Kanaren trägt und die Sicht extrem trübt. In meinen zwei Wochen im März auf Athos hatte ich extremes Glück mit dem Wetter – tagsüber herrschte meist schon Badewetter, und ich konnte fast in jeder Nacht fotografieren.

Inmitten der grünen Mandelfinca liegen mehrere Unterkünfte mit direkt angeschlossenem Beobachtungsplatz. Umgeben von einem riesigen Garten ist hier das separate Haus Copernicus zu sehen, in dem ich zwei wunderbare Wochen verbracht habe.

Projekt »Andromedagalaxie«

Spricht man in der Astronomie von weit entfernten Objekten, so ist die Andromedagalaxie (M31) sicherlich ein Paradebeispiel dafür – ist sie doch das am weitesten von der Erde entfernte Objekt, das noch mit bloßem Auge sichtbar ist. Natürlich sollten Sie sich dafür an einem dunklen Standort mit geringer Lichtverschmutzung befinden, aber spätestens mit dem Fernglas werden Sie den hellen Fleck im Sternbild Andromeda deutlich erkennen (siehe dazu auch die Abbildung links auf Seite 348). Ihre Entfernung von über zweieinhalb Millionen Lichtjahren ist schon äußerst faszinierend! Noch faszinierender ist jedoch die Tatsache, mit welch einfachen Mitteln sie sich bereits eindrucksvoll fotografieren lässt. Dies liegt primär in ihrer Größe und Helligkeit begründet: Der scheinbare Durchmesser unserer Nachbargalaxie entspricht dem sechsfachen Durchmesser des Vollmondes; sie stellt somit ein ideales Einsteigerobjekt für die Aufnahme mit einem Teleobjektiv dar. Außerdem ist sie mit einer scheinbaren Helligkeit von etwa 3,4 mag eines der helleren Deep-Sky-Objekte. Und da Sie schließlich auch keine astromodifizierte Kamera zur Aufnahme der Andromedagalaxie benötigen, ist sie ein optimales Motiv für dieses Einstiegsprojekt mit möglichst einfacher Aufnahme- und Bearbeitungstechnik.

Projektsteckbrief

Schwierigkeit	■■■■■
Ausrüstung	Nachführung/Reisemontierung, Kamera, Stativ, Teleobjektiv, Fernauslöser mit Timerfunktion, gegebenenfalls Powerbank und Batterieadapter, gegebenenfalls Heizmanschette
Zeitraum	mondlose Nacht zwischen August und Januar
Erreichbarkeit	nicht relevant
Planung	5 Minuten
Durchführung	mindestens 1,5 Stunden
Nachbearbeitung	etwa 1,5 Stunden
Programme	Sky Guide, Lightroom, Deep Sky Stacker (Windows) oder Starry Sky Stacker (Mac), Photoshop, Astronomy Tools (Aktionen in Photoshop)
Fotospot	möglichst dunkel
(Download)	Ausgangsbilder im Raw-Format

Die Planung

Die Planung konnte in diesem Fall sehr kurz ausfallen. Entscheidend war, eine mondlose, klare Nacht im Zeitraum zwischen August und Januar zu erwischen, so dass die Andromedagalaxie eine ausreichende Höhe über dem Horizont hatte. Ich nutzte meinen Aufenthalt im Sternenpark Westhavelland Anfang September, um die geplanten Aufnahmen zu machen.

Die Aufnahme

Beim Fotografieren der Andromedagalaxie musste ich gleich mehrere Aufnahmetechniken aus früheren Kapiteln und Projekten dieses Buches kombinieren: Zum einen machte ich möglichst viele Aufnahmen des Motivs nacheinander, um sie hinterher zu einem Gesamtbild zusammenzufügen. Ähnlich wie bei der Aufnahme der Mondsequenz oder der Meteore nutzte ich dazu einen Intervallauslöser. Zum anderen musste ich die einzelnen Langzeitbelichtungen von jeweils zwei Minuten natürlich nachführen, um Strichspuren aufgrund der Erdrotation zu vermeiden und das Motiv über einen langen Zeitraum im etwa gleichen Bildausschnitt zu halten. Das Ausrichten der Nachführung erfolgte dabei analog zu der im Abschnitt »Ausrichten der Montierung« ab Seite 323 beschriebenen Vorgehensweise.

Um die Kamera auf die Andromedagalaxie auszurichten, suchte ich diese zunächst ohne Kamera am Himmel auf. Als Orientierung diente mir dabei das gleichnamige Sternbild mit seinen hellen Sternen, die optisch etwa in einer Reihe stehen. Die Andromedagalaxie fand ich ausgehend vom mittleren der Sterne ein wenig weiter oben über zwei etwas schwächeren Sternen. Eine Sternen-App wie beispielsweise Sky Guide ist dabei eine gute Unterstützung. Die Kamera (in diesem Fall eine Crop-Kamera mit einem 200-mm-Objektiv und Heizmanschette) richtete ich schließlich mit Hilfe des optischen Suchers der DSLR auf die Galaxie aus, die darin schon sehr deutlich zu erkennen war. Im Live View erkennen Sie dagegen weit weniger, weshalb ich diesen lediglich zum detaillierten Scharfstellen nutzte. Um das Motiv dabei optimal im Bild zu positionieren und gleichzeitig die korrekte Einnordung der Nachführung zu überprüfen, machte ich Probeaufnahmen mit einer Belichtungszeit von 30 Sekunden und einer hohen ISO-Zahl von 6 400. Nach einigem Ausprobieren entschied ich mich bei den richtigen Aufnahmen schließlich für eine Belichtungszeit von zwei Minuten und eine ISO-Zahl von 1 600. Das Objektiv mit einer Offenblende von f2,8 blendete ich auf f3,5 ab, um die Schärfe und Abbildung der Sterne gegenüber der Offenblende noch ein Stück weit zu verbessern. Außerdem erhielt ich durch die leicht geschlossene Blende einen hübschen Sterneffekt an den hellen Sternen.

So machte ich im Zeitraum von 02:50 Uhr bis zum Beginn der Morgendämmerung um 04:15 Uhr kontinuierlich Aufnahmen der Andromedagalaxie. Anschließend nahm ich außerdem jeweils zehn Dark-, Bias- und Flatframes auf (siehe Kasten »Kalibrierung der Rohdaten« auf Seite 350), die ich für eine zukünftige Bildbearbeitung aufbewahren würde.

Die Bearbeitung

Vorbereitung der Bilder in Lightroom | Da ich in diesem Fall lediglich die Lightframes verarbeiten wollte, lud ich sie zunächst in Lightroom, um sie von dort als TIFF-Dateien zu exportieren. Vor dem Stacken der Bilder nahm ich noch eine minimale Bearbeitung in Lightroom vor.

« *Eine Sternen-App wie Sky Guide wird Ihnen beim Aufsuchen der Andromedagalaxie am Nachthimmel sehr hilfreich sein.*

Diese umfasste lediglich die Entfernung von Farbsäumen um die Sterne über das Pipettenwerkzeug ❸ in den OBJEKTIVKORREKTUREN und eine minimale Veränderung des Weißabgleichs ❷. Die Aufnahme war (für ein Deep-Sky-Objekt) schon sehr gut belichtet, allerdings war der Kern der Galaxie ❶ leicht überbelichtet, was bei diesem Motiv und langen Belichtungszeiten aber normal ist. Um dies zu verhindern, hätte ich verschiedene Belichtungen machen müssen, um das Bild später zu einem HDR/DRI zu verrechnen.

Von weiteren Bearbeitungen wie beispielsweise automatischen Objektivkorrekturen o. Ä. sollten Sie an dieser Stelle absehen, da dies zu Problemen beim Stacking führen kann. Auch das merkliche Rauschen in der Aufnahme ließ ich an dieser Stelle unangetastet, da es ja durch den Stackingprozess reduziert wird.

Die Bearbeitung synchronisierte ich schließlich auf alle Lightframes und exportierte alle »verwertbaren« Bilder als 16-Bit-TIFF-Dateien. »Verwertbar« hieß in diesem Fall, dass ich die einzelnen Lightframes vorher auf Wolken oder Nachführfehler (also strichförmige Sterne) hin untersuchte und die unbrauchbaren Bilder löschte. Bilder mit leichten Flugzeug- oder Satellitenspuren müssen nicht zwingend entfernt werden, da diese Spuren durch das Stacken verschwinden. Nach dieser Auswahl blieben 30 Bilder für das Stacken übrig.

Deep Sky Stacker (Windows) | Um in meinem Bild der Andromedagalaxie mehr Bildinformationen zu erhalten und gleichzeitig das Rauschen zu reduzieren, stackte ich die Einzelaufnahmen mit einer speziellen Astrosoftware. Ich nutzte in diesem Fall das kostenlose Programm

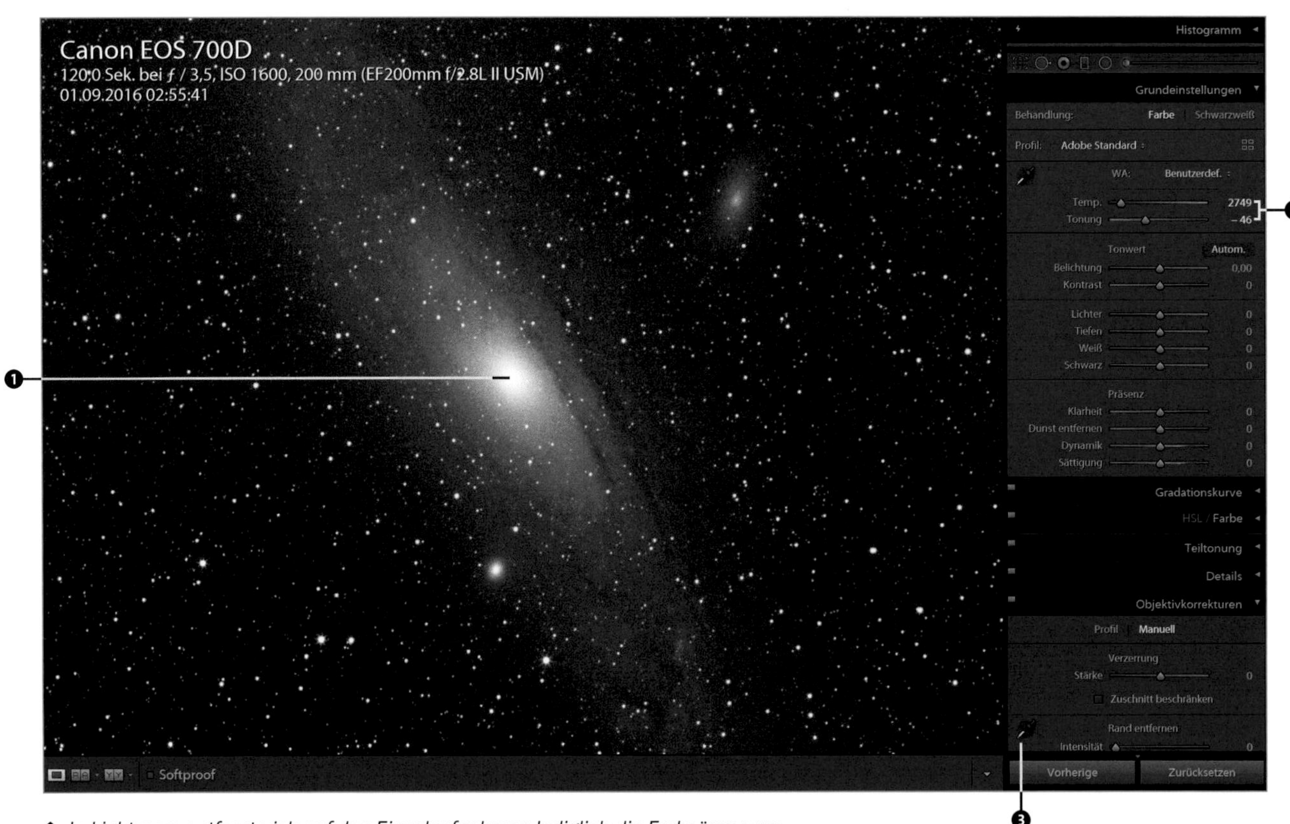

In Lightroom entfernte ich auf den Einzelaufnahmen lediglich die Farbsäume um die Sterne und passte den Weißabgleich minimal an. Anschließend exportierte ich alle Bilder als 16-Bit-TIFF-Dateien.

Deep Sky Stacker (DSS) für Windows, das Sie unter *http://deepskystacker.free.fr/german/* herunterladen können. Auf der Website finden Sie auch ein ausführliches Benutzerhandbuch in deutscher Sprache. Der DSS kann auch für die Kalibrierung der Rohdaten mittels Dark-, Flat- und Biasframes genutzt werden, allerdings habe ich keine so guten Erfahrungen mit der Verarbeitung von Raw-Daten im DSS gemacht. Da ich die hier vorgestellte Aufnahme und Bearbeitung eines Deep-Sky-Objekts zudem bewusst einfach halten wollte, ging ich an dieser Stelle den Weg ohne eine vorherige Kalibrierung und lud lediglich alle aus Lightroom exportierten TIFF-Dateien als Lightframes im DSS.

SCHRITT FÜR SCHRITT

Stacken der Bilder im Deep Sky Stacker

Bevor Sie Ihre Einzelaufnahmen im DSS stacken können, müssen Sie sie in der Software registrieren. Diese ermittelt dabei die Anzahl, Helligkeit und Position der Sterne im Bild und legt pro Foto eine Textdatei an, in der diese Informationen für den anschließenden Stackingprozess gespeichert sind.

1 Lightframes laden

Die Menüleiste ❹ auf der linken Seite kann dabei als eine Art Workflow gesehen werden, bei dem die rot markierten Schritte zwingend von oben nach unten durchlaufen werden müssen. Zunächst öffnete ich daher über den gleichnamigen Menüpunkt ❺ meine Lightframes, die ich anschließend über den Menüpunkt ALLE AUSWÄHLEN ❻ noch markieren musste. Anschließend registrierte ich die ausgewählten Bilder ❼.

Die Oberfläche der Software Deep Sky Stacker ist einfach aufgebaut. Die in Rot abgebildeten Schritte im linken Menü müssen zwingend durchlaufen werden.

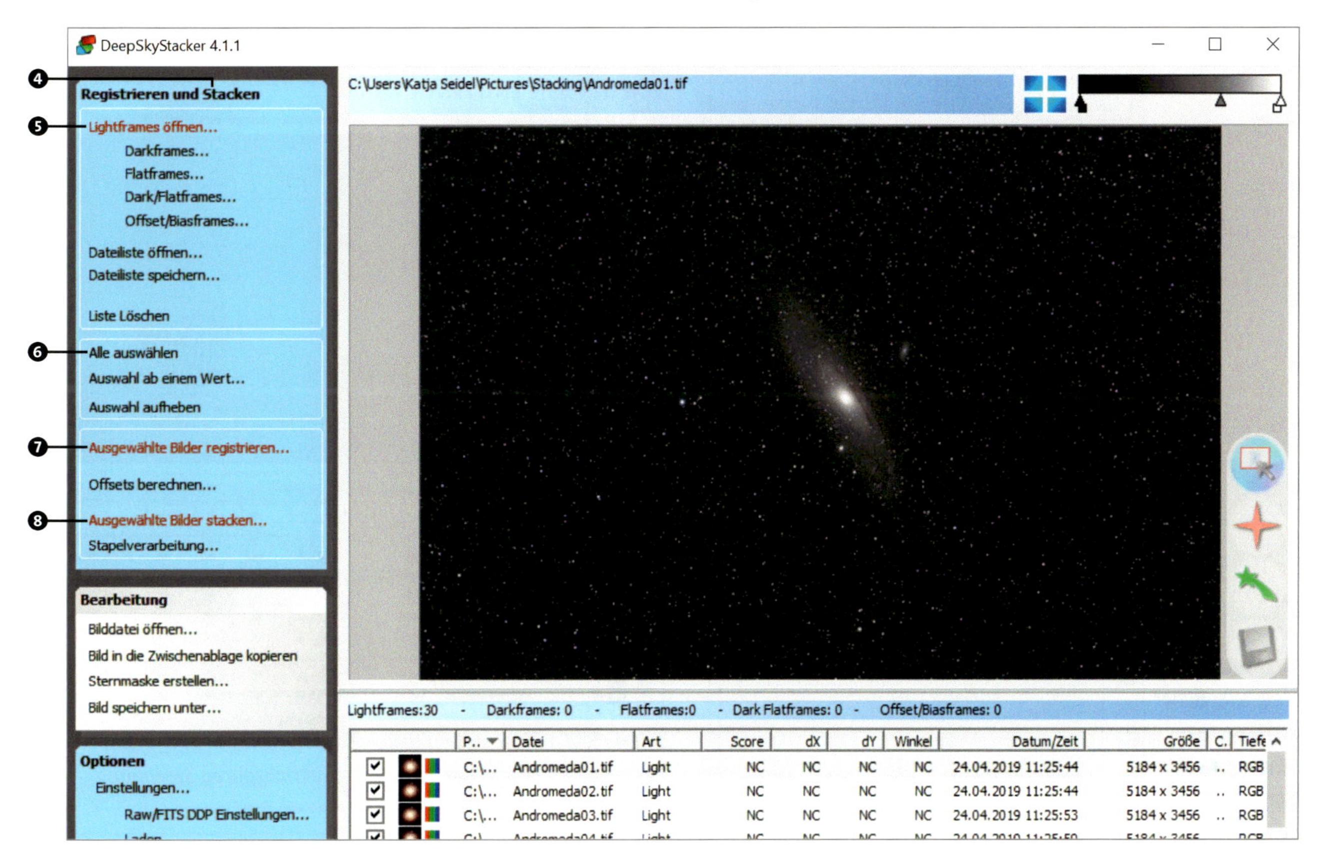

len. Dieses für Windows und macOS erhältliche Plugin ist mit 49,95 $ (Preis zur Entstehung des Buches) nicht ganz günstig, leistet jedoch meist eine gute Arbeit bei der Entfernung von Gradienten in Deep-Sky-Bildern. Hinweise zur Anwendung sowie die Möglichkeit, eine kostenlose Testversion herunterzuladen, finden Sie auf der Webseite *www.rc-astro.com/resources/GradientXTerminator*. Wenn Sie sich für einen Kauf entscheiden, beachten Sie, dass Sie dieses Plugin für ein bestimmtes Betriebssystem (Windows oder macOS) kaufen – eine Nutzung auf beiden Systemen erfordert zwei Käufe.

Im (unbearbeiteten) Einzelbild sind zwar auch schon einige Strukturen zu erkennen, diese lassen sich jedoch erst durch das Stacking vieler Einzelbilder so richtig herausarbeiten.

200 mm (320 mm im Kleinbildformat) | f3,5 | 120 s | ISO 1 600 | 01. September, 02:53 Uhr | Einzelbild, nachgeführt mit iOptron SkyTracker

Das fertige Bild zeigt sehr schön die Strukturen der Andromedagalaxie (M31) sowie die »daneben« liegende zweite Galaxie M 110. Die Gesamtbelichtungszeit dieser gestackten Aufnahme betrug 58 Minuten.

200 mm (320 mm im Kleinbildformat) | f3,5 | 120 s (Einzelbild) | ISO 1 600 | 01. September, ca. 02:53–04:15 Uhr | nachgeführt mit iOptron SkyTracker, Stacking aus 29 Einzelbildern (Gesamtbelichtungszeit: 58 Minuten)

KAPITEL 17

KOMETEN

Kometen, die plötzlich am Himmel auftauchten, assoziierten die Menschen in der Vergangenheit stets mit einem Unheil. Diese hellen Leuchterscheinungen, die manchmal über ein paar Wochen oder Monate und teilweise sogar am Taghimmel zu sehen waren, passten einfach nicht in die bis dahin bekannten, regelmäßigen Bewegungen der Sterne und Planeten. Deshalb hielten die Menschen sie damals auch für Vorboten von Hungersnöten, Seuchen oder Kriegen. Erst 1705 erkannte der britische Physiker Edmond Halley, dass ein zuletzt 1682 erschienener Komet mit früheren Kometensichtungen identisch sein musste. Der schließlich nach ihm benannte Halleysche Komet stellte sich tatsächlich als ein periodischer Komet heraus, der etwa alle 75 bis 77 Jahre wiederkehrt. Wie oft ein solcher periodischer Komet von der Erde aus sichtbar ist, hängt von seiner Umlaufbahn um die Sonne ab. Die Umlaufdauer variiert dabei zwischen wenigen Jahren und mehreren Jahrhunderten. Die meisten Sichtungen oder Fotografien eines bestimmten Kometen sind daher ein einmaliges Erlebnis im Leben eines Menschen! Unvergesslich werden sie dabei insbesondere, wenn sie mit bloßem Auge sichtbar sind.

Aber was genau sehen wir eigentlich, wenn wir einen Kometen am Himmel entdecken? Kometen bestehen aus Staub, Gestein, Eis und eingefrorenen Gasen, weshalb sie manchmal auch »schmutzige Schnellbälle« genannt werden. Der Kern des Kometen ist dabei zwar »nur« ein bis fünfzig Kilometer groß, in Sonnennähe bildet sich allerdings um diesen Kern herum eine Nebelhülle (die sogenannte *Koma*), da das Eis langsam schmilzt und Gase freigesetzt werden. Allein die Koma, die zusammen mit dem Kern den Kopf des Kometen bildet, kann bereits eine Ausdehnung von mehr als eine Million Kilometern haben. So richtig beeindruckend werden Kometen allerdings besonders durch ihren Schweif, der erst in großer Sonnennähe entsteht. Dabei wird durch die Wirkung des Sonnenwindes ständig Gas und Staub aus der Koma gerissen, was einen Schweif von vielen Millionen Kilometern Länge bilden kann, der stets von der Sonne weggerichtet ist. Dies führt wiederum dazu, dass einige Kometen und ihr Schweif mit bloßem Auge – oder zumindest mit dem Fernglas – am Himmel sichtbar sind. Genau genommen ist sogar zwischen einem Gas- und einem Staubschweif zu unterscheiden, deren Unterschiede bei manchen Kometen sehr deutlich zu erkennen sind.

Die Größe und Leuchtkraft eines Kometen nimmt mit jedem Umlauf um die Sonne ab, da er dabei große Mengen an Material verliert. Indirekt haben wir dadurch aber auch nach dem »Verschwinden« eines Kometen etwas von ihm. Kreuzt die Erde nämlich die Kometenbahn, in der er viele Staubteilchen und kleinere Gesteinsbrocken hinterlassen hat, gibt es einen jährlich wiederkehrenden Meteorschauer (siehe auch Kapitel 11, »Meteore«). Die bekannten Perseiden beispielsweise haben ihren Ursprung in der Bahn des Kometen 109P/Swift-Tuttle, der 1992 das letzte Mal zu sehen war und ca. 130 Jahre für seinen Umlauf um die Sonne benötigt.

Der Komet C/2014 Q2 wird nach seinem Entdecker auch »Lovejoy« genannt und hat eine Umlaufzeit von ca. 14 000 Jahren um die Sonne. Das Foto entstand im Januar 2015, als er seine größte Helligkeit von ca. 3,8 mag erreichte. Die Koma und der lange Schweif des Kometen sind auf dem Bild deutlich zu erkennen.

100 mm (160 mm im Kleinbildformat) | f4 | 180 s (Einzelbild) | ISO 1 000 | 19. Januar, 21:18–22:23 Uhr | Kamera »huckepack« nachgeführt auf einem Teleskop, Stacking aus 17 Einzelbildern (Gesamtbelichtungszeit: 51 Minuten)

Kometen sind sehr interessant, aber fotografisch eine Herausforderung:

- Kometen sind nur für wenige Wochen oder Monate am Himmel zu sehen – nämlich wenn sie sich in ausreichender Erd- und Sonnennähe befinden.
- Die Helligkeit eines Kometen kann sich innerhalb weniger Tage verändern, so dass abhängig vom Wetter manchmal nur wenige Chancen auf die Beobachtung und Fotografie bleiben.
- Die Entwicklung von Helligkeit und Kometenschweif lässt sich leider nicht genau voraussagen.
- Ihr Erscheinen kann nur für periodische Kometen vorausgesagt werden, wobei die Perioden häufig über die Länge eines normalen Menschenlebens hinausgehen und diese Kometen somit für uns einmalig sind. Eine gute Übersicht über aktuell zu erwartende Kometen finden Sie unter *www.aerith.net/comet/future-n.html* (englischsprachig).
- Es werden heutzutage in der Regel mehr als 20 neue Kometen pro Jahr entdeckt, wobei die helleren Exemplare für Astrofotografen eine willkommene Überraschung darstellen. Manche sind sogar tagsüber sichtbar und somit ein sehr seltenes Motiv.
- Es gibt etwa zehn wirklich beeindruckende Kometen in einem Jahrhundert. Viele weitere sind jedoch darüber hinaus fotografisch interessant. So sind etwa ein bis zwei Kometen im Jahr schon mit einem einfachen Fernglas zu sehen oder mit einer Kamera zu fotografieren.
- Kometen bewegen sich in einer anderen Richtung und Geschwindigkeit als Sterne (die sich ja nur scheinbar aufgrund der Erdrotation bewegen). Eine Nachführung auf den Sternenhimmel wird daher bei längeren Belichtungszeiten sowie beim Stacking problematisch (siehe Projektbeispiel).

Projekt »Komet Lovejoy und die Plejaden«

Im August 2014 entdeckte der australische Amateurastronom Terry Lovejoy den Kometen C/2014 Q2, der schließlich auch nach ihm benannt wurde. Den Bahnberechnungen zufolge würde der Komet im Januar 2015 die Erde mit rund 70 Millionen Kilometern Abstand passieren und den sonnennächsten Punkt erreichen. Nichts lag daher näher, als diese einmalige Chance zu nutzen und Lovejoy fotografisch festzuhalten – würde er doch erst in 14 000 Jahren wieder vorbeikommen.

Projektsteckbrief

Schwierigkeit	■■■■□
Ausrüstung	Nachführung/Reisemontierung, Kamera, Stativ, Teleobjektiv, Fernauslöser mit Timerfunktion, ggf. Heizmanschette
Zeitraum	mondlose Nacht, wenn ein Komet sichtbar ist
Erreichbarkeit	nicht relevant
Planung	15 Minuten
Durchführung	ca. 30 Minuten (gegebenenfalls länger)
Nachbearbeitung	ca. 15 Minuten
Programme	Lightroom
Fotospot	möglichst dunkler Standort
⤓	–

Die Bearbeitung

Für die Bearbeitung lud ich alle Aufnahmen der Nacht in Lightroom und verglich aus Interesse zuerst den ersten mit dem letzten Lightframe.

Ein Blick auf den Kometen in der 100 %-Ansicht bei gleichem Bildausschnitt zeigte mehrere Dinge:

- Die Nachführung arbeitete über einen Aufnahmezeitraum von mehr als drei Stunden sauber – die Sterne sind auch auf dem letzten Bild bei zwei Minuten Belichtungszeit noch rund.
- Es gibt nur einen minimalen Versatz zwischen den Sternen auf dem ersten und dem letzten Bild (orientiert am hellen Stern unten links ❶) – was für eine gute Einnordung der Reisemontierung spricht.
- Die Bewegung des Kometen innerhalb von drei Stunden wird anhand seiner Position zu den drei Sternen unter seinem Kopf ❷ deutlich sichtbar.

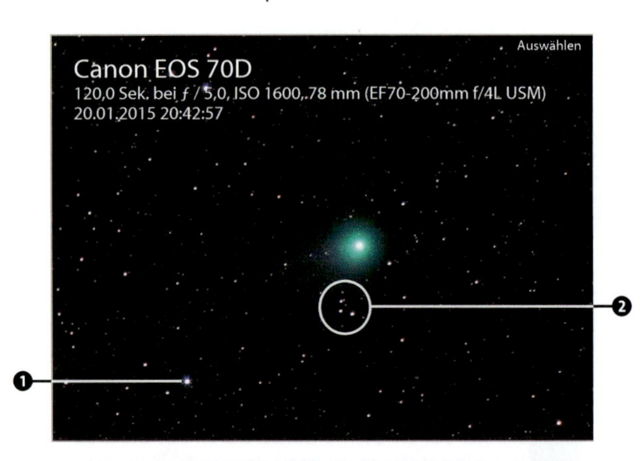

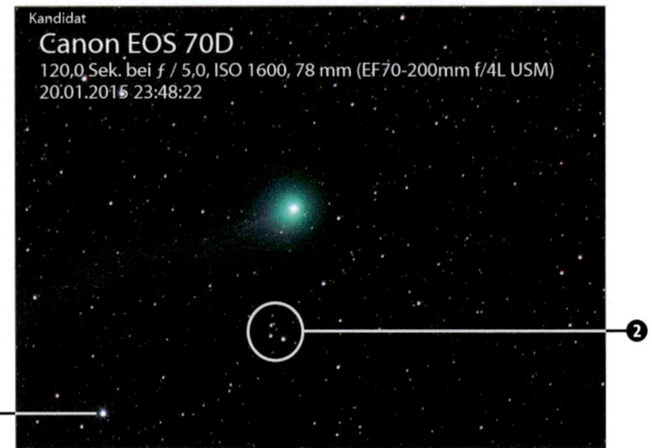

⮝ *Vergleich des ersten und letzten Bildes der Aufnahmenacht in der 100 %-Ansicht in Lightroom*

Danach suchte ich mir eines der Bilder der Aufnahmeserie heraus und bearbeitete es ausschließlich in Lightroom. Dabei arbeitete ich entsprechend den Einstellungen in der Abbildung unten in den Grundeinstellungen, der Gradationskurve sowie der Rauschreduzierung im Bereich Details.

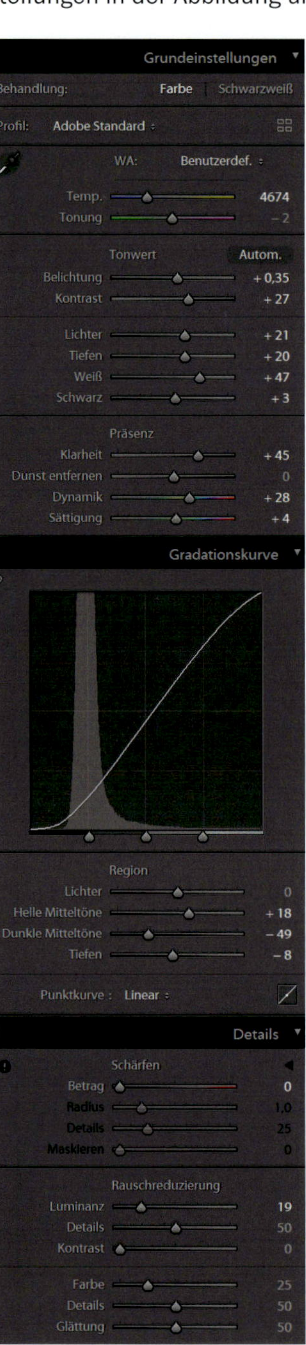

« *Einstellungen für die Bearbeitung des Einzelbildes in Lightroom*

Ergebnis nach der einfachen Bearbeitung eines Einzelbildes in Lightroom

78 mm (125 mm im Kleinbildformat) | f5 | 120 s | ISO 1 600 | 20. Januar, 23:00 Uhr | nachgeführt mit iOptron SkyTracker

Schlusswort

Nachdem Sie nun dieses Buch mit den zahlreichen Motiven der Nacht- und Astrofotografie durchgearbeitet haben, konnten Sie hoffentlich ausreichend Inspiration für Ihre eigenen Fotoprojekte sammeln. Dafür möchte ich Ihnen nun noch ein paar abschließende Tipps mit auf den Weg geben:

- Suchen Sie sich für Ihren Einstieg zunächst einfache Motive aus. Das vermeidet Frustration und hilft Ihnen, die Grundlagen besser beherrschen zu lernen.
- Setzen Sie die vielen fantastischen Astroaufnahmen im Internet oder den sozialen Medien nicht sofort als Maßstab für sich. Oftmals stecken viele Jahre Erfahrung und ein sehr hoher Zeitaufwand für die Aufnahme und Bildbearbeitung hinter solchen Fotos.
- Versuchen Sie die ersten Schritte mit Ihrem vorhandenen Equipment zu gehen. Sie werden überrascht sein, was damit alles möglich ist. Ist Ihre Leidenschaft dann geweckt, können Sie Ihr Equipment nach und nach aufstocken. Dabei kann es sinnvoll sein, sich die Wunschkamera oder das Wunschobjektiv zunächst zu mieten. Einige Händler wie z.B. Calumet bieten hierzu ein umfangreiches Verleihsortiment.
- Bevor Sie versuchen, Ihre Bilder durch neues Equipment zu verbessern, sollten Sie die Techniken zur Aufnahme und Bearbeitung von Astroaufnahmen sicher beherrschen. Versuchen Sie beispielsweise erst einmal, das Rauschen in Ihren Bildern durch die Technik des Stackens zu reduzieren, bevor Sie zu einer mehrere Tausend Euro teuren Kamera der neuesten Generation greifen.
- Beim Equipmentkauf gilt wie so oft: das Teuerste muss nicht zwingend das Beste sein. Informieren Sie sich daher gut, welche Kamera und welche Objektive gute Eigenschaften für die Astrofotografie besitzen. Dabei kann auch ein Blick auf den Gebrauchtmarkt sinnvoll sein und Geld sparen.
- Wenn Sie tiefer in die Deep-Sky-Fotografie einsteigen möchten, testen und erlernen Sie den Umgang mit einem Teleskop vor dem eigenen Kauf. Auch hier gibt es verschiedene Möglichkeiten in Astrounterkünften, lokalen Vereinen oder im Rahmen von speziellen Workshops.
- Genießen Sie neben all der Fotografie auch den fantastischen Blick auf den dunklen Sternenhimmel. Wer weiß, wie vielen Generationen dieses Privileg noch vorbehalten sein wird bei der steigenden Lichtverschmutzung!

Ich selbst kann für mich sagen, dass ich nach über fünf Jahren noch nicht das Bedürfnis habe, in die Astrofotografie mit Teleskopen einzusteigen. Im Gegenteil, es fasziniert mich noch immer ungemein, welche Ergebnisse ich mit meiner über sechs Jahre alten Kamera mithilfe verschiedener kleiner Hilfsmittel erzielen kann. Und liegt nicht gerade darin die Faszination, mit einfachen Mitteln die vielen wunderschönen Dinge am Nachthimmel festzuhalten? In diesem Sinne wünsche ich Ihnen einen erfolgreichen Start in Ihre Astrofotografie und unvergessliche Erlebnisse!

Danksagung

An dieser Stelle möchte ich zunächst einmal *Ihnen* danken – dafür, dass Sie dieses Buch gekauft und hoffentlich mit viel Freude gelesen haben. Wenn Sie nach der Lektüre ebenso Lust auf die Astrofotografie bekommen haben, dann habe ich mein Ziel erreicht! Vom vielen positiven Feedback auf die erste Auflage des Buches war ich jedenfalls überwältigt – vielen lieben Dank dafür!

Damit dieses Buch überhaupt entstehen konnte, musste mein Lebensgefährte Frank eine ganze Menge Geduld aufbringen und auf einige gemeinsame Nächte, Wochenenden und Urlaube verzichten – wenn ich mal wieder zum Fotografieren unterwegs war oder am Buch arbeitete. Ich danke ihm von ganzen Herzen, dass er immer an mich geglaubt und mich in vielen Dingen rund um das Buchprojekt unterstützt hat! Genauso sehr danke ich meiner lieben Mama, die mir als begeisterte Testleserin zur Verfügung stand, stets ein offenes Ohr für mich hatte und mich schließlich auch bei vielen meiner (manchmal verrückten) nächtlichen Fotoausflüge begleitete.

Als Freunde und gleichzeitig Fachgutachter hatte ich Jörg Schenk und Michael Schomann aus meinem Astronomieverein an der Seite, die meine Zeilen einem kritischen Fachurteil unterzogen haben. Und auch mit ihnen und ein paar anderen Vereinsmitgliedern durfte ich unvergessliche Fotonächte erleben, deren Ergebnisse schließlich zu diesem Buch beigetragen haben.

Gunther Wegner danke ich, dass er zunächst einmal mein initiales Interesse für das Thema Astrofotografie geweckt, sofort an das Konzept des Buches geglaubt und mich auch nach dessen Erscheinen tatkräftig unterstützt hat. Sein Gastkapitel zum Thema Zeitrafferfotografie ergänzt die Fototechniken in diesem Buch aus meiner Sicht ideal, da diese Art der Fotografie noch einmal einen ganz anderen Blick auf den Sternenhimmel ermöglicht.

Außerdem danke ich dem Astrofotografen, Reiseveranstalter (Skylight Fotoreisen) und mittlerweile guten Freund Claus Dürr. Er hat mich als Guide in Island an fantastische Orte geführt, meine Individualreise zu den Polarlichtern nach Nordnorwegen wunderbar organisiert und schließlich auch die gemeinsame Reise nach Chile unvergesslich gemacht. Auch zukünftig werde ich gern wieder mit ihm auf Astrofotoreise gehen oder ihm die Reiseplanung anvertrauen.

Nicht zuletzt möchte ich dem Rheinwerk Verlag danken – dafür, dass sie die Faszination Astrofotografie von Beginn an geteilt und mir beim Schreiben des Buches stets mit Rat und Tat zur Seite gestanden haben – nun sogar bereits in der zweiten Auflage! Mein besonderer Dank gilt dabei meinen Lektoren der ersten und zweiten Auflage, Katharina Sutter und Frank Paschen, mit denen es immer wieder Spaß gemacht hat, über den Fortschritt und die Weiterentwicklung des Buches zu diskutieren.

Herzlichen Dank!
Katja Seidel

PS: Wenn ich könnte, würde ich auch Petrus meinen tiefsten Dank aussprechen! Ich hatte in den vergangenen Jahren sehr oft unglaubliches Glück mit dem Wetter, was mir einmalige Aufnahmen vieler astronomischer und meteorologischer Ereignisse in vergleichsweise kurzer Zeit ermöglichte!

O

P

R

S

T

U

V

W

Z